NOUVEAU COURS RAIS

DE

DESSIN INDUSTRIEL

APPLIQUÉ PRINCIPALEMENT

A LA MÉCANIQUE ET A L'ARCHITECTURE

comprenant :

LE DESSIN LINÉAIRE PROPREMENT DIT; LES ÉTUDES DES PROJECTIONS;
LA CONSTRUCTION DES MODÈLES EN BOIS, ET D'ENGRENAGES DE TOUTE ESPÈCE; LES TRACÉS
D'EXCENTRIQUES; LES ÉTUDES D'OMBRES ET DE LAVIS, AVEC PLANCHES TEINTÉES,
COLORIÉES ET LAVÉES A L'EFFET; LES PROJECTIONS OBLIQUES;
LA PERSPECTIVE VULGAIRE ET EXACTE;

ET TERMINÉ

PAR DES VUES D'ENSEMBLE DES APPAREILS ET DES MACHINES LE PLUS EN USAGE DANS L'INDUSTRIE

AVEC LA DESCRIPTION TRÈS-DÉVELOPPÉE DES OBJETS ET DE LEURS MOUVEMENTS GÉOMÉTRIQUES,
ET DES RÈGLES PRATIQUES RELATIVES A LA GÉOMÉTRIE, A LA MÉCANIQUE,
A LA CONSTRUCTION, ETC.

PAR ARMENGAUD AÎNÉ

Ancien professeur de dessin de machines au Conservatoire impérial des Arts et Métiers

ET

ARMENGAUD JEUNE ET AMOUROUX

Professeurs de dessin industriel et ingénieurs civils

PARIS

CHEZ ARMENGAUD AÎNÉ

RUE SAINT-SÉBASTIEN, 55

BUREAU DE LA PUBLICATION INDUSTRIELLE

Et chez les principaux Libraires de la France et de l'Étranger.

—

1860

NOUVEAU COURS RAISONNÉ

DE

DESSIN INDUSTRIEL

APPLIQUÉ PRINCIPALEMENT

A LA MÉCANIQUE ET A L'ARCHITECTURE

PARIS. — IMPRIMERIE DE J. CLAYE

7, RUE SAINT-BENOÎT

PRÉFACE

———

Le dessin industriel est appelé à devenir une langue universelle : de première nécessité dans un siècle d'industrie comme le nôtre, son étude devient partout aussi exigible que les connaissances les plus indispensables.

Il est en effet le plus intelligent intermédiaire entre la pensée et l'exécution, car c'est par le dessin que le professeur de mécanique, de physique, etc., peut faire comprendre la fonction des pièces mobiles, la propriété et le mouvement des appareils, la combinaison et le travail de certains agents ; c'est aussi par le dessin que l'ingénieur, l'architecte, le constructeur parviennent à établir les projets d'usine, les monuments les plus remarquables, les machines, les outils, les instruments les plus précis et les plus compliqués ; c'est encore à l'aide du dessin que les propriétaires, les manufacturiers, les fabricants, peuvent se rendre compte à l'avance de ce qu'on leur propose, soit en constructions, soit en améliorations quelconques ; c'est enfin par le dessin que l'inventeur exprime ses idées avant de procéder à leur exécution.

Le dessin bien entendu, tel qu'il doit être réellement compris, a une plus grande importance qu'on ne le pense généralement, car il ne se borne pas au simple tracé plus ou moins correct de lignes droites ou circulaires, comme l'idée en est généralement répandue chez un grand nombre de personnes ; mais ayant pour but la représentation exacte et complète des objets, il embrasse à la fois l'agencement et la combinaison des organes entre eux, ainsi que leur disposition intérieure, le jeu de toutes les parties actives. C'est surtout à la construction des machines que le dessin est d'un grand secours. En effet, pour parvenir à exécuter une machine à vapeur, par exemple, sans avoir recours à aucun modèle, il est indispensable, après avoir calculé les dimensions des principaux agents, de les combiner entre eux de telle sorte qu'ils occupent des positions relatives propres à remplir parfaitement les conditions voulues, puis de tracer toutes les pièces, pour en déterminer

les assemblages et les mouvements, afin d'opérer comme si l'appareil
fonctionnait en réalité.

Que d'ouvriers, que d'hommes intelligents auraient, avec la connaissance du dessin industriel, mis au jour des inventions fort ingénieuses!
Que de pertes de temps, de main-d'œuvre et de matières leur aurait-il
souvent épargnées!

Les notions du dessin, plus répandues dans l'administration et dans
la magistrature, permettraient de résoudre des questions industrielles
avec une grande lucidité, une grande promptitude, et le plus souvent
sans le secours d'hommes spéciaux. Indépendamment de son utilité
comme art précis, le dessin intéresse l'élève en l'instruisant. Il fait naître
en lui des idées saines et positives; il développe son intelligence, en lui
faisant voir ce qui existe, comme s'il avait les objets mêmes devant les
yeux. En général, les élèves font toujours mieux ce qu'ils comprennent
bien; or, le dessin, sous ce rapport, est un mobile très-puissant, puisqu'il leur donne constamment des résultats nouveaux et variés. Aussi,
plus ils avancent, plus ils désirent faire de progrès.

Nous pouvons donc le dire avec raison, le dessin industriel est aussi
indispensable que les sciences les plus vulgaires; il doit faire une partie
essentielle de l'instruction des jeunes gens, quelle que soit d'ailleurs la
profession qu'ils se proposent d'embrasser.

Sans le dessin, on ne peut véritablement étudier avec fruit les ouvrages qui traitent des sciences mécaniques, agricoles et manufactu-
rières. Son importance est d'ailleurs si généralement reconnue, que
non-seulement les écoles industrielles, mais encore les colléges, les
pensions et autres établissements d'instruction publique, font entrer cet
art dans le programme des études.

L'expérience que nous avons acquise dans l'enseignement et la pratique du dessin nous a permis d'entreprendre un ouvrage qui em-
brassât, avec les développements nécessaires, des modèles de dessin
géométral appliqués aux diverses branches des arts industriels.

Ce traité comprend : le dessin linéaire proprement dit, les études
de projection, les tracés d'engrenages et d'excentriques, les études
d'ombres et de lavis, les projections obliques, la perspective vulgaire et
exacte. Chaque partie est accompagnée d'applications spéciales à la mécanique, à l'architecture, à la fonderie, à la charpente, à la menuiserie,
à la chaudronnerie, à l'hydraulique, et à la construction des machines à
vapeur et des moulins.

Nous avons tenu compte, dans la disposition de cet ouvrage, du peu
d'attrait que les élèves ont généralement à dessiner les principes élémen-

taires, et, à cet effet, nous avons ajouté l'intérêt à l'étude, en faisant
suivre chaque problème géométrique d'un exemple choisi pour en faciliter l'intelligence et en démontrer l'utilité.

L'ouvrage se compose de dix livraisons contenant les différentes
branches du dessin industriel.

La première, qui ne concerne que le dessin linéaire, traite particulièrement des lignes droites, des cercles et de leurs applications au tracé
des moulures, plafonds, parquets, balcons, ogives, rosaces, etc., afin
d'habituer les élèves à bien se servir de la règle, de l'équerre et du
compas; elle donne en outre les différents moyens de construire des
courbes planes que l'on rencontre souvent dans les arts et l'industrie,
telles que l'ellipse, l'ovale, la parabole, la volute, etc. Des figures spéciales, ombrées à l'effet, représentent des RELIEFS qui font voir dans
quels cas ces courbes sont employées.

La deuxième livraison a pour but la représentation géométrale des
objets, ou l'étude des projections; cette étude forme la base de la géométrie descriptive, considérée principalement sous le point de vue pratique. Elle démontre qu'une seule figure ne suffit pas pour déterminer
toutes les dimensions et les formes d'une pièce quelconque; qu'il faut
toujours deux projections et le plus souvent une ou plusieurs coupes ou
sections pour en faire comprendre l'organisation intérieure.

Après les éléments qui précèdent, nous pouvons déjà indiquer dans
la troisième livraison quelles sont les teintes, les couleurs conven-
tionnelles dont on doit faire usage dans le dessin, pour exprimer
les parties coupées des objets suivant leur nature, et donner en même
temps des modèles simples et faciles qui intéressent l'élève et le fami-
liarisent avec le pinceau.

La quatrième livraison donne les tracés des différentes courbes essentielles à connaître, telles que les hélices, et les diverses sortes de vis,
puis les serpentins et les escaliers, ainsi que les intersections de surfaces et leur développement, avec des applications aux tuyaux, chaudières, bouilleurs, robinets, etc. Cette étude est d'une grande utilité à
bien des professions, notamment aux tôliers, ferblantiers et fabricants
de chaudières.

La cinquième livraison traite des courbes particulières dont on affecte
les dentures des roues d'engrenages cylindriques, à vis et à crémaillères,
et aussi des détails nécessaires à la construction de leurs modèles. Comme
ce dernier sujet ne se rencontre dans aucun ouvrage, il nous a paru
utile de l'introduire ici, parce qu'il est d'une grande importance pour
les modeleurs mécaniciens, qui doivent connaître comment les bois se

débitent et s'assemblent, et quelles sont les dispositions à prendre dans l'exécution du modèle, pour faciliter l'opération du moulage, tenir compte des retraits, etc.

La sixième est, à vrai dire, la continuation de la précédente ; elle comprend le tracé théorique et pratique des engrenages coniques, avec la construction détaillée de leurs modèles en bois, et, de plus, des engrenages de White et à développantes de cercle. Nous ne pouvions omettre ces deux systèmes d'engrenages, car leur usage tend à s'accroître tous les jours en raison des avantages qu'ils présentent ; nous faisons connaître également les excentriques les plus employés dans les machines.

Nous avons réuni, dans les septième et huitième livraisons, les études d'ombres propres et portées des principaux solides, prismes, pyramides, cylindres et sphères, avec leurs applications à des parties de machines et d'architecture, telles que vis, roues droites et coniques, chaudière et fourneau, colonne et entablement. Ces études amènent tout naturellement à la pose des tons gradués, c'est-à-dire à la pratique du lavis en noir, d'après les deux systèmes en usage à teintes plates et fondues, ainsi qu'à celle du lavis en couleurs.

Après avoir bien compris et bien exécuté tout ce qui précède, les élèves sont aptes à faire convenablement des dessins plus compliqués et qui exigent des soins et de l'attention ; nous donnons, dans la neuvième livraison, des modèles représentant les vues d'ensemble, les coupes ou les sections et les détails de plusieurs machines complètes. Nous avons choisi de préférence les pompes, les machines à vapeur et les roues hydrauliques, persuadés que, quelle que soit la profession que l'on embrasse dans l'industrie, il est indispensable d'avoir des connaissances exactes sur ces appareils qui sont, sans contredit, les plus répandus. A ces modèles sont joints des tracés géométriques qui expliquent le jeu des pièces mobiles et les fonctions qu'elles doivent remplir dans des conditions voulues.

La dixième et dernière livraison forme le complétement de l'étude du dessin industriel ; elle réunit les projections obliques, la perspective vulgaire et la perspective rigoureuse.

Les projections obliques se présentent assez souvent par la position inclinée que certaines pièces occupent sur les plans géométraux.

La perspective vulgaire peut servir quelquefois à donner dans une seule et même figure une idée de la forme et de la disposition d'un objet quelconque.

Pour ne rien laisser à désirer dans ce traité, nous le terminons par l'étude de la perspective rigoureuse, et nous en montrons l'application spéciale à l'architecture et aux machines, par les vues d'ensemble d'un moulin à blé à colonnes avec engrenages et poulies.

Le texte explicatif des planches embrasse non-seulement la description des objets et de leurs mouvements géométriques, mais encore des données, des tables et des règles pratiques, qu'il est indispensable de connaître, en choisissant plus particulièrement celles relatives aux dimensions des parties principales des machines, pour en faciliter la construction.

Dans la composition de cet ouvrage, nous avons constamment accompagné chaque figure d'une explication raisonnée qui forme l'élève et développe progressivement son intelligence sur le dessin, tout en le familiarisant avec les principes de la géométrie et de la mécanique pratique, qui conduisent tout naturellement à la science *cynématique* (ou de la mécanique géométrique) ; nous espérons ainsi avoir justifié notre titre de *Nouveau Cours raisonné de Dessin industriel appliqué.*

C'est surtout pour les travailleurs que nous avons entrepris la publication de ce nouveau cours ; d'abord ouvriers nous-mêmes, puis successivement contre-maîtres et chefs d'ateliers, nous connaissons leurs besoins.

L'ouvrier est intelligent, il comprend bien ce qui lui est expliqué avec clarté, mais il a trop peu de temps à consacrer à l'instruction pour étudier toutes les sciences appliquées à l'industrie ; il lui faut des cours pratiques exposés d'une manière succincte et de façon à bien en saisir les résultats. Le cours de dessin industriel est évidemment un de ceux qui lui conviennent le plus, parce qu'il réunit de fait la théorie à la pratique, parce que l'élève ne fait point un seul pas sans rencontrer une application nouvelle ; ses épures sont pour lui des modèles vivants qu'il conserve précieusement et qu'il revoit toujours avec plaisir. On peut oublier une leçon démontrée au tableau, mais on n'oublie jamais ce que l'on a appris en dessinant.

Espérons donc que dans peu d'années il n'y aura pas un seul travailleur, par les mains comme par la pensée, qui ne sache parfaitement comprendre et mettre en pratique le dessin industriel.

SIGNES ABRÉVIATIFS OU CONVENTIONNELS

Pour simplifier le langage ou l'expression des opérations arithmétiques et géométriques, on fait usage des signes conventionnels suivants :

Le signe $+$ signifie *plus*, et se place entre deux ou plusieurs termes pour indiquer leur addition.

Exemple : $4 + 3$, s'énonce 4 plus 3.

Le signe $-$ signifie *moins*, et indique la soustraction,

comme $4 - 3$, s'énonce 4 moins 3.

Le signe $\times$ signifie *multiplié par ;* placé entre deux quantités, il indique la multiplication.

Exemple : 5×3, s'énonce 5 multiplié par 3.

Quand les chiffres sont remplacés par des lettres, on supprime le signe; ainsi on écrit indifféremment

$$a \times b, \text{ ou } a\,b.$$

Le signe $:$ ou $\div$ signifie *divisé par*, et placé entre deux quantités indique la division

comme $12 : 4$ ou $\dfrac{12}{4}$, s'énonce 12 divisé par 4.

Le signe $=$ signifie *égal*, et se place entre deux expressions pour indiquer leur égalité.

Exemple : $6 + 2 = 8$, s'énonce 6 plus 2 égalent 8.

La réunion de ces signes $: :: :$ indique une proportion géométrique.

Exemple : $2 : 3 :: 4 : 6$, s'énonce 2 est à 3 comme 4 est à 6.

Le signe $\sqrt{}$ indique l'*extraction d'une racine.*

comme $\sqrt{9} = 3$, qui s'énonce racine carrée de 9 égale 3.

L'interposition d'un chiffre entre l'ouverture de ce signe $\sqrt{}$, indique le degré de la racine.

Ainsi : $\sqrt[3]{27} = 3$, s'énonce racine cubique de 27 égale 3.

Les signes $<$ ou $>$ indiquent *plus petit que* ou *plus grand que*.

Exemple : $3 < 4$ s'énonce 3 plus petit que 4 et réciproquement, $4 > 3$ s'énonce 4 plus grand que 3.

Fig. exprime figure, et pl. signifie planche.

NOUVEAU COURS RAISONNÉ

DE

DESSIN INDUSTRIEL

APPLIQUÉ PRINCIPALEMENT

A LA MÉCANIQUE ET A L'ARCHITECTURE

CHAPITRE PREMIER

DESSIN LINÉAIRE

Le dessin appliqué à la mécanique, à l'architecture et à l'industrie en général, est non-seulement la représentation graphique des objets, mais encore la corrélation raisonnée de la fonction et du mouvement de leurs organes constitutifs.

Cet art emprunte ses moyens d'exécution à la géométrie élémentaire pour ce qui concerne le *dessin linéaire* proprement dit, et à la géométrie descriptive pour ce qui est relatif aux corps solides.

Le dessin linéaire, qui est la base du dessin industriel et artistique, a pour but le tracé exact des surfaces par la combinaison étudiée des lignes ; pour en faciliter l'étude et la rendre à la fois plus attrayante et plus intelligible, nous exposons successivement, et d'une manière succincte, les définitions, les principes, puis les problèmes ou les applications auxquelles ils donnent lieu.

On a essayé un grand nombre de traités sur le dessin linéaire, mais nous croyons que ces ouvrages, abstraction faite de leur objet, ont une portée trop restreinte, qu'ils ne présentent pas des développements assez étendus et qu'ils ne remplissent pas alors les conditions de progrès et de précision qu'on doit exiger à notre époque. Cette pensée nous a fait reconnaître la nécessité de commencer par cette première étude, en choisissant autant que possible des exemples qui se présentent fréquemment et sous des formes très-variées.

Plusieurs de nos problèmes se rencontrent naturellement avec ceux déjà connus ; nous avons dû les rappeler comme étant d'une utilité indispensable dans les applications.

DÉFINITIONS.

DES LIGNES ET DES SURFACES.

PLANCHE 1re.

En géométrie, l'*étendue* embrasse trois dimensions, longueur, largeur, et épaisseur, hauteur ou profondeur.

L'étendue restreinte à deux dimensions prend le nom de *surface*, et réduite à une seule dimension, elle se nomme *ligne*.

Lignes. — Les lignes employées dans le dessin sont de plusieurs espèces : Les lignes *droites*, les lignes *courbes* et les lignes *brisées*.

Les lignes droites sont *verticales*, *horizontales* ou *inclinées*.

Les lignes courbes sont *circulaires*, *elliptiques*, *paraboliques*, etc.

Surfaces. — Les surfaces, qui sont toujours limitées par des lignes, sont *planes*, *concaves* ou *convexes*. Une surface est plane, quand une règle droite peut s'y appliquer exactement dans tous les sens ; elle est dite concave ou convexe, lorsqu'elle est creuse ou bombée.

Ligne verticale. — On entend par ligne verticale la direction que prend un fil suspendu librement à son extrémité supérieure, et portant à l'autre un poids ; telle est la ligne AB (relief A pl. 1re). Cette ligne est toujours droite, et en géométrie on appelle ligne droite le plus court chemin d'un point à un autre.

Fil à plomb. — L'instrument indiqué par le relief A s'appelle fil à plomb. Il est très-fréquemment employé dans les constructions, pour reconnaître la verticalité de certaines lignes ou de certaines surfaces.

Ligne horizontale. — Lorsqu'un liquide contenu dans un vase est en repos, son niveau supérieur forme une surface plane, et toutes les lignes tracées sur cette surface sont des horizontales.

Niveaux. — C'est sur ce principe qu'on a établi des instruments appelés *niveau d'eau* et *niveau à bulle d'air*.

Le premier consiste en un tube cylindrique recourbé à ses deux extrémités, et surmonté de deux tubulures en verre ; lorsque l'instrument est rempli d'eau à une certaine hauteur, et qu'il est au repos, la surface supérieure du liquide dans les deux branches détermine un plan horizontal ou de niveau.

Le niveau à bulle d'air (relief B) consiste en un tube de verre, en grande partie rempli d'un liquide quelconque ; ce tube est renfermé dans une enveloppe métallique *a*, qui fait corps avec deux supports *b* et une platine *c*. En plaçant cet instrument sur un plan CD, celui-ci est reconnu de niveau si la bulle d'air *d* laissée par le vide du tube se trouve exactement au milieu.

Les menuisiers, maçons, charpentiers et mécaniciens font souvent usage aussi d'un instrument (relief C) qui se compose d'un fil à plomb suspendu au sommet *b* de deux règles inclinées, *ab*, *bc*, et d'égale longueur, réunies par une traverse *d;* un trait AB est pratiqué au milieu de celle-ci, et indique, lorsque le fil se confond avec lui, que la base CD est horizontale.

Perpendiculaires. — Si on suppose (fig. 1re) la ligne verticale AB placée sur la ligne horizontale CD, ces droites sont dites *perpendiculaires* l'une à l'autre et forment entre elles des angles droits ; on comprend que, si on fait tourner ce système de lignes, tout en conservant leur position réciproque, les angles qu'elles forment n'en seront pas moins des angles droits ; ainsi la ligne IO, de la fig. 5e, forme également avec la ligne EF un angle droit.

Lignes brisées. — Plusieurs droites qui se suivent en changeant de direction forment ce que l'on est convenu d'appeler lignes brisées. Telles sont les lignes BAEHFN, etc. (fig. 14.).

Lignes circulaires. Circonférence. — La ligne continue EFGH (fig. 5), tracée avec l'une des pointes d'un compas dont l'autre est fixe, s'appelle circonférence ; elle a évidemment tous ses points à égale distance du point fixe O, que l'on nomme *centre.*

Rayon. — L'ouverture OF (fig. 5) du compas, ou la distance des deux pointes, se nomme *rayon,* et par suite toutes les lignes OE, OF, OG, partant du centre et concourant à la circonférence sont des rayons égaux.

Diamètre. — Toute droite LH, passant par le centre O, et aboutissant à la circonférence, est un diamètre.

Le diamètre est donc le double du rayon.

Cercle. — L'espace renfermé dans la circonférence est une *surface plane* que l'on appelle *cercle,* et une partie quelconque EIF ou FLG de la circonférence prend le nom d'arc.

Cordes. — Les droites EF, FG, qui joignent les extrémités des arcs sont appelées *cordes;* ces lignes prolongées en deçà de la circonférence sont dénommées *sécantes.*

Tangente. — Une droite AB (fig. 4), qui ne touche une circonférence qu'en un point, est une tangente. Toute tangente est perpendiculaire à l'extrémité du rayon qui passe par le point de *contact* B.

Secteur. — La portion BOHC (fig. 4) de la surface du cercle comprise entre deux rayons qui passent aux extrémités d'un même arc se nomme *secteur.*

Segment. — Le segment est une portion EFI (fig. 5), de la surface du cercle comprise entre un arc et la corde qui sous-tend cet arc.

Les lignes droites et brisées se tracent à l'aide de la règle et des équerres ; les lignes circulaires se décrivent avec le compas.

Des angles. — Nous avons vu que, lorsque des droites étaient perpendiculaires l'une à l'autre, elles formaient des angles droits ; mais lorsque deux lignes prolongées se rencontrent, et qu'elles ne sont pas perpendiculaires, elles forment alors des angles *aigus* ou *obtus.* Un angle est aigu, lorsqu'il est plus petit que l'angle droit, tel est l'angle FCD (fig. 2).

Un angle est obtus quand il est plus grand que l'angle droit, tel est l'angle GCD. En général, on appelle *angle* l'espace compris entre deux lignes quelconques, qui concourent à un même point que l'on nomme *sommet*.

Un angle est *rectiligne*, quand il est formé par des droites ; *mixtiligne*, quand il est compris entre une droite et une courbe, et *curviligne*, lorsqu'il résulte de la rencontre de deux arcs ou de deux courbes.

Mesure des angles. — Si du sommet d'un angle on décrit un arc de cercle, la portion de cet arc comprise entre les côtés de l'angle lui sert de mesure.

On est convenu, pour estimer un arc quelconque, de diviser la circonférence du cercle en 360 ou 400 parties égales [1], que l'on nomme *degrés*, et à cet effet, on a construit des instruments qu'on nomme RAPPORTEURS, représentés fig. D, E.

Le premier (fig. D) qui se trouve dans toutes les boîtes de mathématiques, comme étant le plus généralement en usage, se compose d'un demi cercle divisé en 180 ou 200 parties. Pour s'en servir, on place son centre b sur le sommet de l'angle et de manière que son diamètre coïncide avec un côté ab ; l'autre côté bc correspond à l'une des divisions, laquelle exprime justement en degrés la grandeur de l'arc ou de l'angle. Ainsi l'angle abc est de 50 degrés (quel'on écrit 50°), quelle que soit la dimension de l'arc compris entre ses côtés, et par conséquent quelle que soit la longueur même de ces côtés, car l'arc, ainsi mesuré, formera toujours la même fraction de la circonférence achevée et divisée en 360 ou 400 degrés.

Dans le premier cas, le degré est divisé en 60 minutes, la minute (ou 1′) en 60 secondes (ou 1″) ; la seconde en 60 tierces (ou 1‴), etc.; et dans le second, les divisions sont décimales, c'est-à-dire que le degré est divisé en 100 minutes, la minute en 100 secondes, et ainsi de suite.

Le second rapporteur (fig. E), nouvellement créé, présente l'avantage de ne pas exiger le sommet de l'angle pour en avoir la mesure.

Il consiste en un cercle entier divisé intérieurement en deux fois 180 parties et dont le contour extérieur est un carré. On applique l'un de ses bords contre la règle R mise en contact avec un côté ce de l'angle, l'autre côté dc passe par deux divisions opposées du cercle et indique la valeur de cet angle. Ainsi, on voit (fig. E) que l'angle dce est de 50°.

Obliques. — Les lignes qui ne forment pas des angles droits avec celles qu'elles rencontrent leur sont obliques ou inclinées. Les droites GC et FC (fig. 2) sont des obliques par rapport à la verticale KC, et à l'horizontale CJ.

Parallèles. — Deux droites sont parallèles sur le papier, lorsqu'elles conservent la même distance sur toute leur longueur ; les lignes IK, AB et LM, de la fig. 1re, sont parallèles.

Triangles. — L'espace renfermé entre trois lignes qui se coupent s'appelle triangle ;

---

[1]. Cette dernière division a été proposée lors de l'adoption du système décimal, en 1790, et portée de nouveau à l'appréciation des savants, en 1840, qui l'ont adoptée, mais le grand nombre de sous-multiples de 360 facilitant singulièrement les calculs, on se conforme habituellement à l'ancienne division.

Lorsque les trois côtés DE, EF et FD (fig. 12) sont égaux, le triangle est *équilatéral*; si deux côtés seulement GH et GI (fig. 9) sont égaux, le triangle est *isocèle*; il est *scalène*, ou irrégulier, lorsque les trois côtés sont inégaux (fig. 6); et enfin, il est *rectangle*, lorsque les deux côtés DL et LK (fig. 10) sont à angle droit; dans ce cas, le côté DK, qui est opposé à l'angle droit, se nomme *hypoténuse*.

On fait constamment usage dans le dessin d'un instrument que l'on appelle *équerre*, et qui a la forme d'un triangle rectangle; ces équerres sont connues sous diverses nominations : 1° équerre à 45 *degrés* (◳), dont les deux côtés de l'angle droit sont égaux; 2° équerre à 60 degrés (◲), dont le plus petit côté de l'angle droit est moitié de l'hypoténuse, et 3° équerre à *projeter* (◱), dont un des côtés de l'angle droit est toujours au moins double de l'autre.

Polygone. — Un polygone est une surface comprise entre plusieurs lignes, qui forment entre elles des angles quelconques; il est plan lorsque les lignes sont situées sur une seule et même surface plane; son contour prend le nom de *périmètre*. Un polygone est *triangulaire, quadrangulaire, penta-gonal, hexagonal, heptagonal, octogonal, décagonal*, etc., lorsqu'il est formé par trois, quatre, cinq, six, sept, huit ou dix côtés, etc.

Un carré est un *quadrilatère* dont les côtés AB, BC, CD et DA sont égaux et perpendiculaires l'un à l'autre, et dont alors tous les angles sont droits (fig. 10).

Un *rectangle* est un quadrilatère formé de deux côtés égaux AB et FN perpendiculaires à deux autres côtés AF et BN également égaux et parallèles (fig. 14).

Le *parallélogramme* est un quadrilatère dont les côtés opposés sont égaux et parallèles, et les angles quelconques.

Le *losange* est un parallélogramme dont tous les côtés sont égaux.

Le *trapèze* est un quadrilatère dont deux côtés opposés seulement, HI et ML, sont parallèles (fig. 9).

Les polygones sont *réguliers* lorsque tous les côtés et les angles sont égaux; dans le cas contraire ils sont *irréguliers*. Tous les polygones réguliers sont susceptibles d'être inscrits dans un cercle; de là, la propriété de les tracer géométriquement avec une grande facilité.

OBSERVATIONS.

Nous avons cru utile de donner les définitions qui précèdent pour rendre nos descriptions plus intelligibles; nous allons maintenant passer à la solution de divers problèmes qu'il importe de bien connaître, parce qu'ils se rencontrent très-souvent dans la pratique. Mais observons auparavant que, pour dessiner avec précision, il convient que la feuille de papier soit bien tendue sur la planchette; à cet effet on la mouille légèrement d'un côté, à l'aide d'une éponge que l'on promène également sur toute sa surface, puis on la retourne de manière à ce que la partie mouillée soit en contact avec la planchette; on colle alors les bords de la feuille avec de la colle à bouche en commençant

par les milieux, puis par les angles. Lorsque la feuille est sèche, on exécute
le dessin en indiquant les lignes au crayon d'un trait fin égal partout; puis,
les figures étant terminées, on passe à l'encre à l'aide du tire-ligne, en ayant
soin d'arrêter les contours aux points d'intersection ou de rencontre des lignes.

Pour distinguer les lignes d'opération qui ne sont que des lignes fictives
de celles qui forment les contours des objets, nous avons représenté les
premières par des traits ponctués, et les autres par des traits pleins et continus. (Voir les fig. de la pl. 1ʳᵉ.)

PROBLÈMES.

D'après ces définitions on peut déjà résoudre les problèmes suivants à
l'aide du compas, de la règle et des équerres.

1. *Élever une perpendiculaire sur le milieu d'une droite donnée* (fig. 1ʳᵉ).

Des deux extrémités C, D, de la droite donnée, on trace avec le compas,
dont l'ouverture doit être toujours plus grande que la moitié de CD, des arcs
de cercle qui se croisent en A et B, au-dessus et au-dessous de la ligne; la
droite AB qui joint ces deux points est la perpendiculaire qui divise la
droite CD en deux parties égales, CG et GD.

En procédant de la même manière sur chaque moitié CG et GD, on obtient
les perpendiculaires IK et LM, qui subdivisent la ligne donnée en quatre
parties égales; on arrive ainsi à diviser une droite quelconque en 2, 4,
8, 16, etc., parties égales.

Ce problème est constamment appliqué dans le dessin. Par exemple : pour
obtenir les lignes principales VX et YZ, qui divisent la feuille de papier en
parties égales. A cet effet, de chacun des points *r, s, t, u,* pris le plus près
possible des bords du papier, on décrit des arcs de cercle se coupant en P
et Q; puis, de ces deux derniers comme centres, on trace d'autres arcs de
cercle qui se rencontrent en *y, z*; les droites VX et YZ qui joignent ces points
de rencontre sont perpendiculaires l'une à l'autre et servent de guides ou
de repères pour toutes les opérations graphiques. Ces lignes, que nous nom-
mons *directrices*, ne sont tracées qu'au crayon, pour être effacées quand le
dessin est terminé.

2. Pour élever une perpendiculaire d'un point quelconque H pris sur une
ligne CD, il suffit de marquer à droite et à gauche de ce point et sur la ligne
deux distances égales CH et HG, puis de tracer des points C et G des arcs
qui se coupent en I et en K (fig. 1ʳᵉ).

3. Il en serait de même pour abaisser une perpendiculaire LM d'un
point L donné en dehors de la droite CD : on tracerait de ce point un arc de
cercle qui couperait la ligne en G et D, puis de ces deux points on en décri-
rait deux autres qui se rencontreraient en M.

Dans le dessin, on trace souvent ces perpendiculaires au moyen de la
règle et d'une équerre ou du T. (P.)

4. *Mener des parallèles à des droites données* VX et YZ.

Pour la régularité du dessin on forme habituellement un cadre rectangulaire RSTU, que l'on construit de la manière suivante :

On trace les côtés parallèles RS et TU, en décrivant des points V et X, au-dessus et au-dessous de la ligne VX, des arcs de cercle en R, S, T et U, et en posant la règle tangentiellement aux deux premiers, puis aux deux autres. On opère de même pour les lignes RT et SU ; cette opération doit être faite toutes les fois que l'on veut encadrer un dessin. En général, les parallèles se tracent plus rapidement en employant le T, que l'on fait glisser sur un côté de la planchette de dessin, ou l'équerre sur la règle, en se guidant toutefois sur les lignes principales ou directrices.

5. *Diviser une droite donnée en plusieurs parties égales* (fig. 3).

Nous avons déjà indiqué la division d'une ligne en 2 et 4 parties égales ; nous allons démontrer comment, au moyen des instruments basés sur les définitions précédentes, on peut arriver à diviser une ligne en un nombre quelconque de parties égales.

Soit à diviser en sept parties égales la droite AB (fig. 3). Du point extrême A, on tire la ligne AC faisant avec AB un angle quelconque ; on porte avec le compas sur cette ligne AC, à partir de A, une longueur arbitraire AD, autant de fois que l'on veut obtenir de divisions sur AB ; on joint le dernier point C au point B, et par les autres points I, H, G, etc., on mène, en faisant glisser l'équerre sur la règle, des parallèles à CB ; la rencontre successive de ces parallèles avec AB, divise cette droite en 7 parties égales aux points 1, 2, 3, 4, 5, 6. Si l'on opère de même en tirant à volonté une autre ligne AJ, et avec la même ou toute autre ouverture de compas, on retrouve exactement les divisions précédentes.

Ce problème sert très-souvent, et principalement à la division et à la subdivision des échelles employées pour la réduction des dessins.

6. L'unité de longueur adoptée en France est le *mètre :* il se divise en dix grandes parties égales appelées *décimètres ;* l'un de ces derniers est représenté par le relief (ɟ) ; il est divisé d'un côté en 1/10 et 1/100, qui représentent des centimètres et des millimètres ; et de l'autre côté le millimètre est partagé en deux parties égales pour représenter des demi-millimètres.

Nous allons indiquer l'application spéciale du mètre et de ses subdivisions à la construction des échelles.

Une échelle est une ligne droite que l'on divise et subdivise de la même manière que le mètre ; les parties de l'échelle prennent les mêmes noms que les subdivisions du mètre.

Le but de l'échelle est d'indiquer dans quelle proportion un dessin se trouve par rapport à l'objet.

7. *Construction de l'échelle.* — Pour dessiner une machine au 1/4, au 1/5, au 1/6, au 1/10, etc., on divise 100, qui exprime le mètre en centimètres, par les nombres 4, 5, 6, 10, etc. Le quotient indique la longueur du mètre à l'échelle de réduction. On trace cette ligne sur le papier et on la subdivise en

parties décimales comme le mètre lui-même ; les subdivisions ainsi obtenues représentent les décimètres, les centimètres et les millimètres réduits.

On voit (fig. 7) un fragment d'échelle au 1/5 d'exécution.

Pour se servir de l'échelle, on porte sur la gauche du zéro une division
en plus, que l'on subdivise en parties plus petites, afin d'évaluer les fractions
de l'unité principale. Si l'on veut prendre, par exemple, 32 centimètres, on
place la pointe du compas sur le chiffre 3 à la droite du zéro, et l'autre
pointe sur le chiffre 2' à gauche du zéro ; l'espace 3, 2' exprime la longueur
de 32 centimètres ou 3 décimètres 2 centimètres.

Échelle de dixme. — Avec l'échelle précédente on ne peut opérer que dif-
ficilement la subdivision du centimètre en 10 parties égales pour apprécier
un millimètre ; aussi quand on veut exécuter un dessin avec précision, on
construit l'échelle de dixme, représentée (fig. 8), qui permet d'estimer des
subdivisions très-petites.

Pour construire cette échelle, on procède par les divisions principales,
comme dans la précédente, et pour déterminer rigoureusement les dixièmes
de la longueur ab, qui représente 1 centimètre réduit, on élève au point a
une perpendiculaire ai, sur laquelle on porte 10 fois une longueur arbitraire, puis, par les points de division c, d, e, f, on mène des parallèles à ag,
on tire la diagonale bi, qui coupe obliquement toutes les parallèles ; chacune
des longueurs comprises entre la diagonale bi et la verticale ai exprime
respectivement 1/10, 2/10, 3/10, etc., de ab. Si, par chacun des points
1', 2' 3', 4', etc., on mène des parallèles à la diagonale bd, toutes les divisions de ao seront subdivisées de même en dixièmes.

D'après cette construction, pour prendre une longueur de 325 millimètres, par exemple, on pose l'une des pointes du compas au point S, sur la
cinquième ligne horizontale, à sa rencontre avec la verticale élevée du
point 3, et l'autre pointe doit s'arrêter en l, point d'intersection de la diagonale 2'h, avec la même ligne horizontale.

8. *Diviser un angle donné en deux parties égales* (fig. 2).

Pour diviser en deux parties égales l'angle FCD, on décrit du sommet C
un arc HI, et les deux points de rencontre I, H, de cet arc, avec les côtés
de l'angle, on trace d'autres arcs qui se coupent en J ; la droite CJ divise
l'angle donné en deux angles égaux, HCJ et JCI. On pourrait subdiviser chacun de ces angles en deux parties égales en opérant de la même manière,
comme cela est indiqué sur la figure.

Cette division d'un angle peut se faire par la division de l'arc à l'aide des
rapporteurs (D et E), principalement lorsque les divisions de l'angle doivent
être impaires.

La solution de ce problème s'applique à un angle quelconque aigu ou
obtus, c'est ainsi que la droite CE divise l'angle GCH en deux parties égales.

9. *Tracer une tangente à une circonférence donnée* (fig. 4).

Il peut se présenter deux cas : 1° celui où le point donné est situé sur la circonférence même; 2° celui où le point est en dehors de la circonférence.

1° Le point donné D étant situé sur la circonférence :

La tangente s'obtient en traçant du point D un rayon CD, que l'on prolonge en dehors de la circonférence; et si l'on élève du point D une perpendiculaire FG, sur la ligne CE, cette droite est la tangente cherchée.

2° Le point donné A étant en dehors de la circonférence; dans ce cas il y a toujours deux tangentes :

Après avoir joint le point A au centre C du cercle, on divise AC en deux parties égales au point O. Si on décrit de ce point comme centre avec le rayon AO une circonférence, celle-ci coupera le cercle donné en deux points B, H, et les lignes AB et AH seront les deux tangentes cherchées; ces lignes sont perpendiculaires aux extrémités des rayons CB et CH.

10. *Déterminer le centre d'un arc ou d'un cercle donné* (fig. 5).

Soit EFG, l'arc dont on veut connaître le centre; on marque 3 points E, F, G, à volonté sur cet arc, et les réunissant deux à deux par les cordes EF, FG, on élève sur le milieu de celles-ci des perpendiculaires IO et LO, dont le point de rencontre O est le centre cherché. D'après cette solution on peut toujours résoudre le problème suivant :

11. *Faire passer une circonférence par trois points non en ligne droite.*

L'opération pour résoudre ce problème est exactement la même que la précédente.

12. *Inscrire un cercle dans un triangle* (fig. 6).

Un cercle est *inscrit* dans une figure quelconque, lorsque tous les côtés de cette figure sont tangents à la circonférence.

Pour inscrire un cercle dans le triangle ABC, on divise deux des angles de ce triangle en deux parties égales, les bissectrices AO et BO, ou lignes qui partagent un angle en deux parties égales, se coupent en un même point O, qui est le centre du cercle; pour vérification on peut diviser le troisième angle C, et la bissectrice CO doit passer par le même point; si de ce point on abaisse des perpendiculaires OE, OF, OG sur les côtés du triangle, elles seront égales entre elles et au rayon du cercle inscrit.

13. *Diviser un triangle en deux parties équivalentes ou en deux surfaces égales* (fig. 9).

Deux surfaces sont égales, lorsqu'étant superposées, elles coïncident exactement dans toute leur étendue; elles sont équivalentes lorsque, n'étant pas de même forme, elles ont cependant la même superficie.

Soit donné le triangle quelconque GHI que l'on veut partager en deux parties équivalentes; on divise le côté GI en deux parties égales par la perpendiculaire OK, du point O comme centre on décrit la demi-circonférence GHK, on mène la corde GK que l'on reporte par un arc de cercle de G en L; la droite LM, tirée parallèlement à HI, détermine le triangle GLM qui est moitié en surface du triangle donné; par conséquent, les deux surfaces GML et MHL sont équivalentes.

Il en serait de même, si le triangle donné était GNI, les deux surfaces GFL et FNIL seraient aussi équivalentes.

14. *Un carré ABCD étant donné, construire un autre carré double en surface* (fig. 10).

Après avoir prolongé les deux côtés DA et DC de ce carré, on mène la diagonale DB, avec laquelle on décrit, du point D comme centre, un arc de cercle ; cet arc donne les points E, F, par lesquels on trace les lignes FG et GE, parallèlement aux deux premiers côtés DC et DA, le nouveau carré DFGE est double en surface du premier. Par conséquent, la surface non teintée sur la figure est égale à la surface du carré donné.

En tirant de même la diagonale DG que l'on reporte de D en L et en H, on formera le carré DHKL, également double en surface au carré DFGE, et par suite quadruple du carré donné.

15. *Tracer un cercle dont la surface soit moitié d'un cercle donné* (fig. 11).

Soit ACBD le cercle donné. Après avoir tracé du centre E des diamètres AB et CD, perpendiculaires l'un à l'autre, on joint les deux extrémités A et C par une corde AC ; on divise cette corde en deux parties égales par la perpendiculaire EF, la droite GE est le rayon du cercle dont la surface est la moitié du cercle donné. La surface annulaire ombrée sur cette figure est égale à la surface du cercle de rayon GE, et par conséquent moitié du grand cercle ACBD.

16. *Inscrire dans des circonférences données un triangle équilatéral et un hexagone régulier* (fig. 12).

D'un point quelconque F, pris sur la circonférence du cercle d'un rayon donné OF, on trace un diamètre FG ; de l'extrémité G, avec le rayon GO, on décrit l'arc EOD, on réunit les points D, E entre eux et au premier point F, pour former le triangle équilatéral DEF.

Dans un hexagone régulier, le côté est égal au rayon du cercle circonscrit ; il suffit alors, pour construire cet hexagone, de porter six fois le rayon OH sur la circonférence donnée ; ou bien, après avoir tracé un diamètre KH, on décrit des deux extrémités K et H, avec le même rayon OH, des arcs de cercle qui coupent cette circonférence aux points I, J, L, M ; ces points réunis deux à deux forment l'hexagone régulier KLM.

Ces problèmes conduisent naturellement à la division du cercle en 3, 6, 12 et 24 parties égales, en subdivisant successivement les arcs correspondants à chacun des côtés en 2, 4 et 8 parties égales, comme on le fait pour la division de l'angle.

On a souvent dans le dessin à tracer sur une petite échelle des écrous et des têtes de boulons de forme hexagonale ; au lieu d'opérer avec le compas comme on vient de l'indiquer, on emploie l'équerre (▨), dite à 60 degrés, que l'on applique sur une règle R placée parallèlement au diamètre KH.

17. *Inscrire un carré dans un cercle* (fig. 13).

On inscrit un carré dans le cercle donné en traçant deux diamètres perpendiculaires AB, CD, il suffit de joindre l'extrémité des deux diamètres, pour obtenir le carré ACBD.

18. *Construire un octogone régulier dont on connaît le rayon OE du cercle inscrit* (fig. 13).

Ayant tracé ce cercle, on tire comme précédemment des diamètres EF, GH, perpendiculaires l'un à l'autre, on divise chacun des angles formés par les diamètres en deux parties égales, pour obtenir d'autres diamètres IJ et KL qui sont également perpendiculaires l'un à l'autre ; alors des points E, F, on mène des parallèles à GH ; de même des points G et H, on mène des parallèles à EF ; des points I, J, on trace des parallèles à KL, et enfin des points K, L, des parallèles à IJ, toutes ces lignes se couperont et formeront un octogone régulier.

Cette figure peut encore se construire au moyen de l'équerre (ᴳ), dite à 45 degrés, après avoir tracé les premiers diamètres EF et GH.

19. *Construire un octogone régulier sur un côté donné* AB (fig. 14).

On élève sur le milieu de AB une perpendiculaire DO ; du point A, on mène AF parallèle à DO. Après avoir prolongé AB en C, on divise l'angle droit CAF en deux parties égales, ce qui donne la ligne à 45 degrés EA ; sur cette ligne on porte la longueur AB de A en E, pour former le second côté de l'octogone ; on élève également du milieu de AE une perpendiculaire GO, qui rencontre la verticale DO, au point O, centre du cercle circonscrit à l'octogone, et dont le rayon est OA ou OB. On peut continuer l'opération de la même manière, ou se contenter de porter la longueur AB sur la circonférence de E en H, de H en F, etc. On peut encore prolonger les rayons OB, OA, OE et OH, pour en joindre les extrémités.

En subdivisant les arcs correspondants aux côtés de l'octogone, en 2 ou 4 parties égales, on divise le cercle en 16 ou 32 parties égales, etc.

Nous verrons souvent l'application de ces tracés dans la représentation des arbres, coussinets, etc.

20. *Former un pentagone et un décagone réguliers* (fig. 15).

Pour inscrire un pentagone régulier dans un cercle donné de rayon OA, on trace des diamètres perpendiculaires AI et EJ ; on élève une perpendiculaire GH sur le milieu de EO ; du milieu K de ce rayon on décrit, avec la longueur AK, l'arc AL qui coupe le diamètre EJ en L, la corde AL que l'on reporte en AF sur la circonférence donne le côté du pentagone ABCDF.

La division de chacun des côtés du pentagone en deux parties égales permet d'obtenir le décagone.

Le décagone inscrit dans un cercle donné d'un rayon OM peut se tracer directement en procédant de la manière suivante :

On mène les deux rayons perpendiculaires OM et OR, puis les deux tangentes RN et MN ; du milieu P de cette dernière, considérée comme diamètre, on décrit une circonférence ; on tire RP qui coupe cette circonférence en *a* : la longueur R*a* portée de R en *b* donne le côté du décagone inscrit. Cette ligne R*d* est une *moyenne proportionnelle* entre le rayon entier OR et la plus petite portion *c*N [1].

21. *Construire un rectangle dont les côtés soient des moyennes proportionnelles entre une ligne donnée et le 1/3 ou les 2/3 de celle-ci* (fig. 16).

Soit AC cette ligne donnée, qui doit être la diagonale du rectangle. Divisons cette ligne en trois parties égales aux points *m*, *n*. Sur CA comme diamètre, on décrit un cercle ABCD ; aux points *m* et *n*, on élève les perpendiculaires *m*D et *n*B ; les lignes qui joignent les points A, B, C, D deux à deux forment le rectangle demandé, dont le côté CD est une moyenne proportionnelle entre C*m* et CA,

$$\text{ou } Cm : CD :: CD : CA\,;$$

c'est-à-dire que le carré construit sur CD serait égal en surface au rectangle qui aurait pour base CA et pour hauteur C*m*,

$$\text{puisque } CD \times CD = Cm \times CA.\,[2]$$

Il en est de même pour le côté AD qui est une moyenne proportionnelle entre CA et *m*A.

Ce problème trouve son application dans la pratique, pour le débit des bois en grume et en pièces de charpente. La surface du rectangle inscrit dans le cercle, qui représente la section de l'arbre, donne à surface égale la poutre de plus forte résistance.

APPLICATIONS.

DESSINS DE PARQUETS, PLAFONDS, BALCONS, ETC.

PLANCHE 2.

Les problèmes que nous venons de résoudre donnent lieu à un grand nombre d'applications que nous avons réunies dans la pl. 2e, en choisissant de préférence celles qui sont le plus en usage en mécanique en en architecture.

Nous observerons à cet égard que, si nous représentons sur de petites dimensions les fragments ou reliefs des objets, nous recommandons de dessiner toujours les figures à des échelles plus grandes, afin de bien se rendre compte des opérations.

22. *Dessiner un carrelage composé de carrés égaux* (fig. 1 et A).

On prend la moitié *ab* (fig. A) de la diagonale du carré qui doit former le carrelage ; on porte cette longueur un certain nombre de fois sur une première ligne horizontale de A en B, de B en C (fig. 1), etc., et on élève en A une perpendiculaire IH à cette horizontale, puis par tous les autres points B, C, etc. on

---

1. Une ligne est moyenne proportionnelle entre deux longueurs données, lorsque le carré construit avec cette ligne pour côté est égal en surface à un rectangle ayant pour base l'une des longueurs et pour hauteur l'autre.

2. Voir les notes et règles données à la fin de ce chapitre.

lui mène des parallèles ED, FG, etc. ; on porte également sur la perpendiculaires IH la même longueur *ab* de A en H et I, etc., et par ces points on tire des parallèles à AC. On a ainsi une figure composée d'une suite de petits carrés dont il suffit de tracer les diagonales pour avoir les côtés du carrelage (fig. **A**).

23. *Dessiner un parquet composé de carrés et de rectangles entrelacés* (fig. 2 et **B**).

Soit donné le côté *cd* du carré (fig. **B**) ; on trace une première circonférence avec un rayon OB (fig. 2) égal à la moitié de ce côté, et du même centre O on trace une seconde circonférence avec le rayon OI qui est égal au rayon OB augmenté de la hauteur *ab* du rectangle. On trace comme précédemment les droites AC et ED perpendiculaires l'une à l'autre ; ces lignes rencontreront la circonférence du rayon OI aux quatre points A, E, C, D. De ces points on mène des parallèles aux deux droites AC et ED, pour former le carré JHFG dont on tire les diagonales qui rencontrent les deux circonférences en des points I, B, K, L, M, N, P, Q ; on tire par ces derniers une suite de lignes parallèles aux diagonales JF et HG et qui ne sont autres que des tangentes aux deux circonférences. Il est à remarquer que les lignes AE, EC, CD et AD, sont exactement au milieu des rectangles formés par cette suite de parallèles et servent de vérification. On comprend qu'il suffit de prolonger toutes les lignes d'opération et de tracer des circonférences égales aux deux premières et à même distance pour compléter le dessin du parquet.

Il est essentiel, en passant la figure à l'encre, de limiter les lignes comme l'indique le relief **B**.

Ce tracé qui a de l'analogie avec le précédent, quoique d'un aspect différent, s'applique aussi à la construction des treillages, etc.

24. *Dessiner une bordure ou frise grecque* (fig. 3 et **C**).

On prend deux lignes perpendiculaires AB, AC, sur lesquelles on porte autant de fois qu'il est nécessaire une longueur A*i*, égale à la largeur *ef* du ruban ; on mène par les points 1, 2, 3, 4, etc., des parallèles aux deux directrices AB, AC, ce qui forme ainsi une suite de petits carrés ; et en passant à l'encre les parties convenables, on détermine des lignes brisées à angle droit qui laissent alternativement des vides et des pleins égaux comme l'indique le relief **C**.

Ce tracé se rencontre très-souvent en architecture et en serrurerie pour plafonds, corniches, grilles et balcons, ainsi qu'en menuiserie et en mécanique pour des bordures de parquets ou planchers en bois ou en fonte.

25. *Dessiner un carrelage formé de carrés et d'octogones réguliers* (fig. 4 et **D**).

Avec un rayon EO égal à la moitié de la largeur EF (fig. **D**) de l'octogone, on détermine celui-ci comme il a été indiqué fig. 13, pl. 1, c'est-à-dire que l'on trace une circonférence EGFH, à laquelle on circonscrit le carré ABCD ; si l'on tire les diagonales AC, DB, elles rencontreront le cercle en des points I, J, K, L, et si de ces points on mène des tangentes à la circonférence ou des parallèles aux diagonales, on obtiendra l'octogone cherché.

On peut également former l'octogone en décrivant de chacun des angles du carré ABCD, avec le rayon AO égal à la moitié d'une des diagonales, des arcs de cercle qui tous passent par le centre O, et viennent s'arrêter sur les côtés du carré en des points qui sont les sommets des angles de l'octogone.

Pour terminer le carrelage, il suffit de prolonger les côtés du carré ABCD, ce qui donne une suite d'octogones, et les espaces compris entre les côtés inclinés à 45 degrés de quatre octogones contigus sont justement les petits carrés intermédiaires teintés en noir sur la fig. D.

En construction, ce carrelage est en marbre blanc et en marbre noir, ou en pierres de diverses nuances pour détacher les carreaux.

26. *Dessiner un carrelage composé d'hexagones réguliers* (fig. 5 et E).

Avec le rayon AO égal au côté *ab* de l'hexagone, on trace une circonférence dans laquelle on inscrit l'hexagone régulier ABCDEF ; en prolongeant successivement les diagonales et les côtés de cet hexagone, leur rencontre respective forme le carrelage indiqué par le relief E ; c'est pour détacher les carreaux qu'on a teinté les rangées alternativement noir et blanc sur le dessin, mais en exécution ils sont généralement tous de même couleur.

27. *Dessiner un parquet composé de fragments trapézoïdes renfermés dans des carrés* (fig. 6 et F).

On se donne le carré ABCD qui doit comprendre les différents trapèzes et qui, lui-même, doit se reproduire un certain nombre de fois ; on trace les diagonales AC et BD, et on forme un second carré *abcd* concentrique au premier ; du centre *o* on porte de chaque côté sur l'une des diagonales BD en *e* et en *f*, le demi-intervalle qui existe entre les côtés des carrés. Par les deux points *e*, *f* on mène des parallèles *gh* et *ij* à la diagonale AC, puis on joint les points de rencontre de ces lignes avec les côtés du petit carré par les droites *lk* et *mn*. On reproduit cette figure un certain nombre de fois en prolongeant les côtés des carrés pour en former d'autres semblables. Avec des bois de diverses nuances on confectionne ainsi des parquets ou des panneaux de meubles de dessins variés.

28. *Dessiner un panneau composé de losanges* (fig. 7 et G).

Sur la ligne AB on porte deux fois la longueur du côté *ab* du losange, et on forme le triangle équilatéral ABC ; du sommet C on abaisse la perpendiculaire CD, et on mène EF parallèle et égale à AB pour avoir le second triangle DEF ; les côtés DE et DF de ce triangle coupent symétriquement ceux du premier en G et en H. On obtient ainsi les losanges ADHG et CEGH, etc. Si l'on répète cette construction sur le prolongement des lignes extérieures AE, BF, AB, etc., on complétera la fig. G.

29. *Dessiner un panneau composé de triangles isocèles* (fig. 12 et L).

Si dans la figure précédente G on traçait la diagonale longitudinale de chaque losange, on obtiendrait une figure analogue au fragment L ; mais au lieu du côté du losange nous supposons donnée la base *ab* du triangle ; on porte deux fois la longueur de cette base sur la ligne AB (fig. 12), afin de construire comme précédemment le triangle équilatéral ACB, puis le second triangle DEF qui donnent les pointes G et H, on mène alors les lignes AH, GB, EH et GF dont chaque point de rencontre I, L, etc., 'est le sommet de trois triangles isocèles.

Tous ces triangles teintés de diverses nuances produisent le panneau **L**.

Les différents tracés que nous venons d'indiquer ne sont réellement que les applications usuelles des polygones réguliers. La combinaison étudiée de ces diverses figures amène à produire une grande quantité de dessins très-variés, qui servent à plusieurs industries, comme la menuiserie, l'ébénisterie, la marqueterie, etc.

30. *Dessiner une plaque en fonte, à jours, formée de losanges et de rosaces circulaires* (fig. 8 et **H**).

Étant donné le losange *abcd*, dont les sommets des angles servent de centre aux rosaces, on trace les deux diagonales *ac* et *bd* qui sont toujours perpendiculaires l'une à l'autre, et on les prolonge indéfiniment. Par les points *a, b, c, d*, on mène des parallèles à ces droites, puis on porte la demi-diagonale *ae* sur les lignes horizontales autant de fois qu'il est nécessaire ; on porte de même la demi-diagonale *be* sur les verticales, la rencontre de toutes ces lignes détermine en même temps le centre de chaque rosace et celui des losanges. De chacun des centres *a, b, c, d*, etc., on trace une suite de petits cercles de rayons donnés, on se donne également les demi-largeurs *fg* et *fh*, que l'on porte à droite et à gauche des côtés du losange primitif *abcd*, et on mène par les points *g, h* des parallèles à ces côtés : on forme ainsi une série de losanges concentriques qui complètent le parquet **H** par le prolongement de toutes les lignes comme il vient d'être dit.

31. *Dessiner un plafond composé de carrés ou de losanges et d'octogones irréguliers mais symétriques* (fig. 9 et **I**).

On se donne le rectangle ABCD dont le sommet des angles est situé au centre de chaque losange ou carré ; on trace les lignes EF et GH qui divisent ce rectangle en quatre parties égales, et on se donne ensuite les demi-diagonales AI et AO que l'on porte en dessus et en dessous des points A,B,C,D, puis à droite et à gauche de ces mêmes points.

Les sommets et les lignes milieux de chaque partie de la figure étant ainsi déterminés, on se donne les demi-épaisseurs *fg* et *fh*, que l'on porte comme précédemment de chaque côté OC, de AB et CD.

En variant les dimensions du rectangle et du losange, on arrive à former des plafonds de dessins qui paraissent très-variés, quoique tracés de la même manière.

32. *Dessiner un balcon en pierre à jour, formé de cercles entrelacés et raccordés par des droites* (fig. 10 et **J**).

On forme un rectangle ABCD, dont les sommets des angles servent de centres aux cercles que l'on décrit avec les rayons A*b*, C*d* ; après avoir divisé AB en deux parties égales au point E et mené la verticale EG, on porte la distance AE de E en F; puis de chacun des points C, B, E, etc., on trace des cercles semblables et de même rayon.

On mène ensuite les verticales telles que $\overline{gh}$ tangentes à chacun de ces cercles, ce qui donne la partie de gauche de la figure J.

Pour obtenir la partie de droite, on trace des points C et E d'autres cercles concentriques aux premiers avec des rayons E*e* et E*f*.

Cette double figure suppose la représentation sous deux faces opposées d'un balcon exécuté en pierre.

On doit observer, en passant à l'encre un dessin qui contient des raccords de cercles et de droites, qu'il est essentiel de tracer d'abord les parties circulaires et les droites ensuite, pour bien arrêter les lignes aux points de contact.

33. *Dessiner une plaque en fonte évidée, et formée de carrés entrelacés* (fig. 11 et K).

On se donne deux carrés concentriques ABCD et FGHI, mais placés de telle sorte que les côtés de l'un sont parallèles aux diagonales de l'autre; on inscrit ensuite un carré *abcd*, dans le premier; on forme un autre carré *efgh* concentrique au précédent, et dont les côtés rencontrent les diagonales AC et BD aux points i, j, k, l par lesquels on mène des parallèles aux côtés du grand carré ABCD, on trace enfin du centre *o* un petit cercle dont le rayon *om* est égal à la demi-largeur des évidements; puis par les points m, n, p et q, on mène des lignes horizontales et verticales qui se limitent aux côtés des différents carrés tracés.

Pour distinguer les reliefs des évidements, on a teinté ces derniers dans la fig. K.

On voit par ces divers problèmes tout le parti que l'on peut tirer de la combinaison des lignes et des cercles pour arriver à la composition d'une foule d'objets, tels que parquets, balustrades, grilles, panneaux, balcons, etc.; on peut multiplier ces applications à l'infini, en faisant des opérations analogues et qui n'offrent pas plus de difficultés.

RACCORDS, PROFILS ET MOULURES.

PLANCHE 3.

34. *Tracer dans un carré des arcs de cercles symétriques et reliés par une moulure demi-circulaire* (fig. 1 et A).

Soit AB le côté du carré; on trace les diagonales qui se coupent au point C, par lequel on mène des parallèles DE et CF aux côtés du carré. Des angles de celui-ci, avec le rayon donné AG, on décrit des quarts de cercle; des points D, E, F, comme centres, avec un rayon D*a* plus petit que la distance D*b*, on décrit des demi-circonférences qui complètent la figure.

Comme vérification du tracé, on décrit avec le rayon CG et CH des circonférences concentriques qui doivent être exactement en contact, l'une avec les quarts de cercle, et l'autre avec les petites moulures.

Si l'on traçait les demi-cercles avec un rayons D*b*, au lieu du rayon D*a*
on formerait un raccord parfait.

Ce tracé trouve fréquemment son application en mécanique, telle que dans
la représentation des bielles, colonnes, arbres en fonte, etc.

35. *Tracer un arc de cercle tangent à deux droites en se donnant :* 1° *le
rayon ab* (fig. 2) ; 2° *un point de contact* B (fig. 3).

1er *cas.* Du point A, rencontre des deux droites AB et AC, fig. 2, avec le
rayon donné *ab*, on trace des arcs de cercle auxquels on mène des tangentes
respectivement parallèles à ces droites ; leur point de rencontre O détermine
le centre de l'arc DE, et les perpendiculaires OD et OE abaissées de ce centre
donnent les points de contact D et E.

2e *cas.* Soient les deux lignes AB et AC, fig. 3, faisant entre elles un angle
quelconque que l'on divise en deux parties égales par la droite AD. Au point
donné B on élève une perpendiculaire sur AB ; elle rencontre la ligne AD au
point O qui est le centre de l'arc cherché CB. Et en abaissant du point O une
perpendiculaire OC sur AC, on a le second point de contact C.

En traçant dans ces fig. 2 et 3, et du centre O, des arcs de cercles GH dont
le rayon soit plus petit que OB, on forme des *congés* qui sont en saillie, au
lieu d'être tangents aux droites données.

Ce double problème sert à la construction de la fig. B qui représente des
sections de bâtis, de roues dentées ou autres pièces en fonte.

36. *Tracer un cercle tangent à trois droites données qui se coupent d'une
manière quelconque* (fig. 4).

On divise l'angle des deux droites AB et AC en deux parties égales par la
ligne AE; on divise de même l'angle des deux droites CD, CA par la ligne
CF ; ces deux lignes se coupent au point O qui se trouvent à égale distance
des trois droites données, et détermine par conséquent le centre de l'arc de
cercle BGD que l'on décrit avec un rayon égal à l'une des perpendiculaires,
OB, OD ou OC. Ce problème complète le tracé du profil B.

37. *Tracer le profil d'une rampe d'escalier* (fig. C).

Ce profil donne lieu aux deux problèmes suivants (fig. 5 et 6) :

1° Trouver l'arc de cercle tangent à la circonférence donnée AB, fig. 6, et
à la droite CD, son point de contact avec celle-ci étant situé en D.

En ce point D on élève une perpendiculaire EF sur la droite CD ; de D en F
on porte le rayon BO et on tire OF, sur le milieu de celle-ci on élève la perpendiculaire GE qui rencontre la première EF au point E, centre de l'arc BD
cherché ; puis en tirant la ligne OE, on a le point de contact B, limite de ces
arcs de cercle.

2° Tracer un arc de cercle tangent à un arc donné AB (fig. 5), et aux deux
lignes BC et CD.

On divise d'abord l'angle de ces droites en deux parties égales par la
ligne CE; du sommet C on décrit avec le rayon AO l'arc GH, et au point H on
mène une parallèle HI à la droite CB; cette parallèle rencontre le prolonge-

ment de EC en J; on joint celui-ci au centre O, la droite JO rencontre l'arc de cercle GH en G, on tire CG et on mène OK parallèle à cette dernière : le point de rencontre K avec la droite JE est le centre de l'arc cherché LMN.

38. *Tracer le profil d'un gland* (fig. ᴅ).

Ce tracé exige la solution de deux problèmes géométriques (fig. 9 et 10) :

1° Faire passer un arc de cercle par un point A (fig. 9), pris sur une droite donnée AB et tangent à la circonférence du rayon CO.

On porte ce rayon de A en D, on tire la droite OD sur le milieu de laquelle on élève une perpendiculaire EB qui rencontre la ligne donnée en B; ce point est le centre de l'arc AEC cherché et de l'arc concentrique OFD.

2° Tracer avec le rayon donné *ab* un arc de cercle passant au point A, et tangent au cercle BCD (fig. 10).

Du centre O du cercle donné, avec un rayon OE égal à la somme des deux rayons CO et *ab*, on trace un arc de cercle; puis du point A, comme centre, avec le même rayon *ab*, on décrit un second arc qui coupe le premier au point E; celui-ci est le centre de l'arc cherché, et son point de contact avec la circonférence donnée se trouve en C sur la ligne EO.

On voit par la fig. ᴅ que ces deux problèmes se répètent symétriquement par rapport à la ligne d'axe, qui, comme dans les figures précédentes, doit toujours être indiquée pour servir de guide aux opérations.

Cette forme est adoptée fréquemment en serrurerie et en mécanique pour servir d'ornement à des tiges de bouton ou de poignée.

39. *Décrire une doucine formée d'arcs de cercle tangents passant par deux points donnés, et ayant pour rayon la moitié de la distance de ces deux points* (fig. ᴇ et 7).

On joint les deux points donnés A et B par la droite AB, sur le milieu de laquelle on élève une perpendiculaire EF; puis des points AC, d'une part, on trace avec le rayon AC des arcs qui se coupent en G, et des points C et B, de l'autre, deux arcs qui se coupent en H; ces points sont les centres des deux arcs cherchés A C et CB, formant une courbe qui, en architecture, se nomme *doucine droite*. Lorsque cette courbe est accompagnée de filets, elle prend le nom générique de moulures.

40. *Tracer des arcs de cercle tangents passant par des points donnés et avec un rayon donné* (fig. ꜰ et 11).

On divise la droite AB qui réunit les points donnés en quatre parties égales par les perpendiculaires CD, EF et GH; puis avec le rayon AI qui doit toujours être plus grand que la moitié de AJ, on décrit des centres A et B, des arcs de cercle, dont l'un coupe la perpendiculaire CD au point C, et l'autre la perpendiculaire GH au point H; ces deux points sont les centres des arcs AJ et JB qui sont en contact au point J. Il est à remarquer qu'en se donnant des rayons successivement plus grands que AJ, on trouvera sur les perpendiculaires CD et GH les centres de différents arcs de cercle qui satisfairaient à la même condition d'être tangents et de passer par des points donnés.

Comme les arcs de cercle CI et HL coupent les perpendiculaires CD et GH en deux points, si on prenait pour centre les seconds points K, L, au lieu des premiers C, H, on formerait une figure analogue à la précédente, mais renversée comme cela a lieu en *a* et *b* dans la figure ℙ, qui représente des encadrements ou des chambranles de portes ou de croisées en menuiserie et en maçonnerie.

41. *Tracer un balustre à deux renflements* (fig. ℚ et 8).

Ce tracé donne lieu au problème suivant : décrire un arc de cercle tangent à deux arcs connus *ab* et CD, et dont le centre doit se trouver sur la ligne horizontal *be*; on prolonge celle-ci de *b* en H d'une quantité égale au rayon DG du cercle CD, on tire la ligne GH sur le milieu de laquelle en élève une perpendiculaire qui rencontre la droite *be* en *e*; de ce point on décrit alors l'arc C*b*, avec le rayon *eb*; la ligne G*e* donne le point de contact C. L'arc DF, qui termine le ventre du balustre, devant avoir son centre sur la ligne DG et passer par un point donné F, s'obtient naturellement par la perpendiculaire élevée sur le milieu de la corde DF.

On voit par le relief ℚ que ce problème doit se répéter symétriquement par rapport aux lignes horizontale et verticale *fg* et *mn*.

42. *Tracer le profil d'un balustre simple* (fig. ℍ, 12, 13 et 14).

Le problème à résoudre consiste à faire passer d'abord un arc de cercle par deux points A, B (fig 12), et dont le centre se trouve sur une ligne BC, puis à raccorder cet arc par un autre DE passant en un point D et dont le centre est situé sur une ligne DF parallèle à BC.

On élève sur le milieu de BA une perpendiculaire qui coupe BC en O, centre du premier arc de cercle ABE; pour trouver le centre F du second arc DE qui se raccorde avec celui-ci, on opère comme dans la fig. 6 (37).

La base du balustre est évidée suivant un profil qui prend le nom de scotie.

43. Cette courbe se trace de différentes manières; les solutions les plus simples sont les deux suivantes :

1o Tracer la courbe par des arcs de cercle tangents entre eux et à deux droites parallèles AB et CD (fig. 13) en A et C. Des points A, C on tire les perpendiculaires CO et AE, on divise cette dernière en trois parties égales; avec la première partie AF comme rayon, on décrit le premier arc AGH, on porte la distance FA de C en I, on tire la droite IF que l'on divise en deux parties égales par la perpendiculaire KO; le point de rencontre O est le centre de l'arc CH qui se raccorde en H avec le premier. Cette solution a été appliquée sur la fig. ℍ.

2° Tracer la scotie par deux arcs de cercle tangents entre eux et passant par deux points A, B (fig. 14). On suppose, pour résoudre ce problème, que les centres des deux arcs se trouvent sur une même ligne horizontale CD parallèle aux deux droites EF et BG qui passent par les deux points donnés.

Du point A on abaisse une perpendiculaire AI sur CD; le point I est le centre du premier arc AD; on mène la corde BD sur le milieu de laquelle on élève une perpendiculaire qui coupe CD en O, centre de l'arc cherché BGD. Ce tracé s'emploie plus particulièrement dans la base des ordres ionique, corinthien et composite.

Pour habituer l'élève à établir déjà son dessin d'après des dimensions adoptées en pratique, nous avons indiqué sur chacun des profils A, B, C, etc., et sur les tracés correspondants, les cotes proportionnelles en millimètres. Cependant, comme la plupart des problèmes énoncés peuvent avoir un très-grand nombre d'applications, on comprend qu'on peut également les résoudre avec des données différentes.

ÉLÉMENTS GOTHIQUES, OGIVES ET ROSACES.

PLANCHE 4.

44. Les divers problèmes dont on vient de voir les solutions permettent d'arriver à la représentation graphique d'objets plus définis et plus compliqués; nous pensons qu'on peut les dessiner avec facilité, pourvu qu'on ait soin d'apporter la plus grande attention à déterminer les lignes principales qui servent de guides et de directrices. C'est surtout dans les monuments gothiques que l'on rencontre des applications très-variées sur le raccord des lignes et des cercles; nous en donnons quelques exemples dans la planche 4. La fig. 5 représente la partie supérieure d'une fenêtre gothique composée d'une suite d'arcs de cercles, combinés de manière à former des ogives. On se donne la largeur AB et le sommet C; sur le milieu des lignes CB et AC on élève des perpendiculaires qui coupent l'horizontale AD aux points D et E. Ces derniers sont les centres des différents arcs concentriques qui se rencontrent tous sur la ligne verticale CF; on opère de même pour tracer les ogives intérieures en se donnant la ligne GH parallèle à AB.

Quelquefois ces ogives intérieures sont surmontées d'un *œil de bœuf* M, formé de plusieurs cercles concentriques entre lesquels sont sculptés des ornements variés.

45. La fig. 1 représente une rosace formée de circonférences concentriques dans lesquelles on inscrit des cercles entrelacés qui simulent des espèces de rubans continus. On suppose donné le rayon AO de la circonférence qui contient tous les centres des petits cercles; on divise cette circonférence en un certain nombre de parties égales; des points de divisions 1, 2, 3, etc., on décrit des cercles tangents dont les rayons diffèrent dans un rapport pris à volonté; on décrit ensuite du centre O des cercles concentriques qui touchent ceux du rayon A*b*. On voit aussi à l'intérieur de la rosace une sorte de coquille formée par des arcs de cercle tangents aux rayons qui ont servi à la division du premier cercle AB.

46. La fig 6 représente le quart d'une rosace gothique dite *rayonnante*, formée d'une suite d'ogives et de colonnettes qui concourent à son centre. On voit sur cette figure les lignes d'axe qui déterminent les centres respectifs

de chaque ogive et de chaque colonnette. La figure 6 donne, sur une échelle double, le tracé du chapiteau qui réunit l'ogive à la colonnette.

Avec les rayons donnés AB, AC, AD, AE, on trace des quarts de cercles concentriques que l'on divise en huit parties égales; les points d'intersection de ces cercles avec les rayons de divisions donnent les centres des trèfles qui se trouvent compris dans les ogives. Ces trèfles sont de différentes formes: nous en avons indiqué les tracés plus en grand sur les figures 6^a, 6^b, 6^c; on peut étudier par les lignes d'opération la marche à suivre pour dessiner ces différents ornements.

47. La fig. 4 représente une rosace composée également d'ogives et de trèfles, mais disposés différemment. Comme les constructions sont tout à fait analogues aux précédentes, il est inutile d'entrer dans des détails sur le dessin de cette rosace; nous avons d'ailleurs indiqué les lignes d'opération nécessaires.

48. La fig. 7 est la représentation d'un fragment de plancher ou parquet en fonte, découpé à jours suivant des formes gothiques. Le tracé fig. 7^a indique sur une plus grande échelle les détails d'une partie comprise entre deux rayons; on voit encore que ces opérations se réduisent à des divisions et à des raccords de cercles.

49. Les fig. 2 et 3 représentent les profils de *culs-de-lampe* qui sont comme suspendus aux clefs des voûtes gothiques; elles ont aussi du rapport avec les sections de certaines colonnes gothiques dans les monuments des xiie et xiiie siècles. Pour les dessiner il suffit d'indiquer les centres et les rayons de chacun des cercles dont ces profils sont formés.

Les tons indiqués sur une partie des figures 1, 4, 6 et 7 ont été ajoutés pour distinguer les reliefs des évidements.

Nous avons cherché à donner dans cette planche quelques difficultés pour familiariser l'élève à l'usage des outils et principalement des compas; ces figures l'habitueront en même temps à représenter une foule d'objets en usage en architecture et en mécanique.

TRACÉS

DES OVALES, ELLIPSES, PARABOLES, VOLUTES, ETC.

(PLANCHE 5)

DE L'OVE. FIG. 1.

50. L'*ove* est un ornement fréquemment employé en architecture, et qui participe du cercle et de l'ovale.

Cette courbe, qui se rapproche par sa configuration de la forme d'un œuf, se trace ainsi: on se donne les lignes d'axe AB, CD, perpendiculaires l'une à l'autre; du centre O, point de rencontre de ces deux perpendiculaires, on décrit un premier cercle CADE, qui forme la partie supérieure de l'ove; on porte la distance BE, différence entre les rayons OC et OB, sur la diagonale

CB, de C en F, on élève une perpendiculaire GH sur le milieu de FB; cette perpendiculaire rencontre les lignes d'axe aux points I et H, le premier est le centre de l'arc JBK, et le second est le centre de l'arc CJ tracé avec le rayon JH; si on porte le point H en L, à la même distance du point O, et qu'on trace la ligne LK passant par le point I, on aura aussi l'arc DK symétrique et égal au premier CJ.

On voit l'application de cette ove au fragment de corniche (A).

51. L'*ovale* est une courbe qui diffère de l'ove en ce que la partie au-dessus de la ligne CD est exactement symétrique par rapport à cette ligne avec celle qui est au-dessous, par conséquent il suffit de répéter le tracé indiqué pour la partie LBH (fig. 1).

DE L'ELLIPSE. FIG. 2.

52. L'*ellipse* est une courbe fermée qui est telle que la somme des distances d'un point quelconque A, pris sur elle à deux points fixes B, C, appelés *foyers*, est toujours égale à une ligne donnée DE. Cette dernière est le grand diamètre ou le grand *axe* de l'ellipse, et passe par les deux foyers.

La courbe est symétrique, non-seulement par rapport au grand axe, mais encore à une autre ligne FG perpendiculaire sur le milieu de la première, et qui prend le nom de petit *axe*.

Le point de rencontre O des deux axes est le centre de l'ellipse.

Les lignes droites BA, CA, CF, etc., partant des foyers et concourant en des points quelconques de la circonférence de l'ellipse, s'appellent des *rayons vecteurs*. Ainsi la somme de deux rayons BJ et JC, qui partent d'un même point, est égale au grand axe DE.

Pour décrire cette courbe, on emploie en dessin divers moyens que nous allons faire connaître.

53. 1re *solution.*—Elle repose justement sur la précédente définition et consiste à se donner le plus généralement les deux axes DE et FG; on obtient d'abord les foyers B et C, en décrivant de l'une des extrémités F du petit axe avec un rayon DO égal au demi-grand axe, un arc de cercle qui coupe ce dernier aux points désignés. Si, après avoir marqué un point H quelconque sur le grand diamètre, on prend la partie DH, et que du premier foyer B on décrive des arcs de cercle en I et en J, puis que du second foyer C, avec l'autre partie HE comme rayon, on décrive deux autres arcs, les points de rencontre I et J de ceux-ci avec les premiers seront deux points de l'ellipse. Les deux points A et K, symétriques aux précédents, seront obtenus avec les mêmes rayons, mais en transportant les centres de B en C et réciproquement, c'est-à-dire que AC et CK sont égaux à DH, comme BA et BK sont égaux à HE.

On voit de même qu'en partageant encore le diamètre DE en deux parties inégales DL et LE, on obtiendra aussi quatre autres points de la courbe. En répétant cette opération avec autant de points différents L, H, c, etc., pris sur le grand axe, on multipliera les points par lesquels doit passer la courbe qui se dessine à la main.

Dans la construction, on décrit de grandes ellipses en substituant, au compas ordinaire, des tiges rigides armées de pointes ou un compas à verge.

L'*Ellipse du jardinier* se trace avec un cordeau dont les extrémités sont situées aux foyers B et C, et qu'une pointe maintient tendu suivant les rayons vecteurs.

54. 2ᵉ *solution.* — On prend une bande de papier dont l'un des bords *db* est rectiligne, on marque sur le côté une longueur *ab* égale au demi grand axe, et une autre *bc* égale au demi petit axe ; on place la bande de manière que les deux points *a* et *c* se trouvent, l'un, qui représente l'extrémité du grand axe, sur le petit diamètre FG, et le second *c*, qui représente l'extrémité du petit axe, sur le grand diamètre DE. Si on promène cette bande, en laissant toujours les deux points *a* et *c* sur leurs lignes respectives, le point extrême *b* indiquera successivement différents points de la courbe, qu'on a le soin de marquer au crayon pour ensuite la tracer à l'encre.

55. 3ᵉ *solution* (fig. 3). — On démontre en géométrie descriptive, comme nous le verrons plus tard, que, si on coupe un cône ou un cylindre à base circulaire par un plan incliné à l'axe, la section est une ellipse. C'est sur cette propriété qu'est basé le tracé que nous allons indiquer. Après s'être donné les deux axes AB et CD, dont le point de rencontre est en O, on trace une ligne quelconque AE égale en longueur au petit axe CD ; on décrit sur cette ligne, considérée comme diamètre, le demi-cercle EGA, on joint le point E au point B, et par une suite d'autres points 1, 2, 3, 4, etc., pris à volonté sur EA, on trace des parallèles à EB, et de ces mêmes points on élève sur EA des perpendiculaires 1*a*, 2*b*, 3*c*, etc. On porte successivement la longueur de ces lignes sur d'autres perpendiculaires 1'*a*', 2'*b*', 3'*c*', etc., élevées sur AB, la courbe passant par les différents points *a*', *b*', *c*', *d*', etc., est l'ellipse cherchée.

56. 4ᵉ *solution.* — On trace sur le grand axe AB, regardé comme diamètre, le demi-cercle AFB, et du même centre O on en trace un second HDI avec un rayon égal au demi petit axe. On divise la première circonférence AFB en plusieurs parties égales, *i*, *j*, *k*, *l*, etc. On réunit ces divisions au centre commun O, ce qui donne les points correspondants *i*', *j*', *k*', *l*', sur la deuxième circonférence HDI ; de ces derniers points on mène des parallèles au grand axe AB, et des premiers *i*, *j*, *k*, *l*, on mène des parallèles au petit axe CD ; la rencontre de ces lignes donne les points *q*, *r*, *s*, *t*, appartenant à la courbe. Il est à remarquer que, dans ces deux dernières solutions, il n'est pas nécessaire de connaître les foyers.

On a imaginé plusieurs instruments dont quelques-uns sont fort ingénieux pour tracer les ellipses comme on trace des cercles au compas ; mais en général ils ne paraissent pas assez simples ou assez commodes pour être appliqués avantageusement dans le dessin géométral.

DES TANGENTES A L'ELLIPSE.

57. Il est quelquefois utile de déterminer les points de contact d'une ligne avec une courbe elliptique, soit lorsqu'on donne le point sur la courbe, ou en dehors de la courbe, soit que lorsque la tangente doit être parallèle à une droite donnée.

Dans le premier cas, du point A, pris sur la courbe (fig. 2), on trace les deux rayons vecteurs CA et BA, et on prolonge ce dernier ; on divise l'angle MAC en deux parties égales par la droite NP, qui donne la tangente à l'ellipse, c'est-à-dire que géométriquement elle ne touche la courbe qu'au seul point A.

Deuxième cas où le point donné L est en dehors de la courbe (fig. 3). De ce point, comme centre, on trace un arc de cercle avec un rayon IL égal à la distance du foyer le plus voisin I ; et du second foyer H avec une ouverture de compas, égale au grand axe AB, on écrit un second arc qui coupe le premier en M et N, on tire alors les lignes MH et NH qui rencontrent l'ellipse aux points de contact v et x ; les droites Lv et Lx sont les tangentes à la courbe.

58. Pour donner une tangente à l'ellipse parallèlement à une droite donnée QR (fig. 2), on abaisse du foyer le plus proche B une perpendiculaire BS à la droite QR, puis du second C, avec un rayon égal au grand axe, on décrit un arc qui coupe cette perpendiculaire en S ; la ligne SC rencontre la courbe en T qui est le point de contact de la tangente cherchée. Il suffit de mener la droite TU parallèle à QR, et on observe comme vérification que cette tangente divise la perpendiculaire SB en deux parties égales.

59. *Ellipse ou* ANSE DE PANIER *à 5 centres* (fig. 4).

On suppose comme précédemment les deux diamètres donnés, et on commence par chercher une moyenne proportionnelle entre le demi grand axe et le demi petit axe. Pour cela on construit sur le grand axe AB le rectangle ABEG ayant pour hauteur le demi petit axe CO, on mène la diagonale CA, sur laquelle on abaisse du point G la perpendiculaire GD qui rencontre le grand axe en H et le petit axe en D (ce dernier point peut se trouver en dedans ou en dehors de l'extrémité du petit axe). Du point O on décrit, avec CO pour rayon, la circonférence CIK ; sur AK comme diamètre on trace la demi-circonférence ALK ; on prolonge OC jusqu'à L. La droite OL est une moyenne proportionnelle entre le demi grand axe et le demi petit axe.

On porte CL de O en M ; du point D comme centre avec DM, pour rayon, on trace l'arc aMb, on porte de A en N sur le grand axe la longueur OL, du point H avec le rayon on trace un autre arc qui coupe le précédent en a. On obtient ainsi les cinq centres D, a, b, H et H′ par lesquels on décrit successivement les arcs de cercle PCQ, PR et QS, puis AR et SB, limités aux lignes PD et QD d'une part, et Ra et Sb de l'autre.

On voit l'application de cette courbe dans un grand nombre de voûtes, d'aquedücs où de ponts en pierre, tels que celui qui est représenté par le relief **C**.

DE LA PARABOLE.

60. La parabole (fig. 5) est une courbe non fermée et telle que la distance d'un point quelconque D pris sur cette figure par rapport à un point fixe C nommé *foyer*, est égale à la distance DE de ce même point à une droite BA que l'on nomme *directrice*.

La perpendiculaire FG abaissée du foyer sur la directrice est *l'axe* de la courbe, c'est-à-dire qu'il la partage en deux parties égales. Le point A, milieu de FC, est le *sommet* de la courbe.

Plusieurs solutions sont applicables au tracé de cette courbe.

61. *Première solution.* — Elle repose sur la définition même que nous venons de donner; mais il faut connaître pour cela la directrice et le foyer.

Le problème consiste à prendre différents points A, E, H et I sur la directrice, et à mener par ces points des parallèles à l'axe, puis à les joindre au foyer C par les droites AC, EC, HC et IC; sur le milieu de chacune de ces dernières on élève des perpendiculaires qui rencontrent respectivement les parallèles aux points e, D, c, b, par lesquels on fait passer la courbe.

62. On peut remarquer que toutes les perpendiculaires qui viennent d'être tracées sont des tangentes à la parabole; par conséquent, si la courbe est donnée pour mener une tangente cd d'un point c quelconque, il suffit de tracer la ligne cC et la droite cH, puis d'élever une perpendiculaire sur le milieu de HC. Il en serait de même si le point était donné en dehors de la courbe.

63. *Deuxième solution.*—On se donne l'axe aG, le sommet a et un point l de la courbe. On abaisse sur l'axe et du point l une perpendiculaire lG, que l'on reporte de G en e et que l'on divise en un certain nombre de parties égales aux points i, j et k, par lesquels on mène des parallèles à aG que l'on divise en un même nombre de parties égales; on joint les points de division f, g, h au point e; la rencontre respective de ces lignes avec les parallèles donne les points o, n, m de la courbe.

64. On mène une tangente Mn à cette courbe parallèlement à une droite donnée JK, en abaissant du foyer C sur celle-ci une perpendiculaire CL, laquelle rencontre la directrice au point p, on tire alors pn parallèle à l'axe; le point de rencontre n est le point de contact de la tangente.

On trouve un grand nombre d'applications de la parabole dans la construction et dans les machines, à cause des propriétés particulières dont elle jouit et que nous ferons connaître successivement.

65. Les reliefs **DD′** en sont une première application; ils représentent des instruments désignés en physique sous le nom de *Miroirs paraboliques*, et servant à expliquer que les rayons vecteurs ab, ac, ad, se réfléchissent suivant des lignes bb′, cc′, dd′, parallèles à l'axe. D'après cette propriété, si au foyer a d'une première parabole bf on place une lumière ou un corps incan-

descendent, et au foyer a' de la parabole $b'f'$ un morceau de charbon ou d'a-
madou, on allumera ce dernier quoique les foyers aa' soient à une grande
distance l'un de l'autre, parce que le calorique rayonnant sur la parabole bf
se réfléchit sur l'autre parabole $b'f'$ et vient se concentrer au foyer a'.

TRACÉ DE LA VOLUTE (fig. 6).

66. S'étant donné une ligne verticale Ao on la divise en neuf parties égales,
et avec l'une de ces parties ao pour rayon on décrit le cercle $abcd$, appelé
œil de la volute. On inscrit dans ce cercle (fig. 7) un carré dont les diagonales sont l'une horizontale et l'autre verticale; du centre o on mène les
lignes 1, 3 et 2, 4, parallèles aux côtés de ce carré, et on divise la moitié de
chacune de ces lignes en trois parties égales. Du premier point 1, avec un rayon
égal à la distance 1A, fig. 6, on trace un premier arc de cercle que l'on arrête
à la première ligne horizontale 1e passant par le point 2. De ce second point
comme centre, avec un rayon égal à 2e, on décrit l'arc ef qu'on limite à la
ligne verticale 2f passant par le point 3; on continue de même à tracer
d'autres arcs par les points 3, 4, 5, 6, etc., ayant le soin de limiter successivement chacun des nouveaux arcs aux lignes passant par deux de ces points.

En architecture, dans l'ordre ionique, où cette courbe est employée, on
trace une seconde courbe intérieure, dont les centres se trouvent en 1′,2′,3′,
4′, etc. (fig. 7 *bis*), à un tiers au-dessous des premiers 1, 2, 3 et 4 et sur
les mêmes lignes : l'arc i'A$'$ est tracé avec un rayon plus petit d'un neuvième que le premier 1A. Il en résulte que les autres se réduisent progressivement comme on le voit dans la figure 6.

PROBLÈME.

67. Fig. 8. — Deux droites AB, BC étant données, tracer une courbe qui
les raccorde en passant tangentiellement par les points A et C pris sur
chacune d'elles.

On mène la corde AC et on joint le milieu D de celle-ci au point de rencontre B des deux droites; on divise BD en deux parties égales au point E,
lequel est déjà un point de la courbe; on tire les lignes EC et EA sur le milieu desquelles on élève les perpendiculaires ab, cd, et on porte le
quart de ED de e en f et de e' en f', les points f, f' appartiennent aussi à la
courbe; on répète la même opération pour obtenir les points g, h et g', h';
la réunion de ces divers points donne la courbe cherchée.

Ce tracé est généralement adopté par tous les ingénieurs et les constructeurs.

Il se rencontre souvent dans les travaux publics comme dans les chemins
de fer, ponts et chaussées, etc., que l'on ait ainsi à raccorder des droites
données par des courbes, qui paraissent le plus régulières possible.

RÈGLES ET DONNÉES PRATIQUES

LIGNES ET SURFACES.

68. Le *mètre carré* est l'unité de surface, comme le mètre linéaire est l'unité de longueur. Les subdivisions du mètre carré sont : le *décimètre carré*, le *centimètre carré* et le *millimètre carré*.

Le décimètre linéaire étant la dixième partie du mètre, le décimètre carré est la centième partie du mètre carré. En effet, le carré exprimant le produit d'un nombre par lui-même, le produit

de $$0^m 1 \text{ par } 0^m 1 = 0,01^{m.q.}$$

On trouve ainsi que le centimètre carré est la dix-millième partie du mètre carré, puisque

$$0^m 01 \times 0^m 01 = 0^{m.q.} 0001.$$

Et que le millimètre carré égale la millionième partie du mètre carré.

Car $$0^m 001 \times 0^m 001 = 0^{m.q.} 000001.$$

Ces résultats établissent les relations comparatives entre les unités linéaires et les unités carrées.

MESURE DE SURFACES.

69. La surface d'un carré, comme de tout rectangle, parallélogramme ou losange, est égale au produit de la *base ou de la longueur*, par la *largeur ou la hauteur*, mesurée perpendiculairement à la base.

Ainsi la surface d'un rectangle qui a pour base $1^m 25$, et pour hauteur $0^m 75$, est égale à

$$1^m 25 \times 0^m 75 = 0^{m.q.} 9375.$$

Connaissant la surface d'un rectangle et l'une de ses dimensions, on détermine l'autre en divisant la surface donnée par la dimension connue.

Exemple : La hauteur d'un rectangle dont la surface est exprimée par $0^{m.q.} 9375$, et dont la base est de $1^m 25$, est égale à

$$\frac{0,9375}{1,25} = 0^m 75.$$

Ce problème trouve constamment son application dans l'industrie, et en particulier dans le calcul des machines, pour déterminer l'une des dimensions d'une ouverture rectangulaire dont on connaît la surface et l'autre dimension.

3

TRAPÈZE. — La surface d'un trapèze est égale au produit de la demi-somme des bases parallèles par la hauteur ou la perpendiculaire comprise entre celles-ci.

Exemple : La surface d'un trapèze ayant pour bases 1ᵐ 30 et 1ᵐ 50, et pour hauteur 0ᵐ 80, est de

$$\frac{1^m 30 + 1^m 50}{2} \times 0^m 80 = 1^{m\cdot q\cdot} 12.$$

TRIANGLE. — La surface d'un triangle quelconque s'obtient en multipliant sa base par la demi-hauteur.

Exemple : La surface du triangle qui a pour base 2ᵐ 30 et pour hauteur 1ᵐ 15, égale

$$2,30 \times \frac{1^m 15}{2} = 1^{m\cdot q\cdot} 3227.$$

La surface d'un triangle étant connue et l'une de ses dimensions étant donnée, on détermine la dimension inconnue en divisant le double de la surface par la dimension connue. Dans l'exemple précédent, la division de $2 \times 1^{m\cdot q\cdot} 3227$ par la hauteur 1,15 donne pour quotient la base 2ᵐ 30 ; de même le quotient 1,15 provenant de la division de $2 \times 1^{m\cdot q\cdot} 3227$ par la base 2,30, exprime la hauteur du triangle.

70. On démontre en géométrie que le carré construit sur l'hypoténuse d'un triangle rectangle est égal à la somme des carrés construits sur les deux côtés de l'angle droit. Il résulte de cette propriété que, connaissant deux côtés quelconques d'un triangle rectangle, on peut déterminer le troisième.

1° Les deux côtés de l'angle droit du triangle étant donnés, on détermine l'hypoténuse en faisant la somme des carrés des deux côtés, et en extrayant la racine carrée de cette somme.

Exemple : Quelle est la grandeur de l'hypoténuse AC, d'un triangle ABC (fig. 16, pl. 1ʳᵉ), en supposant le côté AB = 3ᵐ, le côté BC = 4ᵐ ?

On a : $AC = \sqrt{(3)^2 + (4)^2}$ ou $AC = \sqrt{9 + 16}$ ou $\sqrt{25} = 5^m.$

2° Si l'on connaît l'hypoténuse AC et l'un des côtés AB, de l'angle droit, le troisième BC est égal à la racine carrée de la différence des carrés construits sur AC et AB.

Ainsi, dans l'exemple précédent, on trouverait

$$BC = \sqrt{25 - 9} = \sqrt{16} = 4.$$

La diagonale d'un carré est toujours égale à l'un des côtés multiplié par $\sqrt{2}$, et comme $\sqrt{2} = 1,414$, on voit que la diagonale d'un carré s'obtient en multipliant le côté du carré par 1,414.

Exemple : Un carré a pour longueur, sur chaque côté, 6 mètres, quelle est sa diagonale D?

$$D = 6 \times 1,414 = 8^m 484.$$

La somme des carrés des quatre côtés d'un parallélogramme est aussi égal à la somme des carrés des deux diagonales.

71. POLYGONES RÉGULIERS. — La surface d'un polygone régulier s'obtient en multipliant son périmètre par la demi-perpendiculaire abaissée du centre sur l'un des côtés.

Un polygone régulier à 5 côtés, dont l'un est de 9ᵐ 8, et dont la perpendiculaire abaissée du centre sur l'un des côtés égale 5ᵐ 6, a pour surface :

$$\frac{9^m 8 \times 5 \times 5,6}{2} = 137^{m\cdot q\cdot} 20,$$

La surface d'un polygone irrégulier se détermine en divisant sa surface soit en triangles, soit en rectangles ou trapèzes, et en additionnant les surfaces de ces diverses figures.

Ire TABLE. — MULTIPLICATEURS POUR DES POLYGONES DE 3 A 12 CÔTÉS.

NOMS.	CÔTÉS.	MULTIPLICATEURS.			SURFACES, le côté étant 1.	ANGLE intérieur.	APOTHÈME ou perpendiculaire.
Triangle.....	3	2	1.73	0.579	0.433	60°.0'	0.2886751
Carré.......	4	1.41	1.412	0.705	1.000	90°.0'	0.5
Pentagone...	5	1.238	1.174	0.852	1.720	108°.0'	0.6881910
Hexagone....	6	1.156	rayon.	longr du côté.	2.598	120°.0'	0.8660254
Heptagone...	7	1.11	0.867	1.160	3.634	128°.34' $\frac{2}{7}$	1.0382607
Octogone....	8	1.08	0.765	1.307	4.828	135°.0'	1.2071069
Ennéagone ..	9	1.062	0.681	1.470	6.182	140°.0'	1.3737387
Décagone....	10	1.05	0.616	1.625	7.694	144°.0'	1.5388418
Undécagone..	11	1.04	0.561	1.777	9.365	147°.16' $\frac{4}{11}$	1.7028436
Duodécagone.	12	1.037	0.516	1.940	11.196	150°.0'	1.8660254

Au moyen de cette table, on peut résoudre, d'une manière très-simple, des problèmes fort intéressants sur les polygones réguliers, depuis le triangle jusqu'au duodécagone. Tels sont les suivants :

1° *La largeur d'un polygone étant donnée, trouver le rayon du cercle circonscrit* [1]?

RÈGLE. — Multipliez la moitié de la largeur du polygone par le facteur de la 2e colonne, correspondant au nombre de côtés de la 1re colonne; ce produit sera le rayon du cercle circonscrit.

Exemple : Soit 18^m 50 la largeur d'un octogone.

$$\frac{18^m 50}{2} = 9^m 25, \text{ et } 9^m 25 \times 1,08 = 9^m 99,$$

ou 10^m 00 environ, rayon du cercle circonscrit.

2° *Le rayon d'un cercle étant donné, trouver la longueur du côté du polygone inscrit.*

RÈGLE. — Multipliez le rayon du cercle par le multiplicateur de la 3e colonne correspondant au nombre de côtés du polygone.

Exemple : Le rayon étant de 9,99, le côté de l'octogone inscrit est :

$$9,99 \times 0,765 = 7^m.642.$$

3° *Le côté du polygone étant donné, trouver le rayon du cercle circonscrit.*

RÈGLE. — Multipliez ce côté par le facteur de la quatrième colonne correspondant au nombre de côtés.

1. OBSERVATION. Quand le nombre des côtés d'un polygone est pair, la largeur s'entend: la distance entre deux côtés opposés parallèles; lorsque le nombre est impair, la 1/2 largeur est mesurée par la distance du centre à l'un des côtés.

Exemple : Soit 7ᵐ 642 le côté de l'octogone régulier, le produit

$$7^m 642 \times 1,307 = 9,989,$$

très-rapproché de 9,99, est le rayon.

4° *Le côté du polygone régulier étant donné, déterminer la surface.*

Règle. — Multipliez le côté par le facteur de la 5ᵉ colonne correspondant au nombre de côtés du polygone.

Exemple : La surface de l'octogone dont le côté est de 7ᵐ 642

$$7^m 642 \times 4,828 = 36^{m.q.} 90.$$

CIRCONFÉRENCE ET SURFACE DU CERCLE.

72. Si on divise une circonférence de rayon quelconque par son diamètre, le quotient est un nombre constant que l'on nomme : *Rapport de la circonférence au diamètre.*

Ce rapport a pour expression approximative

$$3,1416 \text{ ou } 22 : 7,$$

c'est-à-dire que la circonférence égale 3,1416 fois la longueur de son diamètre et s'exprime dans les formules par la lettre grecque π, qui se prononce *pi*.

En représentant par C la circonférence d'un cercle, et par D son diamètre, la formule suivante :

$$C = \pi D, \text{ ou } C = 3,1416 \times D$$

exprime le développement de cette circonférence. Pour la déterminer, il suffit de connaître lo diamètre ou le rayon que l'on double, et de le multiplier par le nombre constant π ou 3,1416.

Ainsi, la circonférence d'un cercle qui a pour diamètre D = 2ᵐ 70, ou pour rayon R = 1ᵐ 35, égale

$$3,1416 \times 2,70, \text{ ou } 3,1416 \times 1,35 \times 2 = 8^m 482.$$

Connaissant la circonférence d'un cercle, on détermine son diamètre ou son rayon en divisant cette circonférence par 3,1416 pour le diamètre, et par 6,2832 pour le rayon.

Le diamètre D d'une circonférence dont le développement est de 8ᵐ 482

$$\frac{8,482}{3,1416} = 2^m 70.$$

Le rayon R de la même circonférence $= \dfrac{8,5}{6,2832} = 1,35.$

La surface d'un cercle est égale à sa circonférence multipliée par la moitié du rayon. Cette règle donne lieu à la formule suivante :

Surface du cercle $\qquad 2 \pi R \times \dfrac{R}{2} = \pi R^2.$

Ce résultat πR^2 est la simplification de la formule, car le nombre 2 peut se supprimer, puisqu'il est multiplicateur et diviseur, de même, le produit R par R donne R^2 ou le carré du rayon.

Ainsi, d'après cette formule, pour connaître la surface d'un cercle, il suffit d'en connaître le rayon, de l'élever au carré et de multiplier le produit par 3,1416.

Exemple : La surface d'un cercle dont le rayon est de 1m05 est égale à

$$3,1416 \times 1,05 \times 1,05 = 3^{\text{m.q.}}4635.$$

Pour connaître le rayon d'un cercle dont on connaît la surface, il faut diviser cette surface par 3,1416, et extraire la racine carrée du quotient.

Exemple : Le rayon d'un cercle dont la surface est de 3m.q.46 est égal à

$$\sqrt{\frac{3,46}{3,1416}} = 1^{\text{m}}05.$$

Quand on connaît le diamètre d'un cercle, on détermine aussi sa surface par la formule :

$$\text{Surface cercle} = \frac{\pi\,D \times D}{4} \text{ ou } \frac{\pi\,D^2}{4},$$

et comme

$$\frac{\pi}{4} \text{ ou } \frac{3,1416}{4} = 0,7854,$$

la formule devient :

$$\text{Surface cercle} = 0,7854 \times D^2.$$

C'est-à-dire qu'en multipliant la fraction décimale 0,7854 par le carré du diamètre, le résultat exprime la surface du cercle.

Exemple : La surface d'un cercle dont le diamètre est de 2m10 est égale à

$$0,7854 \times 2,10 \times 2,10 = 3^{\text{m.q.}}4635.$$

Observation. La surface d'un carré étant donnée, on obtient la surface du cercle inscrit en multipliant la surface du carré par 0,7854, c'est-à-dire que la surface d'un carré est à la surface d'un cercle inscrit dans ce carré, comme

$$4 : 3,1416, \text{ ou } 1 : 0,7854.$$

IIe TABLE DES RELATIONS ENTRE LES CERCLES ET LES CARRÉS

1. Le diamètre du cercle	× 0,8862	
2. La circonférence du cercle	× 0,2821	= Le côté d'un carré.
3. Le diamètre	× 0.7071	
4. La circonférence	× 0,2251	= le côté du carré inscrit.
5. La surface du cercle.	× 0,6366	= la surface du carré inscrit.
6. Le côté du carré inscrit	× 1,4142	= le diamètre du cercle circonscrit.
7. Le côté d'un carré inscrit	× 4,443	= la circonférence du cercle circonscrit.
8. Le côté d'un carré	× 1,128	= le diamètre d'un cercle égal.
9. Le côté d'un carré	× 3,545	= la circonférence d'un cercle égal.

D'après cette table, on peut résoudre une suite de problèmes parmi lesquels on distingue les suivants :

1° Le diamètre d'un cercle étant de 0m125 ou 125mm, le côté du carré équivalent est

$$125 \times 0,8862 = 110^{\text{m}}775;$$

2° La circonférence d'un cercle étant 860m, le côté du carré inscrit est

$$860 \times 0,251 = 215^{\text{m}}86;$$

3° Le côté d'un carré étant 215^m86, le diamètre du cercle circonscrit

$$215,86 \times 1,4142 = 305^m 27.$$

Observation. Les rayons et les diamètres de cercles sont entre eux comme leurs circonférences, et réciproquement.

De même, les surfaces des cercles sont comme les carrés des rayons et des diamètres.

Il résulte de ces propriétés que, si l'on double le rayon ou le diamètre, on double seulement la circonférence, mais on quadruple la surface; c'est ainsi qu'un dessin réduit de moitié en longueur et en largeur, n'occupe que le 1/4 de la surface du dessin primitif.

73. *Secteur, Segment.* Pour pouvoir déterminer la surface d'un secteur ou d'un segment, il est nécessaire de connaître l'arc développé.

La longueur d'un arc se trouve en multipliant la circonférence entière par le nombre de degrés de l'arc et en divisant le produit par 360°.

Exemple : Soit un arc de 45° et dont la circonférence est de 3^m50, on a

$$\frac{3,50 \times 45°}{360} = 0^m4375.$$

On trouve encore la longueur d'un arc lorsqu'on connaît la corde de l'arc et la corde de la moitié de cet arc : en soustrayant la corde de l'arc entier de huit fois la corde de la moitié de l'arc, et en prenant le tiers du reste.

Exemple : La corde d'un arc étant 0^m344, et celle de la moitié de cet arc, 0^m198,

on a $0,198 \times 8 = 1^m584$, et $\dfrac{1^m584 - 0,344}{3} = 0^m4133$,

pour la longueur de l'arc.

La surface d'un secteur est égale au produit de la longueur de l'arc par la moitié du rayon du cercle.

Exemple : Soit 0,169 le rayon du cercle, et 0,266 la longueur de l'arc,

$$\frac{0,266 \times 0,169}{2} = 0^{m.q.} 0225, \text{ surface du secteur.}$$

La surface d'un segment s'obtient en multipliant la longueur de la flèche par 0,626, et en ajoutant au carré du produit le carré de la moitié de la corde, puis en multipliant deux fois la racine carrée de la somme par les 2/3 de la flèche.

Exemple : Soit 48 la corde de l'arc ABC (fig. ©) et 18 la flèche BD,

on a $18 \times 0^m626 = 11,268$, et $(11,268)^2 = 126,9678$.

$$\text{et } \left(\frac{48}{2}\right)^2 = 576;$$

par conséquent, $2 \times \sqrt{126,9678 + 576} \times 2/3 \ 18 = 636^{m.q.} 24$,

pour la surface du segment.

On peut encore obtenir la surface du segment d'une manière suffisamment approximative en divisant le cube de la flèche par deux fois la longueur de la corde et en y ajoutant le produit de la flèche par les 2/3 de la corde.

Ainsi on a, d'après les données précédentes :

$$\frac{(18)^3}{48 \times 2} = 60,7.$$

$$48 \times 2/3 18 = 576$$

$$\text{Total.} \quad \overline{636,7.}$$

Couronne. Pour trouver la surface d'une couronne circulaire ou l'espace compris entre deux cercles concentriques :

On multiplie la somme des diamètres des deux cercles intérieur et extérieur par leur différence et par la fraction décimale 0,7854.

Exemple : Soit 100 et 60 les deux diamètres de la couronne,

$$\text{on a } \big((100 + 60) \times (100 - 60)\big)\, 0,7854 = 5026,56,$$

surface de la couronne.

La surface d'un fragment de couronne est égale à son épaisseur multipliée par la demi-somme des arcs extrêmes, ou par l'arc moyen.

CONTOUR ET SURFACE DE L'ELLIPSE.

74. On obtient le contour d'une ellipse en multipliant la demi-somme des axes par 3,1416, rapport de la circonférence au diamètre.

Exemple : Soit 12 et 9 les longueurs des axes,

$$\text{on a } \frac{12 + 9}{2} \times 3,1416 = 169,6464,$$

contour de l'ellipse.

On détermine la surface d'une ellipse en multipliant le produit des deux axes par la fraction décimale 0,7854, rapport de la surface du cercle au carré du diamètre.

Exemple : $\quad 12 \times 9 \times 0,7854 = 84^{m.q.}8232$, surface de l'ellipse.

Ces règles rencontrent à chaque instant de nombreuses applications dans l'industrie, et particulièrement dans la mécanique, comme nous le ferons voir bientôt. Les exemples indiqués suffisent pour mettre les élèves à même de bien comprendre leurs opérations, et de résoudre d'autres problèmes analogues.

IIIᵉ TABLE

VALEUR DES PRINCIPALES MESURES LINÉAIRES ÉTRANGÈRES EN MESURES MÉTRIQUES.

PAYS.	DÉSIGNATION DES MESURES.	VALEUR en millimètres.
ANGLETERRE............	(Londres.) *Inch* ou pouce = 1/12 de foot...............	253,995
	— *Foot* ou pied = 1/3 de yard.................	304,794
	— *Yard* impérial = 3 feet....................	911,383
	— *Fathom* ou 2 yards......................	1,828,767
	(Vienne.) Pied ou Fuss = 12 pouces = 144 lignes......	316,103
	(Bohême.) Pied................................	296,416
AUTRICHE..............	(Venise.) Pied................................	435,185
	— Pied (*palmo*)	347,398
	— Pied d'architecte.....................	396,500
BADE	(Carlsruhe.) Pied nouveau = 10 pouces = 100 lignes.....	300 000
BAVIÈRE..............	(Munich.) Pied = 12 pouces = 144 lignes	291,859
	(Angsbourg.) Pied..........................	296,168
BELGIQUE.............	(Bruxelles.) Elle ou aune = 1 mètre.................	1,000,000
	— Pied	285,538
BRÈME...............	(Brème.) Pied = 12 pouces = 144 lignes.............	289,197
BRUNSWICK........	(Brunswick.) Pied *id.* *id.*	285,362
CRACOVIE.............	(Cracovie.) Pied............................	356,421
DANEMARK.............	(Copenhague.) Pied..........................	313,821
	(Madrid.) Pied d'après Lohman....................	282,655
ESPAGNE	Vare de Castille, d'après Liscar	835,906
	Vare de la Havane = 3 pieds de Madrid	847,965
	(Rome.) Pied............................	297,896
ÉTATS ROMAINS	Palmo des architectes = 3/4 de pied.................	223,422
	Pied antique...............................	204,246
FRANCFORT	Pied..................................	284,610
	Pied du Rhin (Hollande et Prusse).....................	»»»,»»»
HAMBOURG.............	Pied = 3 palmes = 12 pouces = 96 part..............	286,490
HANOVRE..............	(Hanovre.) Pied = 12 pouces = 144 lignes.............	294,995
HESSE	(Darmstadt.) Pied = 10 pouces = 100 lignes...........	300,000
	(Amsterdam) Pied = 3 palmes = 11 pouces = 2649....	283,036
HOLLANDE	Pied du Rhin..............................	313,854
LUBECK..............	(Lubeck.) Pied............................	294,002
MECKLEMBOURG..........	Pied..................................	291,002
MODÈNE..............	Pied de Modène..............................	523,048
	— de Reggio	530,898
EMPIRE OTTOMAN........	(Constantinople.) Grand pie.	669,079
PARME................	Braccio di legno = 12 pouces = 1728 atomi	544,670
POLOGNE	(Varsovie.) Pied = 12 pouces = 144 lignes.............	297,769
PORTUGAL	(Lisbonne.) Pied d'architecte....................	338,600
PRUSSE...............	(Berlin.) Pied = 12 pouces....................	309,726
RUSSIE...............	(Pétersbourg.) Pied russe......................	538,451
	— Archine......................	711,480
SARDAIGNE.............	(Cagliari.) Palmo, mesure de la ville.................	202,573
SAXE................	(Weimar.) Pied...........................	284,972
SICILES (DEUX-)........	(Palmo = 12 Pouces (onces = 60 minuti).............	263,670
SUÉDE	(Stockholm.) Pied...........................	296,838
SUISSE..............	(Bâle et Zurich.) Pied........................	304,537
	(Berne et Neufchâtel.) Pied = 12 pouces.............	293,258
	(Genève.) Pied............................	487,900
	(Lausanne.) Pied = 10 pouces = 100 lignes...........	300,000
	(Lucerne et autres cantons.) Pied...................	313,854
TOSCANE.............	Pied de construction.........................	548,167
WURTEMBERG	Pied = 10 pouces = 100 lignes	286,490

CHAPITRE II

ETUDE DES PROJECTIONS

75. En dessin, pour faire connaître exactement toutes les dimensions d'un objet, on doit représenter celui-ci sous plusieurs aspects différents ; ces vues diverses comprennent habituellement, l'*élévation*, le *plan*, le *profil*, et sont connues sous la dénomination générale de *projections*.

L'*étude des projections* ou la *géométrie descriptive* a donc pour objet la représentation exacte sur le papier de tous les corps à plusieurs dimensions, envisagés sous diverses faces.

On est convenu de ramener les projections d'un corps quelconque à deux plans principaux, dont l'un est appelé le *plan horizontal* et l'autre le *plan vertical*. Ces deux plans sont aussi nommés *plans géométraux* ou *plans de projection*.

La ligne d'intersection qui sépare ces deux plans prend le nom de *ligne de terre;* cette ligne est toujours horizontale, et dans le dessin nous la supposons parallèle à l'un des côtés du cadre du papier.

Comme il est important de bien connaître les principes élémentaires le la géométrie descriptive pour arriver à rendre sur le dessin toute espèce d'objets à contours déterminés, nous croyons utile d'entrer dans quelques détails explicatifs à ce sujet, en commençant d'abord par les projections d'un point et d'une ligne.

PRINCIPES ÉLÉMENTAIRES.

PROJECTIONS D'UN POINT.

PLANCHE 6.

76. Soit ABCD (fig. 1 et 1ᵃ) un plan horizontal, représentant, par exemple, la table sur laquelle on dessine, ou si l'on veut, la surface d'un parquet. Soit également ABEF, un plan vertical dont on peut avoir l'idée par la muraille même qui s'élève sur le parquet ; la droite AB, intersection de ces deux plans, est la *ligne de terre :* soit enfin un point O quelconque situé dans l'espace, et dont il s'agit d'obtenir la représentation sur le dessin.

Si, de ce point O, on abaisse par la pensée une perpendiculaire Oo sur le plan horizontale, le point d'intersection o, ou le pied de cette perpendiculaire, est ce que l'on est convenu d'appeler la *projection horizontale* du point donné.

De même, si du point O on abaisse la perpendiculaire Oo' sur le plan vertical ABEF, le pied o' de cette perpendiculaire est la *projection verticale* du même point.

On reproduit ces perpendiculaires dans les plans de projection par les lignes on et no', parallèles et respectivement égales aux premières Oo' et Oo.

77. Il résulte de ce principe que, lorsque les deux projections d'un point sont données, le point lui-même se trouve déterminé, puisqu'il est le point de rencontre des deux perpendiculaires élevées sur les deux plans de projection.

Comme en dessin on n'a qu'une surface, la feuille de papier, et qu'on ne peut alors opérer que sur un seul et même plan, on est convenu de supposer, par la pensée, le plan vertical ABEF, rabattu sur le prolongement du plan horizontal, en tournant autour de la ligne de terre comme charnière, tel serait un livre ouvert à angle droit, que l'on coucherait sur la table. On a ainsi la figure DCEF (fig. 1^a), représentant sur la feuille de papier les deux plans de projection réunis dans une seule et même surface, et divisés par la ligne AB.

Dans cette transformation pratique des plans géométraux, les points o, o' représentent les projections horizontale et verticale du point donné.

Il est à remarquer que ces points se trouvent sur une même perpendiculaire à la ligne de terre, parce que dans le rabattement du plan vertical, la droite no' forme le prolongement de la droite no ; il faut observer que la ligne no' mesure la distance du point donné au plan horizontal, comme la ligne on, indique la distance de ce même point au plan vertical. On comprend que si, par la pensée, on élève du point o une ligne verticale, sur laquelle on porterait la longueur no', on aurait exactement la position du point O, donnée précédemment.

On voit donc bien maintenant qu'un point dans l'espace est toujours déterminé par les deux projections.

PROJECTIONS D'UNE DROITE.

78. En général, en abaissant de plusieurs points pris sur une ligne donnée, des perpendiculaires sur les plans de projection, les lignes qui joignent les pieds des perpendiculaires sur chaque plan sont les projections de la ligne donnée.

Lorsque la ligne est droite, il suffit de connaître les projections de deux points de cette ligne pour qu'elle soit déterminée.

79. Soit MO (fig. 2) une ligne droite donnée dans l'espace, et que nous supposons ici perpendiculaire au plan horizontal, et par conséquent parallèle au plan vertical de projection. Pour avoir sa projection sur ce dernier, il faut abaisser les perpendiculaires Mm', Oo', et joindre les points m', o' ; dans ce cas, la projection m', o', est égale à la droite elle-même.

La projection horizontale de la droite donnée MO se réduit à un seul point m, parce qu'elle se confond avec la perpendiculaire M*m*, abaissée d'un de ses points sur le plan horizontal.

Dans le dessin, lorsque les deux plans de projection sont rabattus, comme l'indique la fig. 2^a, les projections horizontale et verticale de la droite donnée, sont déterminées par le point m d'une part, et par la ligne m'o' de l'autre.

80. Si nous supposons, comme dans les fig. 3 et 3^a, que la droite donnée MO soit horizontale et en même temps perpendiculaire au plan vertical, ces projections sont disposées d'une manière inverse aux précédentes, c'est-à-dire déterminées par la droite om, en projection horizontale, et par le point o' en projection verticale.

Dans l'un comme dans l'autre cas, les projections de la droite se trouvent sur une même perpendiculaire à la ligne de terre.

81. Lorsque la droite MO (fig. 4 et 4^a) est parallèle à la fois aux deux plans géométraux, les deux projections mo et m'o' sont elles-mêmes parallèles à la ligne de terre.

82. Quand la droite MO (fig. 5 et 5^a) est parallèle seulement au plan vertical ABEF, sa projection verticale m'o' est parallèle à la droite donnée, et sa projection horizontale mo est parallèle à la ligne de terre. Il est évident que, si la droite était parallèle au plan horizontal et inclinée au plan vertical, l'inverse aurait lieu, c'est-à-dire que sa projection horizontale serait parallèle à la droite donnée, et que sa projection verticale serait parallèle à la ligne de terre.

83. Enfin, si la droite MO (fig. 6 et 6^a) est inclinée en même temps par rapport aux deux plans géométraux, ses projections mo et mo' sont aussi inclinées à la ligne de terre, et s'obtiennent toujours par des perpendiculaires abaissées des extrémités de la ligne sur les deux plans de projection.

Les projections d'une droite étant données, on détermine la droite elle-même dans l'espace, soit en élevant des points de projection m, o des perpendiculaires au plan horizontal, et en portant sur ces perpendiculaires les hauteurs verticales nm' et po', soit, au contraire, en élevant des points m', o' des perpendiculaires au plan vertical, et en y portant les distances mn et po.

PROJECTIONS D'UNE SURFACE PLANE.

84. Comme toute surface plane est limitée par des lignes, quand on sait déterminer les projections de celles-ci, on est capable de représenter une surface quelconque sur les plans de projection.

Il suffit, en effet, d'opérer comme nous l'avons indiqué ci-dessus, c'est-à-dire d'abaisser, de chacun des sommets des angles ou points d'intersection des lignes, des perpendiculaires sur chacun des plans géométraux, et de réunir successivement les pieds de ces perpendiculaires ; c'est ainsi que l'on obtient les projections de la surface MOPQ (fig. 7, 8 et 9).

Il est à remarquer que cette surface se projette suivant une figure égale à elle-même, lorsqu'elle est parallèle à un des plans de projection, et suivant

une simple ligne droite sur l'autre plan de projection, comme étant perpendiculaire à celui-ci.

85. Ainsi dans la fig. 7, nous avons supposé la surface MOPQ, parallèle
au plan horizontal ; dans ce cas, sa projection horizontale donne une figure
égale et parallèle à elle-même, et sa projection verticale est une droite $p'o'$,
parallèle à la ligne de terre AB.

Lorsque les plans de projection sont rabattus sur la même surface, comme
l'indique la fig. 7^a, la représentation de la surface donnée se réduit à une
figure égale à elle-même pour la projection horizontale (soit un carré, puisque
la surface donnée est un carré), et à la droite $p'o'$ parallèle à la ligne de terre.

86. De même, lorsque la surface est parallèle au plan vertical (fig. 8), sa
projection verticale $m'o'p'q'$ donne une figure égale à elle-même, et sa projection horizontale est une droite mo, parallèle à la ligne de terre ; ces projections sont représentées géométralement sur la fig. 8^a.

87. Si la surface n'est pas parallèle aux plans de projection, mais qu'elle
soit perpendiculaire à l'un d'eux, sa projection sur celui-ci est encore une
ligne droite ; tel est le cas de la fig. 9^a.

Dans le rabattement des plans géométraux sur la surface du papier, les
projections sont représentées comme l'indique la fig. 9^a.

Ce qui vient d'être dit pour les surfaces à contours rectangulaires s'applique évidemment aux surfaces polygonales quelconques, comme on le
voit par les fig. 12 et 12^a, qui peuvent être suffisamment intelligibles, si on
observe que les mêmes lettres correspondent aux mêmes points, et par suite
aux mêmes lignes de projection.

Il en est de même de toute surface à contours circulaires, comme nous
en donnons des exemples dans les fig. 10 et 11.

88. Dans la première de ces figures, le cercle MOPQ étant supposé parallèle
au plan vertical, sa projection $m'o'p'q'$ sur ce plan, est un cercle égal à lui-
même, et sa projection horizontale qo est une ligne parallèle à la ligne de terre,
et est en même temps égale au diamètre du cercle. En projetant le centre H
de ce cercle en h' (fig. 10^a), il suffit de tracer de ce dernier point une circonférence avec un rayon H'M, pour obtenir la projection. Si au contraire le
cercle est parallèle au plan horizontal, sa projection verticale se réduit à une
droite $p'm'$ et sa projection horizontale est un cercle égal à lui-même.

89. Lorsqu'il s'agit d'obtenir les projections d'une figure régulière, comme
celles d'un polygone (fig. 12 et 12^a), il est toujours bon de déterminer les
projections de son centre de figure, ou de la ligne de symétrie qui partage
la surface en deux parties égales.

En général, on peut obtenir les projections de toutes surfaces à contours
rectilignes, quand on sait déterminer les projections d'un point et d'une ligne.

De même, lorsqu'on sait construire les projections d'une surface quelconque, on peut arriver aisément à la représentation des corps solides qui
ne sont, en réalité, terminés que par des surfaces et des lignes.

PRISMES ET CORPS RONDS.

PRISMES ET CORPS RONDS.

PLANCHE 7.

90. Avant de faire voir les tracés de divers corps solides, nous croyons devoir donner quelques définitions préalables, pour faire connaître les différentes dénominations qu'ils sont susceptibles de prendre dans les arts ou l'industrie.

DÉFINITIONS. — Un *corps solide* est un objet quelconque ayant trois dimensions, c'est-à-dire l'*étendue* réunissant *longueur*, *largeur* et *hauteur* ou *profondeur*. La grandeur ou contenance d'un solide est ce que l'on nomme son volume ou sa capacité.

Il y a plusieurs sortes de solides : le *polyèdre*, qui est un corps limité par des surfaces planes; le *cône*, le *cylindre* ou la *sphère*, terminés par des surfaces courbes.

On appelle aussi *solides de révolution* ceux qui sont engendrés par la révolution d'une surface plane autour d'une droite fixe nommée *axe*. Ainsi un *anneau* ou *tore* est un solide engendré par la révolution d'un cercle autour d'une droite située dans le plan de ce cercle.

Un *prisme* est un *polyèdre* dont les faces latérales sont des parallélogrammes et les bases des polygones égaux et parallèles.

Le prisme est *droit*, lorsque les faces latérales sont perpendiculaires aux bases, et il est *régulier*, lorsque sa base est un polygone régulier (fig. B).

Le prisme est aussi dénommé *parallélipipède*, lorsque les bases sont des rectangles ou des parallélogrammes, et il prend le nom de *cube* ou d'*hexaèdre* régulier, quand toutes les faces au nombre de six, sont des carrés égaux (fig. A). On distingue parmi les polyèdres réguliers, outre le cube :

1° Le *tetraèdre*, 2° l'*octaèdre*, 3° l'*icosaèdre*, qui sont formés extérieurement de quatre, huit et vingt triangles équilatéraux; et 4° le *dodécaèdre*, qui est terminé par douze pentagones réguliers.

Une *pyramide* est un solide dont toutes les faces latérales sont des triangles concourant au même sommet, et ayant pour bases les côtés d'un polygone quelconque, qui sert de base lui-même à la pyramide (fig. C).

Le prisme, comme la pyramide, est triangulaire, quadrangulaire, pentagonal, hexagonal, etc., suivant que sa base a trois, quatre, cinq ou six côtés, etc.

La *hauteur* d'une pyramide est la perpendiculaire abaissée du sommet sur la base; la pyramide est dite *droite*, lorsque cette perpendiculaire passe par le centre de sa base.

Un *tronc de pyramide* n'est autre que le fragment d'une pyramide dont on a enlevé la partie correspondante au sommet par une section quelconque, inclinée ou parallèle à la base.

On appelle *cylindre* le solide engendré par une droite tournant autour d'un axe quelconque, suivant le contour d'une courbe donnée.

Lorsque le contour est un *cercle,* et que la génératrice lui est perpendiculaire, le *cylindre* est *droit* (fig. ᴇ).

On peut dire aussi que le cylindre droit est engendré par un *rectangle* dont la base est le rayon du cercle, et dont le côté perpendiculaire est la *génératrice.*

Un *cône* est un solide engendré par une droite, tournant d'un bout autour d'un même point qui en est le *sommet,* et de l'autre autour d'un cercle quelconque leur servant de base (fig. ꜰ).

Le *cône* est *droit,* lorsque sa base est un cercle, et que la perpendiculaire abaissée du sommet sur cette base passe par son centre; dans ce cas il peut être considéré comme engendré par l'hypoténuse d'un triangle rectangle dont la base est le rayon du cercle.

Un *tronc* de *cône* est la portion restante d'un cône dont on a enlevé le sommet, en le coupant par un plan incliné ou parallèle à la base.

Une *sphère* est un solide engendré par un demi-cercle donné, tournant autour de son diamètre (fig. ɢ).

Un *secteur* sphérique est le corps engendré par la rotation d'un secteur circulaire O'LE' (fig. 7), autour d'un diamètre *ab* qui lui est extérieur.

La *zone* décrite par l'arc L'E' est la base du secteur sphérique. La zone est une *calotte sphérique,* quand la rotation s'opère autour de l'un des rayons O'E' du secteur.

Un *onglet* sphérique est la portion IHGF (fig. 7ᵃ) de la sphère comprise entre deux demi-grands cercles IHG et IFG limités au même diamètre IG.

L'onglet a pour base la portion de la surface de la sphère appelée *fuseau,* comprise entre les circonférences de ces demi-grands cercles.

Un *segment* sphérique est le corps engendré par la rotation d'un segment circulaire D'B'K (fig. 7) autour d'un diamètre *ab* qui lui est extérieur; la corde D'K et sa projection *mn* sur le diamètre, sont la *corde* et la hauteur du segment.

Une *tranche* sphérique est la portion LNKD' du volume de la sphère comprise entre deux sections parallèles; ces sections sont les *bases* circulaires de la tranche, leur distance *mn* en est la hauteur. Lorsque l'une des sections se réduit à un point, la tranche n'a plus qu'une base, elle est alors recouverte par une calotte.

Une *pyramide* sphérique est la portion de la sphère interceptée par un angle solide dont le sommet est au centre; sa base n'est autre qu'un *polygone* sphérique dont les côtés sont des arcs de grands cercles.

PROJECTION D'UN CUBE (fig. ᴀ).

91. Un cube dont deux faces opposées sont respectivement parallèles aux plans de projection, est représenté sur ces plans par des carrés égaux ABCD et A'B'E'F' (fig. 1ᵃ et fig. 1).

En effet, nous avons vu que, lorsqu'une surface telle que ABEF (fig. ᴀ) est parallèle au plan vertical, sa projection sur le plan horizontal se réduit à une ligne droite AB (fig. 1ᵃ), et sa projection verticale A'B'E'F' (fig. 1) est une figure égale à elle-même.

Il en est de même de la surface ABCD qui est parallèle au plan horizontal ; elle se projette en A′B′ verticalement (fig. 1) et en ABCD horizontalement (fig. 1ᵃ).

On observe que les faces ADHF et BCGE (fig. A), qui sont perpendiculaires à la fois aux deux plans de projection, sont projetées horizontalement suivant les lignes AD et BC (fig. 1ᵃ) perpendiculaires à la ligne de terre LT, et verticalement suivant les droites A′F′ et B′E′ situées sur le prolongement des premières (fig. 1).

On remarque aussi que la base FEGH (fig. A), qui est parallèle et opposée à celle ABCD, n'a pu être représentée en projection horizontale (fig. 1ᵃ) puisqu'elle est cachée par la base supérieure ; mais elle est indiquée sur le plan vertical (fig. 1) suivant la droite F′E′ située sur la ligne de terre LT.

Il en est de même de la face verticale postérieure DCGH, qui est parallèle et opposée à celle antérieure ABEF ; sa projection horizontale est réduite à la droite DC (fig. 1ᵃ), tandis que sa projection verticale se confond avec le carré A′B′E′F′, représentation de la face ABEF (fig. 1).

92. D'après ces considérations, pour dessiner un cube dont on a le modèle à reproduire, il suffit de connaître l'un des côtés, puisque tous les côtés sont égaux. Il faut avoir le soin pour ce travail de disposer les figures de façon que les faces de l'objet soient, autant que possible, parallèles ou perpendiculaires aux plans de projection, afin d'éviter ce que l'on appelle des *raccourcis*, ou des projections inclinées qui ne donnent pas les véritables dimensions de l'objet.

On trace donc un carré tel ABCD, dont le côté est égal à la *cote* ou à la mesure donnée, et en prenant le soin de disposer les côtés AB et DC parallèlement à la ligne de terre, on reproduit ce carré en A′B′E′F′ sur le prolongement même des côtés AD et BC, perpendiculaires à la ligne de terre, afin que les faces correspondantes soient en projection.

PROJECTION D'UN PRISME DROIT A BASE CARRÉE OU D'UN PARALLÉLIPIPÈDE RECTANGLE (fig. B).

93. La représentation de ce solide sur les plans de projection se fait exactement comme celle du cube précédent, en supposant aussi que les faces latérales soient parallèles ou perpendiculaires aux plans de projection.

La base du prisme étant carrée, sa projection horizontale ABCD (fig. 2ᵃ) est nécessairement un carré, mais sa projection verticale est un rectangle A′B′E′F′ (fig. 2) égal à l'une des faces du prisme ; on voit que ces projections s'obtiennent comme les précédentes, à la condition que l'on connaisse non-seulement le côté de la base, mais encore la hauteur du parallélipipède.

PROJECTION D'UNE PYRAMIDE QUADRANGULAIRE (fig. C).

94. Cette pyramide est supposée renversée et sa base ABCD parallèle au plan horizontal : il résulte de cette position que sa projection horizontale est

tout entière représentée par le carré ABCD (fig. 3ᵃ). L'axe OS qui est
vertical, et qui passe par le centre de la base, se trouve projeté horizontalement en un seul point O, et verticalement suivant la droite O'S (fig. 3) ; or, le
sommet S de la pyramide étant supposé sur la ligne de terre, si, à partir de
ce point, on porte sur la verticale la hauteur donnée SO' ; puis que du point O'
on tire l'horizontale A'B', celle-ci représentera la projection verticale de la
base limitée aux points A' et B' ; on obtient ces derniers par les perpendiculaires
élevées des points A et B sur la ligne de terre. En tirant alors les lignes A'S
et B'S, on a le triangle SA'B qui représente toute la projection verticale de la
pyramide. En effet ce triangle est la projection de la face antérieure SAB (fig. 3ᵃ).
Or, les deux faces latérales SBC et SAB sont perpendiculaires au plan vertical ;
par conséquent, elles sont représentées sur ce plan par les simples droites
SA' et SB'.

Quant à la face SDC, elle se confond en projection verticale avec la première SAB, puisqu'elle a le même sommet S, et que sa base DC est parallèle
à celle AB. Chacune des arêtes inclinées de la pyramide étant cachée par la
base ne peut être exprimée sur le plan (fig. 3ᵃ) par des lignes pleines ; mais
pour faire voir cependant qu'elles existent, nous les avons indiquées par des
lignes ponctuées.

PROJECTION D'UN PRISME DROIT ÉVIDÉ (fig 4.).

95. Les projections verticale et horizontale du contour extérieur de ce
prisme (fig. 4 et 4ᵃ) sont exactement semblables à celles du précédent
(fig. 2 et 2ᵃ), et sont par conséquent représentées par le carré ABCD, et par
le rectangle A'B'E'F' ; mais l'évidement à jour ménagé dans ce prisme forme
véritablement un second parallélipipède de dimensions plus petites, dont les
faces GHIJ et KLMN sont parallèles au plan vertical, et celles GKNJ et HIML
sont perpendiculaires à ce plan ; il en résulte que les projections de ce second
parallélipipède (sur les fig. 4 et 4ᵃ) sont représentées par les rectangles G'H',
I'J' et GHLK.

96. Il est à remarquer que les lignes GK et HL sont représentées par une
suite de traits interrompus, au lieu d'être tracées en lignes pleines, comme
étant cachées par la base ABCD du premier prisme. Il en sera de même
toutes les fois que des lignes ne seront pas apparentes, soit sur l'un, soit sur
l'autre plan de projection. C'est ainsi que, comme nous l'avons déjà dit plus
haut, dans la fig. 3ᵃ, les projections horizontales des arêtes latérales de la
pyramide ont été représentées par des lignes ponctuées AC et BD.

Nous devons faire observer que ces lignes ne sont pas, comme les lignes
de projection, tracées avec des points et des traits, comme nous indiquons
les lignes d'opérations, mais seulement avec une suite de *petits traits égaux.*
De cette sorte, on peut toujours distinguer dans un dessin les lignes de projection ou fictives, des lignes non apparentes, quoique existantes.

97. En examinant les figures précédentes, on reconnaîtra que pour les projections horizontales le contour extérieur de chaque objet est un carré, tandis que pour les projections verticales, les figures sont différentes les unes des autres. Ce qui démontre que, dans un dessin, une seule projection ne suffit pas pour que la forme et les dimensions d'un objet soient bien déterminées, mais qu'il faut toujours réellement deux projections ; nous verrons même plus loin qu'il est souvent nécessaire d'en avoir une troisième et parfois une quatrième, ou des sections faites par différents plans.

PROJECTIONS D'UN CYLINDRE DROIT (fig. E).

98. L'axe OM de ce cylindre est supposé vertical et ses bases AB et EF étant par conséquent horizontales, ses projections sur les fig. 5 et 5ª sont représentées par un rectangle A'B'E'F' d'une part, et par le cercle ACBD de l'autre. On voit que pour dessiner ces figures, il suffit de connaître le rayon AO de la base, et la hauteur OM ; avec ce rayon on trace le cercle ACBD, qui représente la projection horizontale de tout le cylindre, et en portant la hauteur sur la ligne verticale MO', élevée du centre O, on forme le rectangle A'B'E'F' ; à cet effet on mène par les points AB, des parallèles à MO', et par le point O', une parallèle A'B' à la ligne de terre.

PROJECTIONS D'UN CONE DROIT (fig. F).

99. Les projections d'un cône droit ne diffèrent de celles du cylindre que sur l'un des plans géométraux. Ainsi on voit (fig. 6 et 6ª) que la projection horizontale du cône donné SAB, est exactement la même que celle correspondante du cylindre droit qui a la même base ; mais la projection verticale S'A'B', au lieu d'être un rectangle, est un triangle isocèle dont la base est le diamètre du cercle, et la hauteur celle du cône. Il suffit de connaître, comme ci-dessus, le rayon de cette base et cette hauteur pour dessiner les deux projections du cône.

PROJECTIONS D'UNE SPHÈRE (fig. G).

100. Une sphère, quelle que soit sa position par rapport aux plans de projection, est toujours représentée par un cercle dont le diamètre est égal au sien propre ; par conséquent si l'on se donne les projections O et O', du centre de la sphère (fig. 7 et 7ª), on trace de ces points deux circonférences égales avec un rayon correspondant à celui AO, de la sphère donnée.

Il semble, d'après cela, qu'une seule projection devrait suffire pour faire connaître une sphère, mais si l'on remarque que le cercle représenté dans chacune des projections horizontales (fig. 5ª, 6ª et 7ª) correspond aussi bien à un cylindre ou à un cône qu'à une sphère, on sera convaincu qu'une seule projection géométrale ne suffit pas pour sa détermination exacte. Ce n'est que dans quelques cas particuliers et lorsque l'objet est ombré, au lieu d'être simplement au trait , que l'on peut en distinguer la forme ; mais cela ne s'applique qu'à des corps ronds, comme les cylindres, les cônes et les sphères (voy. fig. E, F, G.)

DES TRAITS DE FORCE.

101. Pour faire sentir dans un dessin au trait les différentes parties saillantes de l'objet à représenter, on est convenu d'indiquer en traits fins toutes les lignes apparentes et éclairées, et en traits plus forts celles qui appartiennent à des surfaces saillantes et non éclairées ; ce sont ces traits renforcés que l'on nomme *traits de force*.

On suppose donc, pour cela, que les objets soient éclairés d'une certaine manière pour que leurs projections aient des parties dans l'ombre et d'autres dans la lumière.

Jusqu'ici on n'a pas toujours été d'accord sur la direction à donner au rayon de lumière pour éclairer les objets ; des auteurs ont cru devoir prendre pour ce rayon la direction de la diagonale d'un cube dont les projections sont AC et A'E' (fig. 1 et 1^a). D'autres, au contraire, ont pris pour rayon la direction de la diagonale projetée suivant les lignes BD et A'E' ; quelques-uns ont proposé pour direction des rayons de lumière, soit des perpendiculaires au plan vertical, soit des perpendiculaires au plan horizontal. Nous avons adopté le premier système ; nous ferons voir plus loin les motifs qui nous ont portés à le préférer à tout autre.

La ligne que nous prenons comme diagonale du cube est la droite qui part de l'angle A, de la face antérieure du prisme (fig. A) et qui aboutit au sommet G de l'angle opposé de la face postérieure.

Les projections de cette droite dans la représentation du cube (fig. 1 et 1^a) sont les lignes AC et A'E', qui forment des angles à 45° avec la ligne de terre. Ainsi, en général, les rayons de lumière qui éclairent les objets dans nos dessins, sont représentés comme l'indique la fig. 8 par les droites R et R' inclinées à 45° sur la ligne LT.

102. Il est à remarquer que la véritable inclinaison du rayon de lumière, par rapport aux plans de projection n'est pas inclinée à 45° comme ses projections mêmes ; il fait, au contraire, avec ces plans un angle plus petit, que l'on peut aisément déterminer par le tracé indiqué (fig. 9). Pour le démontrer, nous allons chercher le *rabattement* de ce rayon en le supposant couché sur l'un ou l'autre plan.

Supposons les deux projections R, R' du rayon concourant au même point o situé sur la ligne de terre LT ; prenons sur ce rayon un point quelconque projeté horizontalement en a, et verticalement en a' ; du point o, comme centre, avec le rayon a o décrivons un arc de cercle a c a', qui coupe la ligne de terre au point c ; de ce point élevons une perpendiculaire qui sera rencontrée en

b et b', par les horizontales menées des points $a\,a'$. Les droites $a\,b$ et $a\,b'$ sont alors les *rabattements* du rayon de lumière sur chaque plan de projection, il est facile de vérifier avec le rapporteur que les angles $b\,o\,L$ et $L\,o\,b$, qu'elles forment avec la ligne de terre, ont pour mesure 35° 16′, environ.

D'après cela, il est facile de voir quelles sont les parties éclairées et les parties dans l'ombre d'un objet représenté sur les plans géométraux. On reconnaît, par exemple, sur les fig. 1 et 1ᵃ que les faces éclairées sont celles représentées par les lignes AB et AD, d'une part, et par les lignes A′B′ et A′F′ de l'autre; et que les faces dans l'ombre sont celles projetées en BC et CD sur le plan horizontal, et en B′E′ et F′E′ sur le plan vertical.

Il est à remarquer que, par cette direction donnée à la lumière, toutes les faces qui paraissent éclairées sur l'un des plans de projection, le sont également sur l'autre; il en est de même des parties non éclairées.

Ce que nous venons de dire pour le cube s'applique exactement à tout autre prisme ou corps solide terminé par des faces et des arêtes vives, en ayant toujours le soin de mettre les traits de force sur les arêtes qui représentent des faces saillantes entièrement dans l'ombre, ou des arêtes qui limitent les parties éclairées de celles qui ne le sont pas.

103. Pour les corps ronds, les projections des surfaces latérales étant limitées entre des lignes qui ne sont pas des arêtes vives, ne peuvent, quoique dans l'ombre, recevoir des traits de force, comme celles qui représentent des surfaces planes. Ainsi, dans les fig. 5, 6 et 7, les lignes B′E′, S′B′ et C′B′D′ ne sont pas renforcées comme celles correspondantes B′E′ des fig. 1 à 4. Cependant, pour faire sentir dans le dessin qu'elles appartiennent à des parties non éclairées, on est convenu de les faire légèrement plus fortes que les lignes opposées A′F′ ou A′S′. Il n'en est pas de même évidemment des droites F′E′ et A′B′ (fig. 5 et 6), qui représentent des surfaces entières planes.

Dans la projection horizontale du cylindre (fig. 5ᵃ), la partie éclairée correspond au demi-cercle $a\,d\,b$, et celle dans l'ombre à l'autre moitié $a\,c\,b$; on obtient les points a et b, qui séparent les parties éclairées des parties dans l'ombre, soit en menant une perpendiculaire $a\,b$ au rayon de lumière $d\,O$, soit en menant deux tangentes au cercle parallèle à ce rayon. Cette droite $a\,b$ est nécessairement aussi inclinée à 45° sur la ligne de terre. Il faut avoir soin, dans ce cas, en traçant le trait de force sur la partie $a\,c\,b$, de fermer les *palettes du tire-ligne* à mesure qu'on approche des limites a et b, afin de le faire mourir sur le trait fin, comme il est indiqué (fig. 5ᵃ). En inclinant ou en appuyant le tire-ligne sur le papier, on peut, avec un peu d'habitude, obtenir immédiatement cette dégradation du trait de force.

104. Dans le plan du cône (fig. 6ᵃ), la partie éclairée est toujours plus grande que la partie dans l'ombre; mais comme il faudrait faire une construction spéciale, que nous indiquerons en traitant des ombres, pour déterminer les lignes de séparation S e, on ne prend généralement pas cette peine dans les simples dessins au trait; on exprime seulement le trait de force comme dans

la projection horizontale du cylindre. Toutefois, il est bon de remarquer que, si la hauteur du cône était moindre que le diamètre de la base, sa surface serait complétement éclairée, et son contour ne devrait pas recevoir de trait de force.

105. Pour faire comprendre les motifs qui nous ont déterminés à adopter, pour la direction du rayon de lumière, la diagonale d'un cube projeté suivant les lignes R, R′ (fig. 8), préférablement aux autres systèmes proposés, il n'est peut-être pas inutile d'entrer dans quelques considérations qui feront mieux ressortir les inconvénients que présentent ceux-ci.

Remarquons d'abord que, si l'on prend pour rayon de lumière des lignes parallèles à la diagonale projetée en A′E′ et DB, sur les fig. 1 et 1ᵃ une partie des surfaces éclairées du plan ne correspond plus à celle de l'élévation ; les lignes qui recevraient les traits de force devraient être les droites AB et BC en projection horizontale, et les droites F′E′ et B′E′ en projection verticale, de sorte qu'on ne peut faire aucune distinction entre les deux projections, tandis que, par le système que nous avons adopté, on peut toujours distinguer l'élévation d'un plan, d'un premier coup d'œil, à l'aide des simples traits de force, par cela seul que, dans la première, ces traits se trouvent bien à la partie inférieure de l'objet ; mais, dans le second, ces traits sont, au contraire, à la partie supérieure. Disons, d'ailleurs, qu'il n'est pas naturel de supposer que, dans la représentation d'un objet, on fasse arriver la lumière derrière celui-ci pour l'éclairer, car il en résulterait que le spectateur se trouverait justement du côté où cet objet n'est pas éclairé ; or, c'est évidemment ce qui a lieu en donnant au rayon la direction de la ligne projetée en BD et A′E′. Par conséquent, pour ce double motif, une telle direction ne peut convenir.

Lorsque les rayons de lumière sont perpendiculaires à l'un et à l'autre des plans de projection, la confusion devient tellement grande qu'il n'est plus possible de distinguer, d'une manière positive, les parties dans l'ombre de celles qui sont éclairées. En effet, que l'on suppose, par exemple, la lumière venir perpendiculairement au plan vertical, toute la face antérieure (fig. 1 à 4) est bien complétement éclairée, mais aussi toutes les faces perpendiculaires au plan vertical sont dans l'ombre, donc il faudrait ou ne pas mettre de traits de force sur tout le contour de l'objet, ou, au contraire, en poser partout, ce qui rendrait le dessin tout à fait inintelligible.

Il n'est pas, d'ailleurs, rationnel que le spectateur qui se place devant l'objet reçoive la lumière par derrière.

Ainsi, nous croyons, en résumé, que la meilleure direction à donner à la lumière, pour éclairer les dessins, est celle que nous avons choisie, c'est-à-dire celle parallèle à la diagonale d'un cube dont les faces sont parallèles ou perpendiculaires aux plans géométraux, et dont, par suite, les *projections sont inclinées à 45° par rapport à la ligne de terre,* mais dirigées de bas en haut sur le plan horizontal et de haut en bas sur le plan vertical, comme le montrent bien les lignes RR′ de la **fig. 8.**

PROJECTIONS DE CYLINDRES CANNELÉS ET DE ROUES A ROCHETS.

(PLANCHE 8)

106. Les figures de cette planche ont principalement pour but de faire acquérir aux élèves l'habitude de mettre les objets en projection et aussi de
leur apprendre à représenter ces mêmes objets, non-seulement suivant leurs
contours extérieurs, mais encore suivant des *coupes* ou des *sections* qui montrent bien certaines parties intérieures.

Les fig. 1 et 1ᵃ de la pl. 8 représentent le plan et l'élévation d'un cylindre droit, cannelé sur toute sa surface extérieure. D'un côté les cannelures
sont supposées triangulaires, formées de triangles isocèles de mêmes dimensions, comme celles des cylindres que l'on emploie dans les métiers de
filature, dans les appareils à hacher la paille, le foin ou autres substances,
pour les bestiaux, et dans un grand nombre d'autres machines.

L'autre partie se compose de cannelures carrées ou rectangulaires, dont
les côtés latéraux sont des lignes qui concourent au centre ou quelquefois
parallèles aux rayons passant par leurs milieux; ce système est employé
dans les mouvements d'horlogerie, dans les appareils à compteur et dans
des instruments de précision.

107. Pour établir la projection horizontale de ce cylindre, supposé vu de
bout, il faut d'abord compter le nombre de cannelures dont il est garni, et
tracer une circonférence AO, que l'on prend toujours plus grande que celle
du cylindre donné; on divise cette circonférence en un nombre de parties
égales double de celui des cannelures.

D'après ce que nous avons vu dans la première planche qui traite du dessin
linéaire, il est toujours facile de diviser un cercle en 2, 3, 4, 5, 6, 8 et 12 parties
égales et, par suite, de déterminer les subdivisions de chaque partie en deux.
Ainsi le cylindre portant 24 cannelures doit être divisé en 48 parties égales;
pour y parvenir, on commence d'abord par tracer les deux diamètres perpendiculaires AB et CD, on porte de chacune de leurs extrémités le rayon AO
sur la circonférence, afin, d'une part, d'avoir les quatre points 8, et de l'autre
les points 4, ce qui donne immédiatement 12 points de division. Il suffit ensuite de diviser l'espace A4, B4 ou 4.8, etc., en deux parties égales d'abord,
puis chaque partie en deux autres, ce qui donne les 48 divisions du cercle.
Par ces points de division, on tire une suite de rayons qui concourent au
centre O, et qui divisent le cercle du rayon OF dans le même nombre de parties égales. On limite le fond des cannelures par la circonférence du rayon
OE, comme les extrémités sont limitées par la circonférence du rayon OF.

Toute l'opération que nous venons d'indiquer se rapporte aussi bien aux
cannelures triangulaires qu'aux cannelures droites ou carrées; seulement, dans
le premier cas, on joint les points d'intersection *a*, *b*, *c*, *d*, des circonférences

avec les rayons, tandis que dans le second ce sont les rayons eux-mêmes qui, avec les circonférences, limitent les contours des cannelures.

108. Pour dessiner la projection verticale (fig. 1^a), lorsqu'on s'est donné la hauteur du cylindre M'N'=54, on trace d'abord les deux horizontales M'P' et N'Q', qui limitent le contour extérieur du cylindre. Puis l'on projette chacune des arêtes des cannelures, en élevant des différents points e,f,g,h, etc., des perpendiculaires ou parallèles à la verticale OF ; toutes ces droites, comprises entre les deux bases du cylindre, représentent, en élévation, toutes les arêtes des cannelures appartenant à la portion de cylindre comprise au-dessous du diamètre MP.

109. Nous avons observé précédemment que deux projections ne suffisent pas toujours pour déterminer toutes les parties d'un objet ; déjà nous pouvons voir, par les fig. 1 et 1^a, qu'une troisième vue est nécessaire pour faire comprendre l'intérieur du cylindre. En effet, le rayon du cercle OG = 32, qui exprime un trou pratiqué au centre du cylindre, n'a pu être apparent sur la fig. 1^a ; d'où il résulte qu'on ne sait pas si le trou existe sur toute la hauteur du cylindre ou seulement dans une partie ; de même la rainure rectangulaire mn, qui sert à recevoir la clef au moyen de laquelle la pièce est retenue sur son axe, n'est pas vue en élévation (fig. 1^a), et, par conséquent, on n'en connaît pas la longeur. Il est donc utile de supposer le cylindre coupé par la moitié, suivant la ligne MP, par exemple, de manière à voir son intérieur, en enlevant la moitié supérieure.

Cette section, représentée sur la fig. 1^b, fait reconnaître que le trou ainsi que la cannelure, dont il vient d'être parlé, existent sur toute la hauteur du cylindre, et sont indiqués par les verticales passant aux points G', m', n', H'. Elle montre de même que les cannelures existent également sur toute la hauteur du cylindre, et sont comprises entre les verticales passant aux points M', L' et R', P'.

La portion pleine du cylindre, rencontrée par le plan coupant MP, est indiquée sur la fig. 1^b par un ton de hachures, afin de la distinguer des parties évidées ; c'est ainsi qu'on procède généralement pour faire une distinction entre les parties coupées et celles qui ne le sont pas ; on varie le *ton*, c'est-à-dire l'écartement ou la force de ces hachures, suivant la nature de la matière. Pour le fer et la fonte, en général, le ton est plus prononcé que pour la pierre ou le bois : nous avons fait sentir ces différences sur les coupes de la pl. 8. Les hachures de la fig. 1^b correspondent à une teinte de cuivre ; celles de la fig. 2^b à une teinte de fonte ou de fer ; enfin, celles de la fig. 3^b simulent un ton de bois ou de maçonnerie.

110. Il est à remarquer que toutes ces hachures, quelles qu'elles soient, sont toujours inclinées à 45° pour les distinguer de celles que l'on pose quelquefois sur la surface extérieure des objets, afin de mieux en faire ressortir les parties saillantes et les parties creuses. (Voir les fig. en relief des pl. 1, 5 et 7.)

Les lignes G'H' et I'J', qui expriment les bases de l'ouverture cylindrique, doivent toujours être tracées comme indiquant la projection du demi-cercle GmH, ce que l'on omet quelquefois à tort, car les lignes existent et joignent les deux parties coupées du cylindre. Cette observation s'applique, en général, à tous les objets creux coupés par leur axe.

Nous avons tenu compte dans ces figures de l'application des traits de force, d'après les principes exposés précédemment ; nous devons, toutefois, observer que ces traits sont d'autant plus soutenus qu'ils appartiennent à des plans plus rapprochés. Ainsi, dans les fig. 1ª, 2ª, 3ª, les arêtes verticales passant en F′, situées dans un premier plan, sont sensiblement plus prononcées que celles P′Q′ du dernier plan. De même dans les coupes fig. 1ᵇ, 2ᵇ, 3ᵇ, les traits de force, posés sur les arêtes qui limitent le contour des sections, sont plus nourris que ceux des lignes extérieures.

Il est important d'avoir égard à cette observation, surtout dans un dessin compliqué, pour bien distinguer les différences de plans.

ÉLÉMENTS D'ARCHITECTURE.

ORDRE TOSCAN.

(PLANCHE 9)

111. Dans les constructions et même dans les machines, les colonnes des différents ordres d'architecture sont fréquemment employées comme supports, ayant l'avantage de réunir l'élégance à une grande solidité.

Les ordres d'architecture sont au nombre de cinq, savoir :

1° L'ordre toscan ;

2° L'ordre dorique ;

3° L'ordre ionique ;

4° L'ordre corinthien ;

5° L'ordre composite.

On applique aussi quelquefois un sixième ordre que l'on nomme ordre *pæstum*.

112. Chaque ordre d'architecture comprend trois parties principales : le *piédestal*, la *colonne* et l'*entablement*.

Dans tous les ordres, le piédestal a pour hauteur le tiers de la hauteur du *fût* de la colonne, et celle de l'entablement en est le quart.

Le diamètre et la hauteur de la colonne varient suivant l'ordre auquel elle appartient.

La colonne {toscane / dorique / ionique / corinthienne / composite} a de hauteur {7 fois / 8 id. / 9 id. / 10 id. / 10 id.} son diamètre inférieur.

On supprime assez souvent dans la construction le piédestal.

Pour mettre un ordre en proportion, on le rapporte au demi-diamètre ou au module.

Le module est la moitié du diamètre inférieur de la colonne; il se divise en 12 parties pour les ordres toscan et dorique, et en 18 parties pour les ordres ionique, corinthien et composite.

La hauteur totale de l'ordre toscan est de 22 modules 2 parties, distribués de la manière suivante : 14 modules pour la colonne, 4 modules 8 parties pour le piédestal, et 3 modules 6 parties pour l'entablement.

La hauteur totale de l'ordre dorique est de 25 modules 4 parties. La colonne a 16 modules, le piédestal a 5 modules 4 parties, et l'entablement 4 modules.

La hauteur totale de l'ordre ionique est de 28 modules 9 parties, ainsi répartis : le piédestal 6 modules, la colonne 18 modules, l'entablement 4 modules 9 parties.

La hauteur totale des ordres corinthien et composite comprend 31 modules 12 parties, dont 6 modules 12 parties pour le piédestal, 20 modules pour la colonne et 5 modules pour l'entablement.

Ne traitant pas d'une manière spéciale l'architecture proprement dite, nous ne donnons pas les dessins de tous les ordres; nous nous sommes seulement attachés à faire connaître l'ordre toscan, qui est le plus simple et le plus généralement employé dans les machines.

Nous avons, du reste, réuni dans les tableaux vii et ix (Voir pages 72 et 73) les cotes proportionnelles de toutes les parties des ordres *toscan* et *dorique*.

TRACÉ DE L'ORDRE TOSCAN.

113. On peut toujours établir toutes les parties proportionnelles d'un ordre quelconque sur une hauteur donnée MN.

Soit 4ᵐ 50, par exemple (fig. 7), cette hauteur; on la divise d'abord en 19 parties égales, puis on prend 4 de ces parties pour la hauteur du piédestal, 12 pour celle de la colonne entière, et les 3 parties restantes donnent la hauteur de l'entablement.

Suivant l'ordre que l'on veut construire, la hauteur *mn* de la colonne se divise en 7, 8, 9 ou 10 parties égales, qui donnent le diamètre à la partie inférieure de la colonne; ainsi, dans l'ordre toscan, le diamètre *ab* est égal à 1/7 de la hauteur *mn*, la moitié de ce diamètre ou le rayon donne une unité de mesure qu'on appelle *module*, et d'après laquelle on établit toutes les parties de l'ordre en proportion; le module est donc égal à 1/14 de partie de la hauteur de la colonne dans l'ordre toscan, et à 1/16, ou 1/18 ou 1/20 dans les ordres dorique, ionique et corinthien ou composite.

114. Les trois membres d'un ordre se subdivisent chacun en trois parties principales. Ainsi le piédestal se compose du socle A, du dé B, et de la corniche C; la colonne comprend la base D, le fût E et le chapiteau F; dans l'entablement on distingue l'architrave G, la frise H et la corniche I.

115. Pour dessiner ces différentes parties, ainsi que les moulures dont elles sont ornées, il est utile d'établir une échelle de module déterminé, comme nous venons de le dire, par le rayon ou le demi-diamètre de la colonne : chacun des modules doit être divisé en douze parties égales.

Pour bien faire voir les détails des moulures et leurs dimensions exactes, nous avons représenté à une échelle plus grande chacune des parties principales du socle de l'entablement et de la colonne.

Ainsi, le socle et la base de la colonne sont représentés en élévation (fig. 2) et en plan (fig. 3), à une échelle qui est deux fois et demie plus grande que celle de l'ensemble (fig. 1). Le module est alors aussi deux fois et demie plus grand.

Toutes les cotes indiquées sur ces figures donnent exactement les mesures de chaque partie ou de chaque moulure, et permettent de les dessiner complétement d'après l'échelle adoptée. Pour la symétrie et l'exactitude du dessin, il est bon que toutes les cotes soient portées à partir de l'axe cd. Le module n'étant qu'une unité de convention, on est obligé dans la mise en exécution, d'exprimer les mesures en mètres et fractions de mètre ; c'est pourquoi nous avons indiqué sur le dessin des échelles en mètres, correspondantes à celles du module, et nous avons répété sur chaque figure, en millimètres, les cotes correspondantes à celles en modules et parties.

Pour mieux distinguer le contour ou profil des parties saillantes de l'ordre, nous avons indiqué une partie en élévation, coupée par un plan vertical passant par l'axe de la colonne. Cette partie est rendue suffisamment apparente par un ton de hachures. Nous avons aussi supposé dans le plan (fig. 3) deux sections horizontales, l'une faite à la hauteur de la ligne 5-6, et l'autre à la hauteur de la ligne 7-8. La première sert à faire voir que le fût de la colonne est rond ainsi que le filet f et le tore g, tandis que la base h et la corniche ij sont carrées ; de même la seconde coupe montre que le dé B, le socle A et son filet p sont carrés. Les parties rencontrées par les sections sont suffisamment indiquées par des hachures.

La fig. 4 représente, en élévation et en profil, l'entablement et le chapiteau de la colonne. La fig. 5 est une coupe horizontale de celle-ci, et supposée faite suivant la ligne brisée 1, 2, 3, 4, en regardant en dessous. Nous avons également indiqué les cotes en modules d'une part, et en mesures métriques de l'autre. Dans le dessin, elles doivent toujours être portées à partir de l'axe c'd', comme nous l'avons dit précédemment

116. L'exécution du dessin ne présente aucune difficulté, puisque nous avons pris soin de bien indiquer toutes les lignes d'opération et les lignes de cotes. Il est inutile d'entrer dans plus de détails ; nous croyons seulement devoir expliquer des parties qui présentent quelques particularités, telle que le fût de la colonne et certaines moulures.

Remarquons d'abord que, dans la colonne, la partie inférieure du fût, jusqu'à 1/3 de la hauteur, est cylindrique, tandis que l'autre partie va en diminuant de diamètre jusqu'au sommet ; cette réduction n'a pas lieu d'une manière régulière, de sorte que le contour est limité par une ligne courbe, au lieu d'être une ligne droite, comme on le fait assez souvent dans les machines, surtout lorsque les colonnes sont en fer et d'un petit diamètre, comparativement à la hauteur, parce qu'alors les proportions entre le diamètre et la hauteur ne sont nullement observées.

Pour déterminer cette courbe, on divise la ligne cd (fig. 6), qui représente les 2/3 de la hauteur du fût, en un nombre quelconque de parties égales (et généralement en six). Du point d, comme centre, avec un rayon dc, égal à un module, on trace un arc de cercle, et après avoir porté de c en v 9, 1/2 parties, on mène du point v une parallèle vx à l'axe cd ; cette parallèle rencontre l'arc de cercle au point x ; on divise alors la portion ex de cet arc en autant de parties égales, c'est-à-dire en six, puis aux points 1, 2, 3, 4, etc., on mène autant de parallèles à l'axe : ces parallèles rencontrent les lignes horizontales tirées de chacun des points q, r, s, t, aux points 1′, 2′, 3′, etc., par lesquels on fait passer la courbe qui représente le profil du fût. En reportant les points trouvés à la même distance et de l'autre côté de l'axe cd, sur les mêmes lignes horizontales prolongées, on complétera le contour du fût.

Dans l'entablement et le piédestal, on a remarqué qu'il existe des moulures appelées *talons*, formées de deux arcs de cercle, dont le tracé présente la plus grande analogie avec ceux que nous avons indiqués dans les figures de la pl. 3. Les lignes que nous avons tracées sur une plus grande échelle (fig. 8), montrent d'ailleurs suffisamment les opérations à effectuer à cet égard. Il en est de même du quart de rond et de la baguette qui appartiennent au chapiteau de la colonne, et qui sont représentés séparément sur les fig. 9 et 10.

RÈGLES ET DONNÉES PRATIQUES

MESURE DES SOLIDES.

117. On a vu que le volume ou la solidité d'un corps est l'étendue qu'il embrasse en longueur, largeur et hauteur ; cette dernière dimension est quelquefois remplacée par l'épaisseur ou la profondeur.

Le volume d'un corps est déterminé lorsqu'on connaît le nombre de fois qu'il peut contenir le cube pris pour unité.

Pour mesurer le volume d'un corps, on prend pour unité le *mètre cube*, comme on a pris le mètre carré pour l'unité de surface et le mètre linéaire pour l'unité de longueur.

Les subdivisions du mètre cube sont le *décimètre cube*, le *centimètre cube*, le *millimètre cube, etc.*

Les unités comparatives, entre les unités linéaires et les unités cubiques, sont les suivantes :

1 *mètre* = 10 *décimètres* = 100 *centimètres* = 1000 *millimètres*.

1 mètre cube = $10^d \times 10^d \times 10^d$ = 1000 décimètres cubes.

1 mètre cube = $100^c \times 100^c \times 100^c$ = 1,000,000 centimètres cubes.

1 mètre cube = $1000^m/m \times 1000^m/m \times 1000^m/m$ = 1,000,000,000 millimètres cubes.

Par conséquent, 1 décimètre cube = $0^{m.c.}$ 001 ou $\frac{1}{1000}$ de mètre cube, ou 1 litre.

1 centimètre cube = $0^{m.c.}$ 000001 ou $\frac{1}{1000000}$ de mètre cube, ou $\frac{1}{100}$ de litre, etc.

Lorsqu'on connaît le volume d'un corps, on peut en déterminer le poids en multipliant ce volume par la densité.

118. La *densité*, ou *pesanteur spécifique* d'un corps, est son poids sous l'unité de volume.

L'eau distillée sert d'unité de poids à tous les corps solides et liquides, et l'air est adopté pour unité de poids comparatif des fluides élastiques ou gaz.

L'unité décimale de pesanteur est le *gramme*, qui équivaut au poids d'un centimètre cube d'eau distillée à la température de quatre degrés centigrades au-dessus de zéro.

Le kilogramme vaut 1000 grammes, et équivaut au poids de 1000 centimètres cubes d'eau ou d'un litre, qui n'est autre que l'équivalent d'un cube de 1 décimètre de long, de haut et de large ; ainsi, un kilogramme égale le poids d'un décimètre cube d'eau.

IVᵉ TABLE DES PESANTEURS SPÉCIFIQUES DES PRINCIPAUX CORPS SOLIDES.

NOMS DES SUBSTANCES.		POIDS DU MÈTRE CUBE.
		kilog.
Liége		240
Peuplier	d'Italie	392
	de Hollande	574
Sapin	commun	542
	jaune aurore	674
Pommier		793
Frêne		845
Noyer	de France	642
	d'Afrique	735
Hêtre		842
Buis	de France	907 à 912
	de Mahon	924
	de Hollande	1324 à 1328

NOMS DES SUBSTANCES.		POIDS DU MÈTRE CUBE.
Chêne ordinaire	vert	de 850 à 1000 kilog.
	sec	de 740 à 785
	le cœur	1170
Charme		757
Châtaignier		685
Orme		842
Acajou		1063
Pierre ponce		de 557 à 915
Craie		1285
Houille	compacte	1329
	mesurée à l'hectolitre	800
Ivoire		1826
Briques	les moins cuites	de 1500 à 1650
	les plus cuites	de 1800 à 2200
Pierre	à plâtre	2168
	à bâtir	de 1140 à 2500
Maçonnerie de moellons		de 1700 à 2240
Grès de paveur		2415
Pierre meulière et pierre de taille à bâtir		de 2400 à 2700
Terreau		de 830 à 860
Tourbe, suivant la sécheresse		de 514 à 785
Terre végétale		de 1150 à 1450
Gravier et cailloux		de 1370 à 1658
Argile et glaise		de 1636 à 1756
Sable		de 1400 à 1860
Scories de forges, mâchefer		de 770 à 1000
Laitier vitreux		de 1400 à 1480
Pouzzolane		de 1070 à 1130
Chaux éteinte		de 1320 à 1430
Mortier de chaux et de	sable	de 1850 à 2140
	ciment	de 1650 à 1700
	mâchefer	de 1130 à 1220
Plâtre	cuit, battu et tamisé	de 1240 à 1260
	gâché { humide	de 1570 à 1600
	gâché { sec	de 1400 à 1415
Schiste		de 1813 à 2856
Marbre		de 2717 à 2837
Zinc fondu		de 6861 à 7100 [1]
Fonte de fer		7207
Antimoine fondu		6712
Étain	pur de Cornwal, fondu	7287
	neuf, fondu, écroui	7307
	fin, fondu, écroui	7515
	commun, fondu	7915
	dit claire étoffe, fondu	8439
Fer en barre		7788
Acier	écroui, non trempé	7813
	non écroui	7829
Cuivre	rouge, fondu	7783
	passé à la filière	8540
	jaune, laiton fondu	8395
	passé à la filière	8540
Argent fondu		10474
Plomb coulé		11352
Mercure		13586
Or pur fondu		19258
Or pur forgé		19362
Platine forgé		20337
Platine laminé		22069

1. Pour calculer le poids des métaux on emploie généralement comme unité le décimètre cube; il suffira donc dans l'évaluation de ces matières d'avancer la virgule de trois chiffres, ce qui donnerait 7k1 pour le zinc, 7k2 pour la fonte, 6k71 pour l'antimoine, etc.

119. Parallélipipèdes. — Le volume d'un parallélipipède est égal au produit de sa base par sa hauteur.

Exemple : Supposons (fig. B, pl. 7) AF = 2 mètres, FE = 1^{m}40 et FH = 1^{m}40.

On   1^{m}40 × 1^{m}40 × 2 mètres = 3$^{m.c.}$920.

Ainsi, la solidité de ce parallélipipède est égale à trois mètres cubes neuf cent vingt millièmes de mètre cube, ou 3 mètres cubes 920 décimètres cubes.

Le poids d'un tel volume en maçonnerie de moellons, dont la densité, d'après la table IVe, est de 2240 kilog. au mètre cube, est égal à

$$3^{m.c.}920 × 2240 = 8780^k80.$$

Le *cube* proprement dit, ayant toutes les dimensions égales, son volume est exprimé par la troisième puissance du côté, c'est-à-dire par la longueur de ce côté multipliée trois fois par elle-même.

Ainsi le cube fig. A, dont le côté est de 1^{m}40, a pour solidité

$$1^m40 × 1^m40 × 1^m40 = 2^{m.c.}744$$

En général, le volume d'un prisme droit, quelle que soit sa base, est égal au produit de cette base par sa hauteur.

Ve TABLE. — SURFACES ET VOLUMES DES POLYÈDRES RÉGULIERS.

NOMBRE DE COTÉS.	NOM.	SURFACES.	VOLUMES.
4	Tétraèdre.	1.7320508	0.1178519
6	Hexaèdre.	6	1
8	Octaèdre.	3.4641016	0.4714045
12	Dodécaèdre.	20.6457788	7.6631189
20	Icosaèdre.	8.6602540	2.1816950

120. Pyramides. — Le volume d'une pyramide polygonale est égal au produit de sa base par le tiers de sa hauteur.

Exemple : soit (fig. C), SO = 2 mètres, AB et AD = 1^{m}40. La solidité de cette pyramide est $\dfrac{1^m40 × 1^m40 × 2}{3} = 1^{m.c.}306.$

Ainsi, le volume d'une pyramide est égal au tiers du volume d'un prisme de même base et de même hauteur.

Le volume d'un *tronc de pyramide* à bases parallèles est égal au produit du tiers de sa hauteur, par la somme des deux bases ajoutée à la racine carrée du produit de ces deux bases.

Ainsi, soit V le volume d'un tronc de pyramide, dont la hauteur H = 3 mètres, la base inférieure B = 6 mètres carrés, et sa base supérieure B' = 4 mètres carrés; on a :

$$V = \frac{H}{3} × \left(B + B' + \sqrt{BB'}\right) = \frac{3}{3} × \left(6^{m.q.} + 4^{m.q.} + \sqrt{6 × 4}\right) = 14^{m.c.}898.$$

En pratique, lorsque les bases diffèrent peu, le volume d'un tronc de pyramide est sensiblement égal à la demi-somme des bases multipliées par la hauteur.

Dans l'exemple précédent on aurait :

$$V = H \times \left(\frac{B + B'}{2}\right) = 15 \text{ mètres cubes.}$$

121. CYLINDRES. — Le volume d'un cylindre quelconque (fig. Ⅲ) est égal au produit de sa base par sa hauteur. Ainsi, dans un cylindre à base circulaire, on a $B = \pi R^2$ (72)[1]. Par conséquent le volume $V = \pi R^2 \times H$.

Premier exemple : Quel est le volume d'un cylindre en fonte dont le rayon $R = 0^m20$ et la longueur $H = 1^m08$?

Le volume $V = 3,1416 \times (0,20)^2 \times 1^m08 = 0^{m.c.}1356$.

On peut aussi obtenir le volume ou la solidité du cylindre en substituant le diamètre au rayon, la formule est alors : $V = \frac{\pi D^2}{4} \times H$,

ou $\qquad V = 785 \times (0,4)^2 \times 1^m08 = 0^{m.c.}1356$.

Le poids d'un tel cylindre, supposé en fonte (table IVᵉ), est égal à

$$0^m1356 \times 7207 = 977^k96.$$

Le même cylindre en bois de chêne sec ne pèserait que

$$0^m1356 \times 785^k = 106^k39.$$

La surface convexe d'un cylindre droit, développé, est celle d'un rectangle ayant pour base le développement de la circonférence du cylindre, et pour hauteur la hauteur de celui-ci. Elle s'obtient alors en multipliant la circonférence de la base par la hauteur ou la longueur.

Dans l'exemple précédent, la surface convexe est donnée par la formule

$$S = 2\pi R \times H, \text{ ou } \pi D \times H = 3,14 \times 0,4 \times 1^m08 = 1^{m.q.}35.$$

Le volume d'un cylindre creux est égal au produit de sa hauteur par l'épaisseur et par la circonférence moyenne.

Deuxième exemple : On demande le volume V, le poids P et la surface interne S' (brides ou bords compris), d'un cylindre à vapeur en fonte, dans les dimensions suivantes : D diamètre extérieur $= 0^m56$, D' diamètre intérieur $= 0^m50$, et $H = 1^m20$. Largeur des brides $= 0^m08$, et saillie externe $= 0^m05$. E, épaisseur desdites $= 0^m04$.

On a : Surface intérieur du cylindre, ou

$$S' = 3,1416 \times 0^m50 \times 1^m20 = 1^{m.q.}8850 \text{ ou } 18840 \text{ cent. carrés.}$$

Surface plane des brides

ou $\quad S'' = 2 (0^m50 + 0,08) \times 3,1416 \times 0,08 = 0^{m.q.}2912 \text{ ou } 2912 \text{ cent. carrés.}$

Surface totale $\qquad\qquad\qquad S = 2^{m.q.}1752 \text{ ou } 21752 \text{ cent. carrés.}$

Volume du corps du cylindre

$$V' = (0,50 + 0,03) \times 3,1416 \times 0,03 \times 1^m20 = 0^{m.c.}060 \text{ ou } = 60 \text{ déc. cubes.}$$

Volume des saillies des brides

ou $\quad V' = 2 (0,56 + 0,05) \times 3,1416 \times 0,05 \times 0,04 = 0^{m.c.}007664 \text{ ou } 7^{d.c.}664.$

Volume total du cylindre $\qquad\qquad V = 0^{m.c.}067664 \text{ ou } 67^{d.c.}664.$

---

1. Toutes les fois qu'un principe ou une règle se rapporte à une démonstration précédente, nous renvoyons à cette démonstration ou à ce principe en citant le numéro sous lequel il est rangé dans l'ouvrage ; c'est ainsi que la formule relative à la surface du cercle ayant été expliquée généralement page 40, nᵒ 72, nous indiquons ce dernier numéro pour en montrer l'application particulière ou la relation.

Poids de ce cylindre en fonte $67^{d.c.} 664 \times 7^k 207 = 487^k 66$.

122. CÔNES. — Le volume d'un côné quelconque est égal au produit de sa base par le tiers de sa hauteur

ou
$$V = B \times \frac{H}{3}.$$

Dans le cône droit à base circulaire (fig. ℱ)

$$V = \pi R^2 \times \frac{H}{3} = \frac{\pi D^2}{4} \times \frac{H}{3}.$$

Et comme
$$\pi \text{ ou } 3{,}1416 \div (4 \times 3) = 0{,}2618$$

on a finalement
$$V = 0{,}2618 \times D^2 \times H.$$

Exemple : Quel est le volume d'un cône droit dont la hauteur $H = 2^m 4$ et le diamètre de la base ou $D = 1^m 7$?

On a
$$V = 0{,}2618 \times (1{,}7)^2 \times 2^m 4 = 1^{m.c.} 846.$$

Le poids d'un tel cône en marbre (table IVᵉ) est de

$$1^{m.c.} 846 \times 2717 = 4934^k 07.$$

Comme on le démontrera plus loin, le cône développé est un secteur dont le rayon est la génératrice du cône et dont l'arc est la circonférence ou la base de ce dernier. Par conséquent, la surface convexe d'un cône droit est égale au produit de la circonférence de la base par la moitié de sa génératrice, ce qui donne lieu à la formule

$$S = 2\pi R \times \frac{G}{2} \text{ ou } S = \pi R \times G.$$

Dans l'exemple précédent, on aurait, en cherchant la véritable longueur de la génératrice = 2,546

$$S = 3{,}1416 \times 0{,}85 \times 2{,}546 = 6^{m.q.} 795.$$

123. TRONC DE CÔNE. — Le volume d'un tronc de cône se détermine comme celui d'un tronc de pyramide (120).

La surface convexe d'un tronc de cône droit est égale à la moitié de la génératrice du tronc, multipliée par la somme des circonférences des bases, et s'exprime par la formule

$$S = \frac{L}{2} \times 2\pi (R + R') = L \times \pi (R + R').$$

Soit L la longueur de la génératrice du tronc de cône = 1,40.

R, le rayon de la base inférieure = 0,85.

R', le rayon de la base supérieure = 0,38.

La surface convexe $S = 1{,}40 \times 3{,}14 (0{,}85 + 0{,}38) = 5^m 40$.

124. SPHÈRE. — Une sphère est déterminée lorsqu'on connaît son rayon ou son diamètre. La surface est égale à quatre fois celle d'un cercle de même diamètre. Elle est exprimée par la formule

$$S = 4\pi R^2 \text{ on } \pi D^2 \text{ ou } 3{,}1416 \times D^2,$$

c'est-à-dire le carré du diamètre multiplié par 3,1416.

Le volume de la sphère est égal à sa surface multipliée par 1/3 du rayon, ce qui donne lieu à la formule

$$V = 4\pi R^2 \times \frac{R}{3} = \frac{4}{3} \times \pi R^3,$$

ou

$$V = 4,188 \times R^3$$

ou par rapport au diamètre,

$$V = \pi D^2 \times \frac{D}{6} = 0,5236 \times D^3.$$

Exemple : On demande la surface, le volume et le poids d'une sphère pleine en cuivre rouge fondu, ayant 0m 25 de diamètre.

Surface convexe ou S = $(0^m 25)^2 \times 3,1416 = 0^{m.q.} 196$.

Volume V = $0,5236 (0,25)^3 = 0^{m.c.} 00818$.

Poids de la sphère ou P = $0^{m.c.} 00818 \times 7783 = 63^k 67$.

Pour trouver le rayon ou le diamètre d'une sphère dont on connaît le volume, il suffit de renverser les formules précédentes et de les établir comme suit :

$$R^3 = \frac{3V}{4\pi} = \frac{V}{4,188}; \quad d'où \ R = \sqrt[3]{\frac{V}{4,188}};$$

on a de même

$$D^3 = \frac{V}{0,5236} \quad ou \ D = \sqrt[3]{\frac{V}{0,5236}},$$

ce qui, pour l'exemple précédent, donne

$$R = 0^m 125, \ et \ D = 0^m 25.$$

125. CALOTTE, ZONE, SECTEUR ET SEGMENT SPHÉRIQUES. — La surface d'une zone ou d'une calotte sphérique est égale à la circonférence du cercle de la sphère multipliée par la hauteur de la calotte ou de la zone

$$S = 2\pi R \times H.$$

Exemple : La surface S d'une calotte dont la hauteur H = $0^m 15$ et le rayon R de la sphère = 0,75 est de

$$S = 2 \times 3,1416 \times 0,75 \times 0,15 = 0,7065.$$

Le volume d'un secteur sphérique est égal au produit de la calotte qui lui sert de base par le tiers du rayon de la sphère.

La formule correspondante est donc

$$V = 2\pi R \times H \times \frac{R}{3} = \frac{2}{3}\pi \times R^2 H = 2,094 \times R^2 \times H.$$

Exemple : Le volume du secteur qui a pour base la surface de la calotte précédente est donc

$$V = 2,094 \times (0,75)^2 \times 0,15 = 0,1766.$$

Le volume d'un segment est égal à la surface du cercle qui a pour rayon la corde multipliée par 1/6 de sa hauteur,

ou

$$V = \pi r^2 \times \frac{H}{6} = 0,5296 \times r^2 \times H.$$

Exemple : Soit r = 0,65 et H = 0,15. Le volume est

$$V = 0,5296 \times (0,65)^2 \times 0,15 = 0^{m.c.} 033.$$

Le volume d'un onglet sphérique est égal au fuseau qui lui sert de base, multiplié par le tiers du rayon.

Sa formule est :
$$V = \frac{2}{3} A \times R^2,$$

A exprimant l'arc du fuseau.

Le volume d'une tranche sphérique est égal à la demi-somme de ses bases multipliée par sa hauteur, plus la solidité de la sphère décrite sur cette hauteur comme diamètre.

Sa formule est :
$$V = \left(\frac{\pi R^2 + \pi R^2}{2}\right) \times H + \frac{\pi H^3}{6}.$$

126. Observations :

Les volumes des sphères sont proportionnels aux cubes des rayons ou des diamètres. Soit $V = 14^{m.c.}137$, et $v = 4^{m.c.}188$. On trouve que les rayons correspondants sont :

$$R = \sqrt[3]{\frac{V}{4,188}} = \sqrt[3]{\frac{14,137}{4,188}} = 1^m 5, \quad \text{et } r = \sqrt[3]{\frac{v}{4,188}} = \sqrt[3]{\frac{4,188}{4,188}} = 1.$$

Par conséquent $D = 3$, et $d = 2$.

Les cubes de ces nombres, ou 27 et 8, sont exactement dans le même rapport que les volumes donnés, c'est-à-dire que $27 : 8 :: 14,137 : 4,188$.

A hauteur égale, les volumes des cylindres, comme les volumes des cônes, sont entre eux comme les carrés des rayons de leurs bases.

A diamètre égal, ces volumes sont entre eux comme les hauteurs :

Car on a : 1°
$$V = \pi R^2 \times H, \text{ et } V = \pi r^2 \times H.$$

d'où
$$V : v :: R : r.$$

Et 2°
$$V = \pi R^2 \times H, \text{ et } V = \pi R^2 \times h;$$

d'où
$$V : v :: H : h.$$

Le volume de la sphère est au volume du cylindre circonscrit comme $2 : 3$.

(Une sphère est inscrite dans un cylindre, quand son diamètre est égal à la hauteur et au diamètre du cylindre).

Le volume d'un anneau circulaire est égal au produit de sa section par la circonférence du cercle moyen. (Nous avons dit (90) qu'un anneau est le corps engendré par un cercle tournant autour d'un axe situé dans le même plan).

Soit R le rayon du cercle générateur, et r la distance de son centre à l'axe; on a :

$$V = \pi R^2 \times 2\pi r = 19,72 R^2 \times r.$$

VI⁰ TABLE. — FERS CARRÉS ET RONDS, POUR UNE LONGUEUR DE 1 MÈTRE.

DIAMÈTRES ou côtés en millimètres.	FERS CARRÉS. POIDS en kilog.	FERS RONDS. POIDS en kilog.	DIAMÈTRES ou côtés en millimètres.	FERS CARRÉS. POIDS en kilog.	FERS RONDS. POIDS en kilog.
1	0.0078	0.011	31	7.495	5.873
2	0.031	0.022	32	7.985	6.248
3	0.070	0.044	33	8.494	6.668
4	0.124	0.092	34	9.016	7.060
5	0.195	0.152	35	9.535	7.484
6	0.280	0.212	36	10.108	7.929
7	0.382	0.288	37	10.678	8.364
8	0.409	0.380	38	11.263	8.820
9	0 631	0.488	39	11.863	9.300
10	0.780	0.612	40	12.480	9.768
11	0.943	0 732	41	13.111	10.276
12	1.123	0.868	42	13.759	10.776
13	1.318	1.020	43	14 422	11.300
14	1.528	1.188	44	15.100	11.836
15	1.753	1.368	45	15.795	12.384
16	1.996	1.556	46	16.504	12.936
17	2.254	1.750	47	17.230	13.504
18	2.527	1.968	48	17.971	14.080
19	2 815	2.200	49	18.727	14.680
20	3.120	2.244	50	19.500	15.292
21	3.439	2.688	55	23 595	18.502
22	3.775	2.944	60	28.080	22.024
23	4.126	3.204	65	32.953	25.842
24	4.482	3.512	70	38 220	29.968
25	4.875	3.816	75	43.875	31.412
26	5.272	4.124	80	49.920	39.160
27	5.686	4.448	85	56.355	44.202
28	6.115	4.784	90	63.180	49.556
29	6.559	5.436	95	70.395	55.210
30	7.020	5.504	100	78.000	61.159

Règle. — D'après cette table, pour trouver le poids d'une barre de fer d'une longueur quelconque, il suffit de multiplier cette longueur par le nombre de la table correspondant au côté du carré ou au diamètre.

Premier exemple : Soit une barre carrée de 3ᵐ 50 de long et de 40ᵐ/ₘ de côté, on a :

$$12,480 \times 3^m 50 = 43^k 68.$$

Deuxième exemple : Soit une barre ronde de 2ᵐ 80 de long sur 70ᵐ/ₘ de diamètre, on a :

$$29,968 \times 2,80 = 83^k 91.$$

En général, pour déterminer le poids d'une barre de fer méplate, de toute section, il faut ramener cette section à celle d'un carré équivalent.

Pour cela, il suffit de multiplier ses deux côtés l'un par l'autre (comme on le fait pour déterminer la surface d'un rectangle), et la racine carrée de ce produit est le côté du carré ; on cherche alors le nombre correspondant dans la table, comme pour une barre carrée.

Troisième exemple : Quel est le poids d'une barre méplate en fer ayant pour section 81ᵐ/ₘ sur 27ᵐ/ₘ, et une longueur de 2,25.

On a : $81 \times 27 = 2187$,   et $\sqrt[2]{2187} = 46,75$, côté du carré.

Ce nombre est compris entre 46 et 47 de la table, par conséquent les poids correspondants, pour une barre de 1 mètre de longueur, sont 16k504 et 17k230.

Il est facile de voir que le poids correspondant 46,75 est à très-peu près de 17 kil.

Par conséquent, 17 kil. × 2m25 = 38k25, poids de la barre méplate en fer.

VIIᵉ TABLE. — POIDS D'UN MÈTRE CARRÉ DE FEUILLES DE TÔLE, EN FER LAMINÉ, CUIVRE ROUGE, PLOMB, ZINC, ÉTAIN ET ARGENT, SUIVANT LES ÉPAISSEURS.

ÉPAISSEUR des feuilles.	POIDS de la tôle de fer.	POIDS de la tôle de cuivre rouge.	POIDS de la feuille de plomb.	POIDS de la feuille de zinc.	POIDS de la feuille d'étain.	POIDS de la feuille d'argent.
millim.	kilog.	kilog.	kilog.	kilog.	kilog.	kilog.
1/4	1.947	2.407	2.838	1.715	1.823	2.652
1/2	3.894	4.394	5.676	3.430	3.650	5.305
1	7.788	8.788	11.352	6.861	7.300	10.610
2	15.576	17.576	22.704	13.722	14.600	21.220
3	23.364	26.364	34.056	20.583	21.900	31.830
4	31.154	35.152	45.408	27.444	29.200	42.440
5	38.940	43.940	56.760	34.305	36.500	53.050
6	46.728	52.728	68.112	40.166	43.800	63.660
7	54.516	61.516	79.464	47.027	51.100	74.270
8	62.304	70.304	90.816	53.878	58.400	84.880
9	70.092	79.092	102.168	60.749	65.700	95.490
10	77.880	87.880	113.520	67.610	73.000	106.100
11	85.668	96.668	124.872	74.471	80.300	115.710
12	92.456	105.456	136.224	81.332	87.600	126.320
13	100.234	114.244	147.576	88.193	94.900	136.930
14	109.032	123.032	158.928	95.054	102.200	147.540
15	116.820	131.820	170.280	101.915	109.500	158.150
16	124.608	140.608	181.632	108.776	116.800	168.760
17	132.396	149.396	192.984	115.637	124.100	179.370
18	140.184	158.184	204.336	122.498	131.400	189.980
19	147.972	166.972	215.688	129.359	138.700	200.590
20	155.760	175.760	227.040	136.220	146.000	211.200

RÈGLE. — D'après cette table, on voit qu'il faut d'abord calculer la surface de la feuille, puis chercher dans la table l'épaisseur correspondante en rapport avec la nature du métal.

Premier exemple : Soit une feuille de tôle, de 1m80 de long sur 0,75 de large, et de 7m/m d'épaisseur, quel est son poids?

$$1^m 80 × 0,75 = 1^{m.q.} 35 ;$$

ou, d'après la table, 1m.q.35 × 54,516 = 73k60.

Deuxième exemple : Quel est le poids d'une feuille de cuivre rouge, doublée d'argent, de 2m50 de long sur 0m15 de large, provenant d'une plaque de 2 centimètres d'épaisseur, dont 1/10 d'argent, et qui, après les laminages successifs, a été réduite à l'épaisseur de 1/4 de millimètre tout compris.

Ce problème est complexe; on voit qu'il faut d'abord décomposer l'épaisseur de la feuille en deux parties, dont l'une est égale à 1/10 et l'autre 9/10. Il faut prendre alors dans la table les 9/10 du poids correspondant à 1/4 de millimètre pour le cuivre, soit 2,497 × $\frac{9}{10}$ = 1,9773, et le 1/10 du poids correspondant à 1/4 de millimètre pour l'argent, ou $\frac{2652}{10}$ = 0,2652. D'où il résulte que le poids total d'un mètre carré de la feuille de doublé est égal à 2k2425. Or, la surface de la feuille est de 2m50 × 0,15 = 0m.q.375. Par conséquent, on a :

$$0,375 × 2^k 2425 = 0^k 841.$$

DIMENSIONS COTÉES DES DIFFÉRENTES PARTIES D'UN ORDRE ENTIER.

VIIIᵉ TABLE. — ORDRE TOSCAN.

DÉSIGNATION DES PRINCIPAUX MEMBRES et des moulures qui constituent l'ordre entier.	COTES SELON VIGNOLE. Module divisé en douze parties. Saillies à partir de l'axe de la colonne.	HAUTEURS.			COTES CENTÉSIMALES. en supposant le module 1 mètre. Saillies à partir de l'axe de la colonne.	HAUTEURS en mètres et millim.		
	m. p.	m. p.	m. p.	m. p.	mètres.	mèt.	mèt.	mèt.
ENTABLEMENT — CORNICHE								
Quart de rond	2 3 1/2	» 4			2.292	0.333		
Baguette	2	» 1			2.000	0.083		
Filet	1 11 1/2	» 1/2			1.959	0.042		
Larmier	1 10 1/2	» 6	} 1 4		1.875	0.500	1.333	
Filet	1 7 1/2	» » 1/2			1.625	0.042		
Talon	1* 1 1/2) / 10	» 4			1.125 / 0.833	0.333		
				3 6				3.500
FRISE								
Frise	» 9 1/2	1 2	1 2		0.792	1.167	1.167	
ARCHITR.								
Listel	» 11 1/2	» 2	1		0.939	0.167	1.000	
Face de l'architrave	» 1/2	» 10			0.792	0.833		
COLONNE — CHAPITEAU								
Listel	1 2 1/2	» 1			1.209	0.083		
Face du tailloir	1 1 1/2	» 3			1.125	0.250		
Échine ou quart de rond..	1 1	» 3	1		1.083	0.250	1.000	
Filet ou anneau	» 10 1/2	» 1			0.875	0.083		
Gorgerin	» 9 1/2	» 4			0.702	0.334		
FÛT — Astragale... Baguette ...	» 11	» 1			0.947	0.083		
Ceinture....	» 10 1/2	» » 1/2	12	14	0.875	0.042	12.000	14.000
Fût ou vif de part. supér.	» 9 1/2	11 10 1/2			0.792	11.875		
la colonne. part. infér...	1				1.000			
BASE								
Listel ou ceinture	1 1 1/2	» 1			1.125	0.083		
Tore	1 4 1/2	» 5	1		1.375	0.417	1.000	
Plinthe	1 4 1/2	» 6			1.375	0.500		
PIÉDESTAL — CORNICHE								
Réglet ou listel	1 8 1/2	» 2			1.709	0.167		
Talon	1 8 / 1 5	» 4	» 6		1.667 / 1.417	0.333	0.500	
DÉ								
Dé	1 4 1/2	3 8	3 8	4 8	1.375	3.667	3.667	4.667
BASE								
Réglet ou listel	1 6 1/2	» 1	» 6		1.542	0.083	0.500	
Socle	1 8 1/2	» 5			1.709	0.417		

	m. p.		m. p.
Hauteur totale de l'ordre............	22 2	Hautr totale de l'ordre..	22.167

* Quand deux cotes sont en regard d'un membre ou d'une moulure quelconque, la première indique leur distance de l'axe à leur partie supérieure, et la deuxième, cette même distance à leur partie inférieure.

IXᵉ TABLE. — ORDRE DORIQUE DENTICULAIRE.

DÉSIGNATION DES PRINCIPAUX MEMBRES et des moulures qui constituent l'ordre entier.	COTE SELON VIGNOLE. Module divisé en douze parties.				COTES CENTÉSIMALES en supposant le module 1 mètre.			
	Saillies à partir de l'axe de la colonne.	HAUTEURS.			Saillies à partir de l'axe de la colonne.	HAUTEURS en mètres et millim.		
	mod. p.	m. p.	m. p.	m. p.	mètres.	mèt.	mèt.	mèt.
ENTABLEMENT — CORNICHE								
Réglet.................	2 10	» 1			2.833	0.083		
Cavet.................	2 7	» 3			2.583	0.250		
Filet.................	2 6 1/2	» 1/2			2.542	0.042		
	2 6				2.500	0.125		
Talon.................	2 5	» 1 1/2			2.417			
Larmier...............	2 4 1/2	« 4			2.375	0.333		
Filet.................	2 2	» 1/2	1 6		2.167	0.042	1.500	
Goutte sous le larmier...	2 1 1/2	» 1/2			2.125	0.042		
Denticules.............	1 3	» 2 1/2			1.250	0.209		
Filet.................	1 1	» 1/2			1.083	0.042		
Talon.................	1 » 1/2	» 2			1.042	0.166		
	» 11 1/2				0.959			
Chapiteaux des triglyphes.	» 11	» 2		4 »	0.917	0.166		4.000
FRISE								
Frise.................	» 10	1 6	1 6		0.833	1.500	1.500	
ARCHITR.								
Bandelette ou cimaise.....	» 11 1/2	» 2			0.959	0.167	1.000	
Face ou plate-bande.....	» 10	» 10	1		0.833	0.833		
COLONNE — CHAPITEAU								
Réglet.................	1 3 1/2	» » 1/2			1.292	0 042		
Talon.................	1 3 1/4	» 1			1.271	0.033		
	1 2 1/4				1.188			
Face ou gouttière......	1 2	» 2 1/2	1		1.167	0.209	1.000	
Ove ou échine.........	1 1 3/4	» 2 1/2			1.446	0.209		
Trois annelets ou filets....	» 11 1/2	» 1 1/2			0.959	0.124		
	» 10 1/2				0.875			
Gorgerin, colarin ou frise.	» 10	» 4			0.833	0.333		
FUT								
Baguette.............	1 »	» 1		16 »	1.000	0.083		16.000
Filet, ceinture ou congé..	» 11 1/2	» » 1/2	14		0.959	0.042	14.000	
Fût ou vif.............	» 10	13 10 1/2			0.833	13.875		
	1 »				1.000			
BASE								
Filet.................	1 1 1/4	» 1			1.104	0.083		
Baguette.............	1 2	» 1	1		1.167	0.083	1.000	
Tore.................	1 5	» 4			1.417	0.334		
Socle.................	1 5	» 6			1.417	0.500		
PIÉDESTAL — CORNICHE								
Réglet.................	1 11	» » 1/2			1.917	0.042		
Quart de rond...........	1 10 2/3	» 1			1.889	0.083		
Filet.................	1 9 2/3	» » 1/2	» 6		1.806	0.042	0.500	
Larmier...............	1 9	» 2 1/2			1.750	0.209		
Talon.................	1 6 1/2	» 1 1/2			1.542	0.124		
	1 5 1/2				1.459			
DÉ								
Dé.................	1 5	4 »	4 »	5 4	1.417	4.000	4.0.0	5.333
BASE								
Filet.................	1 6	» » 1/2			1.500	0.042		
Baguette.............	1 7	» 1			1.583	0.083		
	1 7				1 583			
Talon renversé........	1 8 1/2	» 2	» 10		1.708	0.166	0.833	
Plinthe...............	1 9	» 2 1/2			1.750	0.209		
Socle.................	1 9 1/2	» 4			1.792	0.333		

Hauteur totale de l'ordre............. | m. p. 25 4 — Hautr totale de l'ordre... m. mill. 25.333

D'après ces tables, pour avoir en mètres la dimension d'une partie quelconque d'un ordre, il suffit de diviser la hauteur entière donnée par la hauteur totale indiquée dans l'un des tableaux ; le quotient donne le module en mètres. Ce quotient, multiplié par le nombre quelconque du tableau correspondant à la partie que l'on cherche, donne la dimension de cette partie en mètres.

Premier exemple : On demande quel est le diamètre du fût de la colonne d'un ordre toscan, dont la hauteur totale est de 5ᵐ 60 ?

La hauteur de l'ordre étant 22ᵐ 467, pour rayon d'un mètre on a :

$$\frac{22,166}{5,60} = 3,9582 \text{ pour le module,}$$

et 3,9582 × 2 = 7,9164 pour le diamètre de la partie inférieure du fût.

Deuxième exemple : Quelle est la hauteur, en mètres, du socle du même ordre dont le module est trouvé égal à 0ᵐ 2526 ?

On a : 0ᵐ 2526 × 0,417 = 0ᵐ 405.

On pourrait de même déterminer les dimensions de tous les autres membres et des moulures des deux autres ordres.

Xᵉ TABLE. — POIDS D'UN MÈTRE COURANT DE TUYAU EN FONTE,
VARIANT DE DIAMÈTRE ET D'ÉPAISSEUR.

DIAMÈTRE intérieur en centimètres	POIDS EN KILOGRAMMES POUR DES ÉPAISSEURS DE :						
	10 mill.	10 mill. 5.	11 mill.	12 mill.	13 mill.	14 mill.	15 mill.
	kil.	kil.	kil.	kil.	kil.	kil.	kil.
10	24.9	26.2	27.6	30.4	33.2	36.1	39.0
12	29.4	31.0	32.6	35.8	39.1	42.4	45.8
14	33.9	35.7	37.6	41.3	45.0	48.8	52.6
16	38.4	40.3	42.5	46.7	50.9	55.1	59.4
18	43.9	45.2	47.5	52.1	56.7	61.4	66.1
20	47.5	50.0	52.5	57.5	63.6	67.7	72.9
22	52.0	54.8	57.4	63.0	68.5	74.1	79.7
24	56.5	59.5	62.4	68.4	74.4	80.4	86.5
26	61.1	64.3	67.4	73.8	80.3	86.8	93.3
28	65.6	69.0	72.4	79.2	86.2	93.4	100.1
30	70.1	73.8	77.4	84.7	92.0	99.4	106.9
32	74.6	78.6	82.3	90.1	97.9	105.8	113.7
34	79.2	83.3	87.3	95.5	103.8	112.1	124.4
36	83.7	88.1	92.3	101.0	109.7	118.4	127.2
38	88.2	92.8	97.3	106.4	115.6	124.7	134.0
40	92.7	97.6	102.2	111.8	121.4	131.1	140.8
42	97.3	102.4	107.2	117.3	127.3	137.4	147.6
44	101.8	107.1	112.2	122.7	133.2	143.8	154.3
46	106.3	112.0	117.2	128.1	139.1	150.1	161.1
48	110.8	116.7	122.2	133.5	145.0	156.4	167.9
50	115.3	121.5	127.1	139.0	150.8	162.8	174.7

XI⁰ TABLE. — POIDS D'UN MÈTRE COURANT DE TUYAUX DE PLOMB ÉTIRÉ,
VARIANT DE DIAMÈTRE ET D'ÉPAISSEUR.

DIAMÈTRE intérieur en centimètres.	POIDS EN KILOGRAMMES POUR DES ÉPAISSEURS DE :						
	3 mill.	4 mill.	5 mill.	6 mill.	7 mill.	8 mill.	9 mill.
	kil.	kil.	kil.	kil.	kil.	kil.	kil.
2	2.4	3.4	4.4	»	»	»	»
3	3.5	4.8	6.2	7.7	»	»	»
4	4.6	6.3	8.0	9.8	»	»	»
5	5.7	7.7	9.8	12 0	14.2	»	»
6	6.7	9.1	11.6	14.1	16.7	»	»
7	7.8	10.5	13.4	16.3	19.2	22.2	»
8	8.9	12.0	15.0	18.5	21.7	25.1	»
9	9.9	13.4	16.8	20.6	24.4	27.9	31.8
10	11.0	14.8	18.6	22.2	26.6	30.8	35.0
11	12.1	16.3	20.4	24.9	29.1	33.6	38.2
12	13.1	17.7	22.2	27.1	31.6	36.5	41.4
13	14.2	19.1	24.0	29.1	34.1	39.3	44.6
14	15 3	20.5	25.7	31.2	36.6	42.2	47.8
15	16.4	22.0	27.5	33.3	39.0	45.0	51.0
16	17.4	23.4	29.3	35.4	41.5	47.9	54.2
17	18.5	25.0	31.4	37.6	44.0	50.7	57.5
18	19.6	26.3	32.9	39.7	46 5	53.6	60.7
19	20.6	27.8	34.7	41.8	49.0	56.5	63.9
20	21.7	29.2	36.4	44.1	51.7	59.4	67.1

XII⁰ TABLE. — POIDS D'UN MÈTRE COURANT DE TUYAUX EN FER LAMINÉ
OU ÉTIRÉ AU BANC.

DIAMÈTRE extérieur en millimètres.	POIDS EN KILOGRAMMES POUR DES ÉPAISSEURS DE :						
	1 mill. 1/2	2 mill.	2 mill. 1/2	3 mill.	3 mill. 1/2	4 mill.	5 mill.
	kil.	kil.	kil.	kil.	kil.	kil.	kil.
10	0.3	0.4	0.5	»	»	»	»
15	0.5	0.6	0.7	0.9	»	»	»
20	0.7	0.9	1.1	1 2	1.4	»	»
25	0.9	1.1	1.4	1.6	1.8	»	»
30	1.0	1.4	1.7	2.0	2.3	2.5	»
35	1.2	1.6	2.0	2.3	2.7	3.0	3.2
40	1.4	1.9	2.3	2.7	3.1	3.6	4.3
45	1.6	2.1	2.6	3.1	3.5	4.0	4.9
50	1.8	2.3	2.9	3.4	4.0	4.5	5.5
55	2.0	2.6	3.2	3.8	4.4	5 0	6.1
60	2.1	2.8	3.5	4.2	4.8	5.5	6.7
65	2.2	3.1	3.8	4.5	5.3	6.0	7.5
70	2.4	3.3	4.1	4.9	5.7	6.5	7.9
75	2.6	3.6	4.4	5.3	6.1	7.0	8.5
80	2.9	3.8	4.7	5.6	6.5	7.4	9.1
85	3.1	4.1	5.0	6.0	7.0	7.9	9.8
90	3.2	4.3	5.3	6 4	7.4	8.4	10.4
95	3.4	4.5	5.6	6.7	7.8	8.9	11.0
100	3.6	4.8	6.0	7.1	8.3	9.4	11.6
105	3.8	5.0	6.3	7.5	8.7	9.9	12.2
110	4.0	5.3	6.6	7.9	9.1	10.4	12.9

XIII° TABLE. — PRINCIPALES MESURES FRANÇAISES ET ANGLAISES.

Mesures de longueur.

FRANÇAISES.			ANGLAISES.		
1 Mètre, unité fondamentale des poids et mesures.			1 Foot	=	12 inches.
1 Décamètre	=	10 mètres.	1 Yard	=	3 feet.
1 Hectomètre	=	100 mètres.	1 Pole ou rod.	=	5 yards.
1 Kilomètre	=	1,000 mètres.	1 Furlong	=	40 poles.
1 Myriamètre	=	10,000 mètres.	1 Mile	=	8 furlongs ou 1760 yards.

Mesures agraires.

1 Hectare	=	100 ares ou 10,000 mèt. car	1 Acre	=	10 square chains.
1 Are	=	100 mètres carrés.	1 Square chain	=	10,000 square links.
1 Centiare	=	1/100 de l'are ou mèt. car.	1 Square link.	=	62,726 square inches.

Mesures de capacité.

POUR LES LIQUIDES ET LES MATIÈRES SÈCHES.

1 Kilolitre	=	1,000 litres.	1 Load	=	5 quarters = 40 bushels.
1 Hectolitre	=	100 litres.	1 Bushel	=	4 pecks = 8 gallons.
1 Décalitre	=	10 litres.	1 Gallon	=	4 quarters
1 Litre	=	1 litre.	1 Quart	=	2 pints = 8 gills.
1 Décilitre	=	1/10 du litre.	1 Gill	=	8,663 cubic inches.

Mesures de solidité.

1 Décastère	=	10 stères.	1 Cubic yard	=	27 cubic feet.
1 Stère	=	1 mètre cube.	1 cubic foot	=	1,728 cubic inches.
1 Décistère	=	1/10 de stère.			

Poids.

1,000 kilog. ou 1 m. cub. d'eau	=	1 tonneau.	*Avoir du poids.*		
100 Kilogrammes	=	1 quint. métrique.	1 Ton	=	20 cwt.
1 Kilogramme	=	1,000 gramm. ou poids d'un décim. cube d'eau distillée.	1 Cwt.	=	4 quaters ou 112 lbs.
1 Hectogramme	-	100 grammes.	1 Quarter	=	2 stones.
1 Décagramme	=	10 grammes.	1 Stone	=	14 pounds.
1 Gramme	=	le poids d'un centimètre cube d'eau.	1 Pound	=	16 ounces.
			1 Ounce	=	16 drams.
1 Décigramme	=	1/10 du gramme.	1 Dram	=	27,344 troy grains.

CONVERSION DES PRINCIPALES MESURES ANGLAISES EN MESURES FRANÇAISES MÉTRIQUES, ET RÉCIPROQUEMENT.

Mesures de longueur.

ANGLAISES.	FRANÇAISES.	FRANÇAISES.	ANGLAISES.
1 Inch (ou pouce) 1/36 du yard	= 2,510 centimèt.	1 Centimètre	= 0,394 pouces (ou inches).
1 Foot (ou pied) 1/3 du yard	= 3,050 décimèt.	1 Mètre	= 3,281 pieds (ou feet).
1 Yard impérial	= 0,914 mètres.	1 Mètre	= 1,094 yards.
1 Mile (1760 yards)	= 1609,314 mèt.	1 Myriamètre	= 6,214 miles.

Mesures de superficie.

1 Yard carré	= 0,8361 mèt. car	1 Mètre carré	= 1,1960 yards carrés.
1 Rod (perche carrée)	= 25,2919 id.	1 Are	= 0,0988 roods.
1 Acre (4,840 yards carrés)	= 0,4047 hect.	1 Hectare	= 2,4736 acres.

Mesures de capacité.

1 Quart (1/4 de gallon)	= 1,136 litre.	1 Litre	= 1,761 pint.
1 Gallon (impérial)	= 4,543 litres.	1 Litre	= 0,220 gall.
1 Bushel (8 gallons)	= 36,347 litres.	1 Décalitre	= 2,201 gall.

Poids.

Avoir du poids.			
1 Dram (16e d'once)	= 1,77 grammes.	1 Gramme {	= 0,643 pennyweight.
1 Ounce (16e de livre)	= 28,34 grammes.		= 0,032 onces troy.
1 Livre (impériale av. du p.)	= 0.4534 kilog.	1 Kilogramme	= 2,205 livres av. du poids.
1 Cwt. (quintal, 112 liv. id.)	= 50,78 kilog.	1 Quintal métriq.	= 110,28 livres av. du p.
1 Ton (20 quintux)	= 1015,65 kilog.	1 Tonne métrique	= 19,69 quintaux.

CHAPITRE III

TEINTES DES COUPES ET APPLICATIONS

COULEURS CONVENTIONNELLES.

127. Jusqu'ici nous avons indiqué par des hachures les parties coupées des objets. La pose de ces hachures exige beaucoup de temps et d'habitude, pour obtenir une régularité suffisante, et quoiqu'on varie, comme nous l'avons dit, ou leur écartement ou leur ton, pour exprimer la nature de la matière, cependant cette indication ne peut pas être assez intelligible pour tous.

On comprend qu'en substituant à ces hachures des teintes coloriées, étendues au pinceau, on peut arriver à la représentation plus rapide et plus complète des matériaux employés en construction. Ces teintes, toutes de conventions, sont adoptées généralement dans les dessins géométraux.

La planche 10 donne des exemples des principales matières en usage, telles que la pierre, la brique, le fer, la fonte, le cuivre rouge, le bronze, le bois et le cuir ; nous allons entrer dans quelques détails sur la composition des teintes qui les représentent.

COMPOSITION DES TEINTES.

PLANCHE 10

128. *Pierre de taille* (fig. 1). — La pierre de taille est représentée par une teinte rose, formée de carmin pur[1].

En général la maçonnerie en pierres ou en moellons est aussi indiquée par la même teinte ; toutefois, lorsqu'on tient à faire une distinction, on simule par des traits rectangulaires les assises des pierres de taille, et par des traits irréguliers les assises de moellons.

129. *Brique* (fig. 2). — Le ton de la brique ordinaire, employée généralement pour les constructions, approche de la couleur rouge pâle. Il s'obtient avec du vermillon auquel on mélange quelquefois un peu de carmin.

On la distingue de la brique réfractaire en ce que, pour celle-ci, qui est plus blanche et qui tire sur le jaune, on ajoute dans la teinte précédente une faible quantité de gomme-gutte.

Dans les vues extérieures les contours de briques sont toujours indiqués ;

---

1. Quelques personnes emploient, par économie, de la laque carminée ; nous n'engageons pas les élèves à se servir de cette matière, qui est à la vérité moins chère que le carmin, mais qui a l'inconvénient de donner des tons d'un aspect irrégulier et disgracieux. On peut cependant l'employer sans crainte pour les mélanges.

mais dans les coupes, on ne les figure qu'autant qu'on tient à faire voir comment elles sont placées.

Ainsi, dans la construction des fourneaux, les unes sont posées à plat, les autres de champ ou de côté, selon l'effort qu'elles doivent supporter.

130. *Fer* (fig. 3). — Le fer s'exprime par une teinte bleuâtre que l'on compose avec du bleu de Prusse et du carmin, et dans certains cas avec de l'encre de Chine. Il serait difficile de dire dans quelle proportion ces couleurs doivent entrer dans la composition, l'une par rapport à l'autre, à cause de la très-petite quantité sur laquelle on opère. Ce n'est que par l'habitude et en cherchant à imiter l'exemple que nous avons donné, que l'on arrive à produire cette teinte; nous pouvons toutefois remarquer que le bleu domine, que le carmin et l'encre de Chine surtout y sont toujours en très-petite quantité. L'*acier*, qui approche du fer, s'indique de même, si ce n'est que la teinte est un peu plus claire et contient moins ou point d'encre de Chine.

131. Le *plomb* et l'*étain* s'indiquent d'une manière analogue, mais en supprimant le carmin pour rendre le ton un peu plus gris. On doit observer alors la plus grande légèreté dans ce ton pour éviter les taches marbrées qui dénaturent singulièrement le dessin.

132. *Fonte* (fig. 4). — Le ton de la fonte tient à la fois du bleu et du violet; on le compose, comme le fer, avec du bleu de Prusse, de l'encre de Chine et du carmin, mais en y faisant entrer cette dernière couleur en plus grande quantité.

On trouve dans le commerce des pains de couleurs appelés *teinte neutre* et gris de Payn (*Payn's gray*), qui donnent immédiatement le ton de la fonte sans autre mélange.

Avec cette couleur on obtient le fer en ajoutant du bleu de Prusse.

133. *Cuivre rouge* (fig. 5). — Cette couleur s'obtient par le mélange du carmin, de l'encre de Chine et d'une faible quantité de gomme-gutte, ou préférablement de terre de Sienne brûlée; c'est évidemment le carmin qui doit dominer dans ce mélange.

134. *Cuivre jaune ou bronze* (fig. 6). — On représente ces métaux en coupe par une teinte composée de gomme-gutte et de carmin; on observe seulement que, pour le cuivre jaune, la gomme gutte entre en plus grande quantité.

Le mélange de la gomme-gutte avec une légère partie de vermillon, au lieu de carmin, donne une teinte d'un aspect plus brillant. Le vermillon étant plus dense (118) que les autres couleurs, il convient de remuer la teinte avec le pinceau chaque fois qu'on doit l'utiliser.

135. *Bois* (fig. 7). — On trouve dans le commerce diverses espèces de bois présentant des nuances différentes. Il paraît naturel de varier la teinte suivant la nature de ces bois; toutefois, dans le dessin géométral, on est convenu, en raison de l'emploi plus fréquent du chêne et du sapin, d'adopter pour les coupes un seul ton, comme celui représenté figure 7.

Ce ton est composé de gomme-gutte, de carmin et d'encre de Chine : le plu souvent on se contente de former la teinte directement avec de la terre de Sienne brûlée, qui, malgré les légères différences qui existent dans les tablettes achetées chez divers fabricants, donne toujours un ton brillant et d'une convenance parfaite.

136. *Cuir* (fig. 8). — On emploie fréquemment dans les machines, pour les garnitures des pistons à eau, comme pour les courroies, des cuirs emboutis ou travaillés spécialement ; la teinte de cuir s'indique par un ton brun foncé, composé d'encre de Chine, de gomme-gutte et de carmin.

On peut aussi le représenter avec un mélange de sépia ou de carmin.

137. POSE DES TEINTES. — On vient de voir la composition intégrante de chaque teinte ; nous croyons utile de présenter quelques observations sur le mélange des couleurs et sur la pose des tons.

Pour la formation d'une teinte en général, on verse quelques gouttes d'eau dans un godet, on frotte le pain de couleur dans le fond de celui-ci, en ayant soin de l'incliner légèrement, de manière à ce que le pain ne soit jamais baigné dans l'eau [1].

Pour obtenir une dissolution intime et régulière, il est convenable, après le broyage successif de chaque couleur dans le godet, de remuer le liquide avec le pinceau, en ayant le soin d'ajouter au mélange une quantité d'eau suffisante pour obtenir une teinte légère qui doit être d'autant plus faible que les surfaces sur lesquelles on doit les poser sont plus considérables.

Nous conseillons aux élèves qui n'ont pas encore l'habitude du pinceau, d'employer des tons très-légers qui s'étendent plus régulièrement sur le papier ; lorsque ces premières teintes sont complétement sèches, ils en augmentent le ton par une seconde couche qui régularise la première. Lorsque les teintes sont larges, ou que le papier est fatigué, ou de qualité inférieure, ou satiné, il est même important de passer préalablement sur toute la surface à teinter une couche légère d'eau pure ou saturée d'alun, dont l'effet immédiat est d'imbiber également le papier et de le rendre propre à reproduire régulièrement le ton qu'on veut y fixer.

Pour arriver à bien étendre la teinte sur le papier, on plonge le pinceau dans le godet, en ayant la précaution de bien remuer le mélange ; on essuie le trop plein du pinceau sur le bord du godet, on l'essaie au besoin sur un garde-main, non-seulement pour reconnaître si la teinte a la couleur convenable, mais encore pour affiler le pinceau. Après ces préliminaires on procède à la pose de la teinte, en conduisant le pinceau de gauche à droite, de haut en bas, et par tranches parallèles, non interrompues, et en le guidant constamment sur les lignes de contour.

Nous devons observer que les couches seront d'autant plus régulières qu'on aura conservé dans le pinceau une égale quantité de teinte ; on arrive à ce résultat en ne chargeant pas trop le pinceau chaque fois qu'on l'alimente et

---

1. Il y a inconvénient à laisser baigner le pain de couleur dans le godet, parce qu'il s'écaille et se granule. Cette observation s'applique également à l'encre de Chine.

en n'attendant pas qu'il soit complétement vide ou sec pour le renouveler.

Lorsqu'on est près de terminer la couche, il est convenable de sécher le pinceau, soit en le frottant sur le garde-main, soit en le passant légèrement entre les lèvres, pour éviter l'accumulation de la teinte vers les bords.

SUITE DE L'ÉTUDE DES PROJECTIONS.

UTILITÉ DES COUPES. — PIÈCES DÉTACHÉES.

PLANCHE 11

138. On a déjà vu, au sujet de la planche 8, qu'il est utile de sectionner ou couper les objets pour en faire bien comprendre l'organisation intérieure. Nous allons démontrer, par divers exemples réunis dans la planche 11, que dans certains cas des coupes sont indispensables et plus nécessaires même que des vues extérieures. C'est dans ce but que très-souvent on rencontrera dans nos dessins géométraux des modèles coupés par l'axe ou par le milieu, afin de bien habituer les élèves à ces sortes de projections dont on ne connaît pas assez l'importance.

139. CRAPAUDINE. — Les fig. 1 et 1ᵃ représentent en plan et en élévation une crapaudine destinée à recevoir le pivot d'un arbre vertical. Cette crapaudine se compose de plusieurs pièces emboîtées les unes dans les autres et qu'il est de toute impossibilité de comprendre par les vues extérieures, quoiqu'elles soient apparentes sur la projection horizontale, fig. 1.

En supposant, au contraire, ces pièces coupées verticalement, par un plan représenté suivant la ligne 1-2, on forme une nouvelle projection, fig. 1ᵇ, qui prend le nom de section ou coupe verticale.

Cette figure montre : 1° l'épaisseur de la pièce extérieure A, appelée gobelet, et l'ouverture *a* pratiquée à sa base pour le passage d'une tige destinée à soulever la crapaudine proprement dite ; 2° l'épaisseur et l'évidement de la crapaudine B, ainsi que les deux rainures verticales *b* qui servent à introduire la clef *c* ; 3° la forme et l'ajustement du grain C, qui reçoit le pivot de l'arbre vertical. Ce grain, ne devant pas tourner avec le pivot, est retenu dans le fond de la crapaudine par la clef *c*, qui est elle-même engagée par ses extrémités dans les rainures *b*.

Le gobelet A est en fonte, la crapaudine B est en bronze, son grain C est en acier trempé, et la petite clef *c* est en fer.

On peut donc, d'après ce qui a été exposé précédemment, indiquer les matières dans la coupe, soit par des hachures de différentes nuances, comme le fait voir le modèle, soit par des couleurs correspondantes à celles de la planche 10.

Rigoureusement, les fig. 1 et 1ᵇ pourraient suffire pour la représentation complète de l'organe que nous venons de décrire ; mais comme le gobelet A, qui est cylindrique extérieurement, porte en quatre points diamétralement opposés des surfaces rectangulaires *d*, destinées à recevoir la pression des vis qui doivent centrer la crapaudine, et que le plan en montre seulement la largeur, l'addition de la fig. 1ᵃ devient nécessaire pour indiquer leur hauteur.

Cependant, si ces surfaces *d*, au lieu d'être tangentes au cylindre A, présentaient plus de saillie, leur hauteur serait indiquée dans la coupe (fig. 1ᵇ), ce qui rendrait inutile la figure 1ᵃ. Nous pouvons faire remarquer dès à présent, au sujet de la projection de ces saillies avec le contour du gobelet A, que lorsqu'un cylindre quelconque est rencontré par un plan parallèle à son axe, l'intersection de ce plan et du cylindre donne une ligne droite *ef* (fig. 1 et 1ᵃ).

140. PRESSE-ÉTOUPES. — Dans les corps de pompe, dans les cylindres à vapeur, les couvercles qui sont traversés par les tiges des pistons sont munis de boites à étoupes (*stuffing-box*), destinées à empêcher l'introduction de l'air, ou la sortie de la vapeur ou des gaz.

Les étoupes sont comprimées par une espèce de bouchon creux à oreilles, tel que celui A′, représenté en plan (fig. 2) et en élévation (fig. 2ᵃ).

Il est évident que ces deux vues sont insuffisantes pour l'intelligence de la forme intérieure de ce presse-étoupes A′; la coupe verticale fig. 2ᵇ est encore nécessaire pour démontrer d'une part les épaisseurs et les évidements, et d'un autre côté la bague ou virole B′ rapportée à la base.

L'ouverture cylindrique *a* du bouchon et celle *b* de la virole correspondent exactement au diamètre de la tige du piston; la partie *c*, comprise entre ces deux ouvertures, est d'un diamètre plus grand, afin d'éviter le contact de la tige et de servir de réservoir à graisse.

On voit encore bien par cette coupe que les oreilles *d* (38, 1°), qui garnissent la partie supérieure du bouchon, sont percées dans toute leur épaisseur d'un trou cylindrique *e*, destiné au passage des boulons de serrage. Le dégagement annulaire *f*, au sommet du bouchon A′, sert de premier réservoir dans lequel on met l'huile ou la graisse qui se répand ensuite à l'intérieur.

La bague B′ est ajustée de force au bas du presse-étoupes, et se termine comme celui-ci sous forme angulaire, afin que le joint soit aussi hermétique du côté de la tige du piston que du côté de la paroi intérieure de la boîte ou couvercle.

Cette virole B′ est en cuivre ou en bronze, pour diminuer d'une part le frottement, et permettre de l'autre d'être remplacée au besoin, sans être obligé de renouveler le bouchon; ce dernier est le plus généralement en fonte, par économie de construction, bien qu'on en fasse quelquefois en fer ou en bronze.

141. JOINT SPHÉRIQUE. — Le tender ou wagon d'alimentation sur les chemins de fer communique son eau à la locomotive par des tuyaux qui s'assemblent à rotule, afin de se prêter naturellement aux inclinaisons variables qu'ils sont susceptibles de prendre. Ce système de joint, représenté sur les fig. 3 et 3ᵃ, a l'avantage de ne pas laisser de fuite, quelle que soit la position d'une partie par rapport à l'autre, et nécessite encore, pour être bien compris, la section verticale, fig. 3ᵇ.

Cette coupe, en effet, montre bien la construction du système, qui consiste :

1° en un sphère A, de même épaisseur que le tuyau B dont elle forme le prolongement, et 2° en deux brides sphériques C et D qui se relient entre elles par des boulons, et qui embrassent la boule A.

La bride C fait corps avec le tuyau E, tandis que la bride D est rapportée, pour permettre l'introduction de la sphère A. Cette bride est dégagée à sa partie inférieure, à l'effet de donner au tuyau B toute la liberté de se mouvoir ou de prendre toute espèce d'inclinaison, par rapport au tube E qui n'est autre que son prolongement. Ce tube E nous fournit l'occasion de faire observer que, lorqu'un cylindre rencontre ou pénètre une sphère, la ligne d'interjection est toujours un cercle projeté suivant une droite (pl. 14).

Les brides C et D sont découpées extérieurement sous forme d'oreilles a, destinées à leur assemblage. Leur raccordement avec le contour circulaire donne lieu à la solution d'un problème qu'on peut poser ainsi : *Tracer avec un rayon donné un arc de cercle tangent à deux cercles donnés.* Pour le résoudre, on trace, des deux centres O, o, des arcs de cercle distants chacun des cercles qu'ils entourent d'une quantité égale au rayon donné; leur point d'intersection F est le centre de l'arc, et les rayons qui joignent ce point avec les deux centres déterminent les points de contact ou d'arrêt de l'arc GH. Ces tuyaux ainsi que leurs brides sont, en raison de la difficulté de leur ajustement, fondus en bronze, puis tournés, alésés et rodés.

142. Soupape de sureté.—Les générateurs ou chaudières à vapeur doivent être munis d'accessoires, tels que manomètre, niveau d'eau, flotteur, sifflet d'alarme et soupape de sûreté.

Les soupapes ont pour objet de livrer issue à la vapeur, dès que sa tension dépasse le degré de pression pour lequel la chaudière a été construite.

Les fig. 4, 4ª et 4ᵇ représentent, en section horizontale, en élévation et en coupe verticale, le mode de soupape adopté d'après les dernières ordonnances réglementaires des appareils à vapeur. Cette soupape se compose de deux parties distinctes :

1° Le siége en fonte A, fixé à demeure sur la chaudière par trois ou quatre boulons; 2° la soupape proprement dite B, qui se fait en fonte ou en bronze.

La soupape B est fondue avec une tige verticale C, évidée en forme de triangle curviligne, concave sur toute sa hauteur, pour réduire la surface verticale de contact qui lui sert de guide, et en même temps pour laisser le passage nécessaire à la vapeur. Le tracé de cette section se détermine d'après un procédé analogue à celui du n° 34, à l'exception que c'est par la division d'un triangle équilatéral au lieu d'un carré. La base de la soupape est un anneau circulaire de très-peu de largeur, qui repose sur le sommet du siége A; ce dernier est lui-même évidé en biseau, pour correspondre au contact horizontal de la soupape. Le centre de la soupape est creusé en dessus, pour recevoir le pointal de la tige sur laquelle presse un levier chargé d'un contrepoids; les dimensions de ce levier et du poids doivent correspondre à la pression intérieure de la vapeur, pour maintenir la soupape en équilibre sur son siége. Dès que cette pression augmente, la soupape est soulevée et donne issue à la vapeur jusqu'au rétablissement de la pression normale [1].

143. Soupape d'équilibre. — Les machines à vapeur de grandes dimensions, telles que celles employées dans le comté de Cornouailles (Angleterre), sont munies de soupapes à double siége, dites d'équilibre, pour remplacer le tiroir de distribution.

Elles ont sur ceux-ci l'avantage d'ouvrir avec très-peu de course de larges passages à la vapeur, et d'être beaucoup plus faciles à manœuvrer. Ce système de soupape, représenté sur les fig. 5, 5^a et 5^b, se compose d'un siége fixe A, en fonte ou en bronze, solidaire avec la boîte de distribution, et d'une soupape à cloche B, également en bronze, adaptée à une tige verticale C, par laquelle elle reçoit son mouvement. Le contact de la soupape avec le siége a lieu par deux surfaces coniques, dont l'une a est intérieure, et l'autre b est extérieure. Quand la soupape est fermée, ces surfaces coïncident exactement entre elles, et, au contraire, lorsque la soupape est soulevée, comme l'indique la fig. 5^b, elle laisse simultanément un vide annulaire à la partie supérieure et à la partie inférieure, ce qui donne deux issues à la vapeur.

Le corps de la soupape B est évidé sous forme d'un croisillon à quatre branches c, pour réunir le moyeu avec la circonférence; il en est de même du siége A. L'aspect extérieur de cette soupape présente une suite d'ondulations dont le tracé donne lieu aux problèmes suivants :

Raccord du corps avec la partie cylindrique supérieure; voir (37, 1°) et le détail fig. 5^c, et raccord de la nervure c avec le moyeu supérieur, ou *Tracé d'un cercle tangent à une droite et passant par un point donné.*

La solution de ce dernier problème est très-simple; toute l'opération consiste à élever une perpendiculaire sur la ligne ef, au point de contact e du cercle tangent, joindre le point e au point donné g, et sur le milieu de cette ligne élever une perpendiculaire hi qui rencontre la droite au point i centre de l'arc cherché ehg.

Les nervures du siége A sont tracées à l'aide du problème décrit (38, 2°).

On voit bien maintenant combien les vues intérieures ou sections des pièces sont nécessaires pour l'intelligence complète des objets. Il est vrai que quelquefois, dans les ateliers, on se contente de faire voir l'intérieur des pièces par des lignes ponctuées sur les vues extérieures mêmes; mais outre qu'elles ont l'inconvénient de rendre le dessin plus compliqué et moins intelligible, elles ne peuvent pas toujours exprimer toutes les parties, en ce que, dans un grand nombre de cas, elles se confondent avec ces lignes extérieures.

Nous n'avons pas cru utile d'entrer dans ces explications sur les tracés graphiques de ces divers objets, persuadés que les indications ponctuées sur le modèle sont suffisantes, d'autant plus qu'elles se rapportent avec les problèmes de la pl. 3.

---

1 Voir plus loin les règles relatives aux soupapes de sûreté.

APPLICATIONS ÉLÉMENTAIRES.

ARBRES, MANCHONS, MODÈLES EN BOIS.

PLANCHE 12

144. On emploie, dans la composition même des machines, des arbres en bois, en fer et en fonte.

Les arbres en bois et en fonte sont principalement usités pour les moteurs hydrauliques, les moulins et autres mécanismes, transmettant de grands efforts ou supportant de lourdes charges.

Les premiers, plus économiques, sont surtout préférés, lorque les portées sont très-grandes, et qu'ils sont susceptibles d'éprouver des chocs comme dans les marteaux ou martinets. Les arbres en fer sont employés soit pour transmission de mouvement dans les usines, soit comme arbres premiers moteurs dans les appareils de navires à vapeur, le fer forgé présentant l'avantage d'une plus grande élasticité que la fonte.

145. ARBRE EN BOIS. — Les fig. 1, 4, 5 et 6 représentent différentes projections d'un arbre en bois établi pour une roue hydraulique. La fig. 4 montre simultanément d'un côté l'élévation latérale de l'arbre, muni de ses frettes et de son tourillon, et de l'autre une coupe verticale passant par son centre avec la section des frettes, mais en supposant le tourillon et ses ailes vus extérieurement[1].

La fig. 5 est une section transversale faite par le milieu du corps de l'arbre, pour faire voir que l'arbre est plein et que sa forme extérieure est un octogone régulier.

La fig. 6 est une vue par bout du même arbre, pour indiquer l'encastrement du tourillon et de ses ailes dans la fusée de l'arbre.

Ces vues sont nécessaires et suffisent pour bien déterminer toutes les parties de l'arbre. On voit, en effet, qu'il se compose d'une longue pièce prismatique en chêne A et de section octogonale, dont les extrémités b, appelées fusées, sont arrondies et légèrement coniques.

Les tourillons B qui y sont rapportés sont fondus chacun avec quatre ailes c et une longue queue d qui leur sert d'assise [2].

Pour les encastrer, on perfore le centre des bouts de l'arbre à la profondeur suffisante, et on pratique dans les fusées quatre entailles en forme de croix plus larges que l'épaisseur des ailes, mais de la même longueur.

Après leur introduction, on frette les fusées b avec des cercles en fer f, que

1. En général, dans les sections longitudinales d'objets renfermant une ou plusieurs pièces à l'intérieur, nous conseillons de ne pas mettre en coupe l'axe ou d'ailleurs toute pièce centrale dont l'intérieur ne présente aucune particularité; c'est ainsi qu'il est inutile de couper les boulons et leurs écrous, les arbres, les tiges rondes, les vis, etc.

2. Il y a des constructeurs qui se contentent de disposer les tourillons avec les quatre ailes sans y ajouter la queue d : cette disposition est plus simple, mais aussi elle a l'inconvénient de présenter moins de solidité, puisqu'alors les tourillons ont moins de portée.

l'on chasse de force et à chaud ; ces frettes étant en place, on enfonce de chaque côté des ailes de forts coins en bois *e* qui assemblent solidement les tourillons avec les fusées. On augmente encore la solidité de cet assemblage avec des cales en fer *g*, chassées par bout dans l'épaisseur du bois. La fig. 1, qui est ombrée, montre bien l'aspect d'un des bouts de l'arbre, quand il est terminé et prêt à mettre en place.

146. ARBRE EN FONTE.—Les arbres en fonte sont de plusieurs espèces : les uns sont creux, d'autres sont entièrement pleins, et de forme cylindrique ou prismatique. Ceux qui sont destinés à supporter de très-fortes charges sont généralement renforcés par des nervures qui vont en augmentant de hauteur vers le milieu et qui leur donnent une très-grande rigidité. Tel est l'arbre représenté en élévation sur la fig. 7, partie coupée suivant la ligne brisée 1-2-3-4' et partie vue extérieurement, en vue par bout sur la fig. 8, et en section transversale fig. 9, faite suivant la ligne 5-6, fig. 7.

Cet arbre, dont le corps A est cylindrique et creux, est destiné à supporter une roue hydraulique ; il est fondu avec quatre nervures B, qui le garnissent extérieurement ; ces nervures, disposées en croix, ont une forme parabolique, pour présenter une égale résistance dans toutes les parties. Des saillies C sont ménagées vers les extrémités de ces nervures pour recevoir les moyeux de la roue hydraulique. Les faces extérieures de ces saillies sont les côtés de carrés égaux, comme le montre la fig. 8 (34). Elles doivent être dressées pour recevoir les clefs *i* qui les fixent aux moyeux E, également dressées en ces parties. Les tourillons D qui terminent l'arbre sont aussi fondus avec lui et tournés au tour ; l'arbre enfin est d'une seule et même pièce.

147. Quoique nous ayons déjà indiqué dans la pl. 5 le tracé d'une parabole, nous croyons utile de donner le tracé pratique employé dans les ateliers pour la courbure adoptée soit dans les nervures des arbres en fonte, soit dans les balanciers, soit dans les bielles ou autres pièces analogues. On suppose dans chaque cas que l'on se donne deux points de la courbe, dont l'un *a* en est le sommet et correspond en même temps au milieu de la pièce, et l'autre *b*, qui est situé vers l'extrémité.

Nous supposons donc dans la fig. 7 que l'on connaisse la hauteur *a c*, et celle *b d*, par rapport à la ligne d'axe *m n* de l'arbre. Cette ligne serait aussi le milieu ou l'axe du balancier ou de la bielle.

Après avoir mené la droite *b e* parallèle à cet axe, on divise les distances *a e* en un nombre quelconque de parties égales, et on reporte ces divisions de *b* en *i* sur le prolongement de *b d*, puis on joint les points 1, 2, 3, au sommet *a*. On divise aussi la longueur *c d* de l'axe en un même nombre de parties égales aux points 1', 2', 3', par lesquels on mène des parallèles à *a c*. Les

---

1. Dans la pratique du dessin, lorsque la pièce à couper n'est pas uniforme, on se contente d'avancer ou de reculer la ligne de coupe pour faire mieux comprendre la forme de l'objet ; les saillies accidentelles sont alors projetées extérieurement : telles sont les nervures de l'arbre qui nous occupe, les bras d'une roue d'engrenage ou d'une poulie, les dents de ces roues, etc.

points de rencontre *f, g, h, a,* de ces parallèles avec les lignes, concourant au sommet, appartiennent à la courbe parabolique. Comme la nervure opposée est exactement symétrique, par rapport à l'axe, il suffit de prolonger les verticales et de reporter sur chacune d'elles en *a', h', g', f'* et *b'*, les hauteurs correspondantes *a c, h 3',* etc. Nous observerons également que, pour tracer le prolongement des nervures à gauche de la fig. 7, il suffit de reporter les verticales à leurs distances respectives, et d'y marquer les hauteurs des premières. Quelques personnes emploient, pour tracer pratiquement la courbe parabolique, un procédé différent de celui que nous indiquons ; c'est celui que nous avons donné avec la pl. 9, relativement au tracé du galbe d'une colonne toscane : comme il s'éloigne davantage du tracé réel de la parabole et qu'il tend à diminuer assez notablement les dimensions vers les extrémités de la pièce, nous lui préférons le précédent tracé.

La fig. 3 représente un fragment de l'arbre qui vient d'être décrit, ombré à l'effet, pour en mieux faire ressortir les parties rondes et planes.

148. MANCHONS D'ACCOUPLEMENT. — Lorsque les arbres qui doivent transmettre le mouvement de rotation se prolongent à de grandes distances, comme cela a lieu dans un grand nombre d'usines, on est obligé de les faire en plusieurs parties que l'on réunit par des manchons d'accouplement. Ces manchons sont généralement en fonte, composés d'une seule ou de deux pièces. Dans le premier cas, ils consistent en une sorte de longue douille cylindrique alésée intérieurement et recevant par moitié les deux bouts des parties de l'arbre à réunir ; dans le second cas, ils se composent de deux douilles renflées et portant des griffes, qui s'assemblent ou engrènent l'une avec l'autre. Tel est le manchon représenté en élévation latérale (fig. 10) et de face (fig. 11).

Ce manchon a été exécuté pour un arbre de transmission dont le diamètre dans les parties renflées n'est pas moindre de 28 centimètres.

La douille A de ce manchon est ajustée sur le bout de la première partie C de l'arbre de couche. La seconde douille A' est ajustée sur la seconde partie C' du même arbre. Ces deux douilles rapprochées engrènent l'une dans l'autre par les saillies B et B' qui sont interrompues vers le moyeu par une surface concentrique à ce dernier, pour recevoir la contre-partie de A'.

La fig. 11, qui est une vue de face de la première douille A, montre bien la forme et les dimensions de ces saillies ; on voit qu'elles occupent chacune un quart de cercle sur la face de la douille. Celles de la seconde A' sont exactement de même, à l'exception qu'elles se trouvent placées du côté des vides, afin qu'elles puissent s'emboîter exactement les unes dans les autres, comme l'indique la fig. 10.

La réunion intime des deux parties du manchon avec l'arbre est déterminée, 1° par les deux clefs *a* diamétralement opposées et ajustées par moitié de leur épaisseur dans l'arbre et le moyeu ; 2° par des vis de serrage *b* [1], dont

---

1. On verra plus loin le tracé des vis à filets triangulaires et à filets carrés.

l'une est visible dans la fig. 10. Les clefs *a* ont pour objet de rendre les manchons solidaires avec l'arbre dans le sens de rotation, et les vis *b* empêchent la disjonction longitudinale des deux parties du manchon.

CONFECTION D'UN MODÈLE EN BOIS ET D'UN MANCHON D'ACCOUPLEMENT.

149. Lorsqu'on a établi le dessin d'un organe quelconque de machine qui doit être en fonte, il faut le plus généralement construire un modèle en bois destiné au moulage. La mise en œuvre d'un modèle exige de la part de l'ouvrier modeleur une certaine aptitude dans le choix et le débitage du bois, et dans la précaution à prendre pour la réussite du moulage.

On emploie par économie le sapin du nord, quelquefois le charme ou le chêne, et assez souvent le noyer pour de petits modèles de précision.

Quelle que soit la nature du bois, il doit être toujours parfaitement sec; les modèles sont tantôt pleins et tantôt creux, suivant la dimension des objets. Pour le cas d'un tambour, d'une grosse colonne, d'un cylindre de machine ou d'un manchon de grand diamètre, tel que celui représenté sur les fig. 12, 13 et 14, le modèle est généralement creux, ce qui présente l'avantage d'une économie de bois, d'une plus grande légèreté, et en même temps il est moins sujet à se déformer par l'effet des changements de température.

La fig. 13 représente une partie du modèle vu latéralement, et l'autre supposée coupée par un plan vertical passant par l'axe.

La fig. 12 est une vue de face, du côté des griffes ou saillies.

Il est facile de voir par ces figures que le modèle se compose de deux plateaux D, D', sur le pourtour desquels on rapporte une certaine quantité de douves E, qui y sont clouées ou fixées par des vis. Ces douves sont débitées dans des planches d'épaisseur et rabotées sur leurs faces latérales, suivant la direction des rayons *c d* et *c e*. Elles présentent ainsi réunies l'aspect de la partie gauche de la fig. 14, et lorsque le tambour est tourné, elles forment un cylindre uni comme le montre la partie droite de cette figure.

Sur l'une des bases D de ce tambour est rapportée la saillie B, qui a été découpée préalablement dans une planche de forte épaisseur, pour donner la forme des griffes indiquées sur la fig. 12. Sur la base opposée D' sont rapportées plusieurs rondelles F, destinées à former la partie du noyau qui doit déterminer le diamètre du trou au centre du manchon. Ces rondelles sont clouées et collées ensemble sur le plateau D'. Le modèle ainsi préparé est tourné, puis passé au papier de verre, pour en adoucir la surface et ne laisser aucune prise à l'adhérence du sable; souvent même et surtout les petits modèles sont enduits d'une couche de mine de plomb pour en conserver le poli et la dureté.

Le diamètre de la partie F est plus petit que le diamètre de l'arbre destiné à recevoir le manchon, afin de laisser la matière nécessaire à l'alésage du trou obtenu par le noyau. Ce noyau est un cylindre préparé en sable et porté dans le milieu du moule, et comme le modèle doit être moulé debout, il n'est utile, en raison de son peu de longueur, que de le soutenir par une extrémité, c'est-à-dire par la partie inférieure ; c'est pourquoi le modèle n'a besoin que d'une seule portée F. On remarque que cette portée est conique. Il en est de même du corps du tambour, tandis que le noyau est tout à fait cylindrique.

150. DÉPOUILLE ET RETRAIT. — Pour permettre d'enlever plus facilement le modèle du sable, on lui donne de la dépouille, c'est-à-dire que le diamètre de la portée F, ainsi que celui du corps du tambour, est plus petit à l'extrémité vers l'entrée dans le moule qu'à l'extrémité opposée. Il suffit d'une différence de quelques millimètres pour atteindre ce but.

La fonte, comme tous les métaux en fusion, diminue de volume par le refroidissement. Cette contraction oblige de faire les modèles d'une dimension un peu plus forte que les pièces mêmes finies. Ainsi, quand les pièces doivent être travaillées, tournées, alésées ou rabotées, il faut avoir égard non-seulement à la réduction provenant du retrait, mais encore à la réduction provenant de la main-d'œuvre.

En général, pour la fonte grise ou de seconde fusion, on estime que le retrait en tous sens est de 1/90 à 1/100.

Pour la fonte blanche de première fusion, le retrait est beaucoup plus considérable.

Lorsque, pour éviter la façon d'un modèle, on moule sur l'objet même que l'on veut reproduire, les mouleurs regagnent le retrait par l'ébranlement du modèle dans le sable.

APPLICATIONS ÉLÉMENTAIRES.

RAILS ET COUSSINETS POUR CHEMINS DE FER.

(PLANCHE 13)

151. Les chemins de fer présentent sur les routes ordinaires les deux avantages suivants :

1° Accélération relative de vitesse ; 2° augmentation de charge à égalité de puissance.

Les voies ferrées se composent de deux rails parallèles à 1^{m}50 l'un de l'autre, et formés généralement de barres laminées de 4^{m}70 à 5 mètres de longueur.

Ces rails sont supportés de 0^{m}90^c à 1 mètre de distance par des chaises en fonte ou coussinets, qui sont assujetties par des chevilles ou boulons sur des madriers en chêne, enterrés en travers de la voie. Les coussinets qui correspondent aux joints bout à bout des barres ne diffèrent des coussinets intermédiaires que par un plus large empatement, pour augmenter la stabilité du coussinet, et rendre plus facile, sur une plus grande étendue, la juxtaposition et le serrage des bouts des rails.

La pl. 13 donne les détails d'un coussinet de rail, tel qu'il est monté sur le chemin de fer de Paris à Strasbourg.

Les fig. 1 et 2 représentent l'élévation et le plan de ce coussinet avec un fragment de rail qu'il supporte.

La fig. 3 est une section verticale faite suivant la ligne 1-2 du plan, mais dans un sens opposé à celui de la fig. 1, dans le but de montrer la position respective des rails parallèles.

La fig. 4 est une vue par bout du coussinet seul.

La fig. 5 est une vue par bout du rail.

Ce coussinet, qui est combiné de manière à réunir la solidité à l'économie de matière, présente d'une part une large semelle A, qui lui donne de l'assise sur sa traverse en bois, et de l'autre des joues latérales BB', renforcées par des doubles nervures CC'.

La semelle A est percée de deux trous cylindriques a, légèrement évasés par le haut, pour l'introduction des chevilles en fer qui fixent solidement le coussinet sur sa traverse ; l'espace vide laissé entre les joues BB' est destiné à recevoir le rail D et le coin de serrage en bois E.

La section verticale du rail D affecte une forme exactement symétrique, non-seulement par rapport à la ligne d'axe bc, mais encore par rapport à la ligne milieu de, fig. 5, disposition qui permet de retourner le rail au besoin.

La section du coin E est elle-même symétrique, par rapport à ses diagonales, pour se prêter au renversement du rail, et pour caler indifféremment dans un sens comme dans l'autre.

La configuration du rail se compose de lignes droites et de lignes courbes qui se raccordent géométriquement, comme le montre le tracé (fig. 5). Les opérations ainsi que les lignes de cote suffisent pour le dessiner.

Ces opérations ne sont que la reproduction de problèmes analogues à ceux de la première livraison. Du reste, nous avons détaché les principaux problèmes, en les dessinant sur une échelle différente dans les fig. 6, 7 et 8.

La fig. 6 rappelle le problème (35) qui a pour objet de tracer un arc de cercle ijk, tangent à des droites fg et gh, connaissant le rayon ok égal $31^m/_m5$ (fig. 2, pl. 3). Ce problème trouve son application sur la fig. 5 en f,g,h.

La fig. 7 fait voir le problème (37, 1°) qui a pour objet de raccorder un arc de cercle lmn, tangent à une droite np et à un arc donné qrl, connaissant le point de contact n (fig. 6, pl. 3). Ce problème se rapporte également à la fig. 5 en l, m, n.

La fig. 8 est relative au problème d'une tangente $g^2 f'$ à deux cercles donnés de rayons st et $o' k^2$ (9).

Ce problème consiste à trouver un point commun u sur la ligne os qui joint les centres des deux cercles. A cet effet, on mène par les centres des diamètres parallèles quelconques vx et $v'x'$. On joint les deux points opposés v et x' par la droite vx' qui coupe la ligne $o's$ au point u. Le problème revient alors à mener du point u une tangente à une circonférence quelconque (fig. 4, pl. 1);

cette droite est à la fois tangente aux deux cercles donnés. Ce problème trouve son application sur la fig. 4 en x, k^2, t.

Nous avons indiqué également sur la fig. 9 la solution d'un problème (41) ayant pour objet de tracer un arc de cercle yz d'un rayon donné $a'b'$, tangent à deux cercles de rayons $c'd'$ et $e'f'^2$ (fig. 8, pl. 3). Ce problème se rapporte au raccord de la joue B′ (fig. 3) avec la semelle A vers l'ouverture a.

Pour compléter les tracés particuliers des projections du coussinet, il nous reste à faire voir comment on détermine les lignes $g'h'$ qui représentent les intersections de fragments de surfaces cylindriques déterminés par les fig. 1, 2, 3 et 4. Afin d'éviter la confusion des lignes, nous avons reporté ce tracé, fig. 10 et 11, qui représente les sections verticales de ces cylindres. On trouve un point quelconque i' sur la projection horizontale, fig. 12, correspondant au plan, fig. 2, en abaissant du point i, pris sur l'arc $g'h'$ (fig. 10) une perpendiculaire $i'i$ à la ligne de terre LT, et en menant du même point une horizontale ii^2. Cette dernière rencontre le profil du cylindre $g'h'$, fig. 11, en i^2. On projette ce point en i^3, sur la ligne de terre, pour la ramener par un arc de cercle et une droite parallèle à cette ligne en i', qui est le point cherché ; les autres points $j'n'$ se déterminent de la même manière.

Il est à remarquer que, lorsque les deux cylindres sont de même diamètre, l'intersection commune $g'h'$, comme il sera démontré plus loin, se projette horizontalement suivant une ligne droite ; elle devient une ligne courbe d'autant plus sensible que la différence entre les deux cylindres est grande. Voir les fig. 10, 11 et 12.

Les nervures C et C′ se raccordent avec la semelle A du coussinet par des arcs de cercle qui, dans la projection horizontale, fig. 2, sont indiqués par les courbes $k'l'$.

L'opération pour déterminer ces courbes est complétement analogue à celle des figures précédentes, et se trouve suffisamment indiquée par les tracés, fig. 13, 14 et 15. Nous devons faire remarquer que nous avons indiqué tous les raccords autant pour exercer les élèves sur les problèmes que nous avons donnés précédemment que pour réunir en une seule planche un grand nombre de difficultés ; nous ajouterons que dans la pratique on n'a pas égard à l'exactitude des opérations linéaires, et que les courbes sont déterminées soit à l'aide de calibres, soit par des raccords tracés approximativement.

Les rails ne sont pas assujettis verticalement dans les coussinets, mais ils sont légèrement inclinés vers l'intérieur de la voie, de manière que leur ligne d'arc cb forme avec la ligne verticale cb^2 (fig. 3) un angle de 3 degrés ; cette inclinaison a pour objet de maintenir les roues des wagons sur la voie, en opposition à la force centrifuge[1] qui, au passage des courbes, tend à les faire sortir des rails.

1. La force centrifuge est l'action par laquelle un corps doué d'un mouvement de rotation autour d'un axe tend à s'éloigner du centre de cet axe, par opposition à la force centrale qui attire l'objet sur le centre du mouvement.

RÈGLES ET DONNÉES PRATIQUES

RÉSISTANCE DES MATÉRIAUX.

152. Les matériaux employés dans les constructions présentent, suivant leur nature, des résistances variables proportionnées aux efforts qu'ils sont susceptibles de supporter.

Ces efforts sont de plusieurs espèces, savoir : la traction, la compression, la flexion et la torsion.

On est arrivé, par des expériences réitérées, à établir des règles pratiques qui servent de guides pour calculer les dimensions des diverses pièces selon le genre de la résistance.

RÉSISTANCE A LA COMPRESSION OU A L'ÉCRASEMENT.

153. La compression est une force qui tend à refouler dans le sens de la longueur les fibres ou les molécules de la pièce soumise à son action.

D'après Rondelet, un prisme de chêne, tant que sa longueur ou hauteur ne dépasse pas sept à huit fois la plus petite dimension de sa section transversale, s'écrase sous une charge de 385 à 462 kilog. par centimètre carré de section transversale.

En général, pour le chêne et la fonte, la flexion d'une pièce soumise à l'écrasement se fait sentir dès que la longueur ou hauteur atteint dix fois la plus petite dimension de la section transversale. Jusqu'à cette limite, la résistance à la compression reste à peu près constante.

Le fer commence à se comprimer sous une charge de 4,900 kilog. par centimètre carré, et fléchit avant l'écrasement, dès que la longueur ou hauteur de la pièce dépasse trois fois la plus petite dimension de sa section transversale.

Nous verrons dans la table suivante le nombre de kilogrammes dont on peut charger avec sécurité chaque centimètre carré de la section transversale des corps de diverses natures soumis à l'effort de compression.

XIVe TABLE. — POIDS QUE PEUVENT SUPPORTER DES SOLIDES SOUMIS A UN EFFORT DE COMPRESSION, TELS QUE LES COLONNES, LES PILIERS, LES PILASTRES, LES ÉTAIS, LES POTEAUX, ETC.

BOIS ET MÉTAUX

DÉSIGNATION DES CORPS.	RAPPORT DE LA LONGUEUR A LA PLUS PETITE DIMENSION.				
	Au-dessous de 12.	Au-dessus de 12.	Au-dessus de 24.	Au-dessus de 48.	Au-dessus de 60.
	kil.	kil.	kil.	kil.	kil.
Chêne fort................	30.0	25.0	15.0	5.0	2.5
Chêne faible...............	19.0	8.4	5.0	»	»
Sapin jaune ou rouge.........	37.5	31.0	18.7	7.5	»
Sapin blanc................	9.7	8.2	4.9	»	»
Fer forgé	1000.0	835.0	500.0	167.0	84.0
Fonte.....................	2000.0	1670.0	1000.0	333.0	167.0
Cuivre roulé...............	823.0	»	»	»	»

PIERRES, BRIQUES ET MORTIERS.

DÉSIGNATION DES CORPS.	RAPPORT de la longueur à la plus petite dimension au-dessous de 12.	DÉSIGNATION DES CORPS.	RAPPORT de la longueur à la plus petite dimension au-dessous de 12.
	kil.		kil.
Basalte de Suède et d'Auvergne.....	200.0	Pierre calcaire très-dure..........	50.0
Granit dur de Normandie...........	70.0	Pierre calcaire ordinaire.........	30.0
Granit vert des Vosges............	62.0	Calcaire dur de Givry près Paris....	31.0
Granit gris de Bretagne...........	65.0	Calcaire tendre d'idem...........	12.0
Granit gris des Vosges............	42.0	Lambourde de qualité inférieure	2.3
Granit ordinaire..................	40.0	Brique très-dure................	12.0
Marbre dur.......................	100.0	Brique ordinaire.................	4.0
Marbre blanc veiné et turquin.......	30.0	Brique dure très-cuite..........	15.0
Grès dur........	90.0	Brique rouge	6.0
Grès tendre..	0.4	Pierre tendre (lambourde vergetée.).	6.0
Roche de Châtillon près Paris.......	17.0	Plâtre gâché à l'eau.............	5.0
Liais de Bagneux près Paris, très-dur.	44.0	Plâtre gâché au lait de chaux......	7.3
Roche douce d'idem................	13.0	Béton en mortier de dix-huit mois..	4.0
Roche d'Arcueil près Paris.........	25.8	Mortier ordinaire de dix-huit mois..	2.5
Pierre de Saillancourt, près Pontoise,		Mortier ordinaire en chaux et sable.	3.5
première qualité.................	14.0	Mortier en ciment ou tuileaux pilés..	4.8
Pierre ferme de Conflans, employée à		Mortier en pouzzolane de Naples et	
Paris..........................	9.0	de Rome.......•...............	3.7

RÈGLE. D'après cette table, pour trouver la charge que peut supporter avec sécurité une pièce quelconque soumise à l'écrasement.

On multiplie la section transversale de cette pièce par le nombre de la table en le modifiant suivant le rapport de sa longueur à la section. Et réciproquement, connaissant la charge qu'une pièce doit supporter, on détermine sa plus petite section transversale. *En divisant cette charge exprimée en kilogrammes par le nombre correspondant de la table, en tenant compte de la longueur.*

Premier exemple : Quelle est la charge que supportera un pilier en briques ordinaires, à section rectangulaire, de 50 centimètres sur 60 de côté, la hauteur étant de 4 mètres, c'est-à-dire au-dessus de douze fois cette section?

On a 50 $\times$ 60 = 3000 cent. carrés, section transversale.

Puis, d'après la table, 3000 $\times$ 4 = 12000 kilog.

Deuxième exemple : Quelle est la section transversale d'un poteau carré en chêne fort, de 2ᵐ 80 de hauteur, pour résister à une charge de 6000 kilogrammes?

D'après la table on a, si on suppose à priori la longueur au-dessous de douze fois la section transversale, le nombre ou coefficient de compression par centimètre carré = 30 kilog.

Alors, 6000 : 30 = 200 centimètres carrés, section transversale

Et $\sqrt[2]{200}$ = 14ᶜ 14 côté supposé.

En comparant ce côté 14ᶜ14 à la hauteur donnée 2ᵐ 80, pour en avoir le rapport,

on a :   280 : 14,14 = 20 environ.

Ce rapport fait voir, comme nous l'avons fait avec intention, que l'on ne devait pas prendre le nombre 30 de la première colonne de la table pour déterminer la section vraie du poteau, mais bien le nombre 25 de la deuxième colonne.

En conséquence les calculs doivent être rectifiés ainsi :

6000 : 25 = 240 centim. carrés

et $\sqrt[2]{240}$ = 15ᶜ49, côté exact de la section du poteau.

Troisième exemple : Quelle est la charge que peut supporter avec sécurité une colonne massive, en fonte, de 8 centimètres de diamètre sur 3ᵐ84 de hauteur?

On voit d'abord que le rapport de la hauteur au diamètre est 384 : 8 = 48 fois.

Le nombre que l'on doit prendre dans la table est alors 333.

Ainsi, section 0,785 (8)² × 333 = 16736 kilog.

Pour les magasins et boutiques, les architectes établissent ordinairement deux colonnes jumelles en fonte, au lieu de pilastres en briques, pour occuper moins d'emplacement. Les deux colonnes supporteraient alors une charge de plus de 30000 kilog., et pèseraient :

$$0,785 \times (0^m 08)^2 \times 2 \times 3^m 84 \times 7^k 20 = 278 \text{ kilogrammes.}$$

Si au lieu de deux colonnes jumelles massives ou pleines on adapte une seule colonne creuse de 16 cent. de diamètre pour supporter la même charge de 33000 kilog., on arrive à diminuer notablement le poids de la fonte.

En effet, le diamètre de la colonne étant 16 cent. au lieu de 8 cent., le rapport entre la hauteur et le diamètre est de 24 au lieu de 48.

Par conséquent le nombre à prendre dans la table est de 1000 kilog. au lieu de 333.

Or, 33000 : 1000 = 33ᶜ section d'une colonne pleine, équivalente à celle dont il faut chercher l'épaisseur. Puisque le diamètre de cette dernière est de 16 centimètres, sa section est égale à

$$0,785 \times (16)^2 = 201. \text{ cent. carrés.}$$

Si de cette section on déduit celle 33ᶜ qui vient d'être trouvée, on a 168ᶜ·ᑫ· 06, pour la section intérieure de ladite colonne creuse.

Le diamètre correspondant à une section interne de

$$D = \sqrt{\frac{168^{c \cdot q.}}{0,785}} = 14^c 75.$$

Ainsi l'épaisseur de la colonne creuse est égale à 16 — 14,75 = 1ᶜ25.

Or le poids d'une telle colonne ayant 3ᵐ84 de hauteur égale

$$3,84 \times 0,785 \overline{(16}^2 - \overline{14,75)}^2 \times 7,20 = 91 \text{ kilog.}$$

Ce résultat fait voir qu'il y a une grande économie de matière à employer des colonnes creuses, au lieu de colonnes pleines. Pourtant, il est bon de faire remarquer que dans cet exemple l'épaisseur de 1ᶜ25 que donne le calcul ne serait pas suffisante dans l'exécution.

Dans les deux cas précédents, on n'a pas tenu compte des moulures de la colonne et de l'augmentation du diamètre vers sa base : le poids doit en conséquence être élevé d'environ 1/10ᵉ.

RÉSISTANCE A LA TRACTION.

154. La traction est la force qui, employée à tirer un corps dans le sens de sa longueur, tend à en opérer l'allongement et par suite la rupture.

Des expériences multipliées ont également permis, comme pour la compression, de déterminer les sections à donner aux corps soumis à la traction, pour qu'ils résistent avec sécurité à cet effort.

Premier exemple : On demande quelle est la section de quatre tiges carrées en fer forgé, qui relient les deux sommiers d'une presse hydraulique dans laquelle on suppose que la pression qui tend à éloigner ces sommiers et par conséquent à rompre le tiges est de 240000 kilogrammes.

Chaque tige doit donc résister à un effort de traction de $\frac{240000}{4}$ = 60000 kilog.

D'après la table, chaque centimètre carré de fer forgé peut être chargé avec sécurité de 1000 kilog.

On a donc $\frac{60000}{1000}$ = 60 centimètres carrés, section transversale de chaque barre, et $\sqrt[2]{60}$ = 7c74, côté de la tige. Si la tige était ronde, on aurait :

$$60 = 0{,}7854\,D^2 : \quad \text{d'où } D = \sqrt{\frac{60}{0{,}785}} = 8^c 74.$$

On calculera de même le diamètre à donner aux tiges de pistons à vapeur ou de pompes, après avoir calculé la pression sur le piston.

Deuxième exemple : On demande à quel effort de traction peut résister avec sécurité une flèche ou timon de voiture en bois de frêne, dont la section est de 100 centimètres carrés.

D'après la table on a 120 kil. × 100 = 12000 kil.

155. COURROIES. — Plusieurs ingénieurs emploient dans la pratique, pour les dimensions à donner aux courroies, la formule suivante : $L = \dfrac{1500 \times F}{v}$, dans laquelle L exprime la largeur de la courroie en centimètres, F la force en chevaux-vapeur [1], et v la vitesse en centimètres par seconde.

On suppose l'épaisseur naturelle du fort cuir de bœuf, soit environ 5m/m pour celle de la courroie.

Cela donne lieu à la règle suivante : Multipliez la force en chevaux par le nombre constant 1500, divisez le produit par la vitesse exprimée en centimètres, le quotient donnera la largeur de la courroie en centimètres.

Exemple : Soit F = 2 chevaux-vapeur, v = 3 mètres ou 300 centimètres par seconde, on a :

$$L = \frac{1500 \times 2}{300^c} = 10 \text{ centimètres.}$$

Cette formule satisfait aux conditions suivantes : 1° la courroie se développe sans glisser sur les poulies qu'elle embrasse; 2° elle n'est pas susceptible de s'allonger notablement; 3° elle résiste parfaitement à l'effort de traction qu'elle doit transmettre.

Il convient que les diamètres des poulies de transmission embrassées par la courroie ne dépassent pas le rapport de 1 : 3.

---

1. On appelle *cheval-vapeur* en industrie, le travail correspondant à un poids de 75 kilog. élevé à un mètre de hauteur par seconde, travail exprimé par 75 kilogrammètres. Ainsi huit chevaux-vapeur valent 8 × 75 = 600 kilogrammètres.

XVᵉ TABLE. — SOLIDES PRISMATIQUES OU CYLINDRES SOUMIS A DES EFFORTS DE TRACTION LONGITUDINALE.

DÉSIGNATION DES CORPS.			EFFORT PAR CENTIMÈTRE CARRÉ que l'on peut faire supporter au corps avec sécurité.
			kilog.
BOIS.			
Chêne	dans le sens des fibres	fort	80
		faible	60
	perpendiculairement aux fibres		46.0
Sapin	dans le sens des fibres		80 à 90
	latéralement aux fibres		4.2
Frêne dans le sens des fibres			120
Orme id. id.			104
Hêtre id. id.			80
MÉTAUX.			
Fer forgé ou étiré en barres.	le plus fort de petit échantillon		1000
	le plus faible de très-gros échantillon		446
	moyen		666
Fer ou tôle laminée.	tiré dans le sens du laminage		700
	tiré dans le sens perpendiculaire		600
Fer dit ruban, très-doux			750
Fil de fer non recuit	de Laigle, de 0m/m 23 de diamètre		1500
	le plus faible d'un grand diamètre		833
	le plus fort de 0m/m 5 à 1 m/m de diamètre		1333
	moyen de 1 à 3 m/m de diamètre		1000
Fil de fer en faisceau, ou câble			500
Chaînes en fer doux	ordinaires, à maillons oblongs		400
	renforcées par des étançons		533
Fonte de fer grise	la plus forte coulée verticalement		225
	la plus faible coulée horizontalement		217
Acier	fondu ou de cémentation, étiré au marteau, en petits échantillons		1667
	le plus mauvais, en gros échantillons, mal trempé		600
	moyen		1250
Bronze de canons, moyennement			383
Cuivre rouge	laminé dans le sens de la longueur		350
	id. de qualité supérieure		433
	battu		417
	fondu		233
Cuivre rouge en fil non recuit	le plus fort au-dessous de 1 millimètre de diamètre		1167
	moyen de 1 à 2 millimètres de diamètre		833
	id. le plus mauvais		667
Cuivre jaune, ou laiton fin			210
Cuivre jaune en fil non recuit.	le plus fort au-dessous de 1 millimètre de diamètre		1416
	moyen		833
Fil de platine	écroui, non recuit, de 0m/m 127 de diamètre		1933
	id. recuit		567
Étain fondu			50
Zinc fondu			100
Zinc laminé			83.3
Plomb laminé			21.3
Plomb fondu			22.5
Fil de plomb de coupelle, fondu, passé à la filière, de 4 millimètres de diamètre.			22.7
CORDES.			
Aussières et grelins en chanvre de Strasbourg de 13 à 14 millimèt. de diamètre.			440
id. en chanvre de Lorraine			325
id. en chanvre de Lorraine ou de Strasbourg de 23 millimètres			300
id. de Strasbourg de 40 à 54 millimètres			275
Vieille corde de 23 millimètres			210
Courroie en cuir noir			20

RÉSISTANCE A LA FLEXION.

156. La résistance d'une pièce à la flexion est l'effort qu'elle oppose à toute charge agissant dans une direction perpendiculaire à sa longueur, comme dans le cas des châssis, supports, leviers, balanciers, les arbres des roues hydrauliques, etc., etc.

Les corps peuvent être soumis à l'effort de flexion de plusieurs manières. Ainsi, tantôt la pièce est encastrée dans un mur, à l'une de ses extrémités, et chargée à l'autre extrémité d'un certain poids ; puis la pièce est supportée en son milieu, et chargée à chaque extrémité ; puis encore la pièce est solidement encastrée à ses deux extrémités, et chargée au milieu en un point quelconque de sa longueur.

1° *Considérons le cas où une pièce est encastrée à l'une de ses extrémités et chargée à l'autre.*

Soit P la charge placée à une distance L, en centimètres de la ligne d'encastrement ; R, coefficient numérique valable selon le cas ; a, la dimension horizontale en centimètres de la section transversale de la pièce ; b, la dimension verticale en centimètres de la même section transversale :

La formule $P = \dfrac{R \times a b^2}{6 L}$ permet de déterminer la charge maximum que peut supporter sans être altérée une pièce de section rectangulaire, encastrée à l'une de ses extrémités et chargée à l'autre.

Or, le coefficient R = 600 pour le fer,
750 pour la fonte
60 pour le chêne et le sapin.

En substituant ces valeurs de R, dans la formule précédente, on obtient successivement pour une pièce à section rectangulaire :

$$P = \frac{600 \times a b^2}{6 L} \text{ ou plus simplement } P = \frac{100 \times a b^2}{L} \text{ pour le fer.}$$

$$P = \frac{750 \times a b^2}{6 L} \quad \text{id.} \quad \text{id.} \quad P = \frac{125 \times a b^2}{L} \text{ pour la fonte.}$$

$$P = \frac{60 \times a b^2}{6 L} \quad \text{id.} \quad \text{id.} \quad P = \frac{10 \times a b^2}{L} \text{ pour le bois.}$$

Ces formules conduisent à la règle suivante :

Multipliez la dimension horizontale en centimètres de la section transversale d'une pièce rectangulaire par le carré de la dimension verticale en centimètres et par un coefficient numérique variable suivant la matière: puis divisez ce produit par la longueur de la pièce exprimée en centimètres : le quotient donnera en kilogrammes la charge que peut supporter la pièce sans altération.

Cette règle fait voir que la résistance transversale des pièces soumises à l'effort de flexion est en raison inverse de leur longueur, et directement proportionnelle à leur largeur et au carré de leur épaisseur verticale. D'après cette observation, il sera toujours très-avantageux de placer de champ les pièces encastrées.

Premier exemple : Quel poids supportera sans être altérée une barre de fer présentant, depuis la ligne d'encastrement jusqu'au point d'application de la charge, une longueur de 150 centimètres, et une section transversale dont la dimension horizontale $a = 3$ centimètres, et la dimension verticale $b = 4$ centimètres?

$$P = \frac{100 \times 3 \times 4^2}{150} = 32 \text{ kilog.}$$

Ce résultat est donné, la pièce étant supposée de champ; mais quelle sera la charge soulevée ou supportée dans les mêmes conditions, en supposant la pièce posée à plat, c'est-à-dire 4 centimètres exprimant alors la dimension horizontale a, et 3 centimètres la dimension verticale b?

$$P = \frac{100 \times 4 \times 3^2}{150} = 24 \text{ kilog.}$$

Ce résultat est bien inférieur et prouve qu'il y a un grand avantage à placer la pièce de champ.

Lorsque la pièce soumise à l'effort de flexion a une section carrée au lieu d'être rectangulaire, alors $a = b$, et ab^2 devient b^3; c'est une simple substitution à faire dans la formule précédente.

Mais si la section de la pièce est cylindrique, la formule, en représentant par D le diamètre, devient :

$$\text{Pour le fer :} \quad P = \frac{60 \times D^3}{L},$$

$$\text{Pour la fonte :} \quad P = \frac{75 \times D^3}{L},$$

$$\text{Pour le bois :} \quad P = \frac{6 \times D^3}{L},$$

Dans chacun des cas considérés pour une pièce encastrée à l'une de ses extrémités et chargée à l'autre, on arrive à déterminer les dimensions transversales de la pièce par les formules suivantes :

DÉSIGNATION des CORPS.	SECTIONS		
	Rectangulaire.	Carrée.	Cylindrique.
Fer........»...	$ab^2 = \dfrac{PL}{100}$	$b^3 = \dfrac{PL}{100}$	$D^3 = \dfrac{PL}{60}$.
Fonte	$ab^2 = \dfrac{PL}{125}$	$b^3 = \dfrac{PL}{125}$	$D^3 = \dfrac{PL}{75}$.
Bois...........	$ab^2 = \dfrac{PL}{10}$	$b^3 = \dfrac{PL}{10}$	$D^3 = \dfrac{PL}{6}$.

La règle déduite de ces formules, pour déterminer la section transversale *carrée*, *rectangulaire* ou *cylindrique*, d'une pièce encastrée à l'une de ses extrémités et chargée à l'autre, s'énonce ainsi :

Multipliez la charge par sa distance en centimètres de la ligne d'encastrement; divisez ce produit par un coefficient numérique variable suivant le cas, la racine cubique du quotient exprimera en centimètres la dimension verticale, ou le côté du carré, ou le diamètre du cercle, selon que la section transversale de la pièce sera un rectangle, ou un carré, ou un cercle.

1re Application : Quelle sera la section transversale d'une barre en fer rectangulaire recevant, à une distance de 1m 50 de la ligne d'encastrement, une charge de 32 kilog., cette barre étant supposée placée de champ?

$$ab^2 = \frac{32 \times 150}{100} = 48, \text{ et, si l'on prend } a = 3^c, \text{ alors } \frac{48}{3} = 16, \text{ et } \sqrt[2]{16} = 4^c,$$

dimension b.

2e Application. Quel sera l'équarrissage de la même pièce placée dans les mêmes conditions, mais à section carrée?

$$b^3 = \frac{32 \times 150}{100} = 48, \text{ et } b = \sqrt[3]{48} = 3^c6, \text{ côté de la barre à section carrée.}$$

157. *Observation.* — Quand la pièce soumise à l'effort de flexion a par elle-même un poids appréciable capable d'influer sur la résistance, ou une charge répartie uniformément sur la longueur, on détermine d'abord les dimensions de la section transversale en négligeant ce poids ; ces dimensions étant trouvées d'après les règles et formules précédentes, on calcule approximativement le poids ou la charge uniforme de la pièce, puis on ajoute la moitié de ce poids à la résistance de flexion pour calculer alors les nouvelles dimensions de la pièce.

Il est constant que la rupture d'une pièce encastrée à une extrémité et chargée à l'autre tend à avoir lieu à la ligne même d'encastrement, puisque c'est là que l'énergie du poids sur le levier est à son maximum. Or, lorsqu'on a déterminé par les formules données la hauteur de la section de la pièce à l'encastrement, on peut, pour alléger son poids et bénéficier la matière, diminuer cette hauteur sur le reste de la longueur de la pièce. La forme qu'il convient de lui donner est celle d'une courbe parabolique (pl. 5).

Cette courbe est aussi employée pour les pièces, encastrées aux deux extrémités, et supportant une charge également répartie sur sa longueur; tel est l'arbre en fonte dessiné planche 12.

Les balanciers des machines à vapeur affectent aussi cette courbe qui donne à la pièce une résistance uniforme, sans cause de rupture en un point plutôt qu'en un autre de sa longueur.

Une pièce supportée par son milieu et chargée aux extrémités résiste à un effort double de celui d'une pièce analogue encastrée à une extrémité et chargée à l'autre, parce que chacun des poids placés aux extrémités n'agit que sur un levier égal à la moitié de la longueur totale de la pièce.

De même, une pièce reposant librement sur des appuis à chaque extrémité et chargée en son milieu supporte une charge double de celle d'une pièce analogue encastrée à une extrémité et chargée à l'autre. Dans ces deux cas, on se sert des formules précédentes en doublant le coefficient R.

Une pièce encastrée solidement à ses extrémités supporte un effort quatre fois plus grand que dans le cas où elle est encastrée par une extrémité seulement et chargée à l'autre. Par conséquent les formules données pour le premier cas de flexion peuvent servir en quadruplant le coefficient R.

Pour calculer les diamètres des tourillons des arbres en fonte de roues hydrauliques ou susceptibles de supporter de grandes charges, on se sert de la formule particulière suivante :

$$D = 3 \sqrt[3]{P},$$

dans laquelle D exprime le diamètre en centimètres et P la charge en quintaux métriques (100 kilog.)

D'après cette formule, pour trouver le diamètre d'un tourillon en fonte, on extrait la racine cubique de la charge totale exprimée en quintaux métriques, et on multiplie cette racine par 3.

Pour le diamètre des tourillons en fer forgé, on multiplie le diamètre de ceux en fonte par la fraction 0,863.

Exemple : Quel est le diamètre à donner à chaque tourillon de l'arbre d'une roue hydraulique dont le poids total est de 30400 kilog. ?

On a 30400 kilog. = 304 quintaux, $D = 3 \sqrt[3]{304} = 20$ cent., tourillon en fonte, etc.
$20 \times 0,863 = 17^c 26$, diamètre du tourillon en fer.

XVIe TABLE. — SERVANT A DÉTERMINER LES DIAMÈTRES DES TOURILLONS DE ROUES
HYDRAULIQUES OU DES ARBRES SOUMIS A DE FORTES CHARGES.

CHARGE TOTALE sur LES TOURILLONS. en kilogrammes	DIAMÈTRE des TOURILLONS en fonte.	DIAMÈTRE des TOURILLONS en fer.	CHARGE TOTALE sur LES TOURILLONS en kilogrammes.	DIAMÈTRE des TOURILLONS en fonte.	DIAMÈTRE des TOURILLONS en fer.
3.8	1	0.86	15564.8	16	13.81
30.4	2	1.73	18669.4	17	14.67
102.6	3	2.59	22161.6	18	15.53
243.2	4	3.45	26064.2	19	16.40
475.6	5	4.31	30400.0	20	17.26
820.8	6	5.18	35191.8	21	18.12
1303.4	7	6.04	40482.4	22	18.99
1945.6	8	6.90	46234.6	23	19.85
2770.2	9	7.77	52523.2	24	20.71
3800.0	10	8.63	59375.0	25	21.57
5057.8	11	9.49	66788.8	26	22.44
6566.4	12	10.36	74795.4	27	23.30
8348.6	13	11.22	83417.6	28	24.16
10427.2	14	12.08	92678.2	29	25.03
12825.0	15	12.93	102600.0	30	25.89

RÉSISTANCE A LA TORSION.

158. Lorsque deux forces agissent en sens contraire et tangentiellement à la surface d'un solide quelconque comme pour le faire tourner en sens contraire, on dit alors
que ce solide est soumis à un effort de *torsion*. Ainsi, si on suppose un arbre de
machine à vapeur recevant, d'un bout, l'action de la puissance par une manivelle perpendiculaire à son axe, et portant, de l'autre, une roue d'engrenage destinée à transmettre la force de la machine, la *résistance* qu'éprouvent cet engrenage, et, par suite,
l'extrémité de l'arbre qui le porte, agit en sens contraire de la *puissance* appliquée
à la manivelle: l'arbre éprouve donc un effort de torsion qui est en raison de ces
deux forces.

Dans les machines, les organes les plus susceptibles d'être soumis aux efforts de
torsion sont les axes mobiles, ou les arbres animés d'un mouvement de rotation. Ceux
qui sont soumis aux plus grands efforts de torsion, désignés sous le nom d'arbres
premiers moteurs, sont les arbres de volant des machines, ou les arbres de couche des
bateaux à vapeur. Les arbres qui doivent porter de forts engrenages ou d'autres organes destinés à transmettre la puissance, mais sans choc et sans volant, sont rangés
dans la catégorie des arbres seconds moteurs; enfin, les arbres qui ne portent que
des poulies ou des engrenages de très-petites dimensions, sont compris comme arbres
de troisième classe.

Dans les formules employées pour calculer les dimensions des arbres soumis à des
efforts de torsion, on a égard à l'une ou l'autre de ces trois classes d'arbres.

Comme ce sont les tourillons qui, dans ces arbres, fatiguent le plus, puisqu'ils subissent l'usure plus ou moins considérable en raison de la charge qu'ils supportent, ce
sont les diamètres de ces tourillons qu'on doit principalement s'attacher à déterminer.

La formule pratique employée pour calculer le diamètre d'un tourillon en fonte
d'arbre premier moteur est :

$$d = \sqrt[3]{\frac{C}{R} \times 6859}$$

d représentant le diamètre du tourillon en centimètres,

C, le nombre de chevaux-vapeur que l'arbre doit transmettre,

R, le nombre de révolutions de l'arbre par minute,

Cette formule revient à la règle suivante :

159. Pour déterminer le diamètre des tourillons d'un arbre en fonte premier moteur, *on divise la force de la machine exprimée en chevaux-vapeur* (de 75 kilogrammètres) *par le nombre de révolutions de l'arbre par minute; on multiplie le quotient par le
nombre constant* 6859, *puis on extrait la racine cubique du produit.* Le résultat donne
en centimètres le diamètre du tourillon en fonte.

Pour les tourillons d'arbres en fonte seconds moteurs, la formule est :

$$d = \sqrt[3]{\frac{C}{R} \times 3375}$$

et pour ceux d'arbres troisièmes moteurs, elle est :

$$d = \sqrt[3]{\frac{C}{R} \times 1728}$$

On voit par ces deux dernières formules que l'opération pour déterminer le dia-

mètre des tourillons de deuxièmes ou troisièmes moteurs, est absolument la même ;
il suffit de remplacer le coefficient 6859 par celui 3375 ou 1728.

160. Pour les tourillons en fer forgé, on emploie les mêmes formules, mais en substituant aux coefficients précédents 4076 pour les arbres de première classe; 2197
pour ceux de deuxième classe, et 1090 pour ceux de troisième classe : par conséquent les formules deviennent :

Pour tourillon de premier moteur : $d = \sqrt[3]{\dfrac{C}{R} \times 4076}$

Idem de deuxième moteur : $d = \sqrt[3]{\dfrac{C}{R} \times 2197}$

Idem de troisième moteur : $d = \sqrt[3]{\dfrac{C}{R} \times 1090}$

Si dans ces formules, pour supprimer le radical, on élève les deux membres de
l'équation au cube, on a, en représentant par m le coefficient variable :

$$d^3 = \frac{C}{R} \times m$$

formule qui fait voir que le cube du diamètre du tourillon est proportionnel à la force
transmise, et en raison inverse de sa vitesse de rotation. On voit ainsi que la résistance d'un tourillon est proportionnelle au cube de son diamètre, c'est-à-dire qu'un
tourillon dont le diamètre est double d'un autre est capable de résister à un effort
huit fois plus grand, puisque le cube de 2 est 8.

161. Comme l'opération déterminée par ces formules est assez longue à cause des
extractions de racines cubiques, nous avons cherché à la simplifier au moyen de la
table suivante, qu'il est facile de construire.

Observons d'abord que la formule

$$d^3 = \frac{C}{R} \times m$$

peut se mettre sous la forme de

$$\frac{d^3}{m} = \frac{C}{R}$$

ou bien en renversant

$$\frac{m}{d^3} = \frac{R}{C}.$$

Par conséquent, si on divise le coefficient m par les cubes des nombres successifs
1, 2, 3, 4, etc., représentant les diamètres des tourillons en centimètres, on aura une
suite de nombres correspondants à $\dfrac{R}{C}$.

Ainsi 6859, divisé successivement par les cubes 1, 8, 27, 64, etc., donne les nombres
de la deuxième colonne de la table suivante. De même les autres coefficients, divisés
aussi par ces cubes, déterminent les 3e, 4e, 5e, 6e et 7e colonnes de cette table.

XVIIᵉ TABLE. — DIAMÈTRE DES TOURILLONS DES ARBRES SOUMIS A DES EFFORTS DE TORSION.

DIAMÈTRE en CENTIMÈTRES.	ARBRES EN FONTE.			ARBRES EN FER.		
	1er moteur.	2e moteur.	3e moteur.	1er moteur.	2e moteur.	3e moteur.
1	0859.00	3375.00	1728.00	4096.00	2197 00	1000.00
2	857.38	422.00	216.00	512.00	274.62	125.00
3	254.04	125.00	64.00	132.09	81.36	37.00
4	107.17	52.74	27.00	64.00	34.33	15.62
5	54.87	27.00	13.82	33.70	17.56	8.00
6	31.75	15.62	8.00	19.90	10.17	4.62
7	20.00	9.81	5.04	12.20	6.11	2.91
8	13.32	6.59	3.57	8.00	4.29	1.93
9	9.41	4.63	2.37	5.62	3.13	1.37
10	6.86	3.38	1.73	4.10	2.20	1.00
11	5.15	2.54	1.30	3.08	1 65	0.75
12	3.98	1.95	1.00	2.37	1.50	0.57
13	3.12	1.51	0.78	1.86	1.00	0.45
14	2.50	1.27	0.61	1.43	0.80	0.36
15	2.03	1 00	0.51	1.21	0.65	0.29
16	1.67	0.83	0.42	1.00	0.53	0.24
17	1.40	0.68	0.35	0.83	0.45	0.20
18	1.17	0.58	0.30	0.70	0.37	0.17
19	1.00	0.47	0.25	0.60	0.32	0.15
20	0.86	0.42	0.22	0.51	0.26	0.13
21	0.74	0.36	0.17	0.44	0.24	0.11
22	0.61	0.32	0.16	0.39	0.21	0.09
23	0.56	0.27	0.14	0.34	0.18	0.08
24	0.50	0.24	0.13	0.30	0.16	0.07
25	0.44	0.21	0.14	0.26	0.14	0.06
26	0.39	0.19	0.10	0.23	0.13	0.05
27	0.35	0.17	0.09	0.21	0.11	0.04
28	0.31	0.15	0.08	0.19	0.10	»
29	0.28	0.14	0.07	0.17	0.09	»
30	0.25	0.13	0.06	0.15	0.08	»
31	0.23	0.11	»	0.14	0.07	»
32	0.21	0.10	»	0.13	0 06	»
33	0.19	0.09	»	0.12	»	»
34	0.17	0.08	»	0.11	»	»
35	0.16	»	»	0.10	»	»
36	0.15	»	»	0.09	»	»
37	0.14	»	»	0.08	»	»
38	0.13	»	»	0.07	»	»
39	0.12	»	»	0.06	»	»
40	0.11	»	»	0.05	»	»
1re	2e	3e	4e	5e	6e	7e

RÈGLE. D'après cette table, la règle pour déterminer le diamètre du tourillon d'un arbre premier moteur se réduit à celle-ci :

On divise le nombre de révolutions de l'arbre par minute par le nombre de chevaux-vapeur ; on cherche dans l'une des colonnes de la table le nombre qui se rapproche le plus du quotient trouvé, en ayant évidemment égard à la nature du tourillon. Le nombre correspondant dans la première colonne donne le diamètre en centimètres.

Premier exemple : Quel est le diamètre des tourillons d'un arbre en fonte premier moteur d'une machine à vapeur de 20 chevaux, marchant à la vitesse de 33 révolutions par minute?

$$\text{On a } \frac{R}{C} = \frac{33}{20} = 1,65.$$

On voit que ce quotient 1,65 approche de celui de 1,67 de la deuxième colonne de la table, et que ce nombre correspond à 16 dans la première colonne; par conséquent le diamètre *d* du tourillon est de 16 centimètres.

Si l'arbre devait être en fer, il faudrait chercher le quotient dans la cinquième colonne : on verrait qu'il serait compris entre 1,86 et 2,43 : par conséquent le diamètre du tourillon serait alors compris entre 13 et 14 centimètres, soit environ 135 millimètres.

Deuxième exemple : On demande le diamètre des tourillons d'un arbre deuxième moteur portant de forts engrenages, pour transmettre une force de 15 chevaux, avec une vitesse de 40 révolutions par minute.

$$\text{On a } \frac{R}{C} = \frac{40}{15} = 2,67.$$

Ce quotient approche de 2,54 dans la troisième colonne et se trouve compris entre 3,13 et 2,20 dans la sixième colonne de la table. Il en résulte que le diamètre correspondant doit être de 11 centimètres pour le tourillon en fonte, et compris entre 9 et 10 centimètres, ou d'environ 95 millimètres pour les tourillons en fer forgé.

Troisième exemple : Un arbre de couche de troisième classe devant transmettre une force de 4 chevaux avec une vitesse de 48 révolutions par minute, on demande le diamètre des tourillons, soit en fer, soit en fonte :

$$\text{On a } \frac{R}{C} = \frac{48}{4} = 12.$$

Ce nombre dans la dernière colonne de la table est compris entre 15, 62 et 8. Le diamètre correspondant pour le tourillon en fer est alors compris entre 4 et 5, soit 45 millimètres. On verra de même, par la quatrième colonne, que le diamètre des tourillons supposés en fonte est compris entre 5 et 6 centimètres, soit 54 millimètres.

La longueur des tourillons des arbres est toujours plus grande que leur diamètre. Pour les gros arbres elle est égale à $1,2d$ ou $1,4d$, et pour les petits arbres elle peut être de $1,5d$ à $2d$. Ainsi le tourillon d'un arbre en fer de $0^m 06$ de diamètre, par exemple, devrait avoir $1,5 \times 0,06 = 0^m 09$ à $2 \times 0,06 = 0^m 12$ de longueur.

Lorsque les arbres doivent résister à la fois à des efforts de torsion et de pression latérales, on doit prendre pour diamètre de leurs tourillons la dimension trouvée pour le plus grand des deux efforts.

Quand les arbres sont de faible longueur, comme, par exemple, de 1 à 2 mètres, leur diamètre peut être égal à celui des tourillons ou augmente d'environ 1/10. Cette augmentation peut aller de 1/5 à 1/4, pour des arbres en fonte pleins, lorsque les longueurs s'étendent de 2 à 4 mètres.

FROTTEMENT DES CORPS EN CONTACT.

162. Le frottement est la résistance qui s'oppose au mouvement ou glissement de deux corps en contact. Il y a le *frottement par glissement* et le *frottement par roulement*. Le premier provient de deux surfaces glissant l'une sur l'autre ; le second résulte de la rotation d'un corps sur un autre.

Le frottement qu'éprouve un corps placé sur un plan est indépendant de la grandeur de sa surface et de sa vitesse, il dépend essentiellement du poids du corps ou mieux de sa pression sur le plan. On peut donc dire : le frottement est proportionnel à la pression.

De même le frottement qu'éprouve un tourillon tournant dans ses coussinets est indépendant de la longueur de ce tourillon, mais proportionnel au diamètre et à la pression.

Nous donnons pour chacun de ces genres de frottement une table indiquant le rapport du frottement à la pression, qui n'est autre qu'un coefficient par lequel il faut multiplier la pression pour avoir la résistance que le frottement oppose.

XVIIIᵉ TABLE. — FROTTEMENT DES SURFACES PLANES, A L'ÉTAT DE REPOS
ET EN MOUVEMENT.

INDICATION des SURFACES EN CONTACT.	DISPOSITION des FIBRES.	ÉTAT des SURFACES.	RAPPORT DU FROTTEMENT à la pression.	
			au repos.	en mouvement.
Chêne sur chêne............	parallèles.	sans enduit.	0.62	0.48
	id.	frottées de savon sec.	0.44	0.16
	perpendiculaires.	sans enduit.	0.54	0.34
	id.	mouillées d'eau.	0.71	0.23
Chêne sur orme.....	bois de bout sur plat.	sans enduit.	0.43	0.19
Frêne, sapin, hêtre sur chêne...	parallèles.	id.	0.38	»
Corde de chanvre sur chêne....	id.	id.	0.53	0 38
Fer sur chêne.................	parallèles.	id.	0.80	0.52
Fonte sur chêne.............	id.	id.	0.62	0.49
Cuir de bœuf pour garniture de piston, sur fonte	id.	mouillées d'eau.	0.65	0.22
	à plat ou de champ.	mouillées d'eau.	0.62	»
		avec huile ou suif.	0.12	»
Courroie { sur tambour en chène. { sur poulie en fonte..	à plat.	sans enduit.	0.47	0.27
			0.28	»
Fonte sur fonte.............		id.	0.16	0.15
Fer sur fonte		id.	0.19	0.19

Exemple : Quel est l'effort nécessaire pour soulever une vanne verticale en bois de chêne, contre laquelle est exercée une pression de 350 kil. et dont le poids est de 15 kil.?

On a $0,71 \times 350 = 248$ kil. $+ 15$ kil. $= 263$ kil. au point de départ.

Et $0,25 \times 350 = 87^k 50 + 15 = 102^k 50$ pendant le mouvement.

XIXᵉ TABLE. — FROTTEMENT DES TOURILLONS EN MOUVEMENT SUR LEURS COUSSINETS.

INDICATION des SURFACES EN CONTACT.	ÉTAT DES SURFACES.	RAPPORT DU FROTTEMENT A LA PRESSION lorsque l'enduit est renouvelé.	
		à la manière ordinaire.	d'une manière continue.
Tourillons en fonte ou fer sur coussinets en fonte, fer, brouze ou galac......	Enduites d'huile, de saindoux, de suif ou de cambouis mou......	0.07 à 0.08	0.054
Tourillons en fonte sur fonte.	Avec les mêmes enduits et mouillées d'eau................	0.08	»
Tourillons en fonte sur coussinet en bronze........	Onctueuses et mouillées d'eau....	0.14	»
	Onctueuses.................	0.16	»
	Onctueuses et mouillées d'eau....	0.19	»
	Sans enduit..................	0.18	»
Tourillons en fonte sur coussinets en bois de galac...	Onctueuses d'huile et de saindoux.	0.10	»
	Onctueuses d'un mélange de saindoux et de plombagine........	»	»
Tourillons en fer sur coussinets en bronze..........	Enduites de cambouis ferme.....	0.14	»
	Onctueuses et mouillées d'eau....	0.09	»
	Très-peu onctueuses...........	0.19	»
Tourillons en fer sur coussinets en galac.............	Enduites d'huile ou de saindoux..	0.25	»
	Onctueuses..................	0.11	»
		0.19	»

RÈGLE. Pour déterminer la pression P, exercée sur les coussinets, en tenant compte du poids de l'arbre et de son équipage, de l'effort de la puissance et de celui de la résistance, il faut : *Multiplier ce produit P par le coefficient f pour avoir le frottement, puis multiplier celui-ci par le chemin parcouru, ou par la circonférence $2\pi r = 6,28 r$, pour avoir le travail pour chaque tour, et enfin multiplier ce produit par le nombre de tours en 1', pour avoir le travail consommé pendant cette unité de temps.*

Exemple : Quel est le travail T consommé par les tourillons d'un arbre en fonte tournant dans des coussinets également en fonte, le diamètre de ces tourillons étant 0ᵐ14, le poids de l'arbre avec ses accessoires, 10400 kilog., et la vitesse, 5 tours par 1'?

On a, d'après la table, 0,75 pour coefficient, et pour formule :

$T = 6,28 r \times n \times f \times P$, ou $T = 6,28 \times 0,07 \times 5 \times 0,075 \times 10,400 = 1714$ kilog.

CHAPITRE IV

INTERSECTIONS DE SURFACES

DÉVELOPPEMENTS ET APPLICATIONS.

163. Une des plus grandes utilités de la géométrie descriptive dans son application aux arts industriels est celle relative aux intersections de surfaces ou à la pénétration des corps solides. Elle permet, en effet, de déterminer d'une manière rigoureuse toutes les courbes planes ou à double courbure[1], provenant de la rencontre de deux ou plusieurs objets, dont la génération est connue.

Les applications en sont très-nombreuses soit en chaudronnerie ou en ferblanterie, soit en charpente ou en menuiserie, soit enfin en maçonnerie ou autres constructions. Il est donc naturel d'en introduire le principe dans ce traité. Il en est de même des surfaces susceptibles d'être développées, pour indiquer aux ouvriers, les contours suivant lesquels ces surfaces doivent être découpées préalablement, afin de satisfaire rigoureusement aux intersections.

L'étude des projections comprend également les tracés d'autres courbes, qu'il est utile de connaître par leurs fréquents emplois dans la mécanique et l'architecture, tels que les hélices, les vis, les surfaces gauches, les serpentins et les escaliers.

INTERSECTIONS ET DÉVELOPPEMENTS DE CYLINDRES ET CONES.

PLANCHE 14.

TUYAUX ET CHAUDIÈRES.

164. Les intersections des surfaces cylindriques ou coniques sont des courbes planes ou à double courbure : le problème pour les déterminer consiste donc à chercher un point quelconque de ces courbes, et à répéter la construction pour tous les autres. Le principe à suivre revient : à imaginer un plan coupant à la fois les deux cylindres, suivant des lignes droites ou circulaires, dont les rencontres respectives donnent des points de la courbe.

Ainsi, pour déterminer la courbe d'intersection de deux cylindres droits A et B, représentés fig. 1 et 2, on trace un plan quelconque *c d,* parallèle à leurs axes. Ce plan coupe le cylindre vertical A, suivant des génératrices qui, étant verticales, se projettent horizontalement aux points *e f,* et vertica-

---

1. On appelle courbes *à double courbure* des lignes dont tous les points ne sont pas situés dans un même plan.

lement suivant les droites $c\,e^2$ et $f'\,f^2$. Ce même plan rencontre aussi le cylindre horizontal B, suivant deux génératrices qui se confondent en projection horizontale avec la trace $c\,d$. Une de ces génératrices sert à la détermination des points de la courbe : or, pour en obtenir la projection verticale, nous supposons la demi-base $g\,i$, du cylindre B, couchée sur le plan fig. 1^a. En prolongeant alors la droite $c\,d$ jusqu'en c^2, la distance $h\,c^2$ indique la position de la génératrice, par rapport à l'axe $i\,j$, du cylindre. On porte alors cette distance de i en c', sur la fig. 2, et par le point c' on mène la droite $c'\,d'$, qui donne la projection cherchée.

Les points de rencontre $e^2\,f^2$, de cette droite, avec les génératrices verticales $e'\,e^2$ et $f'\,f^2$ déterminent deux points apparents de la courbe d'intersection des deux cylindres.

On voit qu'en suivant la même méthode pour un autre plan $m\,n$ parallèle au premier, on obtiendrait de même les points l', o' et l^2, o^2, de la courbe d'intersection.

Les points limites $a'\,k'$ sont déterminés naturellement par la rencontre des génératrices extrêmes. Quant au point b', qui est le sommet de la courbe, il est déterminé par le plan $g\,p$, tangent au cylindre vertical A.

La réunion de ces divers points forme la courbe d'intersection cherchée.

Il est à remarquer que dans la fig. 2 cette intersection est projetée, suivant des droites $a'\,b'$ et $b'\,k'$, qui se coupent à angle droit ; cela résulte de ce que les deux cylindres A et B sont de même diamètre, que leurs axes sont situés dans un même plan, et perpendiculaires l'un à l'autre, de sorte que les courbes suivant lesquelles ils se pénètrent sont elliptiques et perpendiculaires au plan vertical.

Ainsi, on voit que dans ce cas de deux cylindres égaux et droits, il eût suffi de joindre les points extrêmes a' et k' au sommet b', intersection de leurs lignes d'axe, pour représenter les lignes d'intersection sans faire aucune autre opération.

165. Lorsque les cylindres ne sont pas égaux, la courbe d'intersection est à double courbure, quoique les axes soient situés dans le même plan. Ainsi, les fig. 7 et 8, qui représentent deux cylindres A et B, très-différents de diamètre, font voir que la courbe d'intersection $a'\,b'\,k'$, tracée d'ailleurs par le même procédé, est une courbe à double courbure, d'autant plus aplatie, que la différence entre les deux cylindres est plus grande. Pour bien indiquer que l'opération est la même, nous avons désigné les points obtenus par les mêmes lettres que sur les fig. 1 et 2. Nous ferons néanmoins l'observation que le procédé est indiqué dans ce cas sur deux figures représentées en élévation, tandis que dans l'exemple précédent elles le sont en plan et en élévation.

Nous montrons l'application de cette courbe sur les fig. 4 et 5 qui représentent une chaudière à vapeur C, vue montée extérieurement et moitié en coupe. La tubulure D, appelée *trou d'homme*, étant supposée cylindrique, s'assemble avec la chaudière par une bride et donne ainsi des courbes d'intersections extérieures $a\,b$, $c\,d$, et les courbes intérieures $e\,f$.

INTERSECTIONS D'UN CONE ET D'UNE SPHÈRE.

166. Toutes les fois qu'un plan coupe un cône parallèlement à sa base, la section est semblable à cette base : donc, s'il s'agit d'un cône droit à base circulaire, la section est un cercle : ainsi dans les fig. 3 et 3ᵃ, qui représentent un cône droit A'B'S', le plan a'b', parallèle à la base A'B', coupe ce cône suivant un cercle dont le diamètre est justement compris entre les deux génératrices extrêmes A'S' et B'S'. Si donc du centre S, avec le rayon $a S = \dfrac{a'b'}{2}$, on trace une circonférence, elle limitera la section du plan coupant.

Toute section faite dans une sphère C, par un plan quelconque, est aussi un cercle. Lorsque ce plan, tel que celui de a' b', est perpendiculaire à un plan de projection, il se projette dans ce plan suivant une ligne droite fig. 3ᵃ, et lorsqu'il lui est parallèle, il se projette suivant un cercle fig. 3.

Il résulte de ces propriétés qu'on peut employer un moyen fort simple pour déterminer l'intersection d'un cône et d'une sphère, quelle que soit la position relative de leurs axes. Ce moyen consiste à mener une suite de plans parallèles, qui coupent à la fois la sphère et le cône, suivant des cercles dont les intersections donnent des points de la courbe suivant laquelle ils se pénètrent lorsque l'axe du cône passe par le centre de la sphère (comme l'indique la fig. 3).

L'intersection a'b' est une circonférence dont le diamètre est limité par la rencontre des génératrices extrêmes S' A', S' B' avec le grand cercle de la sphère C. L'opération est la même lorsque le cône est coupé par un plan a'g, incliné par rapport à la base : la section est alors une ellipse qui se projette en plan, fig. 3, suivant la ligne a' i' g' n', résultat de la rencontre des différents plans coupants.

Il en est de même de l'intersection d'un cône A'B'S' et d'un cylindre a'b'df ; lorsque leurs axes se confondent, l'intersection a'b' est aussi un cercle dont le diamètre est égal à celui du cylindre.

167. Lorsque les axes sont parallèles, mais non situés sur une même ligne, l'intersection des deux surfaces est une courbe à double courbure qui peut se déterminer, soit par la méthode relative aux fig. 1 et 3, soit par une suite de plans parallèles à la base du cône, et par conséquent perpendiculaires aux génératrices du cylindre, afin d'obtenir des sections circulaires ; chaque section dans le cylindre reste la même, mais elle est variable dans le cône suivant la distance du plan coupant au sommet ; ce sont les points de rencontre de ces cercles avec celui du cylindre qui déterminent leur courbe de pénétration.

DÉVELOPPEMENTS.

168. Développer une surface, c'est la dérouler sur un plan pour se rendre compte de sa forme et de son étendue.

Les surfaces développables les plus usitées sont : le cylindre, le cône, les prismes, les pyramides et les troncs ou fragments de ces corps.

Les chaudronniers, tôliers et ferblantiers, qui opèrent avec des feuilles

métalliques minces, ont constamment à transformer ces feuilles en des objets qui ont généralement des formes analogues à ces corps.

Pour opérer avec exactitude et sans tâtonnement, ils doivent préalablement faire l'épure de l'objet fini, soit isolé, soit assemblé, puis en chercher
le développement, afin de connaître le véritable contour suivant lequel la
feuille doit être découpée.

DÉVELOPPEMENT DU CYLINDRE.

169. Ainsi, admettons que la fig. 2, que nous avions d'abord supposé représenter deux cylindres pleins, représente au contraire deux tuyaux ou cylindres creux, formés de feuilles minces, et proposons-nous de trouver quel doit
être le contour de la surface de chacun de ces cylindres ramenés sur un plan.

On observe que le développement d'une circonférence sur une ligne droite
est égal au produit du diamètre multiplié par 3,1416, ou pratiquement à
3 fois le diamètre plus 1/7 de ce dernier; d'après cela le développement de
la base P Q, du cylindre vertical droit A (fig. 2), dont le diamètre est de

$0^m 322$, est égal à $3 \times 0, 322 + \dfrac{322}{7} = 1^m 012. (72)$

On porte donc cette longueur $1^m 012$ sur la droite MM', tracée fig. 10
puis, si on a préalablement divisé la circonférence $abkb''$ en un certain nombre de parties égales, comme on l'a fait fig. 1 pour obtenir l'intersection
des deux cylindres, on indique sur la ligne MM' le même nombre de divisions; de chacun de ces points de division, à partir de M, on élève sur cette
droite une suite de perpendiculaires qui représentent les génératrices correspondantes à celles du cylindre A, tracées fig. 2; comme repère, nous
avons désigné ces lignes par les mêmes lettres; on porte ensuite respectivement sur chacune d'elles les longueurs Mb', $e' e^2$, $l' l^2$, $P a'$, $f' f^2$, $o' o^2$,
$Q k'$, etc. On obtient ainsi dans la fig. 10 les points b', e', l', P, qui forment le
contour correspondant à l'intersection du demi-cylindre $b'a b''$ (fig. 1) avec
le cylindre horizontal B.

Comme l'autre moitié du cylindre est exactement égale à la première, son
développement est semblable à celui obtenu, et se répète comme le montre
la fig. 10.

Nous croyons inutile d'indiquer le développement du cylindre horizontal B,
puisque l'opération est identique.

On voit donc, d'après ce qui précède, que le principe à suivre pour développer un cylindre quelconque consiste à l'ouvrir suivant l'une de ses génératrices,
puis à porter sur une ligne droite les positions successives d'une suite de points
pris à égale distance, ou, si l'on veut, arbitrairement sur tout le contour de la
base, et dont on a préalablement déterminé les projections sur l'intersection,
quand il est assemblé ou relié avec un autre, ou sur sa section, quand il est
coupé par un plan quelconque; on trace ensuite par les points marqués ainsi
sur la droite des perpendiculaires à celle-ci, et on porte sur elles les hauteurs des
génératrices comprises entre la base et les points d'intersection ou de section.

DÉVELOPPEMENT DU CONE.

170. De même que pour le cylindre, pour développer un cône, on l'ouvre suivant une de ses génératrices : or toutes les génératrices d'un cône sont égales, et passant toutes par un même point qui est le sommet ; il en résulte qu'en étendant la surface du cône sur un plan, toutes les génératrices forment autant de rayons d'un fragment de cercle ; par conséquent si on trace un cercle avec un rayon égal à la génératrice, et si l'on porte sur la circonférence de ce cercle une longueur développée égale à la base du cône, on formera un secteur circulaire égal en surface à la surface latérale de ce cône.

La fig. 9 représente le développement du tronc du cône $a'b'$, A'B', projeté fig. 3^a dont le sommet est en S'. On opère de la manière suivante :

Supposons le cône ouvert suivant la génératrice S' A', fig. 3^a; avec un rayon égal à sa longueur, on trace, du centre S', fig. 9, le fragment de cercle A'B'A^2.

Ayant divisé le cercle AB, base du cône fig. 3, en un certain nombre de parties aux points 1, 2, 3, etc., et tracé les génératrices correspondantes 1S, 2S, 3S, etc., on reporte respectivement ces parties rectifiées sur l'arc A'B'A^2, en 1', 2', 3', etc., fig. 9. Puis on mène les rayons 1'S', 2'S, 3'S', etc., qui représentent les génératrices correspondantes projetées sur la fig. 3^a.

Le cône entier, d'après cette opération, serait donc développé suivant la surface S'A'B'A^2 (73), dont le périmètre circulaire est égal à la base rectifiée du cône.

Mais ce dernier étant coupé par un plan $a'b'$, parallèle à la base (fig. 3^a), se trouve réduit à un tronc de cône dont le développement est compris entre la base A'B'A^2, que l'on vient de déterminer, et le fragment de cercle acb, que l'on trace du même centre S', avec la génératrice $a'S'$ de la portion enlevée. Le développement du tronc du cône est donc dans ce cas une portion de couronne circulaire indiquée par un ton de hachures sur la fig. 9.

171. Dans le cas où le plan de section $a'b'$ n'est pas parallèle à la base, ou bien si le cône pénètre une surface cylindrique ou sphérique, suivant une courbe quelconque, le développement de cette courbe ne sera plus une portion de cercle tel que celui acb.

On obtiendra son développement en reportant sur le rayon de la fig. 9 la longueur respective de chacune des génératrices comprises entre la base et les points de section ou de l'intersection (fig. 3^a). A cet effet, il est important de ramener chaque génératrice intermédiaire sur la génératrice extrême par une horizontale partant de chaque point, pour avoir la véritable longueur. C'est ainsi que le plan coupant le milieu $a'g$ (fig. 3^a) donne lieu à une ellipse qui dans le développement (fig. 9) est représentée par la courbe $aigb$. Pour obtenir, par exemple, la longueur, on rectifie le point i, de la partie de la génératrice projetée en i4' (fig. 3^a). Puis on trace l'horizontale ii', qui donne alors A'i', et on porte indifféremment la longueur S'i' sur le rayon S'i (fig. 9), ou bien la distance A'i', sur ce même rayon de 4' en i.

Pour la construction de la chaudière dessinée fig. 4 et 5, laquelle est formée de plusieurs feuilles de tôle, on fait l'application des principes que nous
venons d'exposer, en tenant compte dans le développement du supplément
de surface nécessaire pour le recouvrement ou l'assemblage des feuilles,
comme l'indique le dessin.

172. Dans les chaudières à vapeur cylindriques, les extrémités sont ordinairement de forme demi-sphérique, comme présentant plus de résistance.

La sphère n'étant pas développable, ces fonds sphériques ne peuvent être
établis d'une seule pièce, à moins d'être emboutis ou fondus. En exécution,
on lève la difficulté en faisant ces fonds de 5 à 8 fuseaux, suivant le diamètre
de la chaudière, et raccordés par une calotte ; ces fuseaux et la calotte, après
avoir été découpés, sont eux-mêmes emboutis ou rétreints au marteau.

Nous donnons, fig. 6, un moyen pratique pour déterminer approximativement le développement d'un de ces fuseaux ; le tracé consiste à décrire d'un
point o', fig. 6, un arc de cercle mn, correspondant au rayon de la demi-
sphère. On porte sur cet arc, de m en n, la longueur circulaire du fuseau ; on
porte de même la distance p, q, correspondante à la 6e division de la vue par
bout fig. 5 ; on marque un certain nombre de points 1, 2, 3, 4, 5, assez rapprochés, sur l'arc mn, on en rectifie les distances pour les porter successivement en $1'$, $2'$, $3'$, sur la droite $o'n'$; par les points 1, 2, 3, 4, 5, on a tracé des
lignes horizontales venant aboutir à la droite verticale mo', afin de donner les
rayons successifs $o'1''$, $o'2''$, $o'3''$, etc., avec lesquels on trace les arcs de cercle
indiqués ; les longueurs de ces arcs compris entre les rayons po', et qo', sont
rectifiées et portées respectivement sur les perpendiculaires élevées des points
$1'$, $2'$, $3'$, etc. Ainsi l'arc pq rectifié donne la longueur $p'q'$; on forme ainsi un
contour p', n', q', qui donne approximativement la surface du fuseau supposée
ramenée à un plan, on ménage en plus la partie nécessaire pour le recouvrement, comme l'indique la partie teintée (fig. 6). La feuille de tôle, ainsi découpée, reçoit la forme du fuseau sur un mandrin en fonte à surface sphérique.

TRACÉS ET DÉVELOPPEMENTS. — HÉLICES, VIS ET SERPENTINS.

PLANCHE 15.

HÉLICES.

173. On appelle hélice cylindrique la courbe engendrée par un point assujetti à tourner sur la surface latérale d'un cylindre, en s'avançant constamment d'une quantité proportionnelle à l'espace parcouru par sa projection
sur la base du cylindre ; on appelle *pas* de l'hélice la distance de deux portions consécutives du point mesuré sur la même génératrice.

Il résulte de cette définition que pour tracer une telle courbe, lorsqu'on
connaît les deux projections du cylindre et la longueur ou la hauteur du pas,
il faut diviser la circonférence de sa base et le pas en un nombre quelconque

de parties égales; faire passer par les points de division de la base les droites parallèles à l'axe, et par les divisions du pas des lignes perpendiculaires à cet axe ; les rencontres respectives de ces lignes déterminent autant de points de la projection latérale de l'hélice.

Soient A et A′ (fig. 1 et 2) les projections horizontale et verticale d'un cylindre droit, et a' a^2 la hauteur du pas de l'hélice engendrée par le point projeté en a, a'.

La circonférence décrite avec le rayon aO, et qui représente la base du cylindre, est divisée, à partir du point générateur a, en 12 parties égales. De chacun de ces points de division sont élevées une suite de lignes verticales ; le pas a' a^2 est également divisé en 12 parties, et de chaque point de division sont menées des lignes horizontales qui rencontrent les premières aux points 1′, 2′, 3′, etc.; on réunit successivement ces divers points par la courbe continue a'1′, 3′, 6′, 9′a^2, laquelle représente la projection verticale de l'hélice.

La moitié de cette courbe est tracée en ligne pleine comme appartenant à la partie antérieure a, 3, 6 du cylindre, tandis que l'autre partie symétrique est ponctuée comme n'étant pas apparente, puisqu'elle correspond à la seconde moitié du cylindre a, 9, 6.

Par cela même que l'on peut diviser le cercle et le pas en un nombre quelconque de parties égales, il est naturel de choisir de préférence un nombre pair (6, 8 ou 12), dont l'opération graphique est la plus simple, et dans ce cas on remarque que deux divisions du cercle, en tant que le point générateur se trouve sur le diamètre horizontal a, 6, correspondent à une même génératrice : ainsi les points 2 et 10 se projettent verticalement sur une même ligne qui donne les points 2′ et 10′.

Le tracé à suivre est le même, si la courbe est engendrée par un point projeté en b', diamétralement opposé au premier a' et ayant le même pas b', b^2.

174. L'hélice conique ne diffère de la précédente que parce qu'elle est tracée sur la surface d'un cône, au lieu d'être décrite sur un cylindre. On opérera de la même manière en se donnant les projections horizontale et verticale du cône.

La fig. 3 est la projection verticale d'un tronc de cône C, dont les bases $a'b'$ et $c'd'$ sont représentées en plan suivant des cercles concentriques qui ont pour rayons aO et cO. La circonférence extérieure étant divisée comme nous l'avons indiqué, on réunit tous ces points de divisions au centre O, par les rayons 1, 2, etc., qui rencontrent la circonférence interne en e, f, g, etc. On projette ces derniers points sur la base supérieure $c'd'$, on projette de même les premiers 1, 2, 3, etc., sur la base inférieure $a'b'$: les droites 1^2e^2, 2^2f^2, O′O², etc., représentent autant de génératrices du tronc de cône, et doivent concourir à son sommet.

Elles sont rencontrées par les horizontales partant des divisions du pas donné $a'c'$ et déterminent par leurs intersections respectives les points $e'f'g'$ $d'c'$, dont la réunion donne la projection horizontale, en abaissant de chacun de ces points des verticales, qui rencontrent respectivement les rayons tracés dans la fig. 1. On obtient alors une sorte de spirale ou de volute e^3, f^3, g^3, h^3, etc. On pourrait également tracer sur le même principe les hélices situées sur des sphères ou d'autres surfaces de révolution.

DÉVELOPPEMENT DE L'HÉLICE.

175. On se rappelle qu'un cylindre comme un cône peut se développer sur une surface plane, et que la base d'un cylindre droit se développe suivant une ligne droite égale à 3 fois 1/7 le diamètre. Soit donc $a6$, fig. 4, une portion du développement de la base du cylindre A, fig. 1 et 2 : pour obtenir le développement de l'hélice tracée sur ce cylindre, on reporte sur cette droite les longueurs rectifiées des arcs obtenus par les divisions du cercle aO. On lui élève, de chacun des points 1, 2, 3, etc., des perpendiculaires sur lesquelles on porte les hauteurs 1, 1', 2, 2', 3, 3', etc., respectivement égales aux distances verticales $a'1$, $a'2$, $a'3$, etc., fig. 2, qui ne sont autres que les distances des points 1', 2', 3', etc., de la courbe à la base du cylindre. Tous les points 1', 2', 3', ainsi obtenus, fig. 4, sont situés sur une même ligne droite $a6$, qui représente le développement d'une portion de l'hélice.

En général, le développement d'une hélice est toujours une ligne droite représentée par l'hypoténuse d'un triangle rectangle qui a pour base la circonférence développée du cylindre et pour hauteur la longueur du pas. L'inclinaison que forme cette droite avec la base montre la rampe de l'hélice.

Plusieurs hélices tracées sur un même cylindre avec le même pas, ou une hélice continue faisant plusieurs révolutions, se représentent dans le développement par une suite de lignes parallèles, dont la distance mesurée sur une génératrice est la hauteur du pas.

Le développement de l'hélice conique peut s'obtenir par une opération analogue à celle indiquée pour le développement du cône (pl. 4). Dans ce développement, l'hélice donne une courbe au lieu d'une ligne droite.

On rencontre de nombreuses applications de l'hélice dans les arts, pour la génération des vis, des escaliers, des serpentins, etc.

VIS.

176. Les vis sont employées en mécanique, en construction, soit comme moyen de serrage et de pression, soit comme organe mobile. Les vis sont à filets triangulaires, carrés ou arrondis.

Une vis est dite à filets triangulaires, lorsqu'elle est engendrée par un triangle isocèle dont les 3 sommets décrivent des hélices autour d'un axe donné, situé dans le même plan que le triangle.

Les fig. 5 et 5^a représentent les projections d'une vis à filet triangulaire qui est engendrée par le triangle $a'b'c'$, dont un des sommets a' est situé sur un cylindre de rayon aO, et dont les deux autres sommets $b'c'$ appartiennent à un même cylindre intérieur de rayon bO appelé noyau et concentrique au premier ; la différence des rayons a O et b O indique la profondeur du filet ab.

Lorsque la vis est à simple filet, comme nous le supposons dans la fig. 5^a, le pas est égal à la distance des deux points b' et c' ou à la base du triangle. La vis est à 2, 3, 4 ou 5 filets, lorsque le pas est égal à 2, 3, 4 ou 5 fois la base du triangle générateur.

D'après ce qui précède, on peut aisément tracer une vis à filet triangu-laire, puisqu'il suffit de déterminer les hélices engendrées par chacun des angles du triangle donné, comme on vient de le voir sur les fig. 1 et 2.

L'opération est d'ailleurs suffisamment indiquée pour un filet sur les fig. 5 et 5.

Lorsqu'on a obtenu l'une des courbes a' 3$'$, 6$'$, on la répète autant de fois que l'on veut représenter de filets sur la longueur de la vis, et pour éviter de répéter chaque fois l'opération, on fait un gabarit sur la courbe trouvée, avec une feuille de carton, ou préférablement avec un morceau de placage, et en dirigeant ce gabarit aux points de divisions d' e' f', on trace les courbes paral-lèles qui passent par ces points. On opère de même pour les hélices du noyau.

Il est à remarquer que ces hélices, pour terminer le contour de la vis, doi-vent être réunies par des parties b' d' et d' i', qui, quoique indiquées en lignes droites sur la fig. 5^a, sont rigoureusement des lignes légèrement courbes qui sont tangentes aux hélices passant par les points a' et b', fig. 5^b. Ces courbes sont le résultat d'une suite d'hélices engendrées par les différents points des côtés a' b' et a' c', du triangle générateur ; mais en pratique on n'en tient aucun compte et on se contente de lignes droites.

177. Une vis est à filet carré, lorsqu'elle est engendrée par un carré ou un rectangle dont les côtés parallèles appartiennent à des cylindres droits et con-centriques, et dont les angles décrivent des hélices autour de l'axe de ces cylindres.

Les fig. 6 et 6^a représentent les projections d'une vis dont le filet est en-gendré par le carré a' c' b' d' ; le côté horizontal a' c' détermine la profon-deur. La hauteur a' d' marque la largeur du plein, et l'intervalle d' e' in-dique le creux ; le plus souvent ce creux est égal au plein.

Lorsque la vis est à simple filet, le pas a' e' comprend le creux et le plein seulement, ou est égal à deux fois le côté du carré. Mais, lorsque le pas est 2, 3, 4 fois la distance a' c', la vis est à 2, 3 ou 4 filets, et contient toujours autant de creux que de pleins. Les figures indiquent suffisamment les opé-rations pour le tracé d'une vis à simple filet carré ; celle à plusieurs filets ne présente pas plus de difficultés.

ÉCROUS.

178. Les écrous sont des vis pratiquées ou incrustées à l'intérieur d'un corps au lieu de saillir à l'extérieur, de telle sorte que les parties creuses de l'écrou correspondent aux parties saillantes de la vis et réciproquement. Pour que les filets hélicoïdes d'un écrou soient apparents, on est obligé de le couper par

un plan passant par son axe ; c'est ainsi que sont représentés les écrous *m n p q*, dans les fig. 5ᵃ et 6ᵃ ; le premier est à filet triangulaire pour recevoir la vis D, qui commence à y pénétrer ; l'autre est à filet carré pour correspondre à la vis E.

Il résulte de la section de ces écrous, qu'il n'y a d'apparent sur le dessin que les portions de filets correspondantes à la partie postérieure ou non visible des vis D et E : par suite, les hélices tracées sont inclinées en sens contraire de celles indiquées en lignes pleines sur les vis.

On distingue dans la pratique les vis à droite, dont la courbe rampante s'élève de gauche à droite, comme les vis D E, et les vis à gauche, dont la courbe rampante se dirige, au contraire, de la droite vers la gauche, c'est-à-dire, par exemple, dans le sens des filets apparents des écrous coupés.

SERPENTIN.

179. On appelle serpentin en pratique un tube contourné sous la forme hélicoïdale, mais en géométrie, un serpentin est un solide engendré par une sphère dont le centre parcourt une hélice.

Les serpentins sont souvent employés, soit comme tuyaux, soit comme ressorts à boudin.

Pour tracer un serpentin, on détermine d'abord l'hélice décrite par le centre de la sphère dont le diamètre est connu, en se donnant le pas de cette hélice et le rayon du cylindre qui la contient, puis des différents points pris sur la courbe, on décrit avec le rayon de la sphère une suite de circonférences auxquelles on mène deux courbes tangentes qui limitent le contour du cylindre.

Les fig. 7 et 7ᵃ représentent le plan et l'élévation d'un serpentin ainsi formé. Le cercle tracé avec le rayon a O est la base du cylindre sur lequel se trouve l'hélice engendrée par le point projeté verticalement en a' ; on se donne ensuite le rayon a' b' de la sphère génératrice et le pas a' a^2 de l'hélice. Cette hélice est alors projetée comme l'indique l'opération suivant la courbe a' 1′,2′,6′,9′, et a^2 ; elle est continuée indéfiniment selon le nombre de spires que l'on veut avoir. Des différents points obtenus de cette courbe on décrit avec le rayon a' b' une suite de cercles assez rapprochés, puis on mène deux courbes tangentes à la circonférence de ces cercles, comme le montre la fig. 7ᵃ.

Il importe, en passant cette figure à l'encre, d'arrêter les courbes, suivant le contour apparent : ainsi, pour la partie antérieure a, 1, 2, 3, 6, fig. 7 du cylindre, la courbe inférieure c e, $f g$, s'arrête d'une part au point de contact c, du cercle générateur décrit du cylindre a^2, tandis que la seconde $h i d$ s'arrête en d, sur le cercle décrit du point 6′.

Ces courbes disparaissent ensuite, l'une en g, et l'autre en i, pour la seconde partie 6, g a du cylindre.

En projection horizontale le serpentin est toujours compris entre deux cercles concentriques dont la distance est égale au diamètre de la sphère génératrice.

La fig. 7^b représente un tube en serpentin que l'on a supposé coupé par un plan vertical 1-2, passant par l'axe du cylindre. Les portions apparentes des spires sont dans ce cas comme pour les écrous inclinés de droite à gauche. On voit également en industrie des serpentins à section pleine ou creuse, engendrés par des hélices coniques ou autres, comme, par exemple, les ressorts employés dans les lampes à régulateur, dans les sommiers élastiques, etc., comme aussi les tubes à serpentins en usage dans les distilleries.

180. OBSERVATION. Les tracés rigoureux que nous venons d'indiquer pour les vis et les serpentins se modifient lorsqu'on doit les reproduire en dessin sur une petite échelle : ainsi, la vis à filet triangulaire peut s'exprimer, comme le montre la fig. 8, par des lignes droites parallèles qui remplacent les hélices, et qui sont légèrement inclinées suivant la moitié du pas de celles-ci.

Pour opérer régulièrement, ces lignes doivent être comprises entre des parallèles à l'axe, qui limitent la saillie du filet. Pour plus de simplicité, surtout lorsque les vis sont très-petites, on se contente de lignes parallèles inclinées comprises entre les deux génératrices extrêmes, fig. 9, qui déterminent leur diamètre.

Pour les vis à filet carré, on remplace également les hélices par des lignes parallèles inclinées, comme l'indique la fig. 10. Il en est de même du serpentin fig. 11.

APPLICATION DE L'HÉLICE.

PLANCHE 16.

CONSTRUCTION DE L'ESCALIER.

181. Les escaliers, qui dans les bâtiments établissent la communication des divers étages, sont construits sur plusieurs systèmes dont le plus grand nombre repose sur l'application de l'hélice.

La cage où l'espace réservé pour recevoir l'escalier varie suivant les dispositions de la localité. Cette cage peut être rectangulaire, circulaire ou elliptique.

Les fig. 1 et 2 représentent un escalier dont la cage a b c d est rectangulaire, c'est dans cet espace que l'on doit établir le limon, les marches et la rampe, en laissant au centre un jour suffisant pour y laisser pénétrer la lumière.

Dans le cas où la cage est cylindrique, l'hélice, suivant laquelle les marches dites tournantes s'élèvent, commence dès la première, et se termine à la dernière ; mais dans un escalier à cage rectangulaire comme celui qui nous occupe, les premières marches dites parallèles s'élèvent en ligne droite, et la courbe rampante ou l'hélice ne commence qu'un peu avant le contour circulaire qui raccorde les deux parties rectilignes, lorsqu'il n'y a pas de palier intermédiaire, c'est-à-dire de repos au milieu de la hauteur de l'escalier.

Pour la division des marches, on prend pour guide une ligne e f g h i, située vers le milieu de leur largeur, et suivant exactement le contour qu'on se propose de leur donner. La première marche A, qui repose sur le sol, est généralement en pierre de taille et plus large que toutes les autres.

Dans l'escalier, comme pour l'hélice, on divise le pas ou la hauteur $3^m 380$ existant entre le sol et l'étage supérieur en autant de parties que l'on veut avoir de marches. On divise alors la ligne génératrice $e f g h i$ en autant de parties égales à partir du point 1. En général, on doit s'arranger pour que la hauteur des marches ne dépasse pas 19 à 20 centimètres. Plus la cage d'escalier est grande, plus on peut réduire cette hauteur, jusqu'à 15 à 16 centimètres. La largeur 1, 2, du giron ou de la marche, ne doit pas être au-dessous de 18 à 20 centimètres.

Si sur la hauteur donnée, $3^m 380$, on établit 21 marches, on devra diviser cette hauteur en 21 parties ou degrés. Par chaque point de division on trace une suite de lignes horizontales qui représentent le dessus ou le giron des marches.

Pour les marches qui sont parallèles, il suffit d'élever, de chaque point de division de la ligne génératrice, autant de lignes verticales qu'il y a de parallèles ; les points de rencontre 1, 2, 3, 4, etc., fig. 2, indiquent le bord de ces marches, mais pour les marches tournantes, on est obligé de faire une opération particulière que l'on appelle *balancement* des marches. Cette opération a pour objet de donner aux marches des largeurs à peu près égales, sans qu'elles soient par trop resserrées à l'extrémité qui aboutit au limon, et d'éviter aussi que la courbe passant par les arrêts supérieurs des marches n'éprouve des changements trop brusques.

Dans les escaliers étroits, comme celui représenté sur le dessin, le balancement doit commencer deux ou trois divisions avant la marche tournante.

Le tracé consiste à développer d'une part la partie droite $p l$ du limon, qui comprend trois hauteurs de marches, puis la partie courbe $l,m,n,$ du même limon, qui comprend également trois hauteurs de marches. On obtient le développement de la première ligne en portant sur la verticale $t q$ (fig. 3) trois hauteurs égales à celle d'une marche ; au point q, on trace une ligne horizontale sur laquelle on porte trois largeurs de marches on a ainsi la ligne $q 4$, qui représente le développement en ligne droite des marches parallèles. On obtient de même la seconde ligne $t u$, en portant sur la verticale $t q'$, prolongement de la première $t q$, trois hauteurs égales. Au point q', on tire une ligne horizontale sur laquelle on porte de q', en 10, la longueur de l'arc rectifié $l,m,n,$ de la fig. 1re ; la droite $t 10$ donne alors le développement correspondant à la partie courbe du limon.

Du dernier point n on élève une perpendiculaire $n o$, sur la droite $t u$, on élève de même du point 5, origine du balancement, une perpendiculaire à la droite $t 4$; le point de rencontre o de ces deux perpendiculaires donne le centre de l'arc de cercle $p k n$, que l'on trace tagentiellement à ces lignes. On mène alors de chacun des points de division marqués sur $t q$ et $t q'$ des lignes horizontales qui rencontrent cet arc aux points j,k,l,m ; de ces points, on mène des parallèles à qq'; puis on porte les distances respectives j 6, $k\,t$, l 8, m 9, comprises entre l'arc et les deux droites t 4 et $t\,u$, sur la ligne du limon $p\,k\,n$ du plan (fig. 1) de j en k, de k en l, de l en m et de m en n, etc.

On joint alors les points $j\,k$, l, m, aux points de division 6, 7, 8, 9, etc., de la ligne génératrice, par des droites qui représentent la véritable direction des marches balancées. Il est évident que la seconde partie tournante de l'escalier est exactement la même que la première. Ayant ainsi déterminé la direction des marches en projection horizontale, on les projette successivement sur le plan vertical par une suite de lignes qui rencontrent respectivement les horizontales menées de chacun des points de division aux points 1, 2, 3, etc. Comme l'élévation fig. 2 suppose que l'on a enlevé le mur antérieur de la cage, suivant la ligne a 6′ 10′, ce sont les points 1, 2, 3, 4, etc., que l'on projette sur cette figure pour avoir les points correspondants qui représentent les bords des marches.

Les contre-marches $v\,v'$, sur lesquelles celles-ci sont en saillie, n'étant pas apparentes en projection horizontale, ont été indiquées sur la fig. 1 par des traits ponctués parallèles aux bords des marches. Pour les rendre apparentes et en même temps bien faire voir leur assemblage avec le limon, nous les avons représentées sans les marches sur la fig. 4, en admettant qu'elles soient coupées successivement au milieu de leur hauteur par un plan horizontal.

Le limon est la pièce principale d'un escalier; il se place vers le centre de la cage, pour soutenir toutes les marches; il doit être construit avec la plus grande régularité, parce que c'est sur lui que repose la solidité de l'escalier. Habituellement, le limon se fait en trois parties et en chêne : celle du milieu C correspond à la partie courbe, et les deux autres B et D, avec lesquelles elle s'assemble, correspondent aux parties droites. Pour bien déterminer les formes et les proportions du limon, il est indispensable de faire une épure spéciale, telle que celle indiquée (fig. 5). Cette épure consiste à tracer, d'une part, chacun des joints suivant lesquels les contre-marches s'assemblent avec le limon, ce que l'on peut obtenir très-facilement en projetant ces dernières de la figure 4 sur la fig. 5; on remarque que ces joints sont découpés en biseau afin de ne pas être apparents à l'extérieur : ces faces de joints se voient sur la fig. 5 dans les parties B et C, et leurs projections sont suffisamment indiquées par les lignes ponctuées. Le limon ayant une certaine hauteur est découpé en dessus suivant les degrés de l'escalier, et en dessous suivant une courbe $a'b'c'd'e'f'$, qui n'est autre qu'une hélice composée de deux parties droites et d'une portion courbe. Les parties droites $a'b'$ et $e'f'$ sont naturellement parallèles à la ligne génératrice des marches 1, 3, 5, 13, 16, 19; la partie courbe $b'c'$ qui correspond à la face antérieure b^2c^2 du limon se trace exactement comme l'hélice cylindrique ordinaire; il en est de même de la partie $d'e'$, qui correspond à la face intérieure d^2e^2. Si pour bien indiquer l'espace occupé par le limon suivant la largeur de la cage, on veut faire voir celui-ci sur le profil, on peut aisément le tracer (fig. 6) à l'aide des figures 4 et 5. Nous avons indiqué sur une plus grande échelle (fig. 12, 13 et 14) les différentes vues de la pièce courbe C du limon, afin de bien en montrer la construction, ainsi que la disposition des faces d'assemblage connue sous le nom de trait de Jupiter; chacune de ces figures est inscrite dans un rectangle indiqué en lignes ponctuées pour représenter le parallélipipède rectangle dans lequel il peut être débité. Pour consolider l'assemblage de cette pièce avec les parties B et D, on les réunit par des plates bandes de fer ou par des boulons incrustés dans l'épaisseur du bois.

Les figures 7 et 8 représentent en plan et en élévation les détails de la marche palière E, qui termine l'escalier au premier étage, et qui doit être par conséquent de niveau avec le plancher. C'est avec cette pièce que s'assemble la partie supérieure D, du limon, par un joint analogue; la fig. 9 est une section faite par le milieu de cette marche suivant la ligne 1, 2. La fig. 10 en est une faite suivant la ligne 3, 4, et la fig. 11 est une troisième section, faite suivant la ligne 5, 6. La forme, les dimensions ainsi que les joints de cette marche palière, sont suffisamment indiqués par ces diverses figures.

Le noyau ou le jour de l'escalier est garni d'une balustrade formée d'un certain nombre de barreaux en fer F, assemblés au limon comme l'indique la figure 15, et réunis par leur partie supérieure à une plate-bande en fer incrustée dans une rampe ou main courante G[1] en bois de noyer ou d'acajou; la place de ces barreaux, indiquée sur la fig. 1, suffit pour déterminer la projection verticale (fig. 2).

INTERSECTIONS DE SURFACES.
APPLICATION AUX ROBINETS.
PLANCHE 17.

182. Nous avons déjà indiqué précédemment plusieurs intersections de surfaces avec leurs applications aux tuyaux, chaudières, etc. Nous allons encore en faire connaître quelques autres qui se rencontrent assez généralement et particulièrement dans la construction des robinets.

Un robinet est un organe mécanique destiné à établir ou à interrompre à volonté la communication d'un vase quelconque contenant un gaz ou un liquide.

Il se compose de deux parties distinctes, l'une appelée *boisseau*; l'autre, ajustée et mobile dans la première, se nomme *clef*.

Les robinets sont en cuivre, en plomb, en fonte, et leur boisseau est fondu avec ou sans brides, pour s'assembler avec les tubulures et les tuyaux qui doivent les recevoir, par des boulons ou par des vis. La clef du robinet est généralement conique, afin de présenter plus d'adhérence dans son siége[2]; il en résulte naturellement que le boisseau lui-même doit être conique autour de la clef. Le raccord entre cette partie conique avec la tubulure cylindrique se

---

1. Voir planche 3, fig. C.
2. Le degré de conicité de la clef que nous représentons sur les fig. 2 et 2^b varie suivant les usages et les constructeurs. Les cotes et les lignes ponctuées feront voir qu'on peut lui donner différentes inclinaisons suivant qu'on veut avoir plus de douceur dans la manœuvre ou plus d'herméticité dans la fermeture.

fait par une gorge de forme à peu près elliptique : tel est le robinet représenté en plan et en élévation sur les fig. 1 et 1ᵃ.

On voit sur ces figures la partie conique A, qui enferme la clef du robinet, les parties cylindriques B, qui se raccordent avec elle par les gorges D, et les brides circulaires C, qui terminent ces parties.

La clef conique E, ajustée dans le boisseau, est surmontée d'une poignée F, à l'aide de laquelle on peut la faire tourner à volonté, puis retenue par un écrou G à la partie inférieure du boisseau. La fig. 1ᵇ représente la vue de bout de ce robinet, et la fig. 2ᵇ la projection latérale de la clef seule. La fig. 2ᶜ est une vue en dessous de cette clef sans la poignée. La fig. 2 est une section horizontale faite par la ligne d'axe 1-2, et la fig. 2ᵃ une section verticale faite suivant la ligne 3-4.

Il est facile de voir par ces différentes figures que pour représenter exactement toutes les parties d'un tel robinet, on a cherché, d'une part, l'intersection d'une gorge elliptique D, avec la surface conique extérieure A du boisseau, puis l'intersection des surfaces cylindriques de la poignée F, de la clef, lorsque celle-ci est placée parallèlement au plan vertical, comme fig. 2ᵃ, ou inclinée à ce plan, comme fig. 1ᵃ. Nous avons aussi à déterminer, d'un autre côté, l'intersection de l'ouverture quadrangulaire H, pratiquée dans la clef du robinet avec la surface extérieure de celle-ci, et enfin l'intersection d'un prisme avec une sphère qui termine l'écrou G. Les opérations relatives à ces diverses intersections sont indiquées sur les figures suivantes.

Les fig. 3 et 3ᵃ indiquent le tracé géométrique de l'intersection du cylindre horizontal F′, avec le cylindre vertical F, de la clef du robinet. La courbe d'intersection $a\,b\,c$ s'obtient évidemment suivant le procédé décrit (fig. 1 et 2, pl. 14); nous n'avons fait que répéter ici les opérations.

183. Lorsque le cylindre horizontal F′ (fig. 3ᵇ et 3ᶜ) est incliné au plan vertical, la courbe d'intersection de ce cylindre avec celui E change d'aspect en projection verticale, mais sa construction est toujours la même.

On voit en effet que si, comme dans la figure précédente, pour obtenir un point quelconque, on mène un plan vertical $d'e'$, parallèle à l'axe des cylindres, ce plan coupe le cylindre vertical suivant deux droites qui se projettent verticalement en df et eg. Ce même plan coupe aussi le cylindre horizontal suivant une génératrice projetée horizontalement en $d'\,e'$, et dont on obtient la projection verticale après avoir fait le rabattement de la base du cylindre comme l'indique la fig. 3. En portant la distance $i\,i'$ de h en h' (fig. 3ᵇ et fig. 3ᶜ), l'horizontale $e\,d$, menée par le point h', représente l'intersection du plan avec le cylindre horizontal. On voit que cette droite est rencontrée par les génératrices df et $e\,g$, aux points $d\,e$; il en serait de même de tout autre point de la courbe $d\,b\,c$.

184. Les figures 4 et 5 représentent l'intersection d'un cylindre à bases elliptiques, avec un cône à base circulaire correspondant à la surface conique A du boisseau, rencontrée par les gorges D. La figure 5 est un plan vu en

dessous pour rendre les intersections apparentes en projection horizontale.

La solution pour déterminer ces intersections revient à mener un plan horizontal quelconque, qui d'une part coupe le cône suivant un cercle, et de l'autre le cercle suivant deux génératrices. Les points de rencontre de ces droites avec la circonférence du cercle sont des points des courbes d'intersection. Ainsi en menant le plan $a\,b$ (fig. 4) on a d'une part le diamètre du cercle $c\,d$ que l'on projette horizontalement du centre o (fig. 5), et d'une autre part deux génératrices projetées en $a\,b$ et dont on détermine la projection horizontale en $a'b'$, et en $a^2\,b^2$. Après avoir rabattu la base $d\,e$ du cylindre $d'\,f\,e'$, et avoir porté la distance $f\,g$ (fig. 4ª) de g' en a' et en a^2 (fig. 5), les génératrices $a'\,b'$ et $a^2\,b^2$ rencontrent le cercle du diamètre $c'\,d'$, aux quatre points $h'\,i'$, qui se projettent verticalement en h et en i (fig. 4). On a obtenu de la même manière les points $m\,n$, par le point horizontal $k\,l$. Les points limites de la courbe s'obtiennent naturellement en p, q, r, s, par la rencontre des génératrices extérieures et du cylindre ; quant aux points $t\,u$, sommets des deux courbes, on peut les obtenir par le rabattement (fig. 4ª), en menant du sommet S du cône une tangente S$\,t$ à la base $d'\,f\,e'$ du cylindre, et en projetant le point de contact t suivant la ligne horizontable $x\,y$, laquelle représente un plan qui coupe le cône suivant un cercle que l'on projette horizontalement sur la fig. 5. Si on porte alors la distance t, v, de g' en x', et que l'on tire les horizontales $x'\,y'$, on obtient les points $t'\,u'$, par leur rencontre avec le cercle qui vient d'être tracé ; ces points se projettent en $t\,u$ sur la fig. 4.

On voit que cette opération est tout à fait analogue à celle relative à l'intersection de deux cylindres.

Si le cylindre était à base circulaire au lieu d'être à base elliptique, comme cela se présente quelquefois, on comprend très-bien que l'opération pour obtenir son intersection avec le cône serait exactement identique à la précédente et donnerait les courbes analogues, pourvu toutefois que le diamètre du cylindre soit plus petit que celui de la section du cône correspondante à la génératrice extrême inférieure ; mais ces courbes changent lorsque ce diamètre est plus grand, comme on le voit sur les fig. 6 et 7.

L'intersection, dans ce cas, est représentée par les courbes $s\,t\,r$ et $p\,u\,q$: le tracé indique suffisamment l'opération.

185. L'ouverture H, pratiquée dans la clef du robinet, est généralement de forme rectangulaire au lieu d'être circulaire, comme la section extérieure du tuyau ou des tubulures du boisseau, afin de faire cette clef moins volumineuse et plus légère tout en présentant la même section. Cette ouverture rectangulaire détermine en projection latérale fig. 2ª une courbe d'intersection $a\,b\,c\,d$, qui n'est autre qu'une *hyperbole*, résultant de la section faite par un plan vertical parallèle à l'axe du cône. L'opération pour déterminer cette courbe est indiquée sur les fig. 10, 11 et 12.

Pour rendre la courbe plus apparente, on a supposé dans ces figures que les génératrices du cône font avec l'axe un angle plus ouvert que sur la figure 2.

La ligne ab représente le plan vertical dans lequel est contenue la courbe d'intersection. Il est facile de voir que, si l'on mène (fig. 10) une suite de plans horizontaux cd, ef, gh, ik, on obtiendra autant de cercles qui, projetés sur la fig. 12, rencontrent le plan ab aux points l', m', $n'p'$, etc. Ces points se projettent verticalement (fig. 10) en $lmnp$, et on obtient le sommet o de la courbe, en traçant du centre S' un cercle S', o', tangent au plan ab, et en projetant ce cercle sur le plan vertical (fig. 10).

D'après ce tracé, il est facile de voir que l'ouverture H est rendue apparente en partie, lorsqu'on regarde la clef du robinet en dessous comme le montre la fig. 2ᵉ.

186. Les figures 8 et 9 représentent les projections verticale et horizontale de l'écrou G, qui retient la clef du robinet dans le boisseau. Cet écrou de forme hexagonale est terminé par une portion sphérique dont le centre se trouve sur l'axe du prisme.

Chacune des faces de ce prisme ou de l'écrou rencontre la surface de la sphère suivant des cercles égaux, qu'il est bon de déterminer en projection latérale. Le diamètre de la sphère est à peu près triple ou quadruple du diamètre du cercle circonscrit à l'écrou; pour rendre ces courbes plus apparentes sur les figures 8 et 9, nous avons supposé ce diamètre plus petit.

La sphère y est représentée par deux cercles du rayon OA, et l'écrou par un prisme hexagonal dont l'axe passe par le centre.

La première face $a'b'$, de cet écrou, rencontre la sphère suivant un cercle parallèle au plan vertical et dont le diamètre est $c'd'$. Ce cercle projeté verticalement sur la fig. 8 rencontre les arêtes ae et bf du prisme aux points a et b; la partie comprise entre ces deux points représente donc l'intersection de la face verticale $a'b'$ avec la sphère. Les deux autres faces $a'g'$ et $b'h'$, qui sont inclinées au plan vertical, coupent aussi la sphère suivant des cercles égaux au premier, mais qui se projettent verticalement suivant des portions d'ellipse comprises entre les points a et g d'une part, et bh de l'autre. On a le sommet de ces ellipses en menant par le point i une tangente horizontale à l'axe aib, et en projetant les points $k'l'$, milieu des côtés $a'g'$ et $b'h'$, sur cette ligne horizontale en k et l. En pratique, il suffit de faire passer des arcs de cercle par les points g, k, a, et les points b, l, h. Nous avons déjà vu dans la planche 14 que l'intersection d'un cylindre droit et d'une sphère dont le centre est situé sur l'axe du cylindre donne un cercle qui se projette latéralement en ligne droite. Ainsi, le trou O' qui traverse l'écrou, étant cylindrique, donne pour intersection avec la sphère un cercle de diamètre $m'n'$ qui se projette verticalement suivant la droite mn.

La fig. 8ᵃ indique aussi l'opération analogue faite pour déterminer les mêmes intersections lorsque l'écrou est vu sur l'angle de telle sorte que deux faces seulement sont apparentes, comme il est représenté sur la fig. 1ᵇ. Il est évident que la courbe elliptique $b^2 l^2 h^2$, correspondante à celle b, l, h, doit être aussi comprise entre les deux mêmes lignes horizontales passant par ces points.

RÈGLES ET DONNÉES PRATIQUES

VAPEUR.

187. Tout liquide élevé à une certaine température se réduit en vapeur.

L'eau renfermée dans un vase et chauffée jusqu'à la température de 100 degrés centigrades produit de la vapeur dont la tension ou force élastique fait équilibre à la pression atmosphérique.

La pression de l'air atmosphérique est la force capable de soulever dans le vide une colonne d'eau de 10ᵐ 33ᶜ ou une colonne de mercure de 76ᶜ. Cette force s'estime habituellement par le poids de 1ᵏ 033, sur un centimètre carré, ce qui correspond à 10330 kilogr. par mètre carré.

Ainsi, en prenant pour l'unité de surface le centimètre carré, la pression ou la tension de la vapeur à 100 degrés est aussi égale à 1ᵏ 033.

Lorsque le vase est hermétiquement fermé comme une chaudière, si on augmente la température du liquide, la vapeur acquiert successivement une force élastique plus grande, mais non proportionnelle avec l'accroissement de température.

La tension ou force élastique de la vapeur, comme en général celle d'un gaz quelconque, est en raison inverse de son volume : ainsi, à la pression d'une atmosphère, par exemple, le volume de la vapeur et du gaz étant 1 mètre cube, sous la pression de deux atmosphères, cette vapeur ou ce gaz se réduira à un volume moitié moindre, et réciproquement.

XXᵉ TABLE. — INDIQUANT LES TEMPÉRATURES, LES POIDS ET LES VOLUMES DE LA VAPEUR A DIVERSES PRESSIONS.

ÉLASTICITÉ ou pression de la vapeur en atmosphères.	COLONNE de mercure à 0° qui mesure cette pression.	PRESSION en kilogrammes par chaque centimètre carré.	TEMPÉRATURE en degrés centigrades.	POIDS du mètre cube de vapeur.	VOLUME en litres d'un kilogramme de vapeur à la pression et à la température correspondantes.
	mètres.	kilogrammes.	degrés.	kilogrammes.	litres.
0.50 ou 1/2	0.38	0.516	83.0	0.310	3229.36
0.75 ou 3/4	0.57	0.776	92.0	0.451	2217.20
1.00	0.76	1.033	100.0	0.588	1700.00
1.25	0.95	1.293	106.6	0.722	1384.36
1.50	1.14	1.550	112.4	0.854	1171.59
1.75	1.33	1.809	117.1	0.984	1016.66
2.00	1.52	2.066	121.5	1.111	899.91
2.25	1.71	2.326	125.5	1.238	808.00
2.50	1.90	2.582	128.8	1.363	735.45
2.75	2.09	2.842	132.1	1.487	672.36
3.00	2.28	3.100	135.0	1.611	620.74
3.25	2.47	3.360	137.7	1.734	576.83
3.50	2.66	3.618	140.6	1.855	539.40
4.00	3.04	4.133	145.4	2.096	477.05
4.50	3.42	4.648	149.4	2.334	428.36
5.00	3.80	5.165	153.3	2.568	389.38
5.50	4.18	5.681	156.7	2.802	356.86
6.00	4.56	6.200	160.0	3.033	329.69
6.50	4.94	6.749	163.3	3.261	306.62
7.00	5.32	7.235	166.4	3.488	286.70
8.00	6.08	8.264	172.1	3.934	254.27

D'après cette table, on peut résoudre les problèmes suivants :

Premier exemple : Quelle est la pression de la vapeur sur un piston de 25 centi-mètres de diamètre, correspondante à la température de 135 degrés?

On vôit que la pression correspondante à 135 degrés est de trois atmosphères ou de $3^k 10$ par centimètre carré.

La surface d'un piston de 25 centimètres de diamètre est égal à

$$25^2 \times 0,7854 = 490^{c.q.}87.$$

Par conséquent $$490,87 \times 3,10 = 1521^k 70.$$

Ainsi, pour résoudre le problème, on cherche dans la table la pression correspon-dante à la température donnée, et on la multiplie par la surface du piston exprimée en centimètres carrés.

Deuxième exemple : Quel est le poids de cette vapeur dépensée à chaque course de piston, si la course de ce dernier est $1^m 20$?

On a d'abord le volume dépensé,

$$490,87 \times 1,20 \text{ ou } 4^{m.q.}91 \times 12^m 00 = 58^{lit.}9 \text{ ou } 0^{m.c.}0589.$$

A la pression de 3 atmosphères, le poids d'un mètre cube de vapeur est égal à $1^k 611$.

On a donc $$0^{m.c.}0589 \times 1^k 611 = 0^k 095.$$

Pour résoudre ce problème, on détermine le volume dépensé en mètre cubes, puis on multiplie ce volume par le poids de la vapeur correspondant à la température ou à la pression donnée dans la table ; le résultat est le poids en kilogrammes.

UNITÉ DE CHALEUR.

188. On nomme *calorie* ou chaleur spécifique la quantité de chaleur nécessaire pour élever la température d'un kilogramme d'eau d'un degré centigrade. Ainsi, un kilo-gramme d'eau à 25 degrés contient 25 calories, de même 60 kilogrammes d'eau à 50 degrés contiennent

$$50 \times 60 = 3000 \text{ calories.}$$

On obtient donc le nombre de calories d'un corps quelconque en multipliant son poids par sa température.

La quantité de chaleur développée par les divers combustibles employés dans l'in-dustrie varie avec leur qualité et les fourneaux ou appareils de chauffage.

Suivant M. Péclet, la quantité de chaleur moyenne développée par un kilogramme de houille brûlée est égale à 7500 calories ou unités de chaleur.

D'après M. Berthier, celle d'un kilogramme de charbon de bois varie de 5000 à 7000 calories.

Voici du reste le résumé des expériences relatives à divers combustibles et consi-gnées dans la table suivante.

XXIe TABLE. — QUANTITÉ DE CHALEUR DÉVELOPPÉE PAR 1 KILOGRAMME
DE COMBUSTIBLE BRULÉ.

NATURE DES COMBUSTIBLES.	NOMBRE D'UNITÉS de chaleur développées [1] par 1 kilogramme de combustible.	QUANTITÉ PRATIQUE de vapeur fournie par la combustion de 1 kil. de chaque combustible.
		kil.
Charbon de bois..........................	6000 à 7000	5.6 à 6
Coke..................................	6000	7 à 8
Houille moyenne.........................	7500	5.75 à 7
Tourbe sèche............................	4800	»
Tourbe ordinaire avec 0,20 d'eau, 1re qualité..	3000	1.8 à 2
Tourbe de seconde qualité.................	1500	»
Bois séché de toutes sortes................	3600	3.7
Bois ordinaire, avec 0,20 d'eau.............	2800	2.7
Charbon de tourbe..	5800	2.8 à 3
	[1] 0,15 de cendres.	

Nous avons ajouté dans la troisième colonne de cette table la quantité de vapeur
formée par la combustion d'un kilogramme de combustible obtenue en pratique dans
les appareils ordinaires.

Exemple : Quelle est la quantité de houille nécessaire à l'alimentation d'un fourneau destiné à produire 250 kilogrammes de vapeur?

Un kilogramme de houille pouvant fournir, en moyenne, 6^k50,

On a :
$$\frac{250}{6,50} = 84 \text{ kilogrammes.}$$

189. Les chaudières dans lesquelles on doit produire de la vapeur, telles qu'elles
sont indiquées sur les fig. 4 et 5 de la planche 14, ont le plus généralement la forme
cylindrique, terminée aux extrémités par une demi-sphère. Elles sont souvent accompagnées de deux ou trois *bouilleurs* ou fort tuyaux également cylindriques, mis en
communication avec elles au moyen de tubulures ou *culottes ;* actuellement ces chaudières sont presque toujours construites avec des feuilles de tôle dont l'épaisseur
varie non-seulement avec le diamètre de la chaudière, mais encore avec la pression
de la vapeur qui doit s'y engendrer.

L'épaisseur à donner aux chaudières cylindriques est réglée, d'après les ordonnances de police, par la formule suivante :

$$e = \frac{10 \times d \times p}{10} + 3,$$

dans laquelle :

e exprime l'épaisseur de la tôle en millimètres ;

d, le diamètre de la chaudière en mètres ;

p, la pression de la vapeur dans la chaudière, diminuée d'une atmosphère.

Cette formule s'exprime par la règle suivante :

Multipliez la pression *effective* de la vapeur exprimée en atmosphères par le diamètre de la chaudière et par le nombre constant 18 divisé par 10, le résultat augmenté de 3 donne l'épaisseur en millimètres.

Pour simplifier ce travail, nous donnons ci-dessous une table toute faite, relative à l'épaisseur des chaudières cylindriques en fer ou en cuivre, et calculée jusqu'à un diamètre de 2 mètres.

XXIIe TABLE. — DES ÉPAISSEURS A DONNER AUX CHAUDIÈRES A VAPEUR CYLINDRIQUES, EN TÔLE OU EN CUIVRE LAMINÉ.

DIAMÈTRES des CHAUDIÈRES.	NUMÉROS DE TIMBRES EXPRIMANT LES TENSIONS DE LA VAPEUR.						
	2 atmosph.	3 atmosph.	4 atmosph.	5 atmosph.	6 atmosph.	7 atmosph.	8 atmosph.
mètres.	millim.	millim.	millim.	millim.	millim.	millim.	millim.
0.50	3.9	4.8	5.7	6.6	7.5	8.4	9.3
0.55	4.	5.	6.	7.0	7.9	8.9	9.9
0.60	4.1	5.1	6.2	7.3	8.4	9.5	10.5
0.65	4.2	5.3	6.5	7.7	8.8	10	11.2
0.70	4.3	5.5	6.8	8.0	9.3	10.5	11.8
0.75	4.3	5.7	7	8.4	9.7	11.1	12.4
0.80	4.4	5.9	7.3	8.8	10.2	11.6	13.1
0.85	4.5	6.1	7.6	9.1	10.6	12.2	13.7
0.90	4.6	6.2	7.9	9.5	11.1	12.7	14.3
0.95	4.7	6.4	8.1	9.8	11.5	13.3	15
1.00	4.8	6.6	8.4	10.2	12	13.8	15.6
1.10	5	7	8.9	10.9	12.9	14.9	»
1.20	5.2	7.3	9.5	11.6	13.8	16	»
1.30	5.3	7.7	10	12.4	14.7	»	»
1.40	5.5	8	10.6	13.1	15.6	»	»
1.50	5.7	8.4	11.1	13.8	»	»	»
1.60	5.9	8.8	11.6	14.5	»	»	»
1.70	6.1	9.1	12.2	15.2	»	»	»
1.80	6.2	9.5	12.7	16	»	»	»
1.90	6.4	9.8	13.3	»	»	»	»
2.00	6.6	10.2	13.8	»	»	»	»

DES SURFACES DE CHAUFFE.

190. Dans la pratique, on estime habituellement, soit pour les chaudières cylindriques avec ou sans bouilleurs, soit pour les chaudières dites à tombeau ou à chariot de Watt, qu'un mètre carré de surface de chauffe peut produire de 18 à 25 kilogrammes de vapeur par heure en service courant.

On a adopté généralement 1 mètre à 1^m50 de surface de chauffe par force de cheval.

Cette surface de chauffe embrasse non-seulement celle qui est directement exposée à l'action du feu, mais encore celle qui est échauffée par la fumée et l'air chaud qui parcourent les carneaux; cette dernière produit évidemment beaucoup moins de vapeur que la surface directe. On peut l'évaluer, suivant les circonstances, à 1/2 ou 1/3 de cette surface de chauffe directe, ce qui donne environ pour surface totale les 2/3 de la surface de la chaudière.

Nous donnons, dans le tableau suivant, les dimensions principales des chaudières cylindriques à bouilleurs, correspondant à des forces données en chevaux :

XXIIIe TABLE. — DES DIMENSIONS ET DES ÉPAISSEURS DES CHAUDIÈRES
POUR UNE PRESSION DE 5 ATMOSPHÈRES.

NOMBRE de chevaux.	LONGUEUR des chaudières.	LONGUEUR des deux bouilleurs.	DIAMÈTRE des chaudières.	DIAMÈTRE des bouilleurs.	ÉPAISSEUR de la tôle des chaudières.	ÉPAISSEUR de la tôle des bouilleurs.
	mètres.	mètres.	mètres.	mètres.	millim.	millim.
2	1.65	1.75	0.66	0.28	8	8
4	2.10	2.20	0.70	0.30	8	8
6	2.70	2.85	0.75	0.35	9	10
8	3.40	3.60	0.80	0.35	9	10
10	4.10	4.30	0.80	0.38	10	10
12	4.80	5.00	0.80	0.38	10	10
15	5.60	5.80	0.80	0.45	10	10
20	6.60	6.80	0.85	0.50	10	10
25	8.00	8.20	0.85	0.50	10	10
30	8.30	8.50	1.00	0.60	10.5	10
35	9.50	9.70	1.00	0.60	11	10
40	10.00	10.30	1.00	1.00	11	10

Dans les chaudières à vapeur sans bouilleurs, l'eau remplit environ les 2/3 de la capacité totale de la chaudière : il est à remarquer que dans les chaudières cylindriques avec bouilleurs, l'espace réservé pour la vapeur comprend environ la moitié de la capacité du corps principal de la chaudière, l'autre moitié et les *bouilleurs* contiennent l'eau à vaporiser.

Pour que la vapeur n'entraîne pas avec elle des molécules d'eau, on surmonte la chaudière d'une grande tubulure ou réservoir cylindrique, sur le sommet duquel s'adapte le tuyau de conduite qui amène la vapeur à la machine.

EXEMPLES SUR LE CALCUL DES CHAUDIÈRES.

1° Quelle est la longueur à donner à une chaudière cylindrique sans bouilleurs, capable d'alimenter une machine de 6 chevaux, en admettant que son diamètre soit de 0^m80, et la surface de chauffe de 1^m30, par force de cheval ?

On a   1^m30 × 6 = 7^m80 pour surface totale.

D'après ce qui vient d'être dit, la surface de chauffe comprend les 2/3 de la surface totale de la chaudière.

On a par suite $7^{m.q.}80 = L \times 2\pi R \times \dfrac{2}{3} = L \times \dfrac{4\pi R}{3}$.

L représente la longueur cherchée de la chaudière, et R le rayon connu égal $\dfrac{80}{2} = 0,40$. On a donc, en remplaçant π et R par leur valeur numérique :

$$7^{m.q.}80 = L \times 3,14 \times 0,40 \times \frac{4}{3} = L \times 1,675,$$

d'où $L = \dfrac{7^{m.q.}80}{1,675} = 4^{m}650.$

Comme il peut être intéressant de connaître la capacité pour l'eau et la vapeur, on devra opérer suivant les règles que nous avons données précédemment sur les volumes des cylindres, sphères, etc. (121-124). La chaudière étant terminée par des calottes sphériques, la longueur de la partie cylindrique est égale à

$$4^m 650 - (0,40 \times 2) = 3^m 850.$$

On aurait donc pour le volume correspondant de la partie cylindrique :

$$V = \frac{2}{3} \times 3,14 \times (0,40)^2 \times 3^m 85 = 1^{m.c.} 290,$$

pour celui des bouts sphériques des deux sphères entières :

$$V = \frac{2}{3} \times \frac{4}{3} \times 3,14 \times (0,40)^3 = 0^{m.c.} 179.$$

Le volume total pour l'eau est alors de :

$$1^m 290 + 0,179 = 1^{m.c.} 469 \text{ ou } 1,469 \text{ litres d'eau.}$$

Par conséquent, le volume pour la vapeur sera : $= \frac{1,469}{2} 0^{m.c.} 734$ ou 734 litres de vapeur, ce qui donne pour résultat définitif de la chaudière $1,469 + 0,734 = 2^{m.c.} 203$, qu'on aurait pu calculer par la formule générale

$$V = L \times \pi R^2 + \frac{4}{3} \pi R^3 \text{ ou } V = 3,85 \times 3,14 \times (0,40)^2 + \frac{4}{3} \times 3,14 \times (0,40)^3 = 2^m 203.$$

191. Il est utile de connaître le volume total d'une chaudière à vapeur pour se renfermer, suivant les localités, dans les ordonnances de l'administration [1] :

« (33) ...... Les chaudières sont réparties en quatre catégories.

On exprimera en mètres cubes la capacité de la chaudière avec ses tubes bouilleurs, et en atmosphères la tension de la vapeur, et on multipliera les deux nombres l'un par l'autre.

Les chaudières seront dans la première catégorie quand ce produit sera plus grand que quinze ;

Dans la deuxième, si ce même produit surpasse sept et n'excède pas quinze ;

Dans la troisième, s'il est supérieur à trois et n'excède pas sept ;

Dans la quatrième catégorie, s'il n'excède pas trois.

Si plusieurs chaudières doivent fonctionner ensemble dans un même emplacement et s'il existe entre elles une communication quelconque, directe ou indirecte, on prendra pour former le produit, comme il vient d'être dit, la somme des capacités de ces chaudières, y compris celles de leurs tubes bouilleurs.

« (34) Les chaudières à vapeur comprises dans la première catégorie devront être établies en dehors de toute maison d'habitation et de tout atelier.

« (35) Néanmoins, pour laisser la faculté d'employer au chauffage des chaudières une chaleur qui autrement serait perdue, le préfet pourra autoriser l'établissement des chaudières de la première catégorie dans l'intérieur d'un atelier qui ne fera pas partie d'une maison d'habitation.

---

1. Nous donnons la partie de ces ordonnances relative aux dimensions des chaudières, pour servir de base dans l'établissement de ces dernières.

« (36) Toutes les fois qu'il y aura moins de 10 mètres de distance entre une chaudière de la première catégorie et les maisons d'habitation ou la voie publique, il sera construit, en bonne et solide maçonnerie, un mur de défense de 1 mètre d'épaisseur. Les autres dimensions seront déterminées comme il est dit à l'article 41.

Ce mur de défense sera, dans tous les cas, distinct du massif de maçonnerie des fourneaux, et en sera séparé par un espace libre de 50 centimètres de largeur au moins ; il devra également être séparé des murs mitoyens avec les maisons voisines.

Si la chaudière est enfoncée dans le sol et établie de manière que sa partie supérieure soit à 1 mètre au moins en contre-bas du sol, le mur de défense ne sera exigible que lorsqu'elle se trouvera à moins de 5 mètres des maisons habitées ou de la voie publique.

« (37) . . . .

« (38) Les chaudières à vapeur comprises dans la deuxième catégorie pourront être placées dans l'intérieur d'un atelier, si toutefois cet atelier ne fait pas partie d'une maison d'habitation ou d'une fabrique à plusieurs étages.

« (39) Si les chaudières de cette catégorie sont à moins de 5 mètres de distance, soit des maisons d'habitation, soit de la voie publique, il sera construit de ce côté un mur de défense tel qu'il est prescrit à l'article 36.

« (40) . . . .

« (41) L'autorisation donnée par le préfet, pour les chaudières de la première et de la deuxième catégorie, indiquera l'emplacement de la chaudière et la distance à laquelle cette chaudière devra être placée par rapport aux habitations appartenant à des tiers et à la voie publique, et fixera, s'il y a lieu, la direction de l'axe de la chaudière.

Cette autorisation déterminera la situation et les dimensions en longueur et en hauteur du mur de défense de 1 mètre, lorsqu'il sera nécessaire d'établir ce mur en exécution des articles ci-dessus.

Dans la fixation de ces dimensions, on aura égard à la capacité de la chaudière, au degré de la tension de la vapeur, et à toutes les autres circonstances qui pourront rendre l'établissement de la chaudière plus ou moins dangereux ou incommode.

« (42) Les chaudières de la troisième catégorie pourront être placées dans l'intérieur d'un atelier qui ne fera pas partie d'une maison d'habitation, mais sans qu'il y ait lieu d'exiger le mur de défense.

« (43) Les chaudières de la quatrième catégorie pourront être placées dans l'intérieur d'un atelier quelconque, lors même que cet atelier ferait partie d'une maison d'habitation.

Dans ce cas, les chaudières seront munies d'un manomètre à air libre.

« (44) Les fourneaux des chaudières à vapeur comprises dans la troisième et dans la quatrième catégorie seront entièrement séparés par un espace vide de 50 centimètres au moins des maisons d'habitation appartenant à des tiers. »

Ainsi, la chaudière précédente, en supposant qu'elle marche à 3 atmosphères, se trouverait dans la deuxième catégorie, puisque $2^m 203 \times 3 = 6,609$ est inférieur à sept.

2° Quelles sont les dimensions d'une chaudière cylindrique à bouilleurs, destinée à alimenter une machine de la force de 16 chevaux, le diamètre du corps principal étant 0,90, et celui des bouilleurs 0,45 ?

Solution. Admettons d'abord $1^{m\cdot q\cdot} 20$ pour surface de chauffe par force de cheval, on aura donc $1^{m\cdot q\cdot} 20 \times 16 = 19^{m\cdot q\cdot} 20$ pour surface de chauffe totale.

Or, on prend habituellement la moitié de la surface totale du corps de la chaudière et les 3/4 de celle des bouilleurs.

D'après cette donnée on a la formule suivante :

$$19^m 20 = \frac{2\pi R \times L}{2} + r 2\pi \times L \times 2 \times \frac{3}{4} = \pi RL + 3\pi rL.$$

L représente la longueur des chaudières et des bouilleurs, qui est seule inconnue. En mettant à la place de R et *r* leurs valeurs numériques 0,450 et 0,225, on a :

$$19^{m.q.}20 = 3,14 \times 0,450 \times L + 3 \times 3,14 \times 0,225 \times L,$$

ou $19^{m.q.}20 = L\left((3,14 \times 0,450) + 3 \times 3,14 \times 0,225)\right) = L\,(1,413 + 2,120)$

d'où
$$L = \frac{19,20}{1,413 + 2,12} = \frac{19.20}{3,533} = 5^m 43.$$

Ainsi la longueur totale de la chaudière est égale à $5^m 43$; on sait que les bouts de ces chaudières sont sphériques, par conséquent la largeur de la partie cylindrique serait égale à

$$5^m 43 - 0,90 = 4^m 53.$$

Les bouilleurs dépassent habituellement la chaudière, en avant du fourneau, de 50 centimètres environ ; mais aussi à cause du retour de la flamme dans les carneaux, ils rentrent dans ceux-ci d'une quantité égale au rayon de la chaudière : ainsi la longueur des bouilleurs est peu différente de celle de la chaudière.

192. Dans les chaudières de distillerie, on désigne par force de cheval la puissance évaporatoire de 25 kilogr. d'eau. Ainsi, un générateur de 10 chevaux serait capable de vaporiser en une heure 250 kilogr. d'eau : or, en admettant $1^m 120$ de surface de chauffe par force de cheval-vapeur, cela suppose une vaporisation de 18 à 20 kilogr. par heure et par mètre superficiel de chauffe.

DIMENSIONS DES GRILLES.

193. Dans la marche habituelle des fourneaux, 1 mètre carré de surface totale de grille brûle 40 à 45 kilogr. de houille par heure. Ainsi, une chaudière qui aurait besoin de produire 280 kilogr. de vapeur par heure dépenserait pour cette production, en admettant qu'un kilogramme de houille produise 6,650 de vapeur, $\frac{280}{6,650} = 43$ kilog. de houille, et par conséquent le fourneau de cette chaudière devrait avoir 1 mètre carré de surface de grille.

Les barreaux de la grille sont ordinairement en fonte de 30 à 35 millimètres de largeur et ne laissent entre eux qu'un espace de 7 à 8 millimètres, de telle sorte que la surface des vides est égale au 1/4 ou au 1/5 de la surface totale.

On a reconnu qu'il était plus avantageux pour leur conservation que les barreaux fussent dressés et renforcés au-dessous par des nervures, etc.

CHEMINÉES.

194. La hauteur des cheminées est très-variable et ne peut être assujettie à aucune loi fixe ; sa section près du sommet dépend des dimensions de la grille et est ordinairement du sixième de celle-ci. On trouvera dans l'application suivante des calculs sur ces cheminées et des exemples sur les différentes règles que nous venons de donner.

APPLICATION.

Proposons-nous de déterminer les dimensions d'un fourneau de chaudière à vapeur et de sa cheminée, pour une machine de 8 chevaux, par exemple, du système à haute pression, à détente, et dépensant au maximum 5 kilogrammes de houille par cheval et par heure, en admettant une surface de chauffe de 1$^{m.q.}$52 par cheval-vapeur.

Pour 8 chevaux la surface devra être de :

$$1^{m.q.}52 \times 8 = 12^{m.q.}16.$$

Chaque mètre carré de surface de chauffe produisant moyennement 18 kilogrammes de vapeur, on a :

$$12,16 \times 18 = 218,88 \text{ kilogr. de vapeur.}$$

Comme 5 kilogr. de vapeur sont produits par 1 kilogr. de houille [1],

$$\frac{218.88}{5} = 43,8 \text{ kilogr.}$$

représenteront la dépense de houille pendant une heure.

La surface de la grille correspondante à cette consommation, si on admet que chaque décimètre carré doit brûler 1^{k}2 par heure, sera

$$\frac{43,8}{1,2} = 36 \text{ décimètres carrés,}$$

en supposant un quart de la surface libre pour le passage de l'air.

Il ne nous reste plus qu'à déterminer la surface de la cheminée. Nous ferons remarquer à cet effet qu'il faut 18 mètres cubes d'air pour la consommation de 1 kilogr. de houille : par conséquent, pour 43^{k}8, il en faudra

$$43,8 \times 18 = 788,4 \text{ mètres cubes.}$$

Cet air, après avoir traversé le foyer, cédera une partie de son oxygène, qui sera en partie remplacé par de l'acide carbonique et de la vapeur d'eau.

Si ces gaz s'échappent par la cheminée à la température moyenne de 300 degrés, le volume étant, d'après M. Péclet, de 38$^{m.c.}$54 par kilogramme de houille, sera :

$$43,8 \times 38,44 = 1683 \text{ mètres cubes}$$

par heure. Si on divise ce résultat par 3600, on aura le volume qui devra s'écouler par seconde.

On a donc $\dfrac{1683}{3600} = 0^{m.c.}4675.$

Si nous supposons, comme c'est le cas le plus ordinaire pour une chaudière d'une telle force, que la cheminée ait 22 mètres de hauteur, l'air froid à 15 degrés, l'écoulement des gaz par la cheminée est donné par l'équation :

$$V = \sqrt{2g H a (t' - t)}.$$

Dans le cas qui nous occupe, H = 22 mètres, a est la quantité constante 0,00365, $t' = 300$ degrés, $t = 15$ degrés, et $2g = 19,62$. En substituant à ces lettres leur valeur numérique,

---

1. Nous prenons ici un minimum, de même que pour l'estimation précédente, de 18 kilogr.

on a :
$$\sqrt{19,62 \times 22 \times 0,00365 \times (300 - 15)} = 21.$$

Ce qui veut dire que le gaz s'échapperait de la cheminée avec une vitesse de 21 mètres par seconde, s'il n'éprouvait aucune résistance le long des parois des carneaux et de la cheminée; mais la vitesse réelle n'est que les 70/100 de ce nombre, ou

$$21 \times 0,70 = 14^{m}7.$$

Si nous divisons le volume du gaz qui s'échappe de la cheminée en une seconde par la vitesse que nous venons de trouver, nous aurons la surface de la section de la cheminée à la partie supérieure; ce qui sera représenté par

$$\frac{0^{m.c.} 4689}{14,70} = 3,2 \text{ décimètres carrés.}$$

Ainsi la cheminée, étant supposée carrée, aurait pour section à sa partie supérieure un carré de moins de deux décimètres de côté; mais il faut observer que ce n'est là qu'une dimension minimum; il sera bon de lui donner plus de section : ainsi, on pourrait la faire de 25 centimètres de côté, et même de 30 à 35 centimètres, si on prévoit que la force de la chaudière sera susceptible d'augmenter, comme cela arrive assez souvent dans bien des fabrications, mais il faut toujours avoir le soin de placer à la naissance de la cheminée un registre qui permette d'en régler le tirage, en variant l'ouverture de sortie suivant les besoins de l'usine.

SOUPAPES DE SURETÉ.

195. Les chaudières sont toujours accompagnées d'appareils accessoires, tels que *soupapes de sûreté, manomètre, trou d'homme, flotteur, sifflet d'alarme.*

Le *manomètre* est un instrument qui sert à indiquer la pression de la vapeur dans la chaudière en atmosphères et fractions d'atmosphère. Il y en a plusieurs systèmes, les uns à air libre, les autres à air comprimé.

Le flotteur sert à connaître le niveau d'eau, et le sifflet à prévenir lorsque le niveau d'eau baisse sensiblement au-dessous du niveau ordinaire.

Les soupapes de sûreté servent à donner issue à la vapeur lorsque la tension dépasse la pression normale.

Nous en avons donné un tracé sur la fig. 4, pl. 14; leurs diamètres varient avec les dimensions des chaudières et la pression de la vapeur.

Elles sont déterminées suivant les ordonnances de police, d'après les règle et table suivantes.

Pour déterminer les diamètres des soupapes de sûreté, il faut diviser la surface de chauffe de la chaudière, exprimée en mètres carrés, par le nombre qui indique la tension maximum de vapeur dans la chaudière, préalablement diminuée du nombre 0,412; prendre la racine carrée du quotient ainsi obtenu, et la multiplier par 2,6 : le résultat exprimera, en centimètres, le diamètre cherché. Ce qui revient à la formule suivante :

$$d = 2,6 \sqrt{\frac{s}{n - 0,412}}$$

dans laquelle

d désigne le diamètre de la soupape en centimètres;

s, la surface de chauffe de la chaudière, y compris les parties des parois comprises dans les carneaux ou conduits de la flamme et de la fumée, exprimées en mètres carrés;

n, le numéro de timbre, exprimant en atmosphères la tension de la vapeur.

XXIVᵉ TABLE. — POUR RÉGLER LES DIAMÈTRES A DONNER AUX ORIFICES
DES SOUPAPES DE SURETÉ.

SURFACE DE CHAUFFE des chaudières.	NUMÉROS DES TIMBRES INDIQUANT LES TENSIONS DE LA VAPEUR.									
	atmosp. 1 1/2.	atmosp. 2.	atmosp. 2 1/2.	atmosp. 3.	atmosp. 3 1/2.	atmosp. 4.	atmosp. 5.	atmosp. 6.	atmosp. 7.	atmosp. 8.
m. c.	millim.	millim.	millim.	millim.	millim.	millim.	millim.	millim.	millim.	millim.
1	25	21	18	16	15	14	12	11	10	9
2	35	29	25	23	20	19	17	15	15	13
3	43	36	31	29	26	24	21	19	17	15
4	50	41	36	32	29	27	24	22	20	19
5	56	46	40	36	33	30	27	24	22	21
6	61	50	44	39	36	34	30	27	25	23
7	66	54	48	43	39	36	32	29	27	25
8	70	58	51	46	42	39	34	31	29	27
9	75	62	54	48	44	41	36	33	30	28
10	79	65	57	51	47	43	38	35	32	30
11	83	68	60	54	49	45	40	36	33	31
12	87	71	62	56	51	47	42	38	35	33
13	90	74	65	58	53	49	44	40	36	34
14	93	77	67	60	55	51	45	41	37	35
15	96	80	70	63	57	53	47	42	38	36
16	100	82	72	65	59	55	48	44	40	38
17	103	85	74	67	61	56	50	45	42	39
18	106	87	76	68	63	58	51	47	43	40
19	109	90	78	70	64	60	53	48	44	41
20	111	92	80	72	66	61	54	49	45	42
21	114	94	82	74	68	63	56	50	46	43
22	117	97	84	76	69	64	57	51	47	44
23	119	99	86	77	70	66	58	53	48	45
24	122	101	88	79	72	67	59	54	49	46
25	125	103	90	81	74	69	60	55	50	47
26	127	105	91	82	75	70	62	56	51	48
27	129	107	93	84	77	71	63	57	52	49
28	132	109	95	85	78	73	64	58	53	50
29	134	111	97	87	80	74	65	59	54	51
30	136	113	98	88	81	75	66	60	55	52
32	140	116	100	90	82	76	67	62	57	53
34	145	119	104	94	86	79	69	64	59	55
36	149	122	107	96	87	82	71	65	61	57
38	151	125	110	97	90	83	74	66	62	58
40	156	130	113	101	92	86	75	69	64	59
45	167	137	119	107	97	91	80	73	68	63
50	174	145	125	113	104	96	84	76	70	67
55	184	151	132	119	107	101	88	80	75	70
60	193	158	137	124	113	106	94	84	78	73

CHAPITRE V

ÉTUDE ET CONSTRUCTION DES ENGRENAGES

196. Les engrenages sont des organes mécaniques fréquemment employés pour les transmissions de mouvement; on en exécute de toutes dimensions dans l'horlogerie, la filature, les machines-outils et jusque dans les moteurs les plus puissants. Les engrenages reposent sur ce principe, que leurs surfaces latérales développent le même arc pendant la même durée de contact, bien que leur vitesse angulaire [1] varie en raison inverse de leur diamètre. Ils consistent en des saillies ou *dents*, ménagées au pourtour de plateaux droits cylindriques ou coniques, et disposés de manière à se conduire réciproquement pendant un temps limité.

· Mais pour que cet entraînement se fasse régulièrement, il est indispensable que les surfaces de ces dents ou saillies restent constamment tangentes pendant toute la durée de leur contact, et à cet effet, loin de se tracer d'une manière arbitraire, elles doivent au contraire être déterminées géométriquement, car de leur forme exacte dépend la bonne marche de tout l'engrenage; il est donc essentiel de s'attacher particulièrement au tracé de ces dentures.

Les courbes des dents adoptées dans la pratique sont : les développantes de cercles, les cycloïdes et les épicycloïdes.

Ces courbes sont d'autant plus utiles à connaître qu'elles trouvent également leur application dans divers autres agents mécaniques.

DÉVELOPPANTE DE CERCLE, CYCLOIDE ET ÉPICYCLOIDE.

PLANCHES 18 ET 19.

DÉVELOPPANTE DE CERCLE.

FIGURE 1, PLANCHE 18.

197. Quand un fil est enroulé sur la circonférence d'un cercle, si on le déroule par une de ses extrémités, en le laissant constamment tendu, cette extrémité décrit la courbe appelée *développante*. |

---

1. La vitesse angulaire d'un corps tournant autour d'un centre, est l'angle décrit par ce corps dans sa rotation pendant l'unité de temps, tandis que la vitesse réelle ou linéaire d'un point est l'espace parcouru par ce point soit sur une ligne, soit sur une circonférence; ainsi, les différents points d'une manivelle ont tous la même vitesse angulaire, tandis que ces mêmes points ont une vitesse réelle bien différente, en raison de leur éloignement du centre; de

On se repose sur cette définition pour tracer géométriquement une développante de cercle. Soit ABC, une circonférence donnée de rayon AO, et A l'extrémité du fil qui l'enveloppe. On prend sur cette circonférence à partir de A, des points a, b, c, assez rapprochés pour que leurs arcs puissent être considérés comme autant de lignes droites ; à chacun de ces points on mène des tangentes ou des perpendiculaires aux rayons correspondants, on porte successivement sur ces tangentes, à partir de leur point de contact, les longueurs respectives et rectifiées des arcs aA, bA, cA, etc., ce qui détermine les points a', b', c', etc. ; la courbe qui les réunit est une partie de la développante. En continuant le développement du fil, la développante forme plusieurs circuits qui s'agrandissent de plus en plus, et donne lieu à une courbe qui prend alors le nom de *spirale*. Après une révolution entière de la circonférence, la plus courte distance entre deux circuits consécutifs est toujours la même et est égale au développement de la circonférence génératrice qui est le noyau de la courbe.

En se donnant les points a, b, c, à égale distance sur la circonférence, les tangentes sont respectivement doubles, triples, etc., de la première Aa ; et si, comme nous l'avons dit, ces points sont assez rapprochés, on peut, pour tracer la courbe correctement, décrire des arcs de cercle avec la longueur de ces tangentes pour rayon. Ainsi, du point a, avec le rayon aa', on trace le premier arc Aa', de même de b, avec le rayon bb', on décrit l'arc $a'b'$, et ainsi de suite.

Nous ferons voir l'application de la développante aux engrenages à crémaillère et à vis, comme aussi aux *cammes* et *excentriques*.

CYCLOÏDE.

FIGURE 2, PLANCHE 18.

198. Lorsqu'on fait rouler un plateau circulaire sur un plan et en ligne droite, le point de contact de la circonférence de ce plateau sur le plan engendre ou donne naissance à une courbe appelée *cycloïde*. Ainsi, un point quelconque pris sur les contours d'une roue de locomotive, par exemple, décrit dans son mouvement sur le rail autant de cycloïdes qu'elle accomplit de révolutions.

Pour que la courbe soit rigoureuse, le roulement doit avoir lieu sans glissement, c'est-à-dire que l'espace parcouru sur la droite doit être égal à la longueur de la portion de la circonférence qui, dans le mouvement, s'est trouvé en contact avec le plan.

---

même un pendule qui décrit un angle ou un mouvement angulaire autour de son point de suspension. La vitesse angulaire d'un corps est d'autant plus grande qu'il décrit un angle plus grand dans le même temps. Deux points peuvent avoir la même vitesse angulaire, quoique l'espace parcouru par chacun soit différent ; en effet, tous les points du pendule, par exemple, mis en oscillation, décrivent le même angle et par conséquent ont la même vitesse angulaire, et cependant leurs vitesses réelles ou les chemins qu'ils parcourent sont différents.

Proposons-nous de tracer une cycloïde engendrée par le point A, d'un cercle donné de rayon A O, et roulant sur la droite B C.

Plusieurs solutions satisfont à ce problème.

1re *solution*. — On porte un certain nombre de fois sur la circonférence, à partir de A, une partie A *a*, assez petite pour être considérée comme une ligne droite, ce qui s'appelle, avons-nous dit, *rectifier un arc*. On la porte de même et le même nombre de fois sur la droite A C; des points *a*, *b*, *c*, *d*, on élève sur cette dernière des perpendiculaires coupant la ligne O O′, engendrée par le centre du cercle roulant et parallèle à la droite donnée B C; on obtient ainsi les points de rencontre *o*, *o*′, *o*², etc., qui sont les centres du cercle générateur, dans la position correspondante aux points de contact *a*, *b*, *c*, *d*. De chacun de ces centres, on décrit des portions de circonférence sur chacune desquelles on porte successivement les longueurs des arcs A *a*′, A *b*′, A *c*′, etc., de *a* en *a*″, de *b* en *a*ˣ et de *c* en *b*², ainsi de suite; la courbe A *a*″ *a*² *b*² *c*², qui passe par ces point, donne la cycloïde.

2e *solution*. — On peut aussi déterminer les points de cette courbe par la rencontre des lignes horizontales menées des points de division *a*′, *b*′, *c*′, *d*′, etc., avec les arcs de cercle décrits des centres *o*, *o*′, *o*², etc.

3e *solution*. — Au lieu de tracer des arcs de cercle comme ceux qui ont été indiqués à la droite de la fig. 2, on peut déterminer des points de la courbe cycloïdale en reportant successivement les distances qui existent entre les points de division du cercle et les lignes verticales, sur les lignes horizontales passant par ces divisions, à partir de la ligne verticale A O; ainsi, les distances *e e*′, *f f*′, *g g*′, *h h*′, etc., sont reportées de 1 en *a*², de 2 en *b*², de 3 en *c*ᶠ, etc.

Pour éviter la confusion, nous avons indiqué cette dernière solution à gauche de la fig. 2, qui montre une seconde cycloïde semblable à la première.

Lorsque le cercle générateur a parcouru son demi-développement, on obtient le sommet de la courbe en D′, point correspondant au diamètre A D. La longueur A C de la droite donnée est égale alors au développement de la demi-circonférence du rayon A O.

En continuant le tracé, on obtient une courbe entière symétrique par rapport à C D et qui a pour base une droite double de A C et, par conséquent, égale au développement total du cercle générateur. La cycloïde est la courbe géométrique employée généralement pour la denture des crémaillères et des vis sans fin.

ÉPICYCLOÏDE EXTÉRIEURE.

FIGURE 1, PLANCHE 19.

199. L'épicycloïde ne diffère de la cycloïde qu'en ce que le cercle générateur, au lieu de rouler sur une ligne droite, se meut autour d'un cercle fixe. Lorsque les deux cercles sont dans un même plan, le point de contact engendre une épicycloïde *droite* ou *cylindrique*; dans le cas où les deux cercles sont situés

dans des plans différents, mais conservant le même angle, la courbe engendrée est une épicycloïde *sphérique;* on suppose alors que le cercle générateur
se meut autour d'un centre fixe tout en roulant sur la circonférence du
cercle immobile.

1re *solution.*— Pour tracer l'épicycloïde droite, la construction est analogue
à celle indiquée pour la cycloïde. Ainsi, soit A O le rayon du cercle généra·
teur, et AC le rayon du cercle fixe, on divise le cercle générateur en un certain nombre de parties égales, aux points a', b', c', d', etc., et on porte sur la
circonférence du rayon AC la longueur de ces arcs rectifiés, à partir de A en a,
b, c, d, etc. Par ces nouveaux points de division, on mène les rayons Ca, Cb,
Cc, etc., que l'on prolonge jusqu'à la rencontre de la circonférence du rayon
CO engendrée par le centre du cercle générateur dans sa rotation autour du
cercle fixe; on obtient ainsi les points o, o', o^2, o^3 qui sont les centres successifs du cercle générateur lorsqu'il est en contact aux points a, b, c, d, etc.;
on décrit alors, de chacun de ces centres, des arcs de cercle du rayon A O, puis
on porte successivement les arcs A a', A b', A c', de a en a^2, de b en b^2, de c
en c^2, etc. La courbe passant par les points a^2, b^2, c^2, etc., est l'épicycloïde.

2e *solution.* — On détermine également les points de cette courbe en décrivant du centre C des arcs de cercle passant par les points de division a',
b', c', d', et coupant les arcs qui expriment les diverses positions du cercle
générateur en a^2, b^3, c^2, d^2, qui sont autant de points de l'épicycloïde.

3e *solution.* — On peut aussi déterminer la courbe en portant successivement les distances qui existent entre les points de division e, f, g, etc., du cercle
générateur et les rayons Ch, Ci, Ck, qui passent par les différents points de
contact du cercle fixe, sur les circonférences décrites du centre C et passant
par les points e, f, g; ainsi les distances ee', ff', gg', sont reportées de 1 en a^2,
de 2 en b^2, et de 3 en c^2, etc. Ce tracé est indiqué à droite de la fig. 1.

Quand le cercle générateur a parcouru son développement sur le cercle
fixe, l'épicycloïde obtenue est une courbe entière A D B, symétrique par rapport à la droite D E, qui est égale au diamètre du cercle mobile.

ÉPICYCLOÏDE EXTÉRIEURE DÉCRITE PAR UN CERCLE TOURNANT AUTOUR
D'UN CERCLE FIXE QUI EST INTÉRIEUR.

FIGURE 3, PLANCHE 19.

200. Pour ce tracé, qui est analogue au précédent, on se donne le cercle fixe
du rayon C A et le cercle mobile du rayon B A; on divise le premier cercle en un
certain nombre de parties égales aux points a, b, c, d, etc., on porte la longueur
rectifiée de ces arcs sur la circonférence du rayon B A de A en a', b', c', etc. On décrit ensuite du point C, avec le rayon BC, une circonférence qui coupe les rayons
CA, Ca, Cb, Cc, aux points B, B', B², B³; de chacun de ces derniers comme
centre, on tracera, avec le rayon AB, des circonférences qui sont respectivement tangentes avec le cercle fixe aux divers points a, b, c, puis, du centre C,
on décrit des arcs de cercle passant successivement par les points a', b', c', d'

ces arcs coupent en a^2, b^2, c^2, les circonférences tangentes au cercle fixe.

La courbe réunissant ces points est l'épicycloïde. Les deux autres solutions indiquées pour l'épicycloïde ordinaire sont applicables à ce cas particulier.

ÉPICYCLOÏDE INTÉRIEURE.

FIGURE 2, PLANCHE 19.

201. L'épicycloïde est dite intérieure lorsque le cercle mobile roule à l'intérieur du cercle fixe.

Soit C A le rayon du cercle fixe, et A B le rayon du cercle générateur. Ce tracé consiste, comme il a été déjà expliqué précédemment, à prendre un certain nombre de divisions sur le cercle mobile, à porter ces divisions rectifiées sur la circonférence immobile, puis à appliquer l'une des trois solutions indiquées pour l'épicycloïde extérieure. Ce tracé est d'ailleurs suffisamment indiqué dans la fig. 2; par les mêmes lettres correspondantes à celles de la fig. 1re.

Lorsque le cercle générateur est moitié du cercle fixe, l'épicycloïde engendrée par un point de la circonférence du cercle est une ligne droite égale au diamètre du cercle fixe. Ainsi, dans la fig. 3, pl. 18, l'épicycloïde engendrée par le point A du cercle mobile du rayon C A, après une demi-révolution, se confond avec le diamètre A B.

Si dans le même cas on prend un point D extérieur, lié invariablement au cercle du générateur, l'épicycloïde décrite par ce point est alors une ellipse D F E G, qui a pour grand axe la ligne D E, égale au diamètre du cercle fixe A B, augmenté de 2 fois la distance du point générateur D au point A, et pour petit axe G F, qui est égale à 2 fois la même distance A D. Il suffit d'ailleurs, pour déterminer cette courbe, si on ne veut pas avoir recours au tracé connu de l'ellipse (52 et suiv.), de porter la longueur A D sur le prolongement du rayon C A dans toutes les positions qu'on fait occuper au cercle générateur dans sa rotation à l'intérieur du cercle fixe. Si le point générateur était pris à l'intérieur du cercle mobile, l'épicycloïde obtenue serait aussi une ellipse.

L'épicycloïde est généralement employée pour la courbure géométrique des engrenages extérieurs et intérieurs, cylindriques et coniques.

Les engrenages se divisent généralement en deux catégories, savoir : les engrenages droits ou cylindriques et les engrenages d'angle ou coniques ; les premiers comprennent : l'engrenage d'une crémaillère et d'un pignon, l'engrenage d'une vis sans fin et d'une roue, et enfin l'engrenage de deux roues. Dans tous ces engrenages, nous remarquerons que toutes les dentures sont disposées de telle sorte qu'elles puissent se commander réciproquement.

TRACÉ DE L'ENGRENAGE D'UNE CRÉMAILLÈRE ET D'UN PIGNON.

FIGURE 4, PLANCHE 18.

202. Une crémaillère est une espèce de règle droite et rigide armée de dents sur l'une de ses faces, pour engrener avec une roue droite, qui étant

généralement de petit diamètre, s'appelle pignon : telle est la barre dentée
A B (fig. 4, pl. 18).

On suppose, pour tracer cet engrenage, comme d'ailleurs pour un engrenage quelconque, que l'on connaît l'épaisseur $a\,b$ à donner à la denture,
dimension qui est variable suivant les efforts à transmettre, comme on le
verra dans les notes.

Lorsque la crémaillère et le pignon doivent être de même métal, l'épaisseur des dents est égale pour les deux organes. Il en est de même de l'espace
vide ou *creux* compris entre deux dents consécutives. Le creux théoriquement est égal au plein ou à l'épaisseur de la dent, mais en pratique on le fait
un peu plus large pour que les dentures puissent passer librement.

203. Le *pas* des dents comprend :

La largeur du creux et l'épaisseur de la dent; il se porte, dans une roue,
sur la circonférence du rayon donné, que l'on appelle *circonférence primitive*,
et dans la crémaillère sur une ligne droite tangente à la circonférence et appelée aussi *ligne primitive*.

204. Soit O C le rayon du cercle primitif d'un pignon engrenant avec une
crémaillère, et A B la droite primitive de celle-ci. Proposons-nous d'abord de
déterminer la courbure des dents du pignon pour commander la crémaillère,
nous chercherons ensuite la courbure des dents de la crémaillère pour commander le pignon.

Le problème revient à faire rouler tangentiellement la droite A C sur la
circonférence du cercle primitif O C; dans ce mouvement le point de contact
C engendre une développante C D que l'on trace suivant l'indication de la
fig. 1re, tracé répété d'ailleurs en $a'\,d'$, sur une des dents du pignon (fig. 4).

Cette courbe jouit de cette propriété que, si elle fait corps avec le pignon et qu'on fasse tourner ce dernier autour de son centre, elle poussera
constamment le poids de contact C suivant la droite A B, et avec une vitesse
égale à celle imprimée au même point C sur la circonférence primitive du
pignon. Par conséquent, si on divise cette circonférence en autant de parties
égales que le pignon doit avoir de dents et de creux, et si à chacune des divisions on rapporte la développante C D, toutes ces courbes rempliront la
même condition; une de ces divisions rectifiée est reportée également sur
la droite primitive A B autant de fois qu'il est nécessaire. A chaque dent les
courbes sont placées symétriquement par rapport au rayon qui passe par le
milieu de leur épaisseur, tel qu'il est indiqué en O d', pour que le pignon
puisse commander aussi bien de droite à gauche que de gauche à droite.

205. Comme les dents ne peuvent pas avoir une longueur indéfinie, il faut les
limiter, en se basant sur le principe suivant : La dent de la roue qui commande
ne doit abandonner celle sur laquelle elle agit que lorsque la dent qui la suit
immédiatement est venue prendre sa position primitive qui, dans l'engrenage de deux roues, correspond à la ligne des centres et dans l'engrenage à
crémaillère correspond au rayon O C, perpendiculaire à la ligne primitive A B.

Ainsi, si on suppose que le pignon se meuve dans le sens indiqué par la flèche, la dent E, qui agit sur la dent H de la crémaillère, doit pousser celle-ci jusqu'à ce que la dent suivante G soit venue prendre sa place; elle est alors arrivée à la position de la dent F, par conséquent elle a fait marcher la dent H jusqu'en I; on voit qu'alors la courbe de la dent est en contact en c, sur la ligne primitive A B; c'est en ce point que l'on peut limiter la dent, mais en pratique, pour que chaque dent du pignon commande un peu plus long-temps, et afin d'éviter le jeu résultant de l'usure, on les rogne un peu au delà du point c, en traçant du centre O un cercle extérieur qui coupe toutes les courbes à la même longueur.

Pour donner passage à la partie courbe des dents du pignon, la crémail-lère doit être évidée ou présenter des creux qui sont simplement déterminés par des perpendiculaires ef, cd, gh, à la droite primitive A B, et passant aux points de division portés sur cette droite.

Ces perpendiculaires, qui forment en même temps les côtés des dents, se nomment *flancs*.

La profondeur de ces creux devrait être rigoureusement limitée par la droite mn, tangente à la circonférence extérieure du pignon; mais pour em-pêcher le frottement des dents dans le fond, il est préférable d'augmenter d'une petite quantité la profondeur des creux, et de raccorder alors les flancs avec le fond par des quarts de cercle qui, en évitant les parties angulaires, donnent plus de force à la denture.

206. Comme il est d'usage dans la pratique d'établir les engrenages de telle sorte qu'ils puissent se commander réciproquement, nous devons chercher à compléter le tracé précédent en donnant aux dents de la crémaillère la cour-bure nécessaire, pour qu'elle puisse à son tour commander le pignon avec lequel elle engrène, en remplissant toujours la condition d'une marche ré-gulière, sur la circonférence et sur la ligne primitive.

Remarquons, à cet effet, que si sur le rayon O C, considéré comme dia-mètre, on place le cercle O L C, et qu'on fasse rouler ce cercle sur la droite A B, le point de contact C engendrera une cycloïde C K, que l'on pourra con-struire comme il a été indiqué sur la fig. 2.

Si on fait rouler de même ce cercle dans l'intérieur du cercle primitif G C J, le même point C engendrera une épicycloïde droite qui se confond avec le rayon O C, comme on l'a vu sur la fig. 3. Or, si l'on donne à la denture de la crémaillère la courbe C K, et au flanc du pignon la droite C O, on remplira justement la condition cherchée, c'est-à-dire que, si on imprime à la crémail-lère un mouvement de translation de droite à gauche, la courbe C K s'ap-puiera constamment sur la droite C O, en lui restant tangente.

En effet, supposons la courbe C K transportée en C' L, le rayon O C sera alors en O L; or, si au point L on mène la droite L C, le triangle L O C est rectangle en L, c'est-à-dire la droite O L est perpendiculaire sur L C, donc O L est tan-gente à la courbe L C'. Par conséquent, si la marche de la crémaillère est régulière, celle du pignon le sera également. La même courbe C K est reportée sur tous les points de division de la crémaillère comme on l'a fait déjà pour le pignon.

Pour reconnaitre quelle doit être la longueur à donner à la dent, il suffit de porter deux fois l'épaisseur Cb^2 de C en L sur le cercle générateur O L C, et de mener par le point L une ligne parallèle à la droite A B.

Si par tous les points de division du cercle primitif du pignon, on mène une suite de rayons qui concourent au point O, on aura les flancs i, j, k, l, etc., dont la limite est obtenue par un cercle tracé du centre O, et tangent à la droite $m\,n$; par le même motif que celui indiqué pour la crémaillère, on a également augmenté le fond des creux en terminant les flancs par des arcs de cercle qui se raccordent avec la circonférence intérieure tracée avec un rayon plus petit que celui de la circonférence précédente.

Comme il serait trop long en dessin de répéter les courbes déterminées sur toutes les dents, il est convenable de découper sur un morceau de carton ou de placage un *calibre* ou *gabarit*, suivant la première courbe tracée rigoureusement, dont on se sert comme pistolet, en le reportant successivement à tous les points de division et en ayant soin pour cela de se guider sur les lignes milieux des dents, afin que ces dents soient parfaitement symétriques.

On se contente quelquefois, pour éviter le calibre, de tracer le contour des dents par une portion de cercle qui doit autant que possible se rapprocher de la courbe.

A cet effet, l'arc doit être tangent au flanc et passer par le point limite de la dent. Ainsi, supposons que l'on veuille remplacer la courbure des dents de la crémaillère par un arc de cercle tel que celui $o\,r$ de la dent P, on sait que cette courbe doit être tangente en o à la verticale $o\,p$ et passer par le point r, correspondant à celui L, et obtenu en portant L q de r' en r. Si on tire la corde $o\,r$, et qu'on élève sur son milieu une perpendiculaire $s\,t$, son point de rencontre avec la droite primitive A C donnera le cercle s de l'arc cherché; en transportant le point s sur toute la ligne A B, et en conservant le même rayon $o\,s$, on peut tracer de même toutes les autres dents.

On emploie un procédé analogue pour remplacer la courbure des dents du pignon.

ENGRENAGE D'UNE VIS SANS FIN AVEC UNE ROUE.

FIGURES 5 ET 6, PLANCHE 18.

207. Cet engrenage se construit comme celui d'une crémaillère et d'un pignon ; à cet effet, on suppose la vis et la roue coupées par un plan passant par l'axe de la première et parallèle à la face de la seconde; on est alors amené à un tracé tout à fait identique à celui de la fig. 4, c'est-à-dire qu'après s'être donné le cercle primitif G C J et la droite tangente A B parallèle à l'axe M N de la

vis, on cherche la développante C D pour la courbure des dents de la roue et la cycloïde C K pour la courbure des dents de la vis. On limite la longueur de ces courbes comme précédemment; du reste, la partie teintée de la fig. 6 montre ce tracé et la forme des dents.

C'est ainsi que l'engrenage de la vis sans fin et de la roue est ramené à celui d'une crémaillère et d'une roue droite. Le tracé que nous venons d'indiquer suffit dans la construction pour déterminer le profil des dents.

Pour représenter en dessin géométral la vue extérieure au lieu de la coupe des dentures de la roue et de la vis, il est utile de connaître le pas et le diamètre de la vis d'une part, et de l'autre l'épaisseur de la roue (fig. 5).

Soit M′A′, le rayon moyen qui mesure la distance de la ligne primitive AB à l'axe MN, et ab la largeur de la roue. Lorsque la vis est à simple filet (177), le pas est égal à celui de la denture, par conséquent à l'épaisseur de la dent plus l'épaisseur du creux; dans ce cas une révolution de la vis fait tourner la roue d'une dent, c'est ce qui a été supposé sur les figures.

Si la vis est à deux ou trois filets, son pas est égal à deux ou trois fois le pas de la denture, et alors une révolution de la vis fait marcher la roue de deux ou trois dents.

La roue ayant une certaine épaisseur et devant engrener avec les filets de la vis, a nécessairement sa denture inclinée comme ceux-ci; cette inclinaison varie donc suivant le pas ou le nombre de filets. On doit observer, en outre, que les parties latérales des dents étant simplement tangentes à la surface gauche ou rampante des filets de la vis, le contact n'a toujours lieu rigoureusement qu'en un point qui varie successivement de position tout en restant dans le plan O′M′ de section. Dans la représentation des filets de la vis, on a à exprimer les hélices passant par les sommets de des dents, et celles décrites par les fonds fg. Pour exprimer ces hélices, nous avons transporté ces points à gauche de la fig. 6, sur laquelle leur tracé est indiqué et déterminé à l'aide de la projection fig. 5, et en suivant les principes expliqués (173). Toutes les opérations sont suffisamment désignées et repérées par les lettres et les chiffres des fig. 5 et 6.

208. Pour la représentation extérieure des dents de la roue fig. 6, il est utile de développer une portion de la surface du cylindre, engendrée par la ligne primitive AB, autour de l'axe de la vis, laquelle surface contient l'hélice de contact A$iklm$; à cet effet on porte sur la ligne droite E′A′, fig. 7, la demi-circonférence développée A′mE²; au point E′, on élève la perpendiculaire C′E′ que l'on fait égale à CE, moitié du pas (fig. 6), et en tirant la droite C′A′, on a l'inclinaison réelle des filets.

Si de chaque côté de m, on porte ma' et mb', correspondant à $m'a$ et $m'b$, fig. 5, et qu'on mène par ces points des parallèles à C′E′, la portion de droite pq, comprise entre elles, détermine la largeur et l'inclinaison des dents de la roue. Des points pr, on mène pt et rs parallèles à E′A′, les distances ts et sq, qui sont égales, sont portées sur le cercle primitif de la roue (fig. 6.)

de *s* en *t* et en *q*, après avoir toutefois tracé, mais en ponctué, les contours correspondants à ceux des dents coupées F et G.

Il suffit alors de répéter aux points *t* et *q*, ces mêmes contours, en les limitant aux mêmes cercles intérieurs et extérieurs.

Enfin, on obtient la roue de côté ou la projection latérale des dents (fig. 5), en projetant les points *u*, *v*, *x*, en *u'*, *v'*, *x'*, qui donnent l'intérieur des dents et les points *u²*, *v²*, *x²*, en *u³*, *v³*, *x³*, qui expriment l'extérieur.

On exécute quelquefois des engrenages à vis sans fin, en rendant les dents de la roue en partie concentriques à l'axe de la vis, afin qu'elles se trouvent en contact avec les filets, sur une certaine étendue au lieu de les toucher en quelques points.

Cette disposition, qui exige une main-d'œuvre particulière, s'applique surtout lorsqu'on veut obtenir de la précision et éviter le jeu dans la transmission de mouvement.

ENGRENAGES DROITS OU CYLINDRIQUES.

PLANCHE 19

TRACÉ DE DEUX ROUES DROITES S'ENGRENANT EXTÉRIEUREMENT.

FIGURE 4, PLANCHE 19.

209. Deux roues droites sont celles dont les dentures sont parallèles et taillées sur des surfaces cylindriques. Lorsqu'elles ne sont pas de même diamètre, la plus petite s'appelle généralement pignon.

Deux roues destinées à se conduire mutuellement ne peuvent former un engrenage exact qu'à la condition d'avoir leurs rayons ou leurs circonférences primitives proportionnels au nombre de dents qu'elles doivent contenir ; par conséquent pour construire l'engrenage de deux roues, il faut connaître soit le nombre de dents de chacune et le rayon de l'une d'elles, soit leurs rayons ou diamètres et le nombre de dents de l'une, soit encore la distance de leurs centres et le rayon ou le nombre de dents de l'une d'elles, soit enfin le nombre de révolutions des deux roues et la distance de leurs centres, ou le rayon et le nombre de dents de l'une d'elles[1].

Si on suppose donnés : les rayons A B = 240 et B C 400, des cercles primitifs de deux roues droites, et *n* = 24, le nombre des dents du pignon, on trouve d'abord le nombre de dents N, de la roue par la proportion :

$$AB : BC : : n : N \text{ ou } 240 : 400 : : 24 : N = 40.$$

Traçons donc les cercles primitifs A B et B C et divisons-les respectivement en ving-quatre et en quarante parties égales, on obtient ainsi le pas ou le milieu des dents qui est égal sur les deux circonférences. On subdivise alors

---

1. Nous renvoyons aux notes et données (pages 151 et suivantes) pour la solution de ces divers problèmes.

le pas en quatre parties égales pour avoir le milieu des creux et en même temps les côtés ou les flancs de chaque dent. Si sur la ligne des centres A C et sur la ligne A B, considérée comme diamètre, on décrit une circonférence dont le centre est en O, et si on fait rouler cette circonférence autour de la circonférence primitive D B E de la roue, le point de contact B engendrera, comme on l'a vu fig. 1re, une épicycloïde B F, qui est la courbe convenable pour la forme à donner aux dents de la roue et que l'on porte d'une manière symétrique de chaque côté des divisions, comme le montre la figure.

Si maintenant on fait rouler le même cercle de rayon O B dans l'intérieur de la circonférence primitive G B H du pignon, on obtiendra l'épicycloïde droite B O (voir fig. 3, pl. 18) dont une portion B a est prise pour le flanc de la dent du pignon.

En admettant la courbe B F, liée invariablement avec la roue et asssujettie à tourner d'une manière uniforme autour du centre C, dans le sens de la flèche I, elle satisfera à la condition de conduire le flanc B a, qui est solidaire avec le pignon, en le faisant tourner avec la même uniformité autour du centre A, c'est-à-dire que l'espace parcouru par le point B sur la circonférence primitive G B H sera exactement le même que celui parcouru par le même point B sur la circonférence primitive E B D.

210. Pour déterminer la longueur à donner à la dent, il faut toujours que la courbe épicycloïdale soit assez longue pour mener le flanc correspondant sur une étendue égale au pas, c'est-à-dire jusqu'à ce que la ligne ou le flanc B a soit arrivé en c d; en ce moment, on remarque que la courbe B F s'est transportée en b f et se trouve en contact avec le flanc au point f sur la circonférence du cercle générateur de rayon A O. Ainsi, en définitive, on obtient le point de limite f en portant de B en f, sur le cercle générateur, la longueur du pas de l'engrenage. On fait passer par ce point f une circonférence que l'on décrit du centre C et qui coupe toutes les dents de la roue à la longueur voulue.

Théoriquement, on détermine les creux du pignon en traçant du centre A une circonférence tangente à la précédente; mais en pratique, comme il est nécessaire de laisser du jeu entre le bout des dents et le fond des creux, la circonférence est décrite avec un rayon plus petit A a.

211. D'après ce qui précède, si la roue devait toujours commander le pignon sans être entraînée par lui, les dentures de la roue auraient la forme indiquée en J, et celles du pignon, l'aspect de la figure teintée en K; mais comme généralement on exécute les engrenages pour se conduire mutuellement, nous devons aussi tracer les dentures de manière à ce que le pignon puisse à son tour commander la roue.

A cet effet, sur le milieu O′ du rayon B C considéré comme diamètre, on trace une circonférence que l'on fait rouler sur la circonférence primitive H B G du pignon, le point de contact B engendre l'épicycloïde B L qui convient à la courbure des dents de ce pignon. On sait que le même point B décri-

rait l'épicycloïde droite B′O′; en faisant rouler le même cercle à l'intérieur
de celui EBD, cette épicycloïde droite donne le flanc des dents de la roue.
On opère alors comme pour le pignon et on limite les dents de celui-ci en
portant de B en f′ la longueur du pas, en faisant passer par ce point f′ une
circonférence décrite du centre A.

On limite également le fond des creux de la roue par un cercle de rayon
Cg, qui n'est pas tout à fait tangent à cette circonférence pour laisser un jeu
suffisant au passage des dents du pignon. On obtient ainsi des dentures complètes, d'une forme régulière et satisfaisant aux conditions d'entraînement
réciproque des deux roues.

Dans l'opération graphique que l'on vient d'effectuer, on a supposé les
largeurs des creux égales aux épaisseurs des dents, mais comme il est nécessaire en pratique de ménager du jeu pour faciliter le dégagement des
dents, il est bon de laisser celles-ci un peu plus minces, ce que l'on fait sur
le dessin en ayant le soin de rentrer le trait de l'épaisseur de la ligne au
crayon, généralement ce qui est égal au $1/15^e$ ou au $1/20^e$ du pas. Pour conserver de la force à la denture, on arrondit le fond des creux, comme on le
remarque sur chaque dent de la fig. 4.

Lorsque la roue est d'un petit diamètre, la jante M qui porte les dents est
fondue pleine avec le moyeu P, en évidant cependant l'espace annulaire Q;
dans les roues de certaines dimensions, la jante M′ est reliée avec le moyeu P′,
par des bras ou croisillons à nervures Q′, qui se raccordent comme l'indique
la fig. 4.

TRACÉ DE DEUX ROUES DROITES S'ENGRENANT INTÉRIEUREMENT.

FIGURE 5, PLANCHE 19.

212. On doit observer pour le tracé de cet engrenage, comme dans le précédent, que le nombre de dents du pignon et de la roue doit être exactement
en rapport avec leur diamètre. La courbure des dents se détermine aussi
par les mêmes principes; ainsi, on obtient la courbure BL du pignon en
faisant rouler autour de sa circonférence primitive GBH le cercle décrit du
centre O avec le rayon OB, égal à la moitié de celui BC, de la circonférence
primitive DBE de la roue. L'opération à suivre a été expliquée fig. 3. Les
flancs Ba ou les côtés des dents de la roue, sont déterminés par des rayons
qui concourent au centre C.

On trouve de même la courbure BF des dents de cette roue, en faisant
rouler, dans l'intérieur de son cercle primitif BDE, la circonférence décrite du
centre O′ avec le rayon BO′, égal à la moitié du rayon BA de la circonférence primitive GBH du pignon. Ces courbes ainsi obtenues, on achève les
dentures comme nous l'avons expliqué sur la fig. 4°. On observe toutefois
que, sur la fig. 5, la denture du pignon, qui rigoureusement pourrait être
coupée par un cercle passant au point f et décrit du centre A, se prolonge

au delà, afin de rester plus longtemps en contact et de présenter ainsi un plus grand nombre de dents engagées ensuite dans le but de répartir l'effet à transmettre sur un plus grand nombre de points.

TRACÉ PRATIQUE DE DEUX ROUES DROITES.

PLANCHE 20.

213. Nous avons supposé, dans les tracés précédents qui comprennent les principes généraux sur les engrenages à crémaillères et cylindriques, que les dentures de la crémaillère et du pignon, ou du pignon et de la roue, étaient de même substance; dans ce cas, elles sont de même épaisseur, mais il arrive fréquemment dans la construction que l'une des roues a sa denture en bois et l'autre en fonte. Alors l'épaisseur de la première est sensiblement plus forte que la seconde, bien que le pas soit le même pour les deux roues : tel est l'engrenage représenté en plan et en élévation sur les fig. 1 et 2 de la planche 20.

On suppose que ces engrenages soient dans le rapport de 3 : 4, alors le pignon porte 36 dents et la roue 48. Après avoir divisé le cercle primitif tracé avec le rayon C B de la roue en 96 parties égales pour représenter le milieu des dents et celui des creux, et, de même, le cercle primitif du pignon en 72 parties égales, on décrit, des centres O et O', les cercles générateurs qui déterminent les courbes cycloïdales B F et B L. On prend les 11/21 du pas bc pour l'épaisseur de la dent de bois de, les 9/21 pour celle de la dent de fonte et la 1/21e partie restante est conservée pour le jeu; on mène alors une suite de rayons qui indiquent les flancs des dents de la roue et du pignon, et à partir de leur cercle primitif, on porte sur le prolongement de leurs rayons, à l'aide d'un gabarit découpé sur les courbes B L et B F, les épicycloïdes exprimant les parties courbes qu'on limite d'ailleurs comme il a été dit planche 19.

On se contente souvent, en dessin, de remplacer les courbes épicycloïdales par des arcs de cercles qui remplissent à très-peu près les mêmes conditions, en faisant en sorte que ces arcs soient tangents aux rayons des cercles primitifs; on procède à cet effet de la manière suivante :

Soit (fig. 10) une dent du pignon dessinée sur une échelle plus grande ; on fait passer par le point de contact B une tangente B o au cercle primitif, on élève ensuite une perpendiculaire sur le milieu de la corde Bn qui passe par les deux extrémités de la courbe des dents ; ces deux droites se rencontrent au point o qui est le centre de l'arc de cercle Bmn, lequel se confond sensiblement avec la courbe épicycloïdale ; le même arc est répété sur toutes les divisions du pignon avec le même rayon B o. Une opération analogue détermine le rayon de l'arc de cercle qui remplace la courbe dans les dents de la roue.

Généralement il convient, dans les engrenages à dents de bois, de donner à celles-ci une hauteur égale aux 3/4 du pas, et aux dents de fonte une hauteur égale aux 2/3 du pas. Dans tous les cas, la hauteur des dents dans les deux roues ne doit jamais être moindre que celle déterminée par les points de contact ff' situés sur les cercles générateurs des épicycloïdes et décrits des centres O et O'. Le rapport entre la saillie nm de la dent et le flanc np est comme 4 : 5, c'est-à-dire qu'en divisant la hauteur totale de la dent en 9 parties égales, il faut prendre 4 parties pour la hauteur de la courbe et 5 pour le flanc. Lorsque les dentures sont en fonte, l'épaisseur pq de la jante est égale à l'épaisseur rs de la dent ; quelquefois elle n'est égale qu'aux 3/4, mais alors elle est renforcée en dedans par une nervure.

Pour les dentures de bois, comme il est nécessaire de donner de l'assise aux tenons t des dents, on donne à la jante une épaisseur pq qui est souvent double de l'épaisseur de la dent. Les tenons doivent être ajustés avec beaucoup de soin dans la jante, sous forme légèrement conique, et retenus à l'intérieur soit par des goupilles en fer u qui les traversent, soit par des clefs en bois v taillées préalablement en queue d'hirondelle[1] et chassées fortement entre les bouts des tenons ; ces deux modes d'ajustement sont indiqués dans l'ensemble fig. 1 et sur le détail fig. 7. Il est un troisième mode de denture en bois qui n'est peut-être pas très-répandu, mais qui n'en est pas moins d'une très-bonne construction. Nous l'avons représenté en T sur la fig. 3 ; on voit qu'il consiste dans l'addition de deux portées z qui, en donnant de l'assise à la dent, permettent de faire le tenon t beaucoup plus fort, et par suite la masse de fonte beaucoup moins lourde, conditions également importantes dans la construction.

La largeur xy des dents est égale à 2 ou 3 fois leur pas ; dans les roues en fonte, la largeur des couronnes se confond avec celle des dents ; il n'en est pas de même pour les roues à dents de bois, car les couronnes devant être garnies de mortaises pour recevoir les dents ont une largeur égale à celle des dents augmentée d'une fois et demie à deux fois leur épaisseur.

Nous avons dit que, dans les engrenages de grandes dimensions, la jante M' est réunie au moyeu P' par des bras ou croisillons Q' ; le nombre de ces bras varie de 4, 6 et 8, suivant les diamètres ; dans l'exemple qui nous occupe le nombre est de 6, et on s'est arrangé pour que le nombre de dents dans la roue soit divisible par le facteur 6, afin que les nervures qui renforcent les milieux de ces bras se trouvent toujours comprises entre deux dents consécutives.

Les nervures sont raccordées par des congés simples ou à filet avec le corps de chaque bras, comme l'indiquent les fig. 5 et 6, qui sont des coupes faites suivant les lignes 1, 2 de la fig. 1.

---

1. Assemblage ou entaillure du bois faite en forme de queue d'hirondelle. Tout le monde n'est pas d'accord sur cette expression, quelques personnes disent *queue d'hironde ;* d'autres, et c'est le plus grand nombre, s'en rapportant à nos dictionnaires, se servent de l'expression *queue d'aronde.* L'étymologie latine est *hirundo* (hirondelle), dont on a fait par corruption *arondelle, aronde,* mot qui exprime encore dans quelques parties de la France l'hirondelle commune.

Il nous semble logique et rationnel de dire *queue d'hironde.*

D'autres fois, le raccord se fait par de simples plans inclinés ou *chanfreins*, fig. 8; et pour plus de simplicité les nervures se terminent sur les faces du bras à arêtes vives (fig. 9). Mais dans tous les cas ces nervures sont plus épaisses vers leur naissance que vers les bords extérieurs, et conservent la même dimension sur toute la longueur du bras, tandis que le corps du bras augmente du centre à la circonférence.

Les fig. 3 et 4 indiquent des sections faites par le centre des roues suivant les lignes brisées 3, 4, 5 de la fig. 1. Nous remarquerons au sujet de ces coupes que d'un côté on suppose qu'elles sont faites parallèlement aux bras et ramenées dans le plan CC′ ou AA′, ce qui évite d'avoir des raccourcis, tandis que l'autre partie est réellement projetée sur les mêmes plans. Dans ces sortes de dessins, on se dispense de faire ces projections inclinées parce qu'elles ne donnent pas la véritable dimension des parties que l'on veut représenter.

Les opérations et les cotes indiquées sur le dessin complètent le tracé général de la planche 20, soit comme projection, soit comme coupe ou section.

TRACÉ ET CONSTRUCTION DES MODÈLES EN BOIS DE ROUES D'ENGRENAGE.

MODÈLES DE ROUES DROITES.

PLANCHE 21.

214. Si, comme nous l'avons dit, on doit porter du soin dans la confection des modèles en bois en général, c'est surtout dans l'exécution des modèles de roues d'engrenage, à cause des proportions rigoureuses qui doivent exister entre leurs diamètres et le nombre des dents.

Le modeleur doit tenir compte non-seulement du retrait de la fonte, mais encore de la quantité de matière qui doit être enlevée par le tournage et l'alésage. Il doit en outre assembler toutes les parties du modèle, assez solidement pour qu'elles ne puissent se déformer pendant le travail du moulage.

Ainsi pour les roues à dents de bois, la jante devant être percée d'un grand nombre d'ouvertures ou mortaises appelées *cabinets*, au lieu de faire venir ces ouvertures au modèle, ce qui l'affaiblirait et rendrait d'ailleurs le moulage trop difficile, on rapporte au contraire à la circonférence extérieure des saillies ou portées qui indiquent au mouleur la place des noyaux en sable, destinés à la formation de ces cabinets.

En tenant compte de ces observations, on peut se proposer d'établir les modèles de deux engrenages droits, tels que ceux représentés sur la pl. 20.

MODÈLE DU PIGNON.

215. Les fig. 1 et 2 montrent une moitié de plan et la coupe verticale du modèle en bois du pignon. Il se compose de plusieurs parties principales,

savoir : la jante ou la couronne et ses dents, le moyeu et ses portées, les bras et leurs nervures, parties que nous allons successivement examiner.

JANTE OU COURONNE. — Le menuisier modeleur débite dans des planches d'une épaisseur de 25 à 35 millimètres, des cintres A, de même rayon correspondant à celui que doit avoir le pignon, augmenté du retrait et du tournage. Ces cintres sont superposés, collés à plat-joint et placés de manière à ce que es joints se contrarient comme le montre la fig. 3. Ainsi disposés, ils ne sont pas susceptibles de travailler ou de gercer par les effets de l'humidité ou de la sécheresse, comme le ferait une couronne d'une seule pièce.

La couronne entière étant terminée, après que les joints sont parfaitement secs, on la monte sur un tour à plateau afin de la dresser intérieurement et extérieurement et sur ses deux faces parallèles, pour lui donner la dimension et la forme déterminées par un tracé préalablement exécuté de grandeur naturelle, sur une planche, par le modeleur même.

Dans cet état, il trace sur la surface extérieure des traits de division qui indiquent la place des dents, lorsque celles-ci sont simplement fixées à la couronne par des vis ou clous; mais il est préférable, pour la solidité du modèle, au lieu de les appliquer simplement contre la couronne, de pratiquer dans cette dernière des entailles d'une petite profondeur, et dans lesquelles les dents sont ajustées à queue d'hironde, comme on le voit en B (fig. 1).

MOYEU. — Le moyeu se compose de deux blocs de bois formés chacun d'une seule pièce D, ou de plusieurs quand il est de grande dimension. Ces blocs sont tournés chacun séparément, suivant la forme exacte de l'épure, et doivent comprendre entre eux l'épaisseur du corps du bras.

BRAS OU CROISILLONS. — Le corps de chaque bras C (fig. 4) est aussi découpé dans les planches minces, non-seulement suivant le contour extérieur apparent qu'il doit avoir à la fonte, mais encore en ayant égard aux parties à encastrer dans la jante et le moyeu. L'extrémité a, du côté du moyeu D, a la forme d'un secteur correspondant à la sixième partie du cercle, parce que le pignon porte 6 bras; les deux faces latérales b de cette partie du bras sont à rainures pour s'assembler à l'aide de languettes collées c (fig. 1); cet ajustement a l'avantage de faire joindre les bras entre eux avec beaucoup de solidité; l'autre extrémité d du bras est découpée circulairement pour affecter la forme de la jante qu'elle pénètre; à cet effet, la jante elle-même a dû préalablement recevoir une entaille analogue.

Il reste maintenant à rapporter les nervures sur le corps C du bras; ces nervures E sont chacune débitées séparément, suivant la forme indiquée fig. 5; elles comprennent un supplément e f à chaque extrémité pour s'encastrer dans la couronne et le moyeu. Lorsque toutes ces nervures sont en place et collées dans la jante, on rapporte les deux parties du moyeu D sur les deux faces des bras, après avoir eu le soin d'encoller les entailles faites pour recevoir le bout des nervures; on place enfin sur les faces extérieures du moyeu les portées coniques F, servant de guides au mouleur, pour placer son noyau en sable au centre de la pièce moulée. Pour que le tout soit parfaitement solidaire, on traverse le moyeu par un boulon central G, qui permet de changer au besoin le diamètre des portées et par suite celui du trou de l'engrenage sans endommager le modèle.

Si pour donner plus de grâce au modèle on veut garnir ses bras de moulures *i*, on rapporte celles-ci à l'intérieur à la jonction des nervures et du bras lorsque le modèle est terminé. Elles sont collées ou fixées par des pointes. La section fig. 6 indique la forme et la place de ces moulures.

On doit observer que dans les dentures qui doivent marcher brutes de fonte, leur modèle en prend exactement la forme, mais lorsqu'elles doivent être taillées, ce qui est presque toujours indispensable pour marcher bois sur fonte, les portées B sont alors beaucoup plus fortes en tous sens pour suffire à l'enlèvement de la matière lors du dressage des dents[1].

MODÈLE DE LA ROUE.

216. Les fig. 7, 8 et 9 représentent en élévation, en plan et en coupe verticale le modèle en bois de la roue qui engrène avec le pignon précédent. Il se compose, comme celui de la jante, du moyeu et des bras ; ces parties qui sont désignées par les mêmes lettres se construisent exactement de la même manière.

Il existe toutefois une différence essentielle à l'extérieur de la jante : au lieu des dents taillées B qui doivent venir de fonte avec le pignon ; ce sont des portées B′ qui indiquent au mouleur, sur toute la circonférence, l'emplacement des noyaux en terre destinés à former les cabinets ; ces portées sont appliquées ou encastrées dans la jante et fixées soit par des clous *l*, soit par des vis *m* ; dans ce dernier cas, on a l'avantage de changer au besoin les portées pour varier le nombre des dents très-facilement sans fatiguer ou détériorer le modèle. Dans le modèle en bois, la longueur des portées B′ se prolonge d'un côté sur la face qui descend dans le châssis inférieur du moule, afin de bien asseoir tous les noyaux et de faciliter la sortie du modèle, bien que, dans l'exécution, les cabinets n'aient que la dimension convenable, pour laisser l'épaisseur à la jante comme elle est indiquée pl. 20.

BOITES A NOYAUX.

217. Les noyaux des cabinets doivent être non-seulement placés à égale distance sur le pourtour de la couronne, mais encore être rigoureusement de même forme et de même dimension, afin que tous les cabinets soient égaux. A cet effet, on remet au mouleur une boîte en bois qui peut s'exécuter de plusieurs manières ; ainsi les fig. 10 et 11 représentent la vue de face et une section horizontale suivant la ligne 3-4, d'une première boîte à noyaux dont

---

1. Voir les notes et données pratiques, pages 159 et 160.

la cavité comprend la partie *n*, correspondante à la portée B′ de la couronne, et celle *o*, l'évidement ou la partie creuse du cabinet; cette dernière a exactement la section de la jante dans la largeur de l'entaille. Le mouleur remplit cette cavité de terre préalablement préparée, qu'il tasse et qu'il fait affleurer avec une racle; il renverse la boîte pour sortir le noyau qui se trouve ainsi formé; il recommence la même opération pour un nouveau noyau, et quand ils sont tous secs, il les place dans les cavités du moule formées par les portées B′.

Les fig. 12, 13 et 14 font voir une autre construction de boîte à noyau qui est formée de deux pièces en bois H et I, laissant entre elles la cavité *n o*, correspondante à la précédente; dans ce cas, les noyaux sont affleurés par les extrémités au lieu de l'être sur une face, et pour les enlever, on sépare les deux parties de la boîte assemblées par des goupilles de repère *k*.

Pour les moyeux de grande dimension, les blocs du moyeu D sont assemblés par deux ou plusieurs boulons G, au lieu d'un.

Une moitié de la roue est moulée dans un châssis incrusté dans le sol de l'atelier, et appelé châssis inférieur, l'autre moitié est moulée dans un châssis semblable appelé châssis supérieur ou contre-châssis; on comprend alors que, pour enlever le modèle du sable, sans nuire à la régularité de l'empreinte, il faut avoir le soin de ménager, comme nous l'avons dit déjà, de la dépouille soit à la jante, soit au moyeu, soit aux nervures des bras.

Lorsque les modèles sont un peu lourds, on applique sur la jante deux écrous à oreilles ou à pattes L, en fer (fig. 1, 8 et 15), et dans lesquels on taraude des broches à poignée, qui permettent au mouleur d'enlever le modèle du sable avec plus de commodité et sans détériorer le modèle.

Les fig. 1, 2, 8 et 9 représentent, dans une même vue, diverses projections pour éviter la répétition des tracés et pour simplifier tout le dessin. Cette faculté se présente fréquemment dans les tracés destinés à la construction.

RÈGLES ET DONNÉES PRATIQUES

ENGRENAGES.

218. Nous avons dit que deux engrenages ne fonctionnaient régulièrement qu'à la condition d'un rapport exact entre les rayons ou les diamètres et le nombre des dents.

Il résulte de ce principe que, lorsqu'on connaît les rayons primitifs de deux roues et le nombre de dents de l'une, on peut déterminer celui de l'autre et réciproquement.

Ainsi, en représentant par N le nombre de dents d'une roue de rayon R, et par n celui d'une roue de rayon r, on a la proportion directe : $N : n :: R : r$, d'où on peut déduire toujours l'une quelconque des quantités, lorsqu'on connaît les trois autres.

Premier exemple : Soit une roue dont le rayon a 12 centimètres et portant 75 dents; quel sera le nombre de dents d'une roue qui doit engrener avec la première, et qui a un rayon de 8 centimètres?

On a : $\qquad 75 : n :: 12 : 8$, d'où $n = \dfrac{75 \times 8}{12} = 50$ dents.

Deuxième exemple : Soient 75 et 50 les nombres de dents de deux roues en contact, et 12 centimètres le rayon de la première, on trouve le rayon de la seconde roue par la proportion :

$$75 : 50 :: 12 : r, \text{ d'où } r = \frac{50 \times 12}{75} = 8 \text{ cent. rayon.}$$

219. Les vitesses de rotation, ou le nombre de révolutions des axes qui portent deux roues engrenant ensemble, sont en raison inverse des diamètres, rayons ou nombres de dents de ces roues.

Par conséquent, en représentant par V la vitesse de rotation de l'arbre qui porte la plus petite roue, ou pignon, dont le rayon est r et le nombre de dents n; par v la vitesse de l'arbre qui porte la grande roue du rayon R et du nombre de dents N, on a les proportions inverses suivantes :

$$V : v :: R : r,$$

et $\qquad\qquad\qquad V : v :: N : n.$

Dans ces proportions, on peut encore déterminer l'une quelconque des quatre quantités quand on connaît les trois autres.

Premier exemple : Une roue, dont le rayon est de 20 centimètres, a une vitesse de 25 révolutions par minute, quel est le rayon du pignon qui engrène avec elle, et qui doit faire 60 révolutions dans le même temps? — On a la proportion inverse :

$$25 : 60 :: r : 20 \text{, d'où } r = \frac{25 \times 20}{60} = 8^{c}\cdot 33,$$

rayon du pignon.

Deuxième exemple : Une roue de 60 dents doit marcher avec une vitesse de 25 révolutions par minute, et commander un pignon qui doit en faire 75, quel sera le nombre de dents de celui-ci ?

On a :
$$75 : 25 :: 60 : n \text{, d'où } n = \frac{25 \times 60}{75} = 20,$$

nombre de dents du pignon.

Ces principes s'appliquent également aux poulies ou tambours mis en communication par des cordes ou courroies.

Quelquefois, les roues d'engrenages cylindriques ne sont connues que par la distance de leurs centres, le nombre de dents qu'elles doivent contenir ou leur nombre de révolutions; dans ce cas, il y a d'une part proportion inverse entre la distance des centres, la somme des révolutions des roues et entre les rayons et ces nombres de révolutions; et d'autre part proportion directe entre la distance des centres, la somme des dents des deux roues et leurs rayons, ou le nombre de dents de chacune.

Soit D la distance des centres ou des axes de deux roues R, r, dont les nombres de dents sont N et n, ou dont les vitesses réciproques sont V et v; on a : 1° la proportion inverse suivante :

$$D : V + v :: R : V,$$

et 2° la proportion directe $D : N + n :: N : R$ ou x.

Premier exemple : Soit $0^{m}455$ la distance des axes de deux roues, dont une doit faire 22 révolutions par minute, et l'autre 15,5. Quel est le rayon de chacune des deux roues?

On a d'abord : $0^{m}455 : 22 + 15,5 :: R : 22$, d'où $R = \dfrac{0^{m}455 \times 22}{22 + 15,5} = 0^{m}267,$

et $\qquad 0^{m}455 : 22 + 15,5 :: r : 15,5$, d'où $r = \dfrac{0,455 \times 15,5}{22 + 15,5} = 0^{m}188.$

Il est évident que, lorsqu'on connaît le rayon de l'une des roues, il est inutile, pour trouver l'autre, de résoudre la seconde proportion, car il suffit de retrancher de la distance des axes le premier rayon trouvé; ainsi,

$$0,455 - 0,267 = 0,188 \text{, et de même : } 0,455 - 0,188 = 0,267.$$

Deuxième exemple : Connaissant la distance D = 0,455, des axes des deux roues, dont l'une doit porter 31 dents, et l'autre 44, on demande leurs rayons.

On a d'abord : $0,455 : 31 + 44 :: R : 44$, d'où $R = \dfrac{0,455 \times 44}{31 + 44} = 0,267,$

et $\qquad 0,455 : 31 + 44 :: r : 31$, d'où $r = \dfrac{0,455 \times 31}{31 + 44} = 0,188,$

ou plus simplement : $r = 0,455 - 0,267 = 0,188.$

On peut aussi déterminer géométriquement les rayons de deux roues d'engrenage, lorsqu'on connaît la distance de leurs centres et le nombre de révolutions de chacune d'elles, par la règle suivante :

On divise la distance en autant de parties égales qu'il y a d'unités dans la somme des deux vitesses, puis on prend pour rayon du pignon un nombre de parties égal à celui que marque en unités la moindre vitesse, et pour rayon de la grande le reste de ces parties.

Exemple : Soit 16 centimètres la distance de deux axes parallèles, dont l'un doit faire 6 révolutions et l'autre 4. La distance étant divisée en 6 + 4 = 10 parties égales, on en prend 4 pour le rayon du pignon, et 6 pour le rayon de la roue.

Cette règle est très-simple, lorsque le rapport entre les nombres de révolutions est exprimé par des nombres entiers, comme 1 : 4 ou 2 : 5; car alors il suffit de faire la somme de ces nombres, et de diviser la distance des centres suivant le nombre d'unités contenues dans cette somme.

La table suivante permet de résoudre divers problèmes relatifs aux engrenages, quand on connaît le nombre de dents, ou le pas, ou le rayon.

XXVᵉ TABLE. — SERVANT A DÉTERMINER LES NOMBRES DE DENTS OU LES DIAMÈTRES DES ROUES D'ENGRENAGE, QUAND ON CONNAIT LE PAS DE LA DENTURE, ET RÉCIPROQUEMENT.

NOMBRE.	COEFFICIENT.	NOMBRE.	COEFFICIENT.	NOMBRE.	COEFFICIENT.	NOMBRE.	COEFFICIENT.
10	3.183	46	14.642	82	26.100	118	37.559
11	3.501	47	14.960	83	26.419	119	37.878
12	3.820	48	15.278	84	26.737	120	38.196
13	4.138	49	15.597	85	27.055	121	38.514
14	4.456	50	15.915	86	27.374	122	38.833
15	4.774	51	16.233	87	27.692	123	39.151
16	5.093	52	16.552	88	28.010	124	39.469
17	5.411	53	16.870	89	28.329	125	39.788
18	5.729	54	17.188	90	28.647	126	40.106
19	6.048	55	17.506	91	28.965	127	40.424
20	6.366	56	17.825	92	29.284	128	40.742
21	6.684	57	18.143	93	29.602	129	41.061
22	7.002	58	18.461	94	29.920	130	41.379
23	7.321	59	18.780	95	30.238	131	41.697
24	7.639	60	19.098	96	30.557	132	42.016
25	7.957	61	19.416	97	30.875	133	42.334
26	8.276	62	19.734	98	31.193	134	42.652
27	8.594	63	20.053	99	31.512	135	42.970
28	8.912	64	20.371	100	31.830	136	43.289
29	9.231	65	20.689	101	32.148	137	43.637
30	9.549	66	21.008	102	32.467	138	43.925
31	9.867	67	21.326	103	32.785	139	44.244
32	10.186	68	21.644	104	33.103	140	44.562
33	10.504	69	21.963	105	33.421	141	44.880
34	10.822	70	22.284	106	33.740	142	45.499
35	11.140	71	22.599	107	34.058	143	45.517
36	11.459	72	22.917	108	34.376	144	45.835
37	11.777	73	23.236	109	34.695	145	46.153
38	12.095	74	23.554	110	35.013	146	46.472
39	12.414	75	23.872	111	35.331	147	46.790
40	12.732	76	24.191	112	35.650	148	47.108
41	13.050	77	24.509	113	35.968	149	47.427
42	13.369	78	24.827	114	36.286	150	47.745
43	13.687	79	25.146	115	36.604	151	48.063
44	14.005	80	25.464	116	36.923	152	48.382
45	14.323	81	25.782	117	37.241	153	48.700

Règles sur la table précédente :

1° Pour déterminer le diamètre d'une roue d'engrenage, connaissant le pas des dents et leur nombre :

Multipliez le diamètre correspondant dans la table au nombre de dents donné par le pas donné en mètres, le produit exprimera le diamètre en mètres.

Premier exemple : Quel est le diamètre d'une roue de 63 dents dont le pas est de $0^m 0335$?

On a dans la table, vis-à-vis 63 dents, un diamètre de 20,053, alors

$$20,053 \times 0,0335 = 0^m 672,$$

diamètre de la roue.

Deuxième exemple : Quels sont les diamètres de deux roues de 44 et de 153 dents qui doivent marcher ensemble? leur pas étant de $0^m 025$,

On a, d'une part :

$$13,05 \times 0,025 = 0^m 326,$$

diamètre de la roue de 44 dents; et d'une autre part :

$$48,70 \times 0,025 = 1^m 217,$$

diamètre de la roue de 153 dents.

2° Pour déterminer le pas des dents d'une roue, connaissant le diamètre et le nombre de dents :

Divisez le diamètre donné par le nombre qui dans la table correspond au nombre donné de dents : le quotient exprimera le pas cherché.

Premier exemple : Quel est le pas d'une roue de 63 dents et de $0^m 672$ de diamètre?

$$0,672 : 20,053 = 0^m 0335, \text{ pas demandé.}$$

Deuxième exemple : On voudrait construire une roue de 126 dents pour marcher avec la précédente, quel sera son diamètre?

$$0,0335 \times 40,106 = 1^m 34,$$

diamètre de la roue de 126 dents sur le même pas.

3° Pour trouver le nombre de dents d'une roue dont on connaît le pas et le diamètre.

Divisez ce diamètre par le pas donné, le quotient correspondant dans la table sera le nombre de dents cherché.

Si ce nombre n'existait pas dans la table, on prendrait celui qui en approche le plus.

Premier exemple : Le diamètre d'une roue est de $0^m 672$, le pas des dents est de $0^m 0335$; quel est le nombre de dents que la roue doit contenir?

$$0,672 : 0,0335 = 20,053 = 63 \text{ dents.}$$

Deuxième exemple : Quel doit être le nombre de dents d'une roue de $0^m 875$, qui doit marcher avec une crémaillère dont le pas est de 0,025.

$$0,875 : 0,025 = 35,$$

le nombre correspondant le plus proche est 110, nombre de dents cherché.

VITESSE ANGULAIRE ET A LA CIRCONFÉRENCE DES ROUES.

219. Connaissant la vitesse angulaire de l'axe d'un volant, d'une roue ou d'une poulie, on détermine la vitesse à leur circonférence par la règle :

Multipliez la circonférence de la roue ou du volant par le nombre de tours de l'axe par minute, le produit exprimera l'espace parcouru dans le même temps, et ce produit divisé par 60 donnera la vitesse par seconde à la circonférence de la roue.

Exemple : Soit une roue de $1^m 33$ de diamètre montée sur un arbre qui fait 20 révolutions par minute, quelle sera la vitesse à la circonférence?

Circonférence de la roue $= 1^m 33 \times 3,1416 = 4^m 176$.

$$4^m 176 \times 20 \text{ tours} = 83^m 60,$$

espace parcouru dans une minute,

et
$$\frac{83^m 60}{60} = 1^m 39,$$

vitesse par seconde à la circonférence de la roue.

Lorsque l'on connaît la vitesse à la circonférence d'un volant ou d'une roue, on détermine la vitesse angulaire ou le nombre de tours par la règle suivante :

Divisez la vitesse à la circonférence de la roue par cette circonférence, le quotient donnera la vitesse angulaire par seconde, et en multipliant par 60, on a la vitesse par minute.

Dans l'exemple précédent, $1^m 39$ étant la vitesse par seconde à la circonférence de la roue de $1^m 33$ de diamètre :

on a :
$$\frac{1^m 39}{1,33 \times 3,14} = 0^t 33,$$

vitesse angulaire par seconde,

et
$$0^t 33 \times 60 = 20 \text{ tours par minute.}$$

En pratique, on peut facilement se rendre compte sur place de la vitesse d'une roue qui a un mouvement uniforme. On marque à cet effet avec de la craie un point sur la circonférence de la roue, on note combien de fois ce point mobile vient coïncider, dans un temps donné, avec un point fixe d'observation, puis on multiplie ce nombre de tours par la circonférence décrite par le point mobile; ce produit, divisé par le temps d'observation exprimé en secondes, donnera la vitesse à la circonférence de la roue; tout autre point aurait une vitesse différente proportionnée à sa distance du centre de mouvement.

Exemple : Une roue de 2 mètres de diamètre a parcouru, d'après l'observation, 75 révolutions dans une minute; quelle est sa vitesse à la circonférence?

$$V = \frac{75 \times 3,14 \times 2^m}{60} = 7^m 83$$

vitesse à la circonférence de la roue.

Réciproquement : connaissant la vitesse à la circonférence d'une roue, on détermine le nombre de tours qu'elle parcourt dans une minute par la formule :

$$N = \frac{V \times 60}{3,14 \times D}$$

ou, d'après l'exemple précédent, $N = \dfrac{7^m 83 \times 60}{3,14 \times 2^m} = 75$ tours par 1'.

Quand plusieurs roues ou poulies sont placées sur un même axe, on détermine (connaissant la vitesse de rotation de ces axes) la vitesse à la circonférence de chacune d'elles, en multipliant successivement la circonférence de chacune des roues par le nombre de tours de l'axe par minute, et en divisant chacun de ces produits par 60.

Exemple : Trois roues ou poulies *a*, *b*, *c* sont placées sur le même axe ; le rayon de la roue ou poulie *a* = 1^m10, le rayon de la poulie *b* = 1^m60, le rayon de la poulie *c* = 2,15, et l'axe fait 12 tours par minute ; quelle est la vitesse à la circonférence de ces trois mobiles ?

On a pour la roue *a* : $V = \dfrac{6,28 \times 1^m 10 \times 12}{60} = 1^m 38$ par 1″,

pour la roue *b* : $V' = \dfrac{6,28 \times 1^m 60 \times 12}{60} = 2^m 00,$

et pour la roue *c* : $V'' = \dfrac{6,28 \times 2^m 15 \times 12}{60} = 2^m 70.$

DIMENSIONS DES ENGRENAGES.

220. En construction, on a à déterminer dans les roues d'engrenage :
1° La force et les dimensions des dents ;
2° Les dimensions de la jante qui porte ces dents ;
3° Les dimensions à donner aux bras.

221. ÉPAISSEUR DES DENTS. — La résistance opposée au mouvement de la roue peut être considérée comme une force appliquée à la couronne pour l'empêcher de tourner, et la puissance, dans le cas de son plus grand effort, comme appliquée à l'extrémité des dents. Ces dernières peuvent donc être considérées comme des solides encastrés d'un bout et chargés de l'autre, et l'équation d'équilibre est alors :

$$P \times h = k \times e^2 \times l$$

dans laquelle
P, exprime la pression en kilogrammes à l'extrémité de la dent ;
h, la hauteur ou saillie des dents en dehors de la jante (en centimètres) ;
k, un coefficient numérique ;
e, l'épaisseur des dents en centimètres ;
l, leur largeur suivant l'axe.
Dans cette formule, le coefficient numérique *k*, qui est déterminé en tenant compte du mouvement des dents de l'engrenage, est variable suivant la nature de la matière.
D'après les expériences de Tredgold, sur les roues d'engrenage bien construites,

on a adopté généralement pour valeur moyenne du coefficient k, le nombre 25, pour les dentures de fonte. La formule devient alors :

$$P \times h = 25 \times e^2 \times l, \text{ d'où } P = \frac{25 \times e^2 l}{h},$$

formule dont trois quantités sont variables.

On établit habituellement entre ces quantités les relations suivantes :

l varie entre $3e$ et $8e$,

et $h = 1,2e$ à $1,5e$.

Soit $l = 4,5e$, et $h = 1,2e$; en substituant ces valeurs dans la formule, elle devient :

$$P = \frac{25 \times 4.5 \times e \times e^2}{1,2 \times e} = 104 \times e^2,$$

d'où

$$e^2 = \frac{P}{104}, \text{ et } e = 0,098 \sqrt{P}$$

Si l'on adopte entre l'épaisseur e et la largeur l des dents, le rapport uniforme indiqué, on a, pour les faibles pressions, des dents trop minces, et pour les fortes pressions des dents trop épaisses et un pas trop grand. Pour rester dans les limites convenables d'épaisseur, il convient de faire varier le rapport de e à l selon les pressions ; et afin d'éviter d'avoir un pas trop considérable, on détermine la largeur des dents *à priori*, d'après la charge qu'elles ont à supporter, de la manière suivante : Pour la charge de,

1° — 100 à 200 kil., on fait $l = 3 \times e$; alors $e = 0,126 \sqrt{P}$

2° — 200 à 300.......... $l = 3,5 \times e$..... $e = 0,117 \sqrt{P}$

3° — 300 à 400.......... $l = 4 \times e$..... $e = 0,110 \sqrt{P}$

4° — 400 à 500.......... $l = 4,5 \times e$..... $e = 0,104 \sqrt{P}$

5° — 500 à 1000.......... $l = 5 \times e$..... $e = 0,098 \sqrt{P}$

6° — 1000 à 1500.......... $l = 5,5 \times e$..... $e = 0,093 \sqrt{P}$.

7° — 1500 à 2000.......... $l = 6 \times e$..... $e = 0,089 \sqrt{P}$

8° — 2000 à 3000.......... $l = 6,5 \times e$..... $e = 0,084 \sqrt{P}$

9° — 3000 à 5000.......... $l = 7 \times e$..... $e = 0,082 \sqrt{P}$

10° — 5000 et au-dessus...... $l = 8 \times e$..... $e = 0,077 \sqrt{P}$

La hauteur h doit rester comprise entre $1,2 \times e$ et $1,5 \times e$; $1,5 \times e$ applicable aux faibles charges, et $1,2 \times e$ aux fortes charges.

Pour les dents de bois qui sont ordinairement en charme et en cormier, le coefficient doit être augmenté d'un tiers dans chacune des dernières formules, qui deviennent :

1° .... $e = 0,168 \sqrt{P}$ en faisant $l = 3e$

2° .... $e = 0,156 \sqrt{P}$ .... $l = 3,5e$

3° .... $e = 0,147 \sqrt{P}$ .... $l = 4e$

4° .... $e = 0,139 \sqrt{P}$ en faisant $l = 4,5e$

5° .... $e = 0,131 \sqrt{P}$ .... $l = 5e$

6° .... $e = 0,124 \sqrt{P}$ .... $l = 5,5e$

7° .... $e = 0,119 \sqrt{P}$ .... $l = 6e$

8° .... $e = 0,112 \sqrt{P}$ .... $l = 6,5e$

9° .... $e = 0,109 \sqrt{P}$ .... $l = 7e$

10° .... $e = 0,103 \sqrt{P}$ .... $l = 8e$

On suppose toujours, dans toutes ces formules, que, quoiqu'il y ait généralement plusieurs dents en contact, chacune d'elles supporte tout l'effort, comme s'il n'y en avait qu'une seule, et qu'elles dussent résister pendant fort longtemps à l'usure et aux chocs.

La pression P sur les dents se détermine d'après la quantité de travail que les roues se transmettent par seconde à la circonférence primitive.

Cette pression s'obtient en divisant l'effort qu'elle doit transmettre, exprimé en kilogrammètres, par la vitesse à sa circonférence primitive par seconde [1].

Premier exemple : Une roue d'engrenage doit transmettre à sa circonférence primitive un effort de 500 kilogrammètres avec une vitesse de 2^{m}09 par seconde ; quelle est la pression que ses dents supportent ?

On a :
$$\frac{500^{k.m.}}{2,09} = 239 \text{ kil.},$$

effort auquel doit résister chaque dent, sans crainte de se rompre, malgré un long travail.

Deuxième exemple : Soit une roue dentée de 2 mètres de diamètre, transmettant une puissance de 20 chevaux, et marchant à la vitesse de 25 tours par minute, quelle est la pression sur les dents ?

On a d'abord : 20 chevaux $= 75 \times 20 = 1500$ kilogrammètres,

et
$$V = \frac{3,14 \times 2 \times 25}{60} = 2^m 62 \text{ par 1'};$$

d'où
$$\frac{1500}{2^m 62} = 573 \text{ kilog.},$$

pression sur la dent.

Quand on connaît l'effort que doit supporter une roue à sa circonférence, on obtient l'épaisseur de la dent par l'une des formules précédentes, suivant le rapport que l'on adopte entre la largeur et l'épaisseur, et aussi suivant la nature de la matière.

Ainsi, dans le premier exemple précédent, où $P = 239$ kil., l'épaisseur de la dent, supposée en fonte, serait, en faisant $l = 3,5e$:

$$e = 0,117 \sqrt{239} = 1^c8, \text{ soit 18 millimètres.}$$

1. Voir (241 et suiv.) pour les expressions de *force, vitesse, travail* et *kilogrammètres.*

et dans le deuxième exemple, où P = 573 kil., l'épaisseur serait, si la dent est en cormier, avec $l = 5\,e$:

$$e = 0,131 \sqrt{573} = 3^c23 \text{ ou } 32,3 \text{ millim.}$$

et
$$l = 5 \times 32,3 = 161,5 \text{ millim.}$$

Troisième exemple : Une roue hydraulique de 4^m20 de diamètre fait 4,5 révolutions par minute, et transmet une force de 25 chevaux par un engrenage en fonte de 1^m65 de rayon ; on demande 1° la pression sur les dents de cet engrenage, et 2° l'épaisseur de ces dents?

On a d'abord
$$25 \times 75 = 1875 \text{ kilogrammètres,}$$

et
$$V = \frac{1^m65 \times 2 \times 3,14 \times 4,5}{60} = 0,777$$

d'où
$$P = \frac{1875}{0,777} = 2414 \text{ kil.}$$

Par conséquent, en faisant $l = 6,5\,e$, l'épaisseur de la dent est :

$$e = 0,084 \sqrt{2414} = 4^c1 = 41^m/_m$$

et
$$l = 41 \times 6,5 = 266^{mm}5.$$

Quatrième exemple : Le pignon droit en fonte des machines pneumatiques de Saint-Germain a 1^m06 de diamètre, et il est monté sur un arbre de couche qui doit transmettre une force effective de 200 chevaux, à la vitesse de 45 révolutions par minute : quelles sont les pressions sur les dents et les dimensions de celles-ci ?

L'effort transmis est de 200 ch. $\times$ 75 = 15000 kilogrammètres.

La vitesse
$$V = \frac{1,006 \times 3,14 \times 45}{60} = 2^m37 \text{ par } 1''.$$

La pression sur les dents est :
$$P = \frac{1500}{2,37} = 633 \text{ kilogrammètres.}$$

Par conséquent, en faisant $l = 8\,e$,

on a, pour les dents de fonte :
$$e = 0,077 \sqrt{633} = 6^c12 = 61^{mm}2,$$

et
$$l = 8 \times 61,2 = 489^{mm}6.$$

On leur a donné, en exécution, $75^m/_m$ d'épaisseur et 52^c5 de largeur.

222. PAS DES DENTS. — On se rappelle (203) que le pas d'une denture en fonte, mesuré sur la circonférence primitive, comprend : 1° l'épaisseur e de la dent; 2° la largeur du creux, laquelle est égale à e augmenté de 1/10 dans le cas ordinaire,

ce qui donne
$$p = 2,1\,e.$$

Ainsi, des exemples qui précèdent on trouve successivement :

$$1° \; p = 2,1 \times 18 \; = \; 37^{mm}8$$

$$3° \; p = 2,1 \times 37 \; = \; 77,7$$

$$4° \; p = 2,1 \times 61,2 = 128,5.$$

Lorsque la roue d'engrenage est calculée pour porter des dents de bois, comme dans le deuxième exemple qui précède, elle doit alors marcher avec un pignon dont les dents sont en fonte et n'ont que les 3/4 de l'épaisseur de celles en bois ; dans ce cas, le pas est égal à :

$$e + 0,75\,e + 0,1\,e = (1 + 0,85)\,e = 1,85\,e.$$

Ainsi, on aurait dans cet exemple :

$$p = 0,0323 \times 1,85 = 0,0598.$$

D'après cela, connaissant le pas de l'engrenage qui, pour deux roues en contact, doit être rigoureusement le même sur les circonférences primitives, on obtient le nombre de dents de l'une des roues par la formule suivante :

$$N = \frac{2\,\pi\,R}{p}$$

dans laquelle N représente le nombre de dents de la roue,

R, le rayon de cette roue,

et p, le pas des dents mesuré sur la circonférence primitive.

Premier exemple : Quel est le nombre de dents de la roue de 1 mètre de rayon et dont le pas est égal à 0^m0278 ?

On a :

$$N = \frac{2 \times 3,14 \times 1}{0,0278} = 225 \text{ dents.}$$

On comprend sans peine qu'il est indispensable de négliger la fraction qui reste en effectuant l'opération, ce qui modifie le pas d'une quantité insensible. Ainsi, dans cet exemple, en adoptant 225 dents, le pas devient :

$$p = \frac{2\,\pi\,R}{N} = \frac{6^m28}{225} = 0,0279,$$

au lieu de 0,0278.

Deuxième exemple : On demande le nombre de dents de bois qui doivent garnir la roue de 2 mètres de diamètre, dont le pas est de 0,0598 ?

On a :
$$N = \frac{3,14 \times 2}{0,0598} = 105.$$

Lorsqu'une roue est à dents de bois, il est souvent utile, pour la régularité de leur ajustement dans la jante, de mettre leur nombre en rapport avec celui des bras, et alors il faut modifier le pas ; ainsi, dans cet exemple, la roue devant porter 6 bras, pour que le nombre de dents soit divisible par 6, il faudrait 102 ou 108 dents : en adoptant le premier, le pas est un peu augmenté. Afin d'éviter des calculs qui sont quelquefois pénibles, nous avons réuni dans la table suivante les épaisseurs et le pas des dents, pour des roues d'engrenage, en adoptant, d'après M. Morin, le coefficient 0,105, ce qui suppose la formule $e = 0,105 \sqrt{P}$ pour les dentures de fonte, et $e = 0,145 \sqrt{P}$ pour les dentures de bois ; la largeur constamment égale à près de 4,5 fois l'épaisseur.

XXVI⁰ TABLE. — DIMENSIONS A DONNER AU PAS ET A L'ÉPAISSEUR DES DENTS D'ENGRENAGE QUAND ON CONNAIT LA PRESSION QU'ELLES DOIVENT SUPPORTER.

PRESSION en kilogrammes.	ROUES A DENTS DE FONTE.		ROUES A DENTS DE BOIS.	
	Épaisseur des dents en millimètres.	Pas de l'engrenage en millimètres.	Épaisseur des dents en millimètres.	Pas de l'engrenage en millimètres.
5	2.3	4.9	3.2	5.9
10	3.3	6.9	4.7	8.7
15	4.0	8.5	5.6	10.4
20	4.6	9.7	6.4	11.8
30	5.7	12.0	7.9	14.4
40	6.6	13.9	9 1	16.9
50	7.4	15.6	10.2	18.9
60	8.1	17.0	11.2	20.8
70	8.7	18.4	12.1	22.4
80	9.4	19.7	12.9	23.9
90	9.9	20.8	13.7	25.3
100	10.5	22.0	14.5	26.8
125	11.6	24.4	16.1	29.8
150	12 8	26.9	17.7	3 .7
175	13.8	29.1	19.1	34.8
200	14.8	31 1	20.2	37.4
225	15.7	33.0	21.7	40.1
250	16.6	34.8	22.9	42.4
275	17.3	36.3	23.9	44.2
300	18.2	38.1	25.1	46.4
350	19.6	41.2	27.1	50.1
400	21.0	43.2	29.0	53.6
500	23.4	49.1	32.4	59.9
600	23.7	54.0	35.5	65.7
700	27.7	58.2	37.2	69.1
800	29.7	62.4	41.0	75.8
900	31.5	66.1	43.8	83.0
1000	33.2	69.6	45.8	84.7

Il est évident que, d'après cette table et les règles précédentes, on peut toujours déterminer, non-seulement l'épaisseur et le pas des dents, mais encore leur hauteur et leur largeur, puisqu'elles sont en rapport avec leur épaisseur.

223. DIMENSIONS DE LA JANTE. — La largeur de la jante est ordinairement égale à celle des dents, lorsque celles-ci sont en fonte. Néanmoins, dans certains cas, ceux par exemple où il y a variation de vitesse et chocs réitérés, comme dans les usines à fer, on fait la jante plus large que les dents, et les extrémités de celles-ci sont encastrées en totalité ou en partie, de manière que la résistance des dents s'en trouve augmentée. On donne à ces cercles extérieurs à peu près la demi-épaisseur de la dent.

On ne donne jamais à la jante une épaisseur moindre que les 3/4 de celle de la dent, et encore souvent la jante est renforcée par une nervure intérieure, comme nous l'avons dit (213).

Lorsque les dents sont en bois, la jante est beaucoup plus épaisse, afin de donner de l'assise aux tenons ; elle est assez ordinairement comprise entre 1,5 et 2 fois l'épaisseur.

224. NOMBRE ET DIMENSIONS DES BRAS. — Le nombre des bras ou croisillons que

doit avoir une roue d'engrenage n'a pas été jusqu'à présent déterminé rigoureusement ; l'expérience a appris que jusqu'à 1 mètre de diamètre, quatre bras sont suffisants ; de 1 mètre à 2 mètres de diamètre, 6 bras paraissent nécessaires et suffisent ; au delà de 2m50 de diamètre, on met 8 bras, et de 5 mètres on en met 10 ; il est bien rare qu'on dépasse ce dernier nombre, à moins de dimensions extraordinaires.

Soit que les bras en fonte se coulent d'une seule pièce, avec la couronne en fonte qui porte les dents (et c'est ce que l'on fait pour les roues d'un petit diamètre, c'est-à-dire dont le rayon ne dépasse pas 2 mètres), soit que les bras se coulent séparément de la couronne, on donne toujours à leur section la forme en croix, dont la plus forte branche est dans le sens de l'effort exercé à la circonférence. Cette partie doit donc être telle qu'elle résiste à cet effort. Lorsqu'une roue est en mouvement sous une charge considérable, l'expérience a prouvé qu'il se produit sur les bras un effort qui tend à leur faire prendre la forme de surface gauche et à leur faire subir une inflexion dans le sens latéral ; c'est pour s'opposer à ces effets qu'on renforce le bras par des nervures.

L'effort le plus considérable s'exerçant près du moyeu de la roue, on fait les bras plus larges en cet endroit que près de la couronne, afin de se rapprocher de la forme d'égale résistance (voyez les figures de la planche 20). On donne d'ailleurs au moyeu une épaisseur telle qu'elle permette un bon calage sur l'arbre : 10 à 12c/m peuvent être regardés comme maximum de cette épaisseur. Les bras sont plus minces que la jante n'est large, et assez ordinairement leur épaisseur est le 1/3 de celle de la couronne. Cette proportion est bonne pour les petits engrenages, c'est-à-dire pour ceux au-dessous de 2m 00 de diamètre.

Pour les grands engrenages, on se contente de prendre pour épaisseur du bras et de sa nervure 1/4 de la largeur de la couronne.

Les nervures latérales doivent avoir au plus l'épaisseur du bras. Assez ordinairement, on donne au bras, pour largeur près de la jante, les 2/3 de la largeur près du moyeu.

Voici, d'après Tredgold, une table des proportions à donner aux bras ou croisillons, selon l'effort exercé à la circonférence des roues, en supposant à ces dernières 1 mètre de rayon et 6 bras, dont l'épaisseur est supposée égale au 1/3 de la largeur de la couronne.

XXVII° TABLE. — PROPORTIONS A DONNER AUX BRAS OU CROISILLONS DES ROUES.

EFFORT TANGENTIEL à la roue.	LARGEUR DES BRAS en centimètres.	LARGEUR TOTALE des nervures en centimètres.	OBSERVATIONS.
10 kil.	4.20	1.21	Les dimensions de ce tableau
40	6.00	2.00	sont celles qu'il faut donner aux
80	8.00	3.00	bras, au milieu de la longueur
158	8.50	3.90	comprise entre le moyeu et la
244	9.70	4.85	couronne.
336	10.67	6.30	
430	11 64	6.80	
580	12.12	8.25	
730	13.10	8.73	
870	13.80	9.70	
1100	14.50	10.67	
1210	15.50	11.64	
1500	16.00	12.60	
1750	16.50	13.68	
2200	17.00	14.06	
2300	17.50	16.50	
2660	18.00	17.00	
2840	18.50	17.95	
3220	19.00	19.50	
3500	19.00	19.40	

Pour appliquer.les nombres de ce tableau à une roue d'un autre diamètre, mais ayant aussi 6 bras, il faudra multiplier ces nombres par $\sqrt{\bar{R}}$, R étant le rayon de la roue dont on veut calculer les bras.

225. Modèles en bois. — Nous donnons ci-après une table comparative des diamètres à donner aux modèles en bois, afin que le retrait de la fonte, ou la matière enlevée par le façonnage, coïncide avec les dimensions réelles que l'on veut donner aux pièces.

Nous ferons à son sujet les observations suivantes :

Les nombres de la deuxième colonne représentent le retrait que la fonte éprouve après son refroidissement. Ainsi, une pièce qui aurait été moulée avec un diamètre de 1^m010, après qu'elle serait fondue, en fonte de fer bien douce et susceptible d'être facilement travaillée, ne porterait plus que 1 mètre de diamètre.

Les nombres de la troisième colonne donnent les diamètres du modèle, eu égard au retrait de la fonte.

Ceux de la cinquième colonne représentent non-seulement le retrait de la fonte, mais encore la quantité de matière qu'on sera susceptible d'enlever par le tournage de la pièce. Cette quantité est variable et doit être plus forte pour de grands diamètres, ce qui, du reste, est facile à expliquer sur des pièces de petites dimensions.

Toute pièce quelconque ne peut être fondue avec toute la précision, toute la rigueur mathématique, soit d'abord parce que le modèle, quelque précaution qu'on ait prise pour le perfectionner, travaille, se déjette plus ou moins, les lignes qui étaient exactement droites ou circulaires deviennent gauches, soit aussi parce que le mouleur, en la retirant du sable, est obligé de la remuer, l'ébranle tellement que la pièce s'agrandit dans des parties et prend du gauche dans d'autres, soit encore parce que le retrait de la pièce fondue est plus sensible dans de certains points que dans d'autres : ainsi, par exemple, dans une roue d'engrenage, on verra toujours que le diamètre extérieur mesuré sur la ligne des bras, est sensiblement plus faible que celui mesuré sur une ligne passant par le milieu de l'espace existant entre deux bras. Cette différence est tellement sensible que, pour les roues de 3 à 4 mètres, elle peut s'élever à 3 ou 4 millimètres. Il est évident qu'on doit avoir égard à toutes ces considérations dans la confection d'un modèle, sans quoi on risquerait de faire des erreurs graves.

Règles sur la table suivante. — Si une pièce finie doit avoir un diamètre compris entre deux nombres consécutifs de la première colonne de la table :

Ajoutez à ce diamètre le nombre pris dans la deuxième colonne et qui correspond au plus fort des deux nombres consécutifs, pour avoir le diamètre du modèle, si toutefois la pièce ne doit pas être tournée.

Il faudra, au contraire, prendre le nombre correspondant dans la quatrième colonne, si la pièce doit être tournée.

Premier exemple : Quel est le diamètre à donner au modèle d'une pièce qui, fondue et non tournée, doit avoir 1^m225 de diamètre?

Ce diamètre doit être compris entre 1^m20 et 1^m30 ; donc le diamètre du modèle doit être :

$$1^m225 + 0^m013 = 1^m238.$$

Deuxième exemple : Quel est le diamètre à donner au modèle d'une pièce qui, fondue et tournée, doit avoir 1^m225 de diamètre?

Comme dans l'exemple précédent, ce diamètre sera compris entre 1^m20 et 1^m30 de la première colonne, mais au lieu de lire le résultat dans la deuxième, on se reportera à la quatrième qui donne :

$$1^m225 + 0^m019 = 1^m244.$$

XXVIIIe TABLE. — DES DIAMÈTRES COMPARATIFS A DONNER AUX MODÈLES EN BOIS DES PIÈCES CIRCULAIRES QUI DOIVENT ÊTRE EN FONTE DOUCE, TOURNÉES OU NON TOURNÉES.

DIAMÈTRE de la pièce finie.	LA PIÈCE N'ÉTANT PAS TOURNÉE,		LA PIÈCE ÉTANT TOURNÉE,	
	ajouter à ce diam. pour le modèle.	diamètre à donner au modèle.	ajouter au diam. de la pièce finie pour le modèle.	diamètre à donner au modèle.
mètres.	millimètres.	mètres.	millimètres.	mètres.
0.10	1	0.101	5	0.105
0.20	2	0.202	6	0.206
0.30	3	0.303	7	0.307
0.40	4	0.404	8	0.408
0.50	5	0.505	10	0.510
0.60	6	0.606	11	0.611
0.70	7	0.707	12	0.712
0.80	8	0.808	13	0.813
0.90	9	0.909	14	0.914
1.00	10	1.010	16	1.016
1.10	11	1.111	17	1.117
1.20	12	1.212	18	1.218
1.30	13	1.313	19	1.319
1.40	14	1.414	20	1.420
1.50	15	1.515	21	1.521
1.60	16	1.616	22	1.622
1.70	17	1.717	23	1.723
1.80	18	1.818	24	1.824
1.90	19	1.919	25	1.925
2.00	20	2.020	27	2.027
2.10	21	2.121	28	2.128
2.20	22	2.222	29	2.229
2.30	23	2.303	30	2.330
2.40	24	2.424	31	2.431
2.50	25	2.525	32	2.532
2.60	26	2.626	33	2.633
2.70	27	2.727	34	2.731
2.80	28	2.828	35	2.835
2.90	29	2.929	36	2.936
3.00	30	3.030	38	3.038
3.10	31	3.131	39	3.139
3.20	32	3.232	40	3.240
3.30	33	3.333	41	3.341
3.40	34	3.434	42	3.442
3.50	35	3.535	43	3.543
3.60	36	3.636	44	3.644
3.70	37	3.737	45	3.745
3.80	38	3.838	46	3.846
3.90	39	3.939	47	3.947
4.00	40	4.040	48	4.049

CHAPITRE VI

SUITE DE L'ÉTUDE DES ENGRENAGES EXCENTRIQUES

ENGRENAGES D'ANGLE OU CONIQUES.

226. Les roues droites ou cylindriques ne peuvent servir que pour transmettre le mouvement à des axes parallèles; mais quand les axes sont inclinés ou forment entre eux un angle quelconque, les roues d'engrenage changent de formes et sont appelées roues d'angle ou coniques.

Pour que ces engrenages se trouvent dans de bonnes conditions et puissent transmettre au besoin des efforts considérables, comme les roues cylindriques, il est essentiel que les deux axes soient situés dans un même plan ; dans ce cas, ces axes se rencontrent en un point qui est le sommet commun des deux roues.

On a quelquefois employé des engrenages à lanterne qui se composent d'une roue à *alluchons,* ou à dents saillantes implantées perpendiculairement au plateau et engrenant avec un pignon formé de plusieurs *fuseaux* ou cylindres, également espacés autour du centre et fixés entre deux plateaux parallèles; ces engrenages, qui se rencontrent encore dans de vieux moulins, sont extrêmement vicieux et ont l'inconvénient de s'user très-rapidement.

On exécute dans certaines circonstances, comme dans quelques métiers de filature, des espèces de roues d'angle dont les axes ne sont pas situés dans un même plan; mais ces roues, dont les dentures ne présentent toujours qu'un seul point de contact, ne peuvent être construites que sur de très-petites dimensions et pour transmettre des efforts extrêmement faibles. Nous ne croyons pas utile d'entrer dans des détails au sujet de ces sortes d'engrenages que l'on doit éviter d'employer, par cela même que l'on peut les remplacer avantageusement par des roues d'angle. Les dentures des engrenages coniques peuvent être en métal ou en bois, comme celles des roues cylindriques, et leurs formes géométriques reposent sur les mêmes principes.

ENGRENAGE D'UNE ROUE D'ANGLE A DENTS DE BOIS ET D'UN PIGNON EN FONTE.

PLANCHE 22.

227. Soient A B et A C (fig. 1 et 2) les axes de ces deux roues que nous supposons ici à angle droit; observons toutefois que ce que nous allons dire s'applique exactement à la construction de deux roues dont les axes formeraient un

angle quelconque aigu ou obtus. Soient $BD = 0^m220$ et $EF = 0^m440$, les rayons des cercles primitifs du pignon et de la roue. Il importe d'abord de déterminer la place que ces rayons doivent occuper sur leurs axes respectifs.

A cet effet, d'un point quelconque B, pris sur l'axe A B, on élève une perpendiculaire B D que l'on fait égale au rayon du pignon, et par le point D on mène une parallèle D L à cet axe; de même d'un point quelconque E, pris sur l'axe A C, on lui élève une perpendiculaire EF, égale au rayon de la roue, et par le point F on mène FH, parallèle à cet axe. Le point G de rencontre des deux droites F H et D L détermine le point de contact des deux circonférences primitives dont les rayons sont G I et GK, respectivement égaux à B D et EF. Ces rayons sont reportés de I en H et de K en L; les points H G L sont joints au sommet commun A, ce qui détermine les cônes primitifs A H G et A G L du pignon de la roue; la droite A G exprime la génératrice du contact de ces deux cônes. Ces cônes primitifs jouissent des mêmes propriétés que les circonférences primitives des roues droites, c'est-à-dire que leurs vitesses de rotation sont en raison inverse de leurs diamètres et que ces derniers sont directement proportionnels à leurs nombres de dents respectifs.

Ces cônes primitifs ainsi obtenus, on décrit des centres O et O' (fig. 2 et 3), sur le prolongement des deux axes donnés, les cercles primitifs A H' I' et G' K' L', on divise ces cercles en autant de parties égales qu'ils doivent contenir de dents, c'est-à-dire le pignon en 24 et la roue en 48, ce qui donne le pas; chaque partie est ensuite divisée en deux pour exprimer le milieu des dents et des creux, et on porte de chaque côté de ces lignes milieux les demi-épaisseurs de chaque dent, en tenant compte des différences que nous avons indiquées (213) pour la denture de bois ou de fonte.

Le contour extérieur des dentures se trouve situé sur des cônes dont les génératrices sont perpendiculaires à celles des cônes primitifs; on les obtient en élevant du point de contact G sur la ligne AG, une perpendiculaire BC, qui rencontre l'axe du pignon en B et celui de la roue en C; les points B et C sont les sommets de deux cônes BHG et CGL. Si on développe ces nouveaux cônes sur un même plan, on pourra aisément exprimer sur ce plan la forme exacte des dentures. Or, nous avons vu (170) que le développement d'un cône sur une surface plane donne lieu au tracé d'un secteur qui a pour rayon la génératrice du cône et pour arc le développement de la circonférence de sa base. Comme il est inutile ici de développer le cône entier, il suffit de décrire d'un point quelconque B' (fig. 4), avec le rayon BG, un arc de cercle $a\,c\,b$, sur lequel, à partir de c, on porte des distances égales, l'une $c\,e$, à l'épaisseur de la dent du pignon (fig. 3), et l'autre $c\,d$ à l'épaisseur de la dent de la roue (fig. 2); on opère de même pour la roue, c'est-à-dire que du point C', situé sur le prolongement de B' c, on décrit avec le rayon CG un arc de cercle $f\,c\,g$, sur lequel on porte des distances respectivement égales aux premiers $c\,d$ et $c\,e$. Cela fait, on effectue sur ces deux cercles les mêmes opérations que celles mentionnées pour les dentures des roues cylindriques : ainsi sur le rayon B' c, considéré comme diamètre, on décrit un cercle i cj, qui, en roulant autour de la circonférence fcg, considérée comme cercle primitif de la grande roue, détermine l'épicycloïde ch, laquelle donne la courbure des dents de la roue; de même le cercle kcl, décrit sur le rayon c C', comme diamètre, donne en roulant autour du cercle acb, l'épicycloïde cm que l'on prend pour la courbure des dents du pignon. Après avoir transporté ces courbes symétriquement de chaque côté des épaisseurs, on limite les dents en portant sur ces deux cercles générateurs, du point de contact c, la longueur cn en ck, égale au pas des dents, et alors de C' et de B', comme centres, on décrit des cercles qui passent un peu au delà, l'un du point n, l'autre du point k; pour marquer le fond des dents, on tracé des cercles analogues qui ne sont pas tout à fait tangents aux premiers. Les points o et p, qui marquent le fond et l'extrémité des dents, se projettent sur la ligne BC, en o' et p'; on mène de ces derniers des lignes qui concourent au sommet A, et qui représentent en section verticale les génératrices extrêmes des dents.

Par cela même que ces dents sont convergentes en un même point, le contour intérieur des dents ne peut être le même que le contour extérieur, la différence est d'autant plus grande que la largeur Gr, portée sur la génératrice de contact, est elle-même plus grande. Du reste, ce contour se détermine comme le premier; ainsi au point r, on élève sur cette génératrice la perpendiculaire st, qui s'arrête sur les lignes d'axe, et qui donne les génératrices de deux cônes dont la surface contient le contour des faces intérieures des dents. Pour opérer comme ci-dessus, on développe ces cônes en décrivant des points s' et t', des cercles avec des rayons égaux à rs et à rt; la fig. 5 fait voir à cet égard le tracé qui est analogue à celui de la fig. 4.

Tout ce qui vient d'être dit ne concerne que la forme d'une dent de chaque roue; en exécution, après avoir découpé sur ces dents des gabarits, on doit reporter ceux-ci sur les cônes extérieurs dont les génératrices sont BG et GC, pour représenter le contour des faces extérieures des dents, et sur ceux dont les génératrices sont rs et rt, pour le contour des faces intérieures des mêmes dents. Toutefois, pour que l'opération soit régulière, il faut avoir le soin de tracer sur les surfaces coniques extérieures des deux roues et qui contiennent les génératrices extrêmes passant par les points o', de la roue et du pignon, une suite de génératrices concourant au sommet A, à l'aide d'une sorte d'équerre analogue à celle X, de la fig. 3 (pl. 23) pour le pignon, et à celle T, de la fig. 4, pour la roue.

Les dents étant déterminées, on achève la section partielle (fig. 1) de l'engrenage, en se donnant le rayon des arbres, l'épaisseur du moyeu et celle des jantes, d'après les cotes indiquées. On observera que les dents de bois sont ajustées dans la jante de la roue de la même manière que dans les engrenages cylindriques, en faisant toujours concourir les côtés des tenons au même sommet commun A. Cette coupe, avec les tracés ou rabattements (fig. 4 et 5), suffisent dans la construction; mais quand on veut représenter extérieurement l'engrenage complet de deux roues d'angle, il faut déterminer les projections des dentures; à cet effet on trace d'abord ces dents sur des plans parallèles aux bases des roues, comme l'indiquent les fig. 2 et 3. On se rappelle que les divisions ont été faites préalablement sur les cercles primitifs AH'l' et L'K'G'. Pour exprimer les milieux des dents et des creux, et en outre les côtés ou les flancs, il reste donc à tracer les arêtes extérieures et les parties courbes. L'opération pour le pignon consiste à projeter en p sur la fig. 3, le point p' qui limite le bout des dents (fig. 1) et à décrire du centre O avec le rayon O p une circonférence sur laquelle s'arrêtent les génératrices extrêmes.

La position de ces génératrices s'obtient en portant de chaque côté des lignes milieux v O, des distances égales à v u ou v p, prises sur la fig. 4 ; on tire alors des points u et p une suite de lignes qui concourent au centre O ; on cherche ensuite le centre d'un arc de cercle qui remplace la courbe épicycloïdale passant aux points e u, et tangente au rayon e O. La fig. 3^a indique que le tracé consiste à mener en e une tangente $e z$, au rayon e O, et à élever sur le milieu de la corde $e u$, une perpendiculaire qui rencontre cette tangente au point z, centre cherché. Le rayon $e z$ sert au tracé graphique du même arc, pour la courbure extérieure de toutes les dents du pignon; on complète la projection de ces dents en déterminant leur courbure intérieure de la même manière après avoir projeté les cercles passant aux points r et p^2 (fig. 1). On trace enfin les fonds des dents en projetant les cercles qui passent aux points y et y'. On observe que la portion de la fig. 3 que nous venons de décrire représente la vue de face intérieure d'un quart du pignon. L'autre partie de cette figure suppose qu'il est vu de face extérieurement : dans ce dernier cas, on n'a à représenter que les dents du côté de la grande base, comme si c'était une simple roue droite.

La projection latérale (fig. 1) des dentures du pignon s'obtient en projetant successivement, d'une part, les points e sur la ligne primitive HG, et, d'autre part, les points $u p$ sur la ligne extérieure $p p'$; des points e on tire des lignes qui concourent au sommet B pour représenter les flancs qui s'arrêtent sur la ligne $y y'$, et par les points u et p on fait passer les courbes tangentes à ces flancs aux points e. (Pour être rigoureux dans la représentation de ces courbes, on devrait déterminer des points intermédiaires en traçant des cercles entre la circonférence extérieure et la circonférence primitive.) Par les points u et p on mène des droites qui concourent au sommet commun A; on obtient de même la projection latérale de la partie intérieure des dents par la projection des cercles passant par les points r, y' et p^2, en ayant le soin de faire concourir les flancs e' y' au sommet s, et de les raccorder par des courbes passant en e' et p'.

La fig. 2 comprend sur un premier quart à gauche M, la projection de face intérieure des dents de bois de la roue obtenue comme dans la fig. 3. Le tracé, pour obtenir le centre z de l'arc qui remplace la courbure de chaque dent, est représenté sur la fig. 2^a.

Cette projection sert à déterminer la projection latérale fig. 1re des dentures de cette roue, les lignes et les lettres montrent que l'opération est identique à celle du pignon.

La même fig. 2 comprend aussi un second quart N de la roue, vue du côté opposé à la denture pour montrer la projection de face des tenons des dents de bois dont les côtés concourent au sommet O'. Le troisième quart P représente la vue de face intérieure de la couronne avec les cabinets en supposant les dents enlevées, et le quatrième quart R montre la vue de face extérieure de cette même couronne et de ses cabinets.

La fig. 6 représente une section d'un des bras de la roue, faite suivant la ligne 1-2, fig. 2. La fig. 7 est une section de la couronne faite suivant la ligne 3-4, passant par le milieu d'un cabinet. La fig. 8 donne une projection latérale et les vues par bout d'une dent en bois.

Les roues d'angle comme les roues cylindriques sont retenues sur leurs arbres par des clefs et par des vis de pression V qui en assurent la fixité.

Les cotes indiquées sur les diverses figures de la planche 22 suffisent pour la construction, celles qui ne le sont pas sont déterminées par le tracé.

CONSTRUCTION DES MODÈLES EN BOIS.

ROUE ET PIGNON D'ANGLE.

PLANCHE 23.

228. Les observations que nous avons déjà faites pour les modèles en bois des roues droites ou cylindriques s'appliquent évidemment à la construction des modèles de roues d'angle; toutefois, la forme de ces dernières nécessite d'entrer dans quelques nouveaux détails qui les concernent plus spécialement.

PIGNON CONIQUE.

229. Les fig. 1 et 2 représentent les deux projections du modèle en bois du pignon d'angle décrit dans la planche précédente, La fig. 3 est une section verticale faite suivant la ligne 1-2, montrant d'un côté les cintres superposés et bruts qui doivent composer la jante, et de l'autre l'assemblage de celle-ci finie, avec le bras et ses nervures.

On voit par ces figures que la couronne A se compose aussi comme le pignon droit, de plusieurs cintres superposés et collés, mais disposés en gradins de manière à augmenter de diamètre du sommet à la base. On tourne les surfaces intérieures et extérieures de cette couronne ainsi préparée, en ayant soin de se conformer au tracé préalablement fait, grandeur d'exécution, sur une planche parfaitement dressée et de se guider par des fausses équerres que le modeleur doit établir d'après ce tracé même. Après avoir dressé sur le tour la première face b' b' perpendiculaire à l'axe du cône, le modeleur doit tourner la surface extérieure conique $a'b'$ de la jante; à cet effet il prend une première fausse équerre T (fig. 4) dont un côté bb correspond à la face plane $b'b'$, et le second côté ab correspond à l'inclinaison de la génératrice $a'b'$; il lui est donc facile d'enlever l'excédant du bois sur les cintres pour obtenir la surface extérieure lisse et conique de la couronne. On détermine aussi l'inclinaison du cône extrême dont la génératrice est B a', perpendiculaire, comme on se le rappelle, à la génératrice de contact G r à l'aide de la fausse équerre X, fig. 3, dont le côté ab s'applique exactement sur la surface $a'b'$, et dont le côté ac donne alors la direction de $a'c'$; la même équerre étant retournée détermine également la face interne $b'd'$ du petit cône qui a pour génératrice sr, parallèle à la première B G. On porte enfin les épaisseurs $a'c'$ et $b'd'$ de la jante sur le modèle en bois, afin de dresser la surface intérieure suivant la ligne $d'c'$.

Il faut maintenant entailler la couronne pour y loger les bras C, et leurs nervures E. Comme le pignon est d'un petit diamètre, le nombre des bras est limité à quatre; ces bras sont placés du côté extérieur de la jante, de sorte que leurs nervures se trouvent tout d'un côté et se limitent à sa grande base. Leur entaille dans la couronne a lieu suivant une rainure circulaire que l'on voit en $e'f'$, fig. 2, et en $g'd'$, fig. 3; et leur ajustement central s'effectue comme dans le pignon droit, par des joints qui se dirigent dans le sens d'un rayon.

Les bras ne se trouvent pas placés au milieu du moyeu comme dans l'engrenage droit, ils s'appliquent sur la base de ce moyeu qui peut être alors d'une seule pièce, et les nervures E sont entaillées sur toute sa longueur et se trouvent ainsi encastrées par leurs extrémités. Le moyeu est un cône afin de présenter de la dépouille au moulage; il est alors compris entre les génératrices mn; les droites op, qui sont au contraire parallèles à l'axe, indiquent la profondeur des entailles qui reçoivent les nervures; ces dernières, comme le montre la coupe fig. 10, sont plus épaisses vers les bras.

On rapporte sur les deux faces opposées du moyeu les portées F, et on retient le tout par un boulon central.

Le modèle du pignon ainsi préparé, on divise la surface extérieure en autant de parties qu'il doit contenir de dents et de creux; on trace par chacun des points de division, à l'aide de la fausse équerre T, autant de génératrices qui indiquent la place des dents ou des entailles qui doivent les recevoir.

On débite chaque dent séparément en se guidant sur le tracé de la planche qui, indépendamment de la coupe verticale fig. 3, doit comprendre aussi la forme de chaque extrémité des dents B′ et celle de leurs entailles; la fig. 5 montre ce tracé pour le gros bout des dents.

ROUE D'ANGLE.

230. Les fig. 6 et 7 représentent l'élévation et le plan du modèle de la roue conique à denture de bois, décrite dans la planche 22. La fig. 8 est une section verticale faite par l'axe de ce modèle, montrant d'un côté la disposition des

cintres superposés qui doivent composer la couronne A, et de l'autre côté la couronne finie et assemblée avec ses bras C et le moyeu D.

La fig. 9 montre la fausse équerre T, destinée à déterminer l'inclinaison du cône extérieur $a'b'$ de la couronne.

La fig. 11 est une section transversale d'un des croisillons faite suivant la ligne 7-8.

Tout ce qui concerne la construction de la couronne A, de ses bras C et du moyeu D, comme l'assemblage de ces parties, a été expliqué dans les figures précédentes. Nous les avons indiquées toutes par les mêmes lettres ; il n'y a de changement que dans la disposition des portées B' à répartir sur la couronne, et qui doivent former les cabinets propres à recevoir, lorsque la pièce est fondue, la denture en bois.

Disons d'abord que ces portées doivent être découpées de telle sorte que le bout kl soit en plan incliné par rapport à la surface $b'a'$, au lieu de lui être perpendiculaire, afin qu'elles puissent facilement se dégager du sable ; cette nécessité résulte de ce que la jante et les bras sont moulés sur le châssis inférieur, c'est-à-dire renversés, tandis que les nervures et le moyeu se moulent dans le châssis supérieur. Ces portées d'ailleurs n'ont d'autre objet, comme nous l'avons déjà vu, que d'indiquer au mouleur la place des noyaux dans le moule. Le mouleur confectionne ces noyaux dans des boîtes semblables à · celles décrites fig. 10 et 11, pl. 21, et que nous avons reproduites, vues de face, fig. 12, et en coupes faites suivant les lignes 9-10 et 11-12, sur les fig. 13 et 14, pl. 23. On a tenu compte, dans l'exécution de cette boîte, de l'inclinaison kl concernant la dépouille des portées.

Les tracés pour l'exécution de ces modèles sont suffisamment indiqués, et présentent une grande analogie avec ceux des planches précédentes ; nous renvoyons également aux observations faites pour les soins à prendre dans la confection du modèle concernant le dressage, le tournage et le polissage de toutes les parties (149 et 214).

ENGRENAGES A DÉVELOPPANTES ET A HÉLICES.

PLANCHE 24.

ENGRENAGE DE DEUX ROUES DROITES A DÉVELOPPANTES DE CERCLE.

FIGURES 1 ET 2, PLANCHE 24.

231. Dans les divers engrenages à épicycloïdes dont nous avons indiqué les tracés, on a remarqué que :

1° Le tracé des dents d'une roue dépend du diamètre de celle avec laquelle elle engrène ;

2° La distance des centres des deux roues est invariable ;

3° La distance du point de contact des dents par rapport aux centres des roues varie depuis l'origine jusqu'à la fin du contact ; de là résulte que les dentures s'usent inégalement, en subissant un frottement plus considérable au commencement du contact qu'à la fin.

Ces considérations ont amené à introduire, depuis quelques années, dans la construction des machines, des engrenages dits à développantes de cercles qui réalisent les avantages suivants :

1° La forme des dents d'une roue est indépendante du diamètre de celle avec laquelle elle engrène;

2° La distance des centres de ces roues peut être variable. Quelques auteurs leur ont aussi atribué le mérite d'avoir une pression constante sur les dents et de présenter une usure égale partout, ce qui n'existe pas, puisque, comme dans les engrenages à épicycloïdes, le contact se rapproche ou s'éloigne des centres.

Ces engrenages à développantes sont établis sur le principe suivant :

Soient donnés, fig. 1, les centres O et O' de deux roues, et les rayons O A et A O' des cercles primitifs; soit aussi O B le rayon d'un cercle quelconque décrit du centre O, à la circonférence duquel on mène du point A une tangente A B que l'on prolonge indéfiniment de part et d'autre; du centre O' on abaisse sur cette tangente une perpendiculaire O' C qui détermine le rayon d'un autre cercle. Ce sont ces cercles de rayons O B et O' C que nous prenons pour la génération des développantes ab et cd que l'on trace d'ailleurs comme il a été indiqué sur la pl. 18 (197).

Nous observerons que la courbe ab, qui provient du développement du cercle O B, est la forme de la dent de la roue, qui a pour rayon O A, et tracée du même centre O, et que la courbe cd est prise pour la dent du pignon dont le rayon est A O'; ainsi la forme de la dent du pignon est complétement indépendante du diamètre de la roue, comme la forme de la dent de celle-ci est indépendante du diamètre du pignon; d'où il résulte que ces engrenages, ainsi construits, peuvent tout aussi bien engrener avec d'autres roues à développantes qui auraient le même pas, mais dont les diamètres seraient tout à fait différents, ce qui rigoureusement ne peut avoir lieu avec les engrenages à épicycloïdes, quoique, en pratique, les constructeurs le fassent pour des roues de grands diamètres dont les rayons diffèrent peu.

Les développantes ab et dc doivent être reportées symétriquement de chaque côté des lignes de division qui expriment les milieux des dents. Si nous supposons maintenant les deux développantes A b' et A c' en contact au point A, sur la ligne des centres O O', on porte le pas fg des dents, mesuré sur les cercles primitifs, de A en e sur la tangente commune B C, et du centre O', avec le rayon O' e, on trace une circonférence qui limite le bout des dents du pignon.

Le pas étant reporté de même de A en e', sur cette tangente, on décrit du centre O, avec le rayon Oe', une autre circonférence qui limite le bout des dents de la roue. Il est évident que le fond des creux est déterminé par des cercles décrits des mêmes centres avec des rayons réduits pour ne pas toucher l'extrémité des dents.

La fig. 3 est un tracé qui indique : 1° que le point de contact A des deux développantes, lorsque les deux roues tournent sur leurs axes, varie sans cesse de position en restant constamment sur la ligne de tangence B C ; ainsi le point de contact A de la développante A b' (fig. 1), en supposant que le pignon tourne dans le sens indiqué par la flèche, s'éloigne de plus en plus du centre O', tandis que le même point de la développante A c' de la roue commandée se rapproche du centre O de celle-ci, et que l'on peut varier la distance des deux centres OO', en conservant les mêmes courbes ; mais alors l'inclinaison de la tangente commune BC change et devient par exemple BC', lorsque le centre O se rapproche en O''.

Dans la pratique, au lieu de se donner arbitrairement le rayon OB, et par suite le rayon OC, on peut déterminer les cercles générateurs des développantes et l'inclinaison de la tangente commune BC, en portant sur l'un des cercles primitifs (par exemple celui du pignon), à partir du point de contact A, pris sur la ligne des centres, une longueur A i, égale au pas des dents ; on tire le rayon iO', sur lequel on abaisse de A une perpendiculaire A m ; la longueur m O' détermine alors le rayon du cercle générateur de la développante pour la denture du pignon ; la ligne m A prolongée est la tangente commune, et la droite O n, abaissée du centre O perpendiculairement sur elle, ou menée parallèlement à m O', donne le rayon du cercle générateur de la développante pour les dents de la roue.

En suivant cette dernière règle, les dentures pour de grands engrenages paraissent peu différer des dentures épicycloïdales.

Mais en se donnant, comme dans le premier cas ci-dessus, les rayons OB et O'C des cercles générateurs sensiblement plus petits que les cercles primitifs des deux roues, l'inclinaison de la tangente commune devient plus grande par rapport à la ligne des centres, et on obtient des dents plus fortes à la racine, ce qui est utile pour des engrenages soumis à de grands efforts ou à des chocs. On observe encore que dans ces engrenages à développantes, les flancs sont presque nuls et peuvent être au besoin la continuation des courbes, ce qui conserve toute la force près de la jante, avantage qui n'existe pas dans les engrenages à épicycloïdes, dans lesquels les flancs concourent au centre et donnent par conséquent aux dents moins d'épaisseur vers le fond qu'au cercle primitif.

La fig. 2, qui est ombrée, est une projection verticale de la roue détachée de son pignon. Les autres parties des engrenages se construisent de la même manière que celles relatives aux systèmes déjà décrits.

ENGRENAGES HÉLICOÏDES.

FIGURES 4 ET 5, PLANCHE 24.

232. Si dans l'engrenage d'une roue et d'une vis sans fin, on remplace la vis par une roue ou un pignon à denture inclinée en hélice, comme celle avec laquelle elle engrène, on forme alors un engrenage hélicoïde.

Ce système, proposé par le mécanicien anglais White, jouit de deux propriétés qui avaient été regardées comme incompatibles, savoir : vitesse angulaire dans un rapport constant et frottement de roulement, c'est-à-dire que le pignon décrivant des arcs égaux fait parcourir à la roue dentée des espaces angulaires aussi égaux, et que les courbes par lesquelles les dents sont en contact se conduisent comme deux cercles roulant sur un même plan.

Ces propriétés ont cela d'avantageux, que les dentures restent constamment en contact et ne sont pas aussi susceptibles de donner du jeu que les dentures des engrenages cylindriques ou coniques.

La forme des dents des engrenages hélicoïdes peut être déterminée par deux épicycloïdes ou des développantes de cercle ; seulement, les surfaces gauches latérales sont inclinées suivant des hélices qui se mettent successivement en contact. De telle sorte que l'engrènement ayant lieu, par exemple, sur la face antérieure, les hélices correspondantes sur la largeur des dents s'entraînent respectivement jusqu'à la face opposée.

On peut établir des roues hélicoïdes soit sur des axes parallèles ou concourant en un même point pour remplacer alors les roues droites ou les roues d'angle, soit sur des axes qui ne sont pas situés dans un même plan.

Nous donnons sur les fig. 4 et 5 (pl. 24) le tracé d'un engrenage de White, à axes parallèles, comme étant le plus souvent appliqué dans la construction. Soient OA, et O'A, les rayons des cercles primitifs des deux roues hélicoïdes, lesquels rayons sont donnés en rapport avec les nombres de dents comme dans les engrenages ordinaires. Nous supposons que ces rayons soient situés dans un plan vertical B'C', et que l'on opère sur ce plan rabattu sur la fig. 4, pour obtenir la forme extérieure ou le bout des dents, comme on le ferait pour une denture épicycloïdale. Cette opération, qu'il est inutile de rappeler, donne, après avoir tracé les cercles générateurs ODA et AÐ'O', les deux courbes A b et A c pour le contour des dents et les flancs correspondants A d et Ae.

La denture étant ainsi tracée sur le plan B'C', qui représente par exemple la face ou la base antérieure des deux roues, on se donne la face opposée EF, qui lui est parallèle et qui limite la largeur de la roue.

On trace la denture sur cette face comme sur la première, mais alors en supposant que les divisions des dents soient reportées sur les cercles primitifs en arrière d'une quantité AA', plus grande que le pas des dents. On répète donc à partir de A', sur le cercle primitif de la roue, le même contour que celui obtenu en eAi, et de même, à partir de G', sur le cercle primitif du pignon, le contour dAn de la dent G. Toutes ces dents, comme appartenant au plan EF, qui est caché par le plan B'C', ne doivent être indiquées qu'en lignes ponctuées sur la fig. 4, projection commune des deux plans, à moins que l'on ne détache sur une figure spéciale les rabattements du plan EF, comme on l'a fait pour le plan B'C'.

On observe par cette disposition que, si la courbe A i de la dent A de la roue se trouvant en contact sur le cercle primitif avec le flanc G d de la dent

G du pignon dans le plan antérieur B'C', a fait marcher celle-ci d'une certaine quantité dans le sens indiqué par les flèches, la courbe opposée A' *i'* viendra bientôt se trouver elle-même en contact avec le flanc correspondant G' *d'* du pignon dans le plan EF, c'est-à-dire que, si la courbe A *i* était reliée à la courbe A' *i'* par une surface hélicoïde comme le flanc G *d* avec celui G' *d'*, tous les points de la première surface viendraient successivement s'appuyer sur ceux correspondants de la seconde pendant le mouvement de rotation, de telle sorte que lorsque la courbe A*i* sera arrivée en A²*i*², c'est-à-dire qu'elle aura parcouru un espace égal à A A', la courbe A' *i'* sera venue prendre sa place pour se trouver en contact avec le flanc G' *d'*. Il résulte donc de là que deux dents consécutives sont toujours en contact sur la ligne des centres pendant un espace égal à la distance AA'.

Pour déterminer la projection latérale, fig. 5, des deux roues, il faut chercher les courbes formant les arêtes vives des surfaces hélicoïdes qui relient les deux faces opposées des dents. Le principe est exactement le même que celui exposé (208); mais ici, comme on n'a que des fragments d'hélices à tracer, au lieu de chercher le pas et de le diviser en rapport avec la circonférence entière, il suffit de partager la largeur B'E de l'engrenage en un certain nombre de parties égales, et de mener par les points de division des lignes parallèles à B'C'; on partage de même les arcs AA', *ee'*, *ii'* en autant de parties égales par des rayons qui concourent au centre O. Ces divisions sont reportées pour la clarté du dessin en 1, 2, 3, 4, etc., 1', 2', 3', 4', etc., sur la fig. 4. Les points successifs 1, 2, 3, 4, etc., étant projetés sur les lignes correspondantes de la fig. 5, donnent sur celle-ci la courbe 1, 3, 5, 6, correspondante à l'arête extérieure qui joint les *ii'*. On a de même la courbe 1', 3', 5', 6'. Il est évident que l'arête *aa'* du fond des dents donne la courbe *aa'* (fig. 5) dont le pas est égal à celui des premières, mais située sur un cylindre d'un diamètre plus petit.

Toutes les autres projections latérales des dents de la roue et du pignon se tracent de la même manière, mais affectent des formes différentes en raison de la position respective de chaque dent par rapport au plan vertical.

233. En exécution, pour connaître l'inclinaison exacte des dentures, on établit la proportion dont les quatre termes sont : le rayon de la roue, sa largeur, la distance donnée AA' et le pas cherché de l'hélice; par conséquent on a : AA' : AO :: B'E : *x*, qui donne le pas de la roue, et géométriquement il suffit de porter sur une ligne droite MN (fig. 6), une longueur égale au développement de l'arc AA'; on élève sur cette droite, à l'extrémité N, une perpendiculaire NL que l'on fait égale à la largeur B'E des roues, la ligne LM donne l'inclinaison moyenne de l'hélice correspondante au cercle primitif; en portant de même de N en I la longueur de l'arc *ii'* rectifié, et de N en J celle de l'arc *ee'*, on a les inclinaisons LI et LJ correspondantes aux hélices qui passent par l'extrémité *i* et le fond *e* des dents. On comprend que les hélices doivent avoir la même inclinaison pour le pignon comme pour la

roue qui engrène avec lui, bien que le pas soit différent, puisque son rayon est plus petit, car alors la proportion est AA' ou $AG' : AO' : : B'E : x$ pour le pas du pignon.

Lorsque les roues sont placées sur des axes qui se rencontrent comme pour un engrenage d'angle, les hélices appartiennent alors à des surfaces coniques et doivent être tracées comme il a été indiqué (174) après avoir déterminé la forme des dents à chaque bout, sur le rabattement des deux faces opposées.

En étudiant les tracés des divers systèmes d'engrenages que nous venons d'exposer, on se trouvera en état d'établir, dans de bonnes conditions, toute espèce de transmission de mouvement par les engrenages.

ORGANES DES MACHINES.

TRACÉ D'EXCENTRIQUES.

PLANCHE 25.

234. Les excentriques sont des organes appliqués dans les transformations de mouvements, comme les roues d'engrenage pour les transmissions.

Leur objet est de transformer le mouvement circulaire continu dont ils sont doués, tantôt en un mouvement rectiligne alternatif, tantôt en un mouvement circulaire alternatif, et cela d'ailleurs dans toute direction.

EXCENTRIQUE CIRCULAIRE.

235. On distingue plusieurs sortes d'excentriques. Le plus simple et le plus généralement employé consiste en un disque circulaire plein ou à jour, assujetti à tourner d'une manière continue sur un axe qui ne passe pas par son centre ; tels sont les excentriques représentés sur les fig. de la pl. 38.

L'amplitude du mouvement ou la course de la pièce que ce genre d'excentrique fait mouvoir est toujours égale au double de la distance de son centre à l'axe, c'est-à-dire au diamètre de la circonférence décrite par ce centre. Dans ce système, la marche de la pièce a lieu sans interruption en allant comme en revenant, mais d'une manière irrégulière depuis le commencement jusqu'à la fin de la course, bien que l'axe de l'excentrique reçoive une rotation régulière.

EXCENTRIQUE A CŒUR.

FIGURE 1.

236. Lorsqu'on veut produire un mouvement rectiligne alternatif uniforme, le contour de l'excentrique n'est plus un cercle, mais se trouve déterminé par une courbe que l'on peut toujours construire géométriquement en se donnant la course et le rayon, ou la distance du centre au point de contact le plus rapproché.

La fig. 1, pl. 25, montre un exemple d'un excentrique de ce genre.

Soit $a\,a'$ la marche rectiligne à parcourir, et o le centre de l'arbre sur
lequel est monté l'excentrique, on se propose de faire avancer le point a jusqu'en a', dans une demi-révolution, d'une manière uniforme, et de le ramener de même à sa première position pendant la deuxième demi-révolution.

. Du centre o on décrit, avec les rayons $o\,a$ et $o\,a'$, deux circonférences que
l'on divise en un nombre quelconque de parties égales par les rayons passant
aux points 1, 2, 3, 4, etc. On divise de même la longueur $a\,a'$ en un nombre
moitié plus petit de parties égales aux points 1', 2', 3', etc. On fait également
passer par ces points des circonférences concentriques aux premières.

Ces circonférences sont successivement rencontrées par les rayons $o\,1$, $o2$,
$o2$, etc., en b, c, d, e, etc. La courbe continue passant par ces points donne
la courbe extérieure théorique de l'excentrique convenable pour faire marcher le point a jusqu'en a' d'une manière uniforme, puisqu'à chaque distance égale $a'\,1'$, $1'\,2'$, $2'\,3'$, etc., parcourue par le point a, correspondent
successivement des espaces angulaires égaux $a'\,1$, $1\,2$, $2\,3$, décrits par l'excentrique dans sa rotation.

Comme en pratique on ne peut agir sur un seul point, on lui substitue
d'ordinaire un galet de rayon $a\,i$ qui a justement son centre au point a lui-
même. On comprend alors que, pour que ce galet puisse recevoir le même
mouvement que le point, il faut modifier l'excentrique en décrivant de chacun
.des points $b\,c$, du centre de la courbe primitive, une suite d'arcs de cercle
du rayon $a\,i$, et en menant une courbe tangente à la circonférence de ces
arcs, ce qui donne le véritable contour de l'excentrique B ainsi réduit.

On voit par le tracé que, dans ce genre d'excentrique, la courbe est symétrique par rapport à la ligne $a\,e$ qui passe par le centre; par conséquent, la
première partie de l'excentrique qui, de a en a', a poussé le galet et par suite
la tige verticale A à l'extrémité de laquelle celle-ci est adaptée est tout à fait
semblable à la seconde partie sur la quelle le galet reste en contact en descendant de a' en a. Ainsi la rotation régulière et continue de l'excentrique B
produit le mouvement alternatif et uniforme du galet et de sa tige A qui est
maintenue par des guides dans sa direction verticale.

En construction, cet excentrique est plein ou évidé, suivant sa dimension,
et porte un moyeu pour se fixer sur l'axe comme une roue. Lorsqu'il est
évidé, la jante est formée d'une couronne concentrique au contour extérieur et renforcée par une nervure qui se raccorde avec le moyeu.

L'application de l'excentrique en cœur se rencontre dans une foule de
machines et particulièrement dans celles des filatures.

EXCENTRIQUE A MOUVEMENT UNIFORME ET INTERMITTENT.

FIGURES 2 ET 3.

Il se présente dans certaines machines, comme par exemple dans les métiers
à tisser, pour le *mouvement des lisses*, des cas où les organes doivent être ani-

més d'un mouvement rectiligne uniforme, mais avec repos à chaque extrémité de la course. Le temps du repos peut indifféremment être le même, ou
plus petit que celui pendant lequel le parcours a lieu.

La fig. représente le tracé d'un excentrique de ce genre, en supposant que
l'espace angulaire parcouru par l'excentrique, pour faire marcher le point *a*
en *a'*, est moitié de l'espace angulaire qu'il décrit pendant que ce point reste
en repos, soit en *a*, soit en *a'* ; on a donc divisé les circonférences *o a* et *o a'*
en six parties égales, aux points *a'* 1, *f g*, *h* et *j* ; de ces parties, les deux opposées 1 *f* et *j h* correspondent aux courbes excentrées *bf* et *lh* qui produisent le mouvement du point, tandis que les autres correspondent au repos.

Après avoir tracé les diamètres 1 *h* et *fj*, on détermine les courbes excentrées *bf* et *lh* comme pour l'excentrique continu, fig. 1, c'est-à-dire on divise
les arcs 1 *f* et *j h* en un certain nombre de parties égales et par les points
2', 3' et 4', on décrit des circonférences concentriques que les rayons coupent
aux points *c*, *d*, *e*. La réunion de ces points forme les courbes symétriques
cherchées *bf* et *lh*.

Les arcs *b al* et *fgh*, qui relient les extrémités de ces courbes, sont concentriques à l'axe, et par conséquent tant que le point *a* reste en contact avec ces
arcs, il ne peut avoir de mouvement, quoique l'excentrique continue sa rotation.

La même observation que nous avons faite pour l'excentrique précédent
s'applique exactement à celui C, qui nous occupe, dans le contour pratique
qui se réduit suivant le rayon *a i* du galet substitué au point *a*, ce qui est
d'ailleurs suffisamment indiqué par le tracé.

Cet excentrique n'ayant pas de grands efforts à vaincre est allégé par de
grands évidements ; sa jante est alors de peu d'épaisseur et se raccorde avec
son moyeu par des bras courbes de même épaisseur. La fig. 3 qui en est
une section faite suivant la ligne 1-2 de la fig. 2, fait voir la largeur de cet
excentrique et de son moyeu, et les dimensions du galet et de son axe.

Lorsque le point mobile ou le galet, au lieu de marcher en ligne droite,
est assujetti à décrire un arc de cercle, comme étant adapté à un levier, les
courbes de l'excentrique ne sont plus symétriques, mais l'opération pour les
déterminer est toujours la même, le changement résulte de la division de
l'arc qui remplace la droite *a a'*.

EXCENTRIQUE TRIANGULAIRE.

FIGURES 4 ET 5.

238. Dans les machines à vapeur, pour faire mouvoir le tiroir de distribution, on fait assez souvent usage d'une sorte d'excentrique dont la forme est
un triangle curviligne équilatéral. Le tiroir de distribution est une pièce en
fonte T, rectangulaire (fig. A et B), et évidée intérieurement pour servir de
conduit. Il s'applique par son contour interne dressé sur une surface également bien dressée *a b*, appartenant au cylindre à vapeur D. Il a pour objet de

laisser arriver la vapeur tantôt dans la partie supérieure du cylindre par le conduit latéral *c*, tantôt dans la partie inférieure par le canal *d*. L'évidement du tiroir a pour objet d'établir alternativement la communication de ces conduits *c* ou *d* avec l'orifice de sortie E'. On voit donc que, pour remplir ce but, le tiroir doit être animé d'un mouvement rectiligne alternatif ou de va-et-vient ; à cet effet, il est suspendu à une tige verticale *t*, dont la partie supérieure se relie par une traverse à la tringle *u*. Cette tringle, dont une portion est dessinée fig. ℭ, est solidaire avec un cadre ou châssis F dans lequel est logé l'excentrique curviligne G.

C'est ce dernier qui doit remplir la condition de faire monter et descendre le tiroir d'une certaine quantité et avec intermittence, afin que l'orifice *c*, par exemple, reste ouvert à la vapeur un certain temps, pendant que l'autre *d* est en communication avec l'échappement, et réciproquement.

Soit *o e*, fig. 4, la course totale du tiroir, on décrit du point *o*, avec cette longueur pour rayon, une circonférence que l'on divise en six parties égales aux points *e*, 1, 2, 3, 4 et 5. Des points 1 et 2, pris à volonté, avec le rayon *o e*, on décrit les deux arcs *o* 2 et *o* 1, de manière à former le triangle curviligne *o* 1 2, qui n'est autre que l'excentrique G et dont chaque côté est égal à la 6ᵉ partie de la circonférence. Si maintenant on trace les deux parallèles 5 1 et 4 2, tangentes à deux des côtés du triangle G, on aura les deux parois intérieures du châssis F.

Cet excentrique est en acier, ainsi que les deux parois du cadre F ; il est appliqué et retenu, par une vis *h*, contre un disque ou plateau H monté sur l'arbre J, comme le montre la coupe horizontale, fig. 5, faite suivant la ligne 3-4 de la fig. 4.

On conçoit aisément que, si l'arbre tourne dans le sens indiqué par la flèche, la partie courbe *o* 1 de l'excentrique, agissant contre la paroi supérieure du châssis, force celui-ci à se soulever et avec lui la tringle *u*, de telle sorte que, lorsque le point 1 est arrivé en *e*, c'est-à-dire que l'excentrique a parcouru 1/6ᵉ de la circonférence, cette paroi occupe la position *m n*, ce qui indique que le tiroir s'est élevé d'une quantité égale à la moitié de la distance *o e*, et que, par suite, il découvre l'orifice *d*, pour laisser entrer la vapeur dans la partie inférieure du cylindre (fig. ℭ.) ; tandis qu'il établit la communication entre le canal *e* et l'orifice E d'échappement, pour laisser sortir la vapeur de la partie supérieure du cylindre. Si le mouvement de l'excentrique continue pendant un second 1/6ᵉ de la circonférence, le tiroir restera en repos, parce qu'alors l'arc 1 2, qui est concentrique à l'axe, ne change pas pendant tout le temps de son contact la position de la paroi *m n* ; mais dès que le point 2 est arrivé en *e*, le côté *o* 1 de l'excentrique est en *o* 5 ; par conséquent, il commence à se trouver en contact avec la paroi inférieure du châssis qui se con-

1. Nous verrons plus loin, en donnant le dessin d'une machine à vapeur complète, la relation qui existe entre la marche du piston et celle du tiroir de distribution dans des conditions données.

fond avec la ligne 2 4 ; il fait donc descendre celui-ci jusqu'à ce que l'arc o1 soit arrivé en o 3. La paroi inférieure du châssis occupe alors la position m'n', qui correspond à celle du tiroir indiqué fig. B.

Il résulte de cette disposition que le tiroir reste en repos chaque fois qu'il arrive à l'extrémité de sa course, soit en haut, soit en bas, et cela pendant un temps correspondant au 1/6ᵉ de la circonférence décrite par l'excentrique. Le mouvement ascensionnel et le mouvement descensionnel s'effectuent pendant que le tiroir parcourt les 2/6ᵉˢ de la circonférence, et la marche du tiroir n'est pas uniforme, quoique la rotation de l'excentrique soit régulière.

En construction, les angles de l'excentrique sont légèrement arrondis pour éviter un choc trop dur et une usure trop rapide.

EXCENTRIQUE A DÉVELOPPANTE.

FIGURES 6 ET 7.

239. Dans certaines industries, on emploie avec succès des pilons pour concasser le tan, le plâtre et autres substances; on emploie également des martinets pour forger le fer.

L'organe qui produit le soulèvement du pilon ou du marteau, est un excentrique appelé *camme*, dont la courbe extérieure doit être une développante de cercle, préférable à toute autre courbe pour déterminer un mouvement uniforme.

Ce genre d'excentrique doit remplir la condition de soulever la charge à une certaine hauteur et de la laisser ensuite tomber par son propre poids sans obstacle.

Connaissant le diamètre de l'arbre qui doit porter la camme, on se donne le cercle générateur de la développante, qui est assez généralement celui de son moyeu.

Soit A, fig. 6 et 7, un arbre en fer, A o le rayon du cercle générateur, et a a' la hauteur à laquelle doit s'élever le mentonnet B, fig. D, qui fait corps avec le pilon C. On développe (197) la circonférence du cercle A o à l'aide d'une suite de tangentes qui donnent les points c, d, e, etc., dont la réunion forme la développante b f i. La portion b o se raccorde avec le moyeu et n'appartient plus à la développante, par la raison que l'extrémité du mentonnet ne commence à être en contact avec la camme qu'à la distance donnée A a'. De ce point on a élevé une perpendiculaire sur laquelle on a porté la hauteur donnée a a'. Si donc du centre A, avec un rayon égal à la distance A a', on décrit un arc de cercle a' m i, cet arc coupera la courbe en i, point de limite du développement de la camme. On comprend en effet que, si on fait tourner l'arbre A sur lequel est calé l'excentrique, en admettant qu'il soit placé à la partie inférieure, de telle sorte que le point b soit en a, il soulèvera le mentonnet, dont le côté inférieur est représenté par la droite m a, et le conduira uniformément jusqu'en m' a'; le point i sera alors arrivé en a'. Dès cet intant, le mouvement rotatif se continuant, la camme abandonne le mentonnet, et le pilon tombe de tout son poids.

On aurait pu tracer la développante avec le cercle de rayon A a, ce qui déterminerait une camme plus courte, quoique produisant la même hauteur ascensionnelle du pilon. Dans ce cas, l'excentrique a moins de trajet angulaire à parcourir pour une même élévation, ce qui permet d'augmenter la vitesse de rotation, et par conséquent le nombre de coups dans un temps donné.

Nous renvoyons aux notes et calculs les problèmes relatifs aux cammes et aux pilons.

L'excentrique que nous avons représenté (fig. 10) est appliqué à des machines destinées à hacher des écorces de chêne pour la fabrication du tan. Ces écorces sont renfermées dans une espèce d'auge en bois E, qui est solidement fixée sur le sol ; les pilons portent à leur extrémité inférieure des tranchants n, en forme de croissant. La paroi de l'auge du côté des pilons est verticale, tandis que la paroi opposée est une sorte de courbe elliptique qui tend à ramener la matière constamment sous les couteaux. Les pilons C sont guidés dans leur marche rectiligne entre des coulisseaux ; leur poids varie de 200 à 300 kilog., et leur chute n'est pas au-dessous de 45 à 50 centimètres. La fig. 7 est un plan vu en dessous qui montre suffisamment la largeur de l'excentrique, celle de son moyeu et l'épaisseur de sa nervure qui réunit celui-ci à la jante.

EXCENTRIQUE A MOUVEMENT INTERMITTENT VARIABLE.

FIGURES 8 ET 9.

240. On établit pour certaines machines à vapeur des excentriques doubles ou superposés d'une à deux épaisseurs indépendantes qui permettent de faire marcher le tiroir de distribution d'une manière intermittente et variable, à volonté, dans le but de déterminer et d'intercepter dans des instants voulus la communication entre les orifices du cylindre à vapeur et le conduit qui vient de la chaudière. Cette disposition permet de faire marcher la machine par *expansion*, et de varier la *détente*[1] à volonté dans de certaines limites.

Dans ce genre d'excentrique, on se donne le rayon $o\,a$ (fig. 8) du moyeu de l'excentrique, et la longueur $b\,c$ de la course totale à faire parcourir au tiroir. Cette course, qui doit être égale à trois fois la hauteur de l'orifice d'introduction, lorsque le bord du tiroir est de même largeur que celui-ci, ne doit pas être franchie en une seule période, mais au contraire une première partie, ou le 1/3, est parcourue à un certain moment, et les deux autres tiers d'une manière continue à une époque plus reculée, c'est-à-dire qu'il y a un instant de repos entre le premier tiers et les deux autres, comme il y a de même un temps d'arrêt entre ces deux derniers et le premier.

---

1. On verra plus loin, au sujet des machines à vapeur, ce que l'on entend par expansion et détente.

Après avoir tracé avec les rayons oa et oc deux circonférences concentriques, on se donne les espaces angulaires ad et fg, correspondants aux temps pendant lesquels le tiroir doit rester stationnaire, et ceux gh et cf, qui correspondent à son mouvement ; on divise la course totale bc en trois parties égales aux points ij, par lesquels on fait passer des circonférences concentriques aux premières. Aux points f, g, h on mène des rayons que l'on prolonge en f', g' et h'.

Comme l'excentrique doit agir sur deux galets G, diamétralement opposés, on se donne également le rayon ae de ceux-ci ; l'un est tracé du centre e sur le prolongement du rayon oa, et tangent à la circonférence décrite avec ce rayon ; l'autre du centre e', sur le prolongement du rayon oc, est tangent à la circonférence décrite avec ce rayon.

Entre les deux points d et k, compris dans l'angle donné goh, on fait passer une courbe kld, dont les extrémités se raccordent tangentiellement avec les circonférences oa et oi, de manière à éviter les soubresauts brusques.

Si l'on divise alors l'espace gh en un certain nombre de parties égales, puis que l'on mène par les points de divisions 1, 2, etc., deux rayons que l'on prolonge jusqu'en $1'$, $2'$, etc. ; sur chacun de ces rayons on décrit avec le rayon ae du galet une suite de petits cercles tangents à la courbe kld, on obtient ainsi les points r, s, t, qui indiquent les positions successives que le centre du galet est susceptible de prendre sur la ligne ee' quand il est poussé par cette courbe.

Si alors, à partir de ces points, sur chacun des rayons correspondants, on porte la distance ee', qui est invariable, on déterminera les positions successives r', s', t', du second galet ; par conséquent, après avoir décrit de ces derniers points comme centres, une suite d'arcs de cercle avec le rayon du galet, on mène la courbe $d'l'f'$, tangente à ces arcs, et qui se raccorde avec les circonférences de rayons co et jo.

Cette courbe satisfait à la condition de rester constamment en contact avec le galet G', pendant que la première dlk conduit le galet G ; or, pour que les galets restent constamment dans la même direction et transmettent leur mouvement rectiligne au tiroir, leurs axes sont portés par des chapes à joues H, solidaires avec un châssis I, formé de quatre branches dressées en leur milieu, pour rester appuyées sur l'arbre o.

L'une des extrémités du châssis est reliée par une bielle en fonte J (fig. 6) à un levier coudé K, dont le centre d'oscillation est en u ; c'est à la seconde branche de ce dernier que s'adaptent les tringles v, qui se relient à la tige x, du tiroir T. Dans la position donnée à l'excentrique et au galet (fig. 8), le tiroir débouche l'orifice supérieur c', qui reste ouvert pendant tout le temps que l'excentrique parcourt l'angle aod, parce que l'arc ad et son opposé cd, qui sont respectivement en contact avec les galets G G', sont concentriques à l'axe o. Mais le point d, étant arrivé en a, si l'on fait tourner l'axe o dans le sens de la flèche, l'excentrique décrira bientôt l'angle dog, pendant lequel sa courbe saillante dlk poussera le galet G de gauche à droite, et par suite le galet G', entraîné dans la même direction, glissera sur la courbe $d'l'g'$.

Dans ce mouvement le tiroir est soulevé d'une quantité égale au 1/3 de sa course, qui correspond justement à la hauteur de l'orifice c' ; celui-ci est alors fermé complétement quand le rayon ok de l'excentrique est arrivé en oe. Arrivé à cette position, le tiroir doit encore rester en repos, pendant que l'excentrique continue à marcher, et décrit l'angle gof.

Aussitôt que le rayon of est parvenu en oe, les galets et le tiroir doivent fonctionner de nouveau afin de découvrir l'orifice inférieur c^2.

Ce changement doit s'opérer pendant que l'excentrique parcourt l'angle foc ; à cet effet on s'est encore donné la courbe $a'b'c$ qui se raccorde tangentiellement avec les circonférences des rayons ok et oc.

On obtient la courbe opposée amn, en procédant comme on l'a fait pour celle $d'l'g'$, opposée à la première dlk, et comme d'ailleurs l'indique le tracé, afin que les deux galets restent en contact avec le contour extérieur de l'excentrique.

Après le parcours de l'angle foc, les galets et le tiroir resteront de nouveau en repos, pendant que l'axe o décrira l'angle cod'', et alors la courbe dlk va se trouver en contact avec le galet G', et elle repoussera ce galet de droite à gauche comme elle avait d'abord poussé le premier G de gauche à droite, afin d'obliger le tiroir à fermer l'orifice c^2.

Si on suppose que l'excentrique ainsi construit est composé de deux parties égales superposées, l'une fixe M sur l'axe O, par une clef, et l'autre M' libre sur ce dernier, on pourra varier la position de l'une par rapport à l'autre, et par suite, faire avancer la courbe de détente dlk, pour que le tiroir interrompe plus tôt la communication des orifices d'entrée de vapeur au cylindre, et varie ainsi le degré de détente ou d'expansion.

La fig. 9 est une section horizontale qui indique les deux parties de l'excentrique et la disposition des galets dans leur chape H et le châssis I.

La fig. F est la vue de face du siége du cylindre, sur lequel s'applique le tiroir de distribution.

RÈGLES ET DONNÉES PRATIQUES

TRAVAIL MÉCANIQUE.

241. Travailler, c'est vaincre pendant un certain temps des résistances sans cesse renouvelées dans la durée de ce temps : ainsi limer, scier, raboter, traîner des fardeaux, c'est un travail.

Le travail mécanique résulte de l'action simple d'une force sur une résistance qui lui est directement opposée, et qu'elle détruit continuellement en faisant parcourir un certain chemin au point d'application de cette résistance et dans sa direction propre.

D'après cette définition, le travail mécanique de tout moteur est le produit de deux quantités indispensables :

1° L'effort ou la pression exercée ;

2° Le chemin parcouru ou la vitesse [1] ;

Et ce travail augmente avec la pression et avec la vitesse : si, par exemple, la pression exercée est de 4 kilogrammes avec une vitesse de 1 mètre, le travail sera exprimé par $4 \times 1 = 4$.

Si la vitesse double, le travail deviendra $4 \times 2 = 8$; il aura doublé, et si, la vitesse étant doublée ou égale à 2 mètres, la pression est devenue égale à 8 kilogrammes, le travail sera $8 \times 2 = 16$, il aura quadruplé.

Ainsi, il est constant que le travail mécanique grandit avec la pression et la vitesse.

On a adopté pour unité de travail mécanique le kilogramme élevé à 1 mètre ; le produit prend le nom de kilogrammètre, qui s'écrit k.m. Ainsi, quand l'effort exercé est de 20 kilog., et que l'espace parcouru par son point d'application est de 2 mètres, le travail est exprimé par 40 k.m. ou 40 kilog. élevés à la hauteur de 1 mètre.

Le travail ou l'effet utile des moteurs et des machines de toute espèce se rapporte à cette unité commune, en y faisant entrer le temps, ce qui est très-important pour arriver à la comparaison de la puissance des moteurs. En effet, on pourra dire d'une machine : elle produit tant de kilogrammètres d'effet utile dans un temps donné ; d'un cheval : il produit tant de kilogrammètres dans un même temps ; et d'un homme : il produit tant de kilogrammètres aussi dans le même temps.

On a formé pour les moteurs puissants une plus grande unité de travail qui dérive de la première, et à laquelle on a donné le nom de cheval-vapeur [2]. On se rappelle qu'un cheval-vapeur équivaut à 75 kilog. élevés à 1 mètre par seconde.

Les moteurs employés généralement dans l'industrie sont de deux espèces. 1° Les moteurs animés, c'est-à-dire les hommes et les animaux ; 2° les moteurs inanimés, c'est-à-dire l'air, l'eau, la vapeur et les gaz.

Ces derniers étant seulement soumis aux lois physiques, peuvent sans cesse continuer leur action ; il n'en est pas de même des premiers, qui sont susceptibles de se fatiguer au bout d'un certain temps de travail et de prendre du repos.

Le travail mécanique de l'homme et des animaux, que l'on peut appeler travail

---

1. La vitesse linéaire est l'espace parcouru par un corps, dans un temps donné ; par exemple, dans une seconde.

2. Il ne faut pas confondre la force de cheval-vapeur, qui est constante et de convention avec celle de cheval de trait, qui est variable comme la force musculaire de l'animal. Nous avons vu qu'en France la force du cheval-vapeur correspond à un travail de 75 kilogrammètres par seconde, ce qui donne 4500 kilogrammètres par minute. En Angleterre le cheval-vapeur est estimé par l'élévation de 33,000 livres avoir-du-poids à un pied anglais par minute.

journalier, a pour valeur le produit de l'effort exercé par la vitesse et le temps pendant lequel l'action peut être soutenue. Mais il existe un effort, une vitesse et une durée d'action qui donnent la plus grande valeur possible au travail journalier de l'un de ces deux moteurs animés, et qui prend le nom de travail maximum.

XXIXe TABLE. — QUANTITÉS DE TRAVAIL QUE PEUVENT FOURNIR L'HOMME ET LES ANIMAUX.

NATURE DU TRAVAIL.	POIDS ÉLEVÉ ou effort moyen exercé.	VITESSE ou chemin par seconde.	TRAVAIL par seconde.	DURÉE du travail journalier.	QUANTITÉ de travail journalier.
ÉLÉVATION VERTICALE DES POIDS.	kilogrammèt.	mètres.	kilogrammèt.	heures.	kilogrammèt.
Un homme sans fardeau, montant une rampe douce ou un escalier son travail consistant dans l'élévation du poids de son corps....................	65	0.15	9.75	8	280800
Un manœuvre élevant des poids avec une corde et une poulie, ce qui l'oblige à faire descendre la corde à vide..........	48	0.20	3.60	6	77760
Un manœuvre élevant des poids ou les soulevant avec la main..............	20	0.17	3.40 .	6	73440
Un manœuvre élevant des poids ou les portant sur son dos, au haut d'une rampe douce ou d'un escalier et revenant à vide.	65	0.04	2.60	6	56160
Un manœuvre élevant des matériaux avec une brouette, en montant une rampe au 1/12 et revenant à vide.............	60	0.02	1.20	10	43200
Un manœuvre élevant des terres à la pelle à la hauteur moyenne de 1m 60. ...	27	0.40	1.08	10	38880
ACTION SUR LES MACHINES.					
Un manœuvre agissant sur une roue à chevilles ou à tambour :					
1° Au niveau de l'axe de la roue.....	60	0.15	9.00	8	259200
2° Vers le bas de la roue ou à 24°....	42	0.70	8.40	8	234120
Un manœuvre marchant et poussant, ou tirant horizontalement..	12	0.60	7.20	8	207360
Un manœuvre agissant sur une manivelle...................	8	0.75	6.00	8	172800
Un manœuvre exercé poussant et tirant alternativement dans le sens vertical.....	5	1.10	5.50	8	158400
Un cheval attelé à une voiture ordinaire et allant au pas.	70	0.90	63.00	10	2168000
Un cheval attelé à un manége et allant au pas....................	45	0.90	40.50	8	1166400
Un cheval attelé à un manége et allant au trot.......................	30	2.00	60.00	4.5	972400
Un bœuf attelé de même et allant au pas.	65	0.60	39.00	8	1123200
Un mulet attelé de même et allant au pas.	30	0.90	27.00	8	777600
Un âne attelé de même et allant au pas.	14	0.80	11.60	8	334080

On peut reconnaître, d'après ce tableau, qu'un manœuvre agissant sur une manivelle, fait décrire à l'extrémité de cette manivelle un chemin de 0m 75 par seconde, ou 60 × 0,75 = 45 mètres par minute, ou en supposant que la manivelle ait 0m 35 de rayon, ce qui correspond à une circonférence de

$$6,28 \times 0,35 = 2^m 198 \text{ au point d'application :}$$

l'homme est capable d'une vitesse ordinaire de

$$\frac{45^m}{2^m 198} = 20 \text{ tours environ par minute.}$$

Ainsi, le même manœuvre déployant un effort de 8 kilog. avec la même vitesse constante de $0^m 75$, produira un travail de :

$$0^m 75 \times 8 = 6^{k.m.} \text{ par seconde.}$$

ou de

$$6^{k.m.} \times 60'' = 360^{k.m.} \text{ par minute, et de } 360^{k.m.} \times 60' = 21600^{k.m.} \text{ par heure;}$$

comme il peut exercer ce travail 8 heures par jour, le travail pendant ce temps est, comme l'indique la table xxixe, de $172800^{k.m.}$.

On peut donc compter que, pour un travail journalier, un homme agissant sur une manivelle, est susceptible d'élever constamment 8 kilog. à $0^m 75$ de hauteur par seconde; mais lorsqu'un homme ne doit agir que momentanément sur la manivelle d'une grue, d'un treuil ou cabestan, il peut développer, pendant quelques instants, une puissance beaucoup plus considérable.

Il résulte d'expériences faites en Angleterre sur une grue de déchargement, qu'un homme a pu élever en $90''$, à la hauteur de $5^m 03$, une charge de $475^k 57$. Or, pour ramener ce travail à l'unité adoptée de 1 kil. élevé à 1 mètre par seconde, il suffit de multiplier le poids élevé $475^k 57$ par la hauteur 5,3, et de diviser ce produit par la durée du travail ou $90''$, le quotient $26^{k.m.} 58$ indique le travail par seconde.

L'expérience la plus avantageuse a constaté qu'un Irlandais d'une très-grande force est arrivé, mais avec la plus grande difficulté, à élever à la même hauteur de $5^m 03$ une charge de $1666^k 25$ en $132''$, ce qui donne par seconde un travail de

$$\frac{1666,25 \times 5,03}{132} = 63^{k.m.} 49.$$

Il est évident que l'homme ne peut déployer ainsi une telle puissance que pendant des instants très-limités ; on ne peut comparer ce travail avec celui qui doit durer plusieurs heures consécutives. Quoique la charge et la vitesse indiquées sur la table xxixe, soient celles qui conviennent le mieux, cependant, si le cas exigeait que la force à appliquer à l'extrémité de la manivelle fût de 12 kil., au lieu de 8 kil., alors la vitesse devrait diminuer et deviendrait

$$\frac{6^{k.m.}}{12^k} = 0,50, \text{ au lieu de } 0,75.$$

On a fait la remarque qu'un cheval parcourant par heure les différentes distances de 1,600 mètres, $4,800^m$, $8,000^m$, $16,000^m$ et $24,000^m$, ne peut traîner pour chacune que les poids correspondants de 88 kil., 65 kil., 45 kil., 11 kil. et 00 kil.

Ainsi, dès l'instant où l'on veut gagner de la force, on perd de la vitesse; réciproquement si l'on voulait gagner du temps et aller plus vite, cet excès de vitesse ne pourrait être obtenu qu'aux dépens de la charge, de manière à obtenir, dans le cas d'action sur une manivelle, pour produit des deux facteurs, un travail équivalent à 6 kilogrammètres par seconde.

Dans tous les cas de l'action directe des forces, il y a *vitesse* imprimée, par cela même qu'il y a action d'une force, donc il y a *mouvement*.

On distingue deux espèces de mouvement, le mouvement uniforme et le mouvement varié.

243. MOUVEMENT UNIFORME. — Un corps a un mouvement uniforme quand il parcourt des espaces égaux dans des temps égaux. Si, par exemple, un corps parcourt 5 mètres dans la première seconde, 5 mètres dans la deuxième seconde, et ainsi de suite, le mouvement est dit uniforme.

En représentant par E l'espace, par V la vitesse, et par T le temps, la formule E = V × T indique que l'espace égale la vitesse multipliée par le temps.

Premier exemple : La vitesse d'un corps soumis à un mouvement uniforme est de 3 mètres, quel espace aura-t-il parcouru au bout de 10 secondes?

$$E = 3 \times 10 = 30 \text{ mètres.}$$

De la formule précédente E = V × T, on obtient $V = \dfrac{E}{T}$,

c'est-à-dire que la vitesse par seconde égale l'espace divisé par le temps.

Deuxième exemple : L'espace parcouru pendant 10 secondes est de 30 mètres, quelle est la vitesse?

$$V = \frac{30}{10} = 3 \text{ mètres.}$$

Les roues d'engrenage des machines sont, ainsi que la plupart des transmissions, généralement animées d'un mouvement uniforme.

244. Mouvement varié. — Quand un corps parcourt dans des temps égaux, des espaces qui augmentent ou qui diminuent toujours de la même quantité, le mouvement s'appelle uniformément varié.

L'espace dans le mouvement uniformément varié égale la demi-somme des vitesses extrêmes multipliée par le temps en secondes.

Premier exemple : Quel est l'espace parcouru au bout de 4 secondes par un mobile dont la vitesse au point de départ est de 2 mètres, et au bout de ce temps est égale à 6 mètres?

$$E = \frac{2 + 6}{2} \times 4 = 16 \text{ mètres.}$$

Deuxième exemple : Quel est l'espace parcouru au bout de 4 secondes par un mobile qui, au point de départ, possède une vitesse de 6 mètres, laquelle au dernier moment se trouve réduite à 2 mètres.

$$E = \frac{6 + 2}{2} \times 4 = 16 \text{ mètres.}$$

On voit, par ce double exemple, qu'à conditions égales, l'espace parcouru est le même dans le mouvement uniformément retardé ou accéléré.

La vitesse, au bout d'un certain temps, dans le mouvement uniformément accéléré, égale la vitesse primitive, plus le produit du temps en secondes par l'accroissement de vitesse par seconde.

Premier exemple : Quelle est la vitesse d'un corps au bout de 8 secondes, en supposant la vitesse primitive = 1, et en admettant que cette vitesse augmente de 3 mètres par chaque seconde?

$$V = 1 + 8 \times 3 = 27 \text{ mètres.}$$

La vitesse que doit posséder un corps, au bout d'un certain temps, dans le mouvement uniformément retardé, est égale à la vitesse au départ, moins le produit du temps en secondes par la diminution de vitesse par seconde.

Exemple : Un corps part avec une vitesse de 22 mètres par seconde, et cette vitesse diminue successivement de 2 mètres par seconde ; quelle sera la vitesse de ce corps au bout de 10 secondes?

$$V = 22 - (2 \times 10) = 2 \text{ mètres.}$$

245. Les mouvements que doivent exécuter les organes des machines peuvent être ramenés à deux espèces principales : 1° le mouvement continu ; 2° le mouvement alternatif ou de va-et-vient.

Ces deux sortes de mouvements peuvent s'exécuter soit en ligne droite, soit suivant une circonférence de cercle. Le mouvement s'effectue quelquefois en ligne courbe, mais on peut toujours en pratique le ramener à un ou plusieurs arcs de cercles.

Ces mouvements principaux donnent lieu, dans la construction des machines, aux diverses combinaisons suivantes :

Le mouvement rectiligne continu se change en
- rectiligne continu.
- circulaire continu.
- circulaire alternatif.

Le mouvement rectiligne alternatif se change en
- rectiligne continu.
- circulaire continu.
- circulaire alternatif.

Le mouvement circulaire continu se change en
- rectiligne continu.
- rectiligne alternatif.
- circulaire continu.
- circulaire alternatif.

Le mouvement circulaire alternatif se change en
- rectiligne alternatif.
- circulaire continu.
- circulaire alternatif.

MACHINES SIMPLES.

246. On appelle ainsi les agents mécaniques qui servent d'auxiliaires dans la composition des machines, soit pour enlever des charges, soit pour vaincre des résistances.

Ces agents mécaniques sont au nombre de six : le levier, le treuil, la poulie ou moufle, le plan incliné, la vis et le coin.

Les treuils et les moufles ne sont que des transformations du levier, de même que la vis et le coin ne sont que des transformations du plan incliné.

Ces machines simples reposent sur les principes suivants :

1° Les moments de la puissance et de la résistance sont égaux quand la machine est en équilibre. On entend par *moment* le produit d'une force par l'espace que par court son point d'application.

2° La résistance est en raison inverse de la vitesse ou de l'espace qu'elle parcourt, c'est-à-dire que plus cette résistance est grande, plus sa vitesse est petite, et réciproquement.

3° On perd toujours une partie de la puissance pour vaincre l'*inertie* [1], les frottements et autres résistances.

247. LEVIER. — Le levier est une barre inflexible dont tous les points peuvent osciller ou tourner autour d'un centre fixe appelé point d'appui.

Tout levier reçoit l'action d'une puissance et d'une résistance, et la distance de la puissance ou de la résistance au point d'appui s'appelle bras de levier.

---

1. On appelle *inertie* la résistance qu'oppose un corps quelconque aux efforts qui tendent à lui faire changer d'état ; d'où l'on dit que la matière est inerte.

On distingue trois genres de leviers, résultant des différentes positions de la puissance, du point d'appui et de la résistance.

Dans tous les cas, *la puissance et la résistance sont en raison inverse de leur distance au point d'appui.*

C'est-à-dire que, pour l'état d'équilibre, le moment de la puissance P × A, ou le produit de cette puissance par son bras de levier, égale le produit R × B, de la résistance par son bras de levier; ce qui donne lieu à la proportion inverse suivante :

$$P : R :: B : A.$$

Dans cette proportion, connaissant trois quelconques des quatre termes qui la composent, on peut toujours déterminer le quatrième terme.

248. POULIE, MOUFLE. — On distingue deux espèces de poulies, les poulies fixes et les poulies mobiles.

Les poulies fixes tournent autour de leur axe sans changer de place, et servent seulement, au moyen de cordes, chaînes ou courroies, à changer la direction de la force motrice, sans donner aucun avantage mécanique.

Les poulies mobiles, au contraire, produisent de la force et agissent comme des leviers du deuxième genre.

L'avantage d'une seule poulie mobile consiste à doubler l'effet de la puissance : ainsi, si à l'extrémité de la corde on applique une puissance de 10 kilog., elle équilibrera une charge de 20 kilog. Cet avantage résulte de ce que la poulie mobile, se trouvant soulevée par les cordons, ne s'élève que d'un espace égal à la moitié de l'espace parcouru par la puissance; or, si la puissance marche de 6 centimètres, la charge ne sera élevée que de 3 centimètres, et le moment 10 × 6 de la puissance égale le moment 20 × 3 de la résistance, condition d'équilibre des leviers.

Si la poulie fixe ne produit aucun avantage mécanique, du moins en changeant la direction de la puissance, elle facilite le mouvement, en ce sens qu'il est plus facile de tirer de haut en bas, que de bas en haut, et d'ailleurs le poids du moteur devient un aide à la puissance.

L'ensemble de plusieurs poulies montées dans la même chape se nomme moufle; les poulies peuvent avoir le même axe, ou des axes différents; l'une des moufles est fixe, et l'autre mobile; l'avantage acquis par une moufle mobile est comme deux fois le nombre de poulies qu'elle porte, sans avoir égard au nombre de poulies que porte la moufle fixe, indispensable pour la direction des cordons.

Cet avantage mécanique de la moufle mobile résulte de ce que l'espace parcouru par la puissance dans un certain temps donné est égal à la somme des raccourcissements des cordons enroulés sur les poulies mobiles, tandis que la résistance ne s'élève ou ne parcourt que le quotient de cet espace divisé par le nombre des cordons.

Et de là vient cette règle : *En divisant le poids à élever ou la charge par deux fois le nombre de poulies mobiles, le quotient exprime la puissance requise pour contre-balancer cette résistance.*

249. TREUIL. — Un treuil simple se compose d'un rouleau dont les tourillons prennent appui sur des supports, et auquel le mouvement est communiqué par une manivelle. La position du rouleau est, suivant les circonstances, horizontale ou verticale.

L'avantage mécanique qui résulte du travail simple dépend de la longueur de la manivelle, comparativement au rayon du rouleau, c'est-à-dire que la puissance P est à la résistance ou charge R, comme *b*, le rayon du rouleau, est à *a*, le rayon de la manivelle, proportion qui donne lieu aux mêmes règles que pour le levier.

Ainsi, multipliez la résistance par le rayon du rouleau, et divisez par le rayon de la manivelle, le quotient exprimera la puissance.

Dans un treuil composé, la puissance est appliquée à l'extrémité d'une manivelle qui, fixée sur l'axe d'un pignon, transmet cette puissance à une roue montée sur l'axe du rouleau, autour duquel s'enroule un câble qui porte la résistance.

Dans un treuil composé d'une ou plusieurs paires d'engrenages, il faut, outre le rapport du rayon de la manivelle au rayon du rouleau, faire entrer dans la règle le rapport des rayons des pignons aux rayons des roues.

C'est-à-dire que l'on a dans ce cas, comme pour les leviers composés, la proportion :

$$P : R :: b \times b' \times b'' : a \times a' \times a'',$$

où la puissance est à la résistance comme le produit des rayons des pignons et du rouleau est au produit des rayons des roues et de la manivelle.

Ce qui donne lieu aux règles suivantes :

1re RÈGLE. *En multipliant la charge à soulever par le produit du rayon du rouleau avec les rayons des pignons, et en divisant le résultat par le produit du rayon de la manivelle avec tous les rayons des roues, le quotient exprime la puissance à appliquer à l'extrémité de la manivelle pour équilibrer la résistance.*

2e RÈGLE. *Si on multiplie la puissance par le rayon de la manivelle et par les rayons des roues, et qu'on divise ce produit par le rayon du rouleau et par les rayons des pignons, le quotient exprime la résistance à laquelle la puissance donnée fait équilibre.*

3e RÈGLE. *En multipliant entre eux les rayons des pignons et du rouleau, et en divisant le produit par les rayons des roues et de la manivelle, le quotient exprime le rapport de la puissance à la résistance.*

250. PLAN INCLINÉ. — Lorsqu'un corps est tiré le long d'un plan vertical, tout le poids de ce corps est supporté par la force qui l'élève; dans ce cas, la puissance est égale au fardeau à soulever.

Quand un corps est tiré sur un plan horizontal, on n'a pas à traîner le poids du fardeau, mais seulement le frottement dû au poids du corps sur le terrain ou le plan.

Mais si un corps est tiré sur un plan incliné, la puissance nécessaire pour l'élever sera comme l'inclinaison du plan, de sorte que :

Si la force agit parallèlement au plan, la longueur du plan est au fardeau comme la hauteur du plan est à la puissance.

L'avantage acquis par le plan incliné est aussi grand que sa longueur l'emporte sur sa hauteur verticale; c'est donc le rapport entre la longueur et la hauteur du plan qui donne l'avantage de la puissance, ce qui conduit aux règles suivantes :

1° *La résistance multipliée par la hauteur et divisée par la longueur du plan égale la puissance requise pour maintenir le corps en repos sur le plan incliné.*

2° *La puissance multipliée par la longueur du plan et divisée par la hauteur égale la résistance.*

3° *La résistance multipliée par la base du plan incliné et divisée par sa longueur, égale la charge sur ce plan.*

251. VIS. — La vis peut être assimilée à un plan incliné dont la longueur est représentée par la circonférence du cylindre sur lequel elle est formée, et dont la hauteur est le pas de la vis; par suite, plus la circonférence de la vis sera grande, comparativement à la hauteur du pas, plus grand aussi sera l'avantage mécanique, et si la puissance est transmise par un levier, l'avantage mécanique sera exprimé par le rapport entre la circonférence extérieure du levier et la hauteur du pas.

252. COIN. — L'application du coin sous diverses formes est généralement répandue en industrie. Presque tous les outils se rapportent au coin : les ciseaux, les burins, les fers de rabot, les scies, les limes, etc. Tous ces outils agissent ou par leur tranchant, ou par leur extrémités aiguës, et il y a pour chacun d'eux un angle convenable pour produire le meilleur résultat.

Dans leur application aux presses, les coins ont la forme d'un triangle isocèle. L'avantage mécanique du coin peut s'assimiler à celui du plan incliné, car il dépend du rapport entre la largeur de la tête du coin et la longueur des côtés [1].

253. REMARQUE. — Il est essentiel d'observer, pour éviter toute illusion, que lorsque par l'emploi des pouvoirs mécaniques on augmente l'effet de la force appliquée, l'espace parcouru par la résistance ou charge que l'on soulève est aussi, comparativement au chemin que parcourt la puissance, diminué dans *le même rapport; ce résultat, vrai sans aucune exception*, peut se résumer ainsi : en mécanique, ce que l'on gagne en force on le perd en vitesse, et réciproquement.

On conclut de là que le but véritable des machines n'est pas d'augmenter le travail des moteurs qui y sont appliqués, mais bien de transformer leur action en un travail approprié suivant les circonstances. On peut faire qu'une force médiocre, celle d'un homme, puisse soulever un fardeau considérable, mais avec une vitesse proportionnellement moindre.

En résumé : *le travail développé par la puissance dans un temps donné doit toujours égaler le travail utile, plus le travail des résistances nuisibles; et l'effet utile d'une machine sera d'autant plus grand qu'on se sera attaché à diminuer le travail des résistances nuisibles.*

CENTRE DE GRAVITÉ.

254. Tous les corps sont soumis également à l'action de la pesanteur. La gravité ou la pesanteur est cette impulsion qui attire tous les corps vers le centre de la terre; l'effort qui fait équilibre à la gravité pour l'annuler est égal au poids du corps.

La distance des corps au centre de la terre étant très-éloignée, on a admis que la gravité agissait parallèlement sur tous les corps, et sa direction est donnée par le fil à plomb. Le centre de gravité d'un corps est le point qui, étant soutenu, est capable de tenir lui seul tout le corps en équilibre.

Le centre de gravité varie de position suivant la nature et la forme des corps; on peut le déterminer d'une manière générale par le procédé suivant :

Suspendez le corps de forme quelconque à un fil; quand le corps sera en repos, la direction du fil passera par le centre de gravité du corps. Suspendez ensuite le corps par un autre point, la nouvelle direction du fil prolongé contiendra aussi le centre de gravité, et le point de rencontre des directions successivement ramenées à la verticale, est dit le centre de gravité du corps.

Le centre de gravité des corps réguliers, comme les sphères, les cylindres, les prismes, est placé à leur centre de configuration.

Le centre de gravité d'un triangle isocèle se trouve au tiers à partir de la base, sur la droite qui joint le milieu de la base au sommet opposé.

Le centre de gravité d'une pyramide, qui a pour base un triangle ou un polygone quelconque, est au quart à partir de la base, sur la droite qui joint le centre de gravité de la base au sommet. Il en est de même du centre de gravité d'un cône.

Le centre de gravité d'une demi-sphère homogène est à partir du centre de figure aux 3/8 du rayon qui aboutit au centre de la surface convexe.

Le centre de gravité d'une ellipse est au point d'intersection des deux axes.

Lorsqu'un corps immobile est placé verticalement ou incliné sur un plan, il faut,

---

1. Pour plus de détails et pour des exemples relatifs à ces machines élémentaires, nous renvoyons au *Guide de mécanique pratique à l'usage des mécaniciens*, 1 vol. in-12, par Armengaud jeune.

pour que sa position soit stable, que la direction du poids du corps, ou la verticale passant par son centre de gravité, passe aussi par la surface de contact entre le corps et le plan sur lequel il repose; de là la possibilité des tours inclinées en maçonnerie.

On peut juger alors qu'un corps sera d'autant plus stable sur un terrain, qu'il présentera une base plus étendue; ainsi un cône sera, par la position moins élevée de son centre de gravité, plus stable sur un terrain qu'un cylindre de même base et de même hauteur. La stabilité des murs de construction est consolidée par les fondations qu'on leur donne, et par suite par la plus grande surface de base qu'ils possèdent.

ESTIMATION DE LA FORCE DES MOTEURS.

255. Bien que, comme nous le verrons plus loin, on puisse déterminer par le calcul la puissance des moteurs, cependant les différents modes de construction peuvent modifier notablement leur véritable effet utile, on a donc dû s'occuper de rechercher un appareil qui permît d'apprécier aussi exactement que possible la force réelle ou le travail dont ils sont susceptibles.

Le frein de Prony, qui est l'instrument le plus généralement employé à cet effet, repose sur le principe du levier, et consiste à fixer d'une manière invariable sur l'arbre principal du moteur dont on veut connaître la force, une poulie en fonte en deux parties que l'on réunit par des boulons. On embrasse ensuite la gorge de cette poulie par deux mâchoires, dont le serrage sur la poulie est augmenté à volonté par des boulons avec écrous à oreilles. La mâchoire inférieure porte un long levier à l'extrémité duquel est suspendu un plateau avec des poids; on connaît d'avance la force pour laquelle la machine a été livrée, il ne reste qu'à charger le plateau des poids nécessaires pour que cette charge, combinée avec le bras du levier, donne en kilogrammètres un produit égal à celui de la puissance de la machine.

Lorsque l'appareil du frein est placé sur la machine, qu'on a disposé préalablement un baquet contenant une dissolution de savon et d'eau pour alimenter constamment par une petite pompe ou un entonnoir la surface flottante de la poulie en fonte, et qu'on a eu le soin d'équilibrer le poids de l'appareil de manière qu'on n'ait qu'à s'occuper des poids placés dans le plateau, on met la machine en mouvement, en ouvrant successivement le robinet d'introduction de vapeur. La machine acquiert bientôt une vitesse qui dépasse celle pour laquelle elle a été livrée; on serre alors peu à peu les écrous à oreilles pour augmenter le frottement des mâchoires sur la poulie en fonte. A mesure que le frottement augmente, la vitesse de la machine diminue; on ouvre alors complétement le robinet de vapeur pour ramener la machine à sa vitesse. Enfin, au bout de quelques instants, lorsque le frottement des mâchoires sur l'arbre est tel que le levier se soulève au-dessus de la direction horizontale, que la machine est à sa vitesse de régime et à la pression de vapeur déterminée, il y a équilibre entre la puissance de la machine et la charge du levier, et on en conclut évidemment que la machine développe la puissance en chevaux pour laquelle elle a été livrée. En augmentant successivement la charge du levier par l'addition de poids dans le plateau, on se rend compte de la force réelle maximum de la machine; de même, si la machine n'a pas la force voulue, en retirant successivement des poids du plateau, on reconnaît la force qui lui manque pour avoir la puissance convenue.

256. Calcul du frein. — On détermine le poids qui doit faire équilibre à la force de la machine, connaissant la longueur du bras du levier ou le rayon du frein depuis le centre de l'arbre jusqu'au point de suspension du plateau, et la force nominale en chevaux, par la règle suivante :

Multipliez la force nominale en chevaux par 4500, divisez ce produit par la circonfé-

rence du levier et par le nombre de révolutions par minute, le quotient est le poids cherché.

Prenons pour exemple une machine à vapeur de la force de 16 chevaux, devant faire 30 tours par minute, et le rayon du frein placé sur son arbre de 3 mètres.

On a
$$P = \frac{16 \times 4500}{6,28 \times 3^m \times 30} = 127^k 4.$$

Tel est le poids net à placer dans le plateau suspendu à l'extrémité du levier, après avoir toutefois équilibré l'appareil du frein en le suspendant à son centre de gravité.

On calcule aussi la puissance réelle maximum de la machine par la règle suivante :

Multipliez la circonférence du levier du frein par le nombre de révolutions de l'arbre par minute et par la charge du plateau, et divisez par 4500, le quotient exprimera la force réelle de la machine.

Exemple : Supposons que l'arbre d'une machine à vapeur fasse 30 révolutions par minute, que le rayon du levier du frein soit de 3 mètres, et le poids total placé dans le plateau = 127^k 4 ; quelle est en chevaux-vapeur la force maximum de la machine.

$$F = \frac{6,28 \times 3^m \times 30 \times 127^k 4}{4500} = 16 \text{ chevaux-vapeur.}$$

257. Location de force. — A Paris, et dans plusieurs villes industrielles, on établit des moteurs dont on loue partiellement la puissance à différents fabricants, qui n'ont besoin que d'une force limitée. Mais souvent il arrive des contestations entre le propriétaire et les locataires, parce que, ne connaissant pas exactement la résistance, et que d'ailleurs elle peut être très-variable à chaque instant, l'un pense qu'on lui absorbe trop de force, et l'autre qu'on ne lui en donne pas assez. Il serait essentiel d'avoir, à cet égard, des mesureurs de force, qui mettraient toujours les parties d'accord. Nous pensons que l'on devrait faire usage soit des cônes de friction de grand diamètre, soit des courroies libres avec des poulies de tension chargées d'un poids proportionnel, de telle sorte que le mouvement soit interrompu dès que la résistance dépasse le maximum de la force louée.

CHUTE DES CORPS.

258. Lorsque les corps tombent par leur propre poids, les vitesses qu'ils acquièrent sont proportionnelles aux temps écoulés, tandis que les espaces parcourus sont comme les carrés des temps.

On a reconnu par expérience qu'un corps tombant librement de l'état de repos, parcourt un espace de 4^m 904, pendant la première seconde, et acquiert au bout de ce temps une vitesse égale à 9^m 808.

D'après cela, si les temps d'observation sont : 1″, 2″, 3″, 4″,

Les vitesses correspondantes en mètres seront...... 9^m 808, 19^m 6, 29^m 4, 39^m 2.

Les espaces parcourus à la fin de chaque temps seront. 4^m 9, 19^m 6, 44^m 1, 78^m 4.

Les espaces parcourus pendant chaque temps seront. 4^m 9, 14^m 7, 24^m 5, 34^m 3.

C'est-à-dire, d'après ce tableau, que si les temps sont comme les

nombres.. 1, 2, 3, 4, etc.

Les vitesses seront aussi comme........................ 1, 2, 3, 4.

Les espaces parcourus seront comme les carrés ou.......... 1, 4, 9, 16.

Et les espaces pour chaque temps, comme les nombres impairs. 1, 3, 5, 7.

Ces principes sont applicables à tous les corps, quel que soit leur poids, parce que la pesanteur agit uniformément sur tous les corps, surtout quand cette chute a lieu dans un espace vide d'air.

La vitesse qu'un corps acquiert dans un temps donné en tombant librement, se détermine en multipliant le temps en secondes par 9ᵐ 81.

Exemple : Soit à trouver la vitesse acquise par un corps au bout de 12 secondes :

$$V = 12 \times 9,81 = 117^m 72.$$

Lorsqu'un corps tombe d'une hauteur H, la vitesse qu'il a acquise au bas de cette chute est donnée par la formule.

$$V = \sqrt{2\,g\,H}, \text{ ou } V = \sqrt[2]{19,62 \times H},$$

ce qui conduit à la règle suivante : multipliez la hauteur donnée en mètres par 19,62, la racine carrée de ce produit exprimera la vitesse en mètres par seconde au bout de la chute H.

Exemple : Quelle est la vitesse acquise par un corps après une chute de 65 mètres?

$$V = \sqrt{19,62 \times 65} = 35^m 7.$$

De la formule précédente

$$V = \sqrt{2\,g\,H,}$$

on obtient $$V^2 = 2\,g\,H = \frac{V^2}{2g}, \text{ ou } \frac{V^2}{19,62};$$

d'où est tirée la règle suivante : divisez le carré de la vitesse par 19,62, le quotient exprimera la hauteur de laquelle un corps est tombé, sa vitesse au départ étant nulle.

Exemple : Un corps possède une vitesse de 35ᵐ7; de quelle hauteur H est-il tombé pour acquérir cette vitesse?

$$H = \frac{(35^m 7)^2}{19,62} = 65 \text{ mètres, hauteur de chute.}$$

Pour éviter les calculs relatifs à ces questions de hauteurs et de vitesses correspondantes dont les applications sont très-nombreuses, nous donnons ci-après une table qui les résume sur une grande étendue, depuis la vitesse d'un centimètre par seconde jusqu'à celle de 10 mètres.

259. INERTIE.—Nous avons dit que, lorsqu'un corps est au repos ou en mouvement, il tend à persévérer dans cet état jusqu'à ce qu'une cause quelconque vienne l'en tirer.

C'est cette cause ou force d'inertie inhérente à la matière qui se révèle par la résistance qu'un cheval éprouve au premier moment, pour entraîner une charge qui une fois en mouvement est facilement vaincue; c'est encore la force d'inertie qui, lorsque le cheval veut ensuite s'arrêter, tend à conserver l'élan de la voiture ou de la charge pour pousser le cheval et l'empêcher de s'arrêter instantanément.

Le travail pour vaincre l'inertie croît comme le carré de la vitesse imprimée à la charge; ce travail est exprimé par la formule :

$$I = \frac{m\,v^2}{2}, \text{ ou comme la masse } m = \frac{p}{g},$$

et comme $g = 9,81$, la formule devient

$$I = \frac{p \times v^2}{2 \times 9,81}.$$

Exemple : Supposons une voiture chargée en totalité de 6000 kilogrammes, et animée d'une vitesse de 3 mètres par seconde, quelle résistance présentera-t-elle en vertu de l'inertie pour s'arrêter :

$$I = \frac{6000 \times 9}{2 \times 9,81} = 2752^{\text{k. m.}} \text{ environ.}$$

260. QUANTITÉ DE MOUVEMENT. — L'effort qu'un corps en mouvement peut exercer sur un corps en repos vaut, en kilogrammètres, le produit de la masse du mobile par sa vitesse ; ce produit s'appelle quantité de mouvement. Si un corps de masse m est animé d'une vitesse v, sa quantité de mouvement est exprimée par $m\,v$, ou comme

$$m = \frac{p}{g}, \; m\,v \text{ est remplacé par } \frac{p \times v}{g}.$$

Ce qui distingue la quantité de mouvement de la quantité de travail des moteurs, c'est que dans le travail mécanique on fait entrer l'effort du moteur, tandis que dans la quantité d'action, c'est la masse qui agit.

261. FORCE VIVE. — Quand une force motrice imprime à un corps une certaine vitesse, le résultat de son action s'appelle force vive ; elle est numériquement le produit de la masse du corps par le carré de la vitesse qui lui est imprimée.

En représentant par M la masse d'un corps, par V la vitesse imprimée,

$$M V^2 \text{ ou } \frac{P V^2}{g},$$

est l'expression de la force vive de ce corps. Cette force vive est le double du travail développé par la pesanteur. En effet, quand un corps de poids P tombe d'une hauteur H, le corps a acquis au bas de sa chute une vitesse V que nous avons trouvée

égale à
$$\sqrt{2\,g\,H} = \frac{V^2}{2\,g},$$

et le travail P H de la pesanteur est exprimé alors par $\dfrac{P V^2}{2\,g}$.

Or, en remplaçant P par la valeur M g, la formule devient $\dfrac{M V^2}{2}$;

ainsi, le travail mécanique développé par la pesanteur est égal à la moitié de la force vive.

262. FORCES CENTRALES. — Lorsqu'un corps tourne librement autour d'un axe, il est soumis à deux forces centrales : l'une, appelée la force centripète, tend à tirer le corps vers l'axe ; l'autre, appelée la force centrifuge, tend, au contraire, à éloigner le corps du centre. Ces deux forces sont égales et directement opposées.

L'effort centrifuge qu'exerce un corps dans son mouvement de rotation, et qui tend à en désunir les parties, est exprimé par la formule :

$$F = \frac{P V^2}{g \times R},$$

dans laquelle P représente le poids du corps, V sa vitesse en mètres par seconde, et R le rayon, ou la distance du centre de mouvement au centre du corps.

Exemple : Soit une boule d'un poids P = 10 kilog. placée à l'extrémité d'un rayon de 1^m 50, et animée d'une vitesse rotative de 12 mètres par seconde, quel est l'effort centrifuge qui tendrait à détacher cette boule du rayon?

$$F = \frac{10^k \times 12^m \times 12^m}{9,81 \times 1,50} = 97^k 88.$$

XXXe TABLE. — HAUTEURS CORRESPONDANTES A DIFFÉRENTES VITESSES, LES UNES ET LES AUTRES EXPRIMÉES EN CENTIMÈTRES.

VITESSE.	HAUTEUR correspondante.	VITESSE.	HAUTEUR correspondante.	VITESSE.	HAUTEUR correspondante.	VITESSE.	HAUTEUR correspondante.	VITESSE.	HAUTEUR correspondante.
cent.	cent.	cent.	cent.	cent.	cent.	cent.	cent.	cent.	cent.
1	0.001	57	1.65	165	13.88	445	100.94	725	267.94
2	0.002	58	1.71	170	14.73	450	103.22	730	271.64
3	0.005	59	1.77	175	15.64	455	105.53	735	275.38
4	0.009	60	1.84	180	16.51	460	107.86	740	279.14
5	0.013	61	1.90	185	17.45	465	110.22	745	282.92
6	0.019	62	1.96	190	18.40	470	112.60	750	286.73
7	0.026	63	2.02	195	19.38	475	115.01	755	290.57
8	0.034	64	2.09	200	20.39	480	117.44	760	294.43
9	0.043	65	2.15	205	21.42	485	119.90	765	298.32
10	0.051	66	2.22	210	22.48	490	122.39	770	302.23
11	0.062	67	2.29	215	23.56	495	124.90	775	306.17
12	0.074	68	2.36	220	24.67	500	127.44	780	310.13
13	0.087	69	2.43	225	25.80	505	130.00	785	314.12
14	0.101	70	2.50	230	26.96	510	132.53	790	318.13
15	0.115	71	2.57	235	28.45	515	135.20	795	322.17
16	0.131	72	2.64	240	29.36	520	137.84	800	326.24
17	0.148	73	2.72	245	30.60	525	140.50	805	330.33
18	0.166	74	2.79	250	31.86	530	143.19	810	334.43
19	0.185	75	2.87	255	33.15	535	145.90	815	338.59
20	0.204	76	2.95	260	34.46	540	148.64	820	342.75
21	0.225	77	3.02	265	35.80	545	151.41	825	346.93
22	0.247	78	3.10	270	37.16	550	154.20	830	351.16
23	0.270	79	3.18	275	38.55	555	157.01	835	355.41
24	0.294	80	3.26	280	39.96	560	159.86	840	359.68
25	0.319	81	3.34	285	41.40	565	162.72	845	363.97
26	0.345	82	3.43	290	42.87	570	165.62	850	368.29
27	0.372	83	3.51	295	44.36	575	168.54	855	372.64
28	0.400	84	3.60	300	45.88	580	171.48	860	377.01
29	0.429	85	3.68	305	47.42	585	174.45	865	381.41
30	0.459	86	3.77	310	48.99	590	177.44	870	385.83
31	0.490	87	3.86	315	50.58	595	180.46	875	390.28
32	0.522	88	3.95	320	52.20	600	183.51	880	394.75
33	0.555	89	4.04	325	53.84	605	186.58	885	399.25
34	0.589	90	4.13	330	55.51	610	189.68	890	403.77
35	0.624	91	4.22	335	57.21	615	192.80	895	408.32
36	0.660	92	4.31	340	58.93	620	195.95	900	412.90
37	0.697	93	4.41	345	60.67	625	199.12	905	417.50
38	0.735	94	4.50	350	62.44	630	202.32	910	422.12
39	0.775	95	4.60	355	64.24	635	205.54	915	426.77
40	0.816	96	4.70	360	66.06	640	208.79	920	431.45
41	0.856	97	4.80	365	67.91	645	212.07	925	436.15
42	0.8.9	98	4.90	370	69.78	650	215.37	930	440.88
43	0.942	99	5.00	375	71.68	655	218.69	935	445.63
44	0.986	100	5.10	380	73.61	660	222.05	940	450.41
45	1.032	105	5.62	385	75.56	665	225.42	945	455.22
46	1.078	110	6.17	390	77.53	670	228.83	950	460.03
47	1.125	115	6.74	395	79.53	675	232.25	955	464.90
48	1.174	120	7.31	400	81.56	680	235.71	960	469.78
49	1.228	125	7.97	405	83.61	685	239.19	965	474.69
50	1.274	130	8.61	410	85.69	690	242.69	970	479.62
51	1.325	135	9.29	415	87.79	695	246.22	975	484.58
52	1.378	140	9.99	420	89.92	700	249.78	980	489.56
53	1.431	145	10.72	425	92.07	705	253.36	985	494.57
54	1.486	150	11.47	430	94.25	710	256.96	990	499.60
55	1.541	155	12.25	435	96.46	715	260.60	995	504.66
56	1.598	160	13.03	440	98.69	720	264.25	1000	509.75

CHAPITRE VII

PRINCIPES ÉLÉMENTAIRES DES OMBRES

263. Nous avons admis en principe, au sujet des traits de force, que dans les dessins géométraux, les objets étaient éclairés par des rayons parallèles entre eux, et de plus parallèles à la diagonale d'un cube dont deux faces verticales opposées sont perpendiculaires à la fois aux deux plans de projection.

Nous avons fait voir que les projections horizontale et verticale de ces rayons font des angles de 45° avec la ligne de terre.

On a déjà pu apprécier les avantages de cette direction donnée aux rayons lumineux qui ont en outre le mérite de faire reconnaître au premier aspect les saillies des objets par une seule projection.

264. D'après cette convention, lorsque l'on considère un objet quelconque recevant ainsi les rayons de lumière parallèles, on peut imaginer que ces rayons forment entre eux un cylindre ou un prisme qui aurait pour base le contour éclairé de l'objet. La partie qui est rencontrée par ces rayons est entièrement éclairée, et celle opposée se trouve entièrement privée de lumière. On dit alors que cette partie non éclairée est l'*ombre propre* du corps.

265. Si maintenant on suppose que ces rayons lumineux se prolongent jusqu'à la rencontre d'une surface quelconque, le contour limité par ces rayons sur cette surface, et qui alors est aussi privé de lumière, s'appelle *ombre portée*. La ligne qui sépare la partie éclairée de celle qui ne l'est pas, s'appelle *ligne de séparation d'ombre et de lumière*. Elle est toujours droite quand les surfaces sont planes ; elle peut être droite ou courbe lorsque les surfaces sont cylindriques, coniques, sphériques ou courbes.

266. En principe général, la détermination des ombres propres et portées revient à chercher le point de contact ou de rencontre d'une droite, qui exprime le rayon de lumière, avec un plan ou une surface quelconque ; mais comme l'application de ce principe, quoique paraissant d'abord fort simple, présente des difficultés dans la pratique à cause de la variété des contours des objets, il est indispensable de donner des exemples destinés à faire reconnaître les tracés les plus expéditifs à employer, tout en conservant l'exactitude géométrique.

Nous allons d'abord nous proposer de faire ces applications sur des corps simples limités par des surfaces planes, puis sur des surfaces cylindriques, et nous passerons ensuite successivement à des objets plus compliqués. Les modèles auxquels nous avons donné la préférence sont ceux qui se rencontrent le plus fréquemment en mécanique et en architecture : ils peuvent suffire pour tout ce qui peut se présenter dans les études d'ombres.

OMBRES DE PRISMES, PYRAMIDES ET CYLINDRES.

PRISME.

PLANCHE 26.

267. Étant données, fig. 1 et 1ᵃ, les projections horizontale et verticale d'un cube, déterminer l'ombre portée par ce cube sur le plan horizontal.

Par la position même donnée à ce cube, il est facile de voir que les faces éclairées sont celles représentées en A D et A C en projection horizontale, et celles projetées verticalement en A′ E′ et A′ C′ ; les faces opposées B C et B D, fig. 1, et B′ C′, B′ E′, fig. 1ᵃ, sont alors dans l'ombre propre ; mais comme ces faces ne se réduisent sur ces projections qu'à de simples lignes, l'ombre propre ne peut pas être rendue autrement que par des traits renforcés qui sont passés à l'encre de Chine dans un dessin au trait, et au pinceau dans un dessin lavé.

Ces lignes, qui séparent les faces éclairées du cube, de celles qui ne le sont pas, sont ce qu'on appelle, avons-nous dit, les lignes de séparation d'ombre et de lumière. Nous n'avons réellement à nous occuper que de chercher l'ombre portée proprement dite.

268. Lorsque l'objet repose sur le plan horizontal, comme nous l'admettons dans cet exemple, et qu'il se trouve éloigné du plan vertical à une distance plus grande que sa hauteur entière, toute l'ombre qu'il porte se trouve sur le plan horizontal, et alors, pour déterminer celle-ci, il suffit de mener par chacun des angles du cube, des rayons de lumière C c, B b, D d, parallèles à R, et de chercher les points c, b, d, de rencontre de ces rayons avec le plan.

A cet effet, par les points C′ et A′, fig. 1ᵃ, projections des deux premiers B D, on mène les rayons C′ c′ et A′ B′, parallèles à R′, et qui rencontrent la ligne de terre L T, en c′ et B′.

Si de ces points on tire les perpendiculaires c′ c et B′B, elles couperont les premiers rayons en c, b et d. Le contour de l'ombre portée sur le plan horizontal est alors limité entre les lignes C c, cb, b d et d D.

La face E′ B′, par laquelle le cube repose sur le plan horizontal, ne formant pas de saillies ne peut donner d'ombre portée ; il en résulte que l'ombre que nous venons de déterminer est seule apparente et exprimée par une teinte plate uniforme qui se pose d'ordinaire au pinceau par un ton gris d'encre de Chine.

269. On observe que les lignes db et bc sont parallèles aux droites DB et BC, parce que celles-ci sont elles-mêmes parallèles au plan horizontal ; or, lors-

qu'une ligne est parallèle à un plan (82), sa projection sur ce plan est une ligne parallèle à elle-même, il en résulte cette première conséquence que :

Lorsqu'une droite est parallèle à un plan de projection, elle porte ombre sur ce plan suivant une droite qui lui est égale et parallèle.

270. On remarque aussi que les droites D d, Bb, Cc, qui sont les ombres portées par les verticales projetées en D, B et C, sont inclinées à 45° sur la ligne de terre, d'où l'on tire cette deuxième conséquence :

Lorsqu'une droite est perpendiculaire à un plan de projection, elle porte ombre sur ce plan suivant une droite parallèle au rayon de lumière et par conséquent inclinée à 45° par rapport à la ligne de terre.

271. Ces observations permettent de simplifier notablement les opérations. Ainsi au lieu de chercher séparément chacun des points c, b, d, où les rayons de lumière percent le plan horizontal, il suffit de connaître l'un de ces points, celui b, par exemple, et de mener les droites bd, bc, parallèles aux côtés D B et BC, jusqu'à la rencontre des lignes à 45° tracées des points D, C.

Dans le cas actuel, on peut même se dispenser entièrement de la projection verticale fig. 1^a; il eût suffi en effet de porter la diagonale A B de D en d, ou de B en b, ou de C en c, car les projections verticale C′c′ et horizontale Cc, d'un même rayon de lumière, sont de même longueur, ce qui résulte de ce que nous avons pris pour rayon de lumière la diagonale du cube, et que les deux projections AB et A′B′ de cette diagonale sont égales. D'où on tire cette autre conséquence :

Si par un point donné par ses deux projections, on mène un rayon de lumière, et si on cherche les points où ce rayon perce l'un des plans de projection, les longueurs sont les mêmes sur ces deux projections.

272. Enfin, on observe encore que la distance B d, prise sur le prolongement de la ligne verticale C B, est égale à la hauteur entière C′B′, qui est celle du cube; par conséquent, au lieu de porter la diagonale A B, de B en b, il eût suffi de porter la hauteur du cube de B en d, et de mener par le point d, une parallèle à D B, jusqu'à la rencontre du rayon Bb, et par le point b, une parallèle bc à BC.

Ainsi, l'ombre portée d'un point sur un plan est égale à la saillie ou à la distance de ce point au plan.

273. Les fig. 2 et 2^a représentent un prisme à base hexagonale supposé élevé au-dessus de la ligne de terre, mais toujours assez éloigné du plan vertical pour que toute l'ombre portée se trouve dans le plan horizontal.

On voit encore que les faces verticales A B, B C et A F sont éclairées, et que celles opposées E D, D C et F E, sont dans l'ombre propre.

Parmi ces faces, celle CD est seule apparente en projection verticale (fig. 2^a,) et représentée par le rectangle C′D′HG, qui alors est couvert d'une teinte plus foncée que les ombres portées pour la distinguer de celle-ci.

274. L'opération pour déterminer l'ombre portée sur le plan horizontal est évidemment la même que la précédente; toutefois, comme la base inférieure

J H ne repose pas sur le plan horizontal, il ne faut pas seulement mener des rayons de lumière par les points C, D, E, F, de la base supérieure, mais encore en faire autant des points correspondants J, I, G, H, de la base opposée.

Nous observerons comme précédemment que ces deux faces étant parallèle au plan horizontal, donnent chacune pour ombre portée une figure égale et parallèle à elle-même ; par conséquent, au lieu de chercher l'ombre de tous les points, passant par les sommets des angles, il eût suffi de trouver l'un des points d, par exemple, de la base supérieure et un point quelconque k, de la base inférieure et de former, à partir de ces points, deux hexagones égaux et parallèles à celui ABCDEF.

On comprend d'ailleurs que, comme ce sont les lignes de séparation d'ombre et de lumière qui limitent le contour de l'ombre portée, il est inutile de chercher les points situés dans l'intérieur de cette ombre et qui correspondent à tous les points de la surface de l'objet, qui n'appartiennent pas à ces lignes de séparation d'ombre et de lumière.

275. Ainsi, les points a, b, h, e n'ont pas besoin d'être déterminés. En général, on ne détermine pas dans les dessins l'ombre portée par les points correspondants à des points ou à des lignes complétement éclairés ou dans l'ombre propre ; *on se contente toujours de chercher l'ombre portée par les points situés sur les lignes de séparation d'ombre et de lumière.*

276. D'après ce que nous avons vu précédemment, on peut obtenir l'ombre d'un point sur un plan de projection, par l'extrémité de la diagonale du carré qui a pour côté la distance de ce point à l'autre plan.

Ainsi, on a par exemple l'ombre horizontale k, du point projeté en F et I, fig. 2 et 2^a, en formant le carré F$l k$, ayant pour côté la longueur Fl, égale à la distance Il', du point au-dessus du plan horizontal.

On a de même les ombres $g i j$ portées par les points G I J, qui sont à la même hauteur que le premier au-dessus du plan horizontal.

Pour les points c, d, e, f, qui correspondent à la base supérieure A′D′, il suffit de déterminer la diagonale D′d', du carré qui a pour hauteur la distance D′m, de cette base au-dessus du plan horizontal, et de porter cette diagonale de C en c, D en d, E en e, etc.

PYRAMIDE.

277. Lorsque plusieurs droites concourent en un même point, leurs ombres portées sur l'un ou sur l'autre des plans de projection concourent également en un même point qui est la projection du premier. Ainsi dans la pyramide fig. 3 et 3^a, qui a son sommet projeté en S et S′, toutes les arêtes latérales se dirigeant vers ce point, portent ombre sur le plan horizontal, suivant autant de droites qui concourent au point s, ombre portée par le sommet sur ce même plan ; il suffit donc, pour déterminer l'ombre portée par une pyramide sur un des plans de projection, de mener un rayon de lumière par le som-

met, et de chercher le point où ce rayon perce le plan, puis de réunir ce dernier à tous les points de la base, quand cette dernière repose sur le plan de projection. Si, au contraire, cette base se trouve au-dessus du plan, il faut chercher l'ombre portée par chacun des angles et joindre les points à celui qui représente l'ombre du sommet.

TRONC DE PYRAMIDE.

278. Lorsqu'on n'a qu'un tronçon de la pyramide et que le sommet n'est pas déterminé, on est obligé de chercher l'ombre portée par les angles des deux bases ; ainsi les points E, F, G, H de la base supérieure portent ombre sur le plan horizontal en $efgh$, que l'on a obtenu en menant par chacun des points E', F', G', H' de la projection verticale des rayons à 45° qui rencontrent la ligne de terre en $e', f'g', h'$, points que l'on projette horizontalement jusqu'à la rencontre des rayons correspondants menés de E, F, G et H ; en joignant les points e, f, g, h aux angles AB, CD, situés sur le plan horizontal, on a l'ombre portée sur ce plan par chacune des arêtes latérales de la pyramide.

Par cela même que ces arêtes sont diversement inclinées au plan horizontal, leurs ombres portées sur ce plan sont aussi différemment inclinées par rapport à la ligne de terre, mais les côtés de la base supérieure étant parallèles à ce plan, donnent pour ombre une figure égale et parallèle à cette base, ce qui n'aurait pas lieu si elle était inclinée au plan.

Il est évident que, dans la position donnée à la pyramide par rapport aux rayons de lumière, les deux faces latérales AEHD et AEFB sont éclairées, tandis que leurs opposées DHGC et CGFB sont dans l'ombre. Cette dernière, qui est seule apparente en élévation, figure 3ᵃ, y est exprimée par une teinte grise.

CYLINDRE.

279. Un cylindre à base circulaire étant un corps régulier, il suffit, pour déterminer les lignes de séparation d'ombre et de lumière, de lui mener deux plans tangents parallèles au rayon lumineux. Lorsque le cylindre est vertical comme dans les fig. 4 et 4ᵃ, ces plans tangents se projettent sur le plan horizontal suivant deux droites Aa, Bb, tangentes au cercle et inclinées à 45°. Ces droites donnent, par leurs points de contact A et B avec le cercle, la projection des lignes de séparation d'ombre et de lumière qui se projettent verticalement en A'C et B'D ; l'une de ces lignes est apparente sur cette projection, l'autre ne l'est pas. On a donc ainsi la partie AEB du cylindre qui se trouve éclairée, et celle opposée AFB qui est dans l'ombre propre. Une portion seulement de cette dernière est apparente et teintée sur la fig. 4ᵃ.

280. Quant à l'ombre portée, nous remarquons que, par cela même que les deux lignes de séparation d'ombre et de lumière sont verticales, elles portent

ombre sur le plan horizontal, comme on l'a vu précédemment, suivant deux lignes à 45° cA, dB, qui ne sont autres que le prolongement des premiers rayons tangents. Les deux bases du cylindre étant parallèles au plan horizontal, portent ombre sur ce plan suivant des cercles de même rayon, il suffit alors de déterminer l'ombre portée n, o, par les centres N et O', et de décrire de ces points n, o des circonférences du rayon commun OA ou OB. L'ombre entière du cylindre est alors comprise entre les deux circonférences et les deux tangentes cA et dB.

OMBRE PORTÉE D'UN CYLINDRE SUR UN AUTRE.

281. Jusqu'alors, nous n'avons considéré que l'ombre portée d'un objet sur l'un des plans de projection, mais il arrive souvent qu'un corps porte ombre sur un autre, ou que l'objet, par rapport à sa configuration particulière, a des saillies qui portent ombre sur lui-même.

Soit, fig. 6, la projection verticale d'un cylindre composé d'une tige A et d'une tête saillante B, de même forme cylindrique et concentrique, on a d'abord à chercher la séparation d'ombre et de lumière sur les deux cylindres; on trace à cet effet, fig. 6^a, une projection verticale perpendiculaire à la précédente et par conséquent à l'axe du cylindre. Dans cette figure, le rayon de lumière se projette également à 45° par rapport à la ligne de terre; il suffit donc de mener les deux droites C'c' et D'd', tangentes aux cercles A' et B'; les points de contact c' et d' se projettent sur la fig. 6 suivant les droites ab et Dd, qui sont les lignes de séparation d'ombre et de lumière.

Au lieu de mener ces tangentes, on a directement les points de contact $c'd'$, par le rayon Od', qui est perpendiculaire au rayon de lumière.

282. L'ombre portée par la saillie B sur le cylindre A est limitée par l'ombre de la portion de circonférence d' C' H'; on détermine les points de cette ombre en prenant différents points, C', E', F', G', sur cette circonférence et en menant par chacun d'eux une suite de rayons parallèles qui rencontrent la circonférence du cylindre A' en c', e', f' et g'; si, après avoir projeté les premiers points sur la base dH (fig. 6), on mène par les points C, E, F, G des rayons de lumière parallèles aux premiers, et si on projette sur ces lignes les points de rencontre c', e', f' et g', on obtiendra les points de la courbe $cefg$, qui se limite à la ligne de séparation d'ombre et de lumière.

Comme on l'a vu plus haut, on peut, au lieu de projeter les points c', e', f', g', se contenter de porter les longueurs des rayons correspondants C'c', E'e', F'f', G'g', de C en c, de E en e, de F en f, de G en g.

OMBRE PORTÉE D'UN CYLINDRE SUR UN PRISME.

283. Les fig. 7 et 7^a représentent deux projections verticales d'un prisme A, à base octogonale et à portée cylindrique B.

. On mène, comme précédemment, le rayon O d' perpendiculaire au rayon de lumière pour obtenir le point de contact d', et, par suite, la ligne de séparation d'ombre et de lumière D d sur la portée cylindrique B.

La face inclinée c' i' du prisme se trouvant dans la direction du rayon de lumière et, par conséquent, inclinée à 45° sur le plan vertical, est considérée comme étant complètement dans l'ombre; l'arête ab est alors la ligne de séparation d'ombre et de lumière sur la fig. 7, et la surface $abid$ est teintée. L'ombre portée par l'embase saillante B sur le prisme se réduit donc à celle portée par la portion de circonférence C'F'H' sur les deux faces $c'f'$ et $f'h'$. Les lignes et les lettres indiquées font bien voir que l'opération est la même que dans l'exemple précédent, et donne les deux courbes cef et fgh. En général, il suffit pour ces courbes, qui ne sont autres que des portions d'ellipses, de chercher les points extrêmes et un point intermédiaire vers le milieu.

OMBRE PORTÉE D'UN PRISME SUR UN AUTRE.

284. Les fig. 8 et 8^a représentent les projections verticales d'un prisme à base octogonale et surmonté d'un prisme plus grand et concentrique. Quoique, pour déterminer cette courbe, le tracé soit semblable aux précédents, nous avons cru devoir le donner pour exemple afin de faire voir :

1° *Qu'une droite porte toujours ombre sur une surface plane suivant une droite, et qu'alors il suffit d'avoir deux points de la droite pour connaître son ombre portée.*

.Ainsi, la droite E'C' porte ombre sur la face plane fc, suivant une droite ec .(fig. 8).

2° *Toute ligne parallèle à une surface plane porte ombre sur celle-ci, suivant une ligne parallèle à elle-même.*

Ainsi, la droite E'G' de l'embase B', étant parallèle à la face $f'g'$ du prisme A, porte ombre sur celle-ci suivant une droite fg, parallèle à la ligne F G, projection verticale de l'arête F'G'. Il n'en est pas de même de la portion ef, fig. 8, parce que la portion de l'arête E'F' n'est pas parallèle à la face $f'e'$ (fig. 8^a).

OMBRE PORTÉE D'UN PRISME SUR UN CYLINDRE.

285. Les fig. 9 et 9^a représentent une tige cylindrique A, surmontée d'une embase saillante B, de forme hexagonale. Nous donnons cet exemple pour faire voir que, *lorsqu'un cylindre droit est parallèle ou perpendiculaire à un plan de projection, toute droite perpendiculaire à l'axe de ce cylindre et parallèle à ce plan de projection porte ombre sur la surface cylindrique suivant une courbe égale à sa base;* par conséquent, si le cylindre est à base circulaire, comme nous le supposons dans le cas présent, l'ombre portée est un cercle de même rayon que le cylindre : ainsi, la droite D'F', située dans un plan perpendiculaire à l'axe du cylindre A, et en même temps parallèle au plan vertical, fig. 9, porte ombre sur celui-ci suivant une portion de cercle *cef*, dont on obtient le centre *o′* en tirant du point O un rayon de lumière OI, jusqu'à la rencontre de l'arête D′F′ prolongée. Ce rayon rencontre la circonférence de la base du cylindre en *i′*, qui est projeté en *i* sur le rayon correspondant H*i*, fig. 9, et détermine un point symétrique au point *c*, par rapport à l'axe. Le rayon H*i*, prolongé jusqu'à l'axe, donne le centre *o′* de l'arc *cei* dont le rayon *io′* ou *co′* est égal à celui O*i′* du cylindre.

286. L'arête F′H′ qui, quoique située dans un plan perpendiculaire à l'axe, n'est pas parallèle au plan vertical, fig. 9, ne porte pas ombre sur le cylindre suivant un cercle, mais suivant une courbe elliptique *fgh*, que l'on détermine par des points d'après les procédés décrits et indiqués d'ailleurs sur ces figures. Si l'embase B qui porte ombre sur le cylindre était carrée au lieu d'être hexagonale, ce qui se présente souvent, l'un des côtés du carré IH′, fig. 9*a*, étant perpendiculaire au plan vertical, fig. 9, porterait ombre sur la surface latérale du cylindre suivant la ligne à 45° H*i*.

Ainsi, toutes les fois qu'une droite est perpendiculaire à un plan de projection, non-seulement elle porte ombre sur ce plan suivant une ligne à 45°, mais encore sur toute surface projetée dans ce plan.

OBSERVATION. — Dans les quatre exemples que nous venons d'examiner, on s'est contenté de ne représenter en lignes d'opérations que la demi-projection verticale auxiliaire A′B′, comme étant suffisante pour déterminer l'ombre, qui n'est d'ailleurs apparente que sur la surface correspondante à cette moitié. Les opérations relatives à la détermination de l'ombre ne sont évidemment pas changées, lorsque l'axe des objets est horizontal au lieu d'être vertical.

OMBRE D'UN CYLINDRE OBLIQUE.

287. Nous donnons, dans les fig. 5 et 5*a*, les projections horizontale et verticale d'un cylindre droit dont l'axe est horizontal, mais incliné au plan vertical.

Dans cette projection oblique, on se trouve amené à faire un tracé particulier pour déterminer les lignes de séparation d'ombre et de lumière, qui sont toujours des droites parallèles à l'axe du cylindre, parce qu'on ne peut obtenir directement les points de contact des rayons lumineux avec la base.

Nous nous servirons à cet effet d'une construction générale que nous verrons appliquée dans un grand nombre de cas. Cette construction consiste à déterminer, sur un plan donné quelconque, perpendiculaire à l'un des plans géométraux, la projection du rayon de lumière et à trouver ensuite le rabattement de ce rayon sur l'un ou l'autre des plans de projection ; il en résulte que, si dans ce plan donné on a une courbe quelconque, il suffit, pour avoir un point de la ligne de séparation de lumière situé sur cette courbe, de mener à cette dernière une ou deux tangentes parallèles au rayon de lumière projeté sur son plan et rabattu dans le plan de projection.

Ainsi, soient RO et R′O′ les projections d'un rayon de lumière, et proposons-nous de déterminer la projection de ce rayon sur le plan ab, de la base du cylindre ; à cet effet, projetons le point R en r, par une perpendiculaire à ab ; la ligne rO représente la projection horizontale du rayon de lumière sur ce plan ab ; la projection verticale $r'O'$ de ce rayon s'obtient en projetant le point O en O', sur la ligne de terre, et le point r en r', sur l'horizontale $R'e'$ et en joignant ce point r' au point O'. On mène alors sur la fig. 5^a des tangentes aux ellipses, projections verticales des bases du cylindre et parallèles au rayon $r'O'$, leurs points de contact donnent, d'une part, la première ligne $c'd'$ de séparation d'ombre et de lumière, qui est apparente sur le plan vertical, et d'autre part, la seconde ligne $e'f'$, qui n'est pas visible.

En projetant ces points de contact respectivement sur les deux bases ab et gh, on obtient les mêmes lignes de séparation d'ombre et de lumière cd et fe sur le plan horizontal.

Ces mêmes lignes cd et fe peuvent être déterminées sans avoir recours à la projection verticale, en faisant le rabattement de la base du cylindre en a^2b^2, et celui du rayon de lumière projeté sur cette base ; à cet effet, après avoir tracé le cercle a^2mb^2, avec le rayon Oa, on porte de r en r^2, la hauteur $R'r^3$ du point R au-dessus du plan horizontal, ce qui donne la ligne Or^2, pour le rabattement du rayon de lumière dans le plan de la base.

Si on mène alors deux tangentes au cercle et parallèles à ce rayon, leurs points de contact c^2 et f^2, représentente en rabattement les lignes de séparation d'ombre et de lumière que l'on obtient sur la fig. 5, par des perpendiculaires menées de ces points sur la droite ab.

288. Lorsqu'on a ainsi déterminé l'ombre propre du cylindre, il devient facile de tracer son ombre portée sur le plan horizontal ; d'une part on construit l'ombre portée par les deux bases, ce qui donne des ellipses, et de l'autre celles $c''d''$ et $f''e''$, portées par les deux lignes cd et fe de séparation d'ombre et de lumière, et qui sont justement des tangentes à ces ellipses.

Si le cylindre se trouvait incliné à 45° sur le plan vertical, tout en restant horizontal, les lignes de séparation d'ombre et de lumière se confondraient avec les génératrices extrêmes en projection horizontale et en projection verticale sur la ligne d'axe ou ligne milieu du cylindre.

PRINCIPES DE LAVIS.

PLANCHE 27.

289. Avant de nous étendre davantage sur les études d'ombres, nous devons observer que les ombres propres et portées, simplement représentées par des teintes plates, afin de ne pas rendre les tracés confus, doivent suivre les dégradations suivant le contour des objets ou la position de leurs surfaces par rapport à la lumière.

Bien qu'il soit difficile d'établir une théorie exacte sur les principes du lavis, nous croyons cependant devoir exposer quelques notions, qui, avec l'aide des conseils du professeur, permettront à l'élève de vaincre les premières difficultés et de se familiariser bientôt avec cette étude.

En peinture comme dans tous les genres de dessins, les effets d'ombre et de lumière reposent sur les principes suivants.

SURFACES ÉCLAIRÉES.

290. *Lorsqu'une surface est éclairée, si tous les points sont à égale distance de l'œil, elle reçoit sur toute son étendue une teinte claire uniforme.*

Dans le dessin géométral où l'on suppose tous les rayons visuels parallèles au plan de projection, toute face parallèle à ce plan a tous ses points également distants de l'œil : telle est la face plane et verticale *abcd*, du prisme figure A, pl. 27.

291. *De deux surfaces ainsi disposées parallèlement et par conséquent éclairées de la même manière, celle qui se trouve le plus proche de l'œil reçoit une teinte plus faible que l'autre.*

292. *Toute surface éclairée et inclinée par rapport au plan du tableau[1] ayant ses points inégalement distants de l'œil, doit recevoir une teinte inégale.*

Or, d'après le principe précédent, ce sont les parties les plus avancées qui doivent être plus claires ; cet effet est rendu sur la face *adfe*, qui, comme le montre le plan fig. 1, est inclinée au plan vertical de projection.

293. *Des deux faces éclairées, celle qui se présente directement à la lumière est exprimée par une teinte plus claire.*

Ainsi, la face *e'a'*, fig. 1, se présentant plus directement aux rayons lumineux que la face *a'b'*, reçoit un ton qui étant dégradé en raison de son inclinaison par rapport au plan vertical, est plus faible que celui posé sur cette seconde face. C'est surtout vers l'arête *ad*, fig. A, que la différence de ton doit être très-sensible.

SURFACES DANS L'OMBRE.

294. *Lorsqu'une surface est dans l'ombre et parallèle à un plan de projection ou au plan du tableau, elle reçoit un ton foncé uniforme sur toute son étendue.*

On en voit un exemple sur le filet B (fig. C, pl. 28), qui est parallèle au plan vertical ; la différence du ton posé sur ce filet comparativement au ton du bandeau A, qui lui est parallèle, mais éclairé, exprime bien l'opposition d'une partie dans l'ombre avec celle dans la lumière, conformément aux deux principes 290 et 294.

295. *De deux surfaces parallèles dans l'ombre, celle la plus rapprochée de l'œil est la plus fortement teintée.*

---

1. On entend par tableau, en dessin géométral, comme en perspective, le plan sur lequel l'objet est dessiné.

Ainsi, l'ombre portée sur le filet B (fig. C, pl. 28) est sensiblement plus prononcée que celle portée sur le plan vertical qui est plus éloigné.

296. *Lorsqu'une surface non éclairée est inclinée au plan de projection, les parties les plus proches de l'œil sont les plus foncées.*

La face *bghc* (fig. A, pl. 27), projetée horizontalement en *b'g'* (fig. 1), se trouve dans ce cas. Elle montre que le ton vers l'arête *bc* est notablement plus fort que vers l'arête *gh*.

297. *Lorsque deux surfaces dans l'ombre sont inégalement inclinées par rapport à la lumière, l'ombre portée est plus prononcée sur celle qui la reçoit le plus directement.*

Ainsi, l'ombre portée *adfe* sur la face F du prisme (fig. E, pl. 26) est plus forte que celle *dabc*, portée sur la face G, parce que, comme l'indiquent les lignes *f'h'* et *f'c'* (fig. 7*a*), la première se présente plus directement à la lumière que la seconde. Ces premiers principes sont mis en application sur les modèles des planches 26, 27 et suivantes.

Comme il importe, pour rendre les dégradations des ombres, d'avoir quelques connaissances sur le lavis proprement dit, nous allons entrer dans des explications succinctes à cet égard.

Deux méthodes sont généralement adoptées pour exprimer les dégradations des ombres, l'une dite à *teintes plates*, l'autre dite à *teintes fondues.*

Nous avons dit quelques mots sur la pose des teintes plates au sujet des coupes représentées en couleur (137). Ces premiers indices peuvent servir de base à la première méthode, qui présente moins de difficultés pour les commençants. Elle se borne, en effet, à reproduire la dégradation des tons par une suite de teintes plates superposées.

LAVIS A TEINTES PLATES.

298. 1° *Soit proposé de laver un prisme à teintes plates* (fig. A, pl. 27).

Suivant la position de ce prisme par rapport au plan de projection (fig. 1), on reconnaît que la face *a'b'* est parallèle au plan vertical et qu'elle est entièrement éclairée; elle doit donc recevoir une teinte claire et uniforme que l'on étend au pinceau soit à l'encre de Chine, soit à la *sépia*, comme on l'a fait sur le rectangle *abcd*. Lorsque les surfaces sont très-grandes, il est bon de préparer le papier par une teinte très-faible, et d'arriver au ton par une seconde teinte (137).

La face *b'g'*, étant inclinée au plan vertical et complétement dans l'ombre, doit recevoir (294) une teinte dégradée depuis l'arête *bc* jusqu'à l'arête *gh*; on obtient cette dégradation par la pose successive de plusieurs teintes plates. A cet effet, pour opérer régulièrement, nous engageons les commençants à diviser la face *b'g'*, fig. 1, en plusieurs parties égales en 1', 2', et à mener par ces points des lignes parallèles aux côtés *bc* et *gh*, fig. A. Ces lignes doivent être tracées très-légèrement au crayon, parce qu'elles ne servent que

de guides ou directrices. On met alors une première teinte grise sur la surface comprise entre la première ligne 1, 1 et l'arête bc (fig. 2) ; lorsque cette
teinte est suffisamment sèche, on en pose une seconde semblable qui recouvre
la première, et qui s'étend depuis l'arête bc, jusqu'à la ligne 2, 2 (fig. 3).
Enfin, une troisième teinte recouvrant les deux précédentes, se termine à
l'arête extérieure gh, fig. ₳, et complète le ton dégradé de la face $bchg$.

Le nombre de teintes destinées à exprimer la graduation, doit évidemment
varier suivant la largeur de la surface dégradante, et on comprend que, plus
les teintes seront multipliées, plus elles pourront être faibles, et par suite
moins seront dures les lignes sur lesquelles le pinceau se sera arrêté.

Nous recommandons aussi à ce sujet d'avoir le soin d'effacer les lignes au
crayon, après que les teintes sont bien sèches.

299. Cette méthode de superposer les teintes en les couvrant de plus en plus
est préférable à celle, quelquefois employée, de couvrir d'abord toute la surface
$bghc$ d'une teinte unie, puis de poser une seconde teinte $b22c$, et enfin de
terminer par la teinte étroite $b11c$, parce qu'une teinte qui en recouvre une
autre l'adoucit et fait paraître la directrice moins apparente. La face $e'a'$, fig. 1,
étant aussi inclinée au plan vertical, mais entièrement éclairée, doit recevoir (292) un ton très-clair. plus prononcé cependant du côté de l'arête extrême ef, fig. ₳ ; on procède pour le lavis de cette face comme pour la précédente, en ayant le soin de faire les teintes beaucoup plus faibles.

300. 2° *Soit proposé de laver un cylindre à teintes plates* (fig. ₴, pl. 27).

Dans un cylindre, on doit tenir compte de la dégradation des tons sur la
partie dans l'ombre et sur celle qui reçoit la lumière. On se rappelle, à cet
effet, que la ligne de séparation d'ombre et de lumière ab est déterminée par
le rayon à 45°, Oa', fig. 4, perpendiculaire au rayon de lumière; par conséquent toute la portion de l'ombre propre apparente sur la projection verticale, fig. ₴, est comprise entre cette ligne ab et la génératrice extrême cd.
Or, d'après le principe (296), le ton de cette surface doit aller en dégradant
de ab en cd, comme le plan incliné $b'g'$ (fig. 1).

Par opposition, toute la partie du cylindre comprise entre ab, et la génératrice extrême fg est éclairée; toutefois, il faut observer qu'à cause de sa forme
arrondie, chacune de ses génératrices est à inégale distance du plan vertical
de projection, et forme des angles différents avec la direction de la lumière.
Par conséquent, cette surface doit recevoir des tons dégradés (292). Pour
bien en exprimer l'effet, il importe de connaître quelle est la portion de cette
surface la plus claire ou la plus brillante, c'est évidemment celle qui entoure
la génératrice ei, fig. ₴, contenue dans le plan vertical du rayon de lumière
RO (fig. 4). Mais remarquons que les rayons visuels sont perpendiculaires au
plan vertical, et par conséquent parallèles à VO. Il en résulte que la partie
de la surface qui paraît à l'œil la plus claire se trouve rapprochée de cette
ligne VO, et est déterminée par la ligne TO, qui divise l'angle des deux
droites RO et VO en deux parties égales ; si donc on projette les points e' et m'

(fig. 4), suivant les droites *e i* et *mn* (fig. B), on aura la surface *e i m n* la plus éclairée.

301. Cette surface est brillante et reste tout à fait blanche lorsque le cylindre est poli, comme un arbre en fer tourné, par exemple, ou une colonne en marbre; on l'éteint au contraire par une teinte légère, tout en la laissant la plus claire par rapport au reste de la surface, lorsque le cylindre est brut, comme un tuyau en fonte.

302. D'après ces diverses observations, nous supposons encore, pour les commençants, le dessin du cylindre *f'm' a' c'* (fig. 4) divisé en un certain nombre de parties égales qui sont d'autant plus multipliées que le cylindre est d'un plus grand diamètre. On projette ces divisions suivant autant de lignes verticales que l'on trace légèrement au crayon. On met alors une première teinte grise sur la partie dans l'ombre *a c d b* (fig. 5), pour la distinguer immédiatement de la partie éclairée; quand elle est sèche, on pose une seconde teinte qui couvre la ligne de séparation d'ombre et de lumière *ab*, de chaque côté, entre deux divisions consécutives, comme l'indique la fig. 6; on met de même après celle-ci une troisième teinte qui recouvre la seconde d'une division à droite et à gauche (fig. 7); on continue de la même manière en recouvrant de plus en plus, suivant les directrices au crayon, ce qui donne successivement dès résultats exprimés par les fig. 8, 9 et 10.

303. On s'occupe en dernier lieu de la partie *f e i g*, qui est dans la *demi-teinte,* et que l'on recouvre également de teintes successives et plus légères indiquées par la fig. 10. On termine, enfin, par une teinte très-légère que l'on étend sur presque toute la surface, en ne laissant à découvert qu'une très-petite portion de la surface brillante *e m n i*, fig. B.

LAVIS A TEINTES FONDUES.

304. Les teintes fondues diffèrent des teintes plates, pour exprimer les effets d'ombre et de lumière, en ce qu'elles se dégradent au fur et à mesure qu'elles se posent; elles ont sur les premières le mérite de ne pas laisser de lignes tranchées qui paraissent quelquefois dures à l'œil et semblent exprimer une suite de facettes qui n'existent réellement pas. Néanmoins, pour le lavis des machines, elles conviennent parfaitement et font ressortir et briller _davantage les différents objets qu'elles représentent. Nous conseillons donc toujours de laver les dessins des machines et appareils industriels à teintes plates et les dessins d'architecture à teintes fondues.

La pose de ces teintes, présentant plus de difficultés, exige une certaine habitude que l'on peut acquérir, du reste, en suivant la méthode que nous allons indiquer.

305. 1° *Soit proposé de laver, à teintes fondues, les faces d'un tronc de pyramide à base hexagonale,* fig. D, pl. 27.

La position de ce solide, par rapport au plan vertical, est analogue à celle du prisme (fig. A). Ainsi, la face *abcd* doit recevoir un ton uniforme qui, rigoureusement, en raison de ce qu'elle n'est pas parallèle au plan vertical, devrait légèrement dégrader de haut en bas.

La face *bghc*, étant inclinée et dans l'ombre, doit être dégradée de *bc* jusqu'à *gh* : à cet effet, on applique contre l'arête *bc* (fig. 15) une première teinte que l'on dégrade de gauche à droite, en prenant pour limite la directrice 1, 1 ; cette dégradation s'effectue en séchant le pinceau qui contient la teinte, afin d'affaiblir le bord de celle-ci, et on la complète avec un second pinceau légèrement imbibé d'eau ; c'est ce que nous avons essayé d'exprimer sur la fig. 15.

Lorsque ce premier ton est suffisamment sec, on le recouvre d'une teinte fondue de même, mais qui s'étend sur une plus grande largeur *bc*, 2, 2, limitée par la directrice 2, 2 (fig. 16) ; en procédant de la même manière pour une 3e et une 4e teinte, etc., recouvrant toujours les premières, on arrive à produire le ton gradué et fondu de la face *bghc* (fig. D).

On opère de même, mais avec des teintes plus faibles, pour la face éclairée *eadf*, qui se présente presque perpendiculairement à la lumière, mais qui est inclinée par rapport au plan vertical.

Pour être rigoureux suivant les principes énoncés, le ton sur cette face doit dégrader non-seulement depuis *ef*, jusqu'en *ad*, mais encore de *ea* en *fd*. Et pour la face dans l'ombre *bghc*, le ton devrait être un peu plus fort vers la base *ch*, et dégrader vers la partie supérieure *bg*. Mais on peut réellement négliger cette dégradation, qui d'ailleurs doit être peu sensible, afin de pas augmenter la difficulté du lavis.

306. 2° *Soit proposé de laver un cylindre à teintes fondues* (fig. C, pl. 27).

En suivant les indications données fig. 4, pour la pose régulière des tons, les élèves pourront laver un cylindre à teintes fondues, en mettant d'abord une première teinte sur la ligne de séparation d'ombre et de lumière, et en la fondant de chaque côté de cette ligne (fig. 11) ; puis successivement une 2e et une 3e teinte qui se fondent également (fig. 12) ; ils arrivent ainsi aux résultats exprimés par les fig. 13 et C.

Nous n'avons pas cru devoir indiquer toutes ces teintes successives, pensant bien avoir fait suffisamment comprendre la méthode par ce qui précède ; nous engageons les élèves à faire ainsi quelques études de lavis sur des corps simples de différentes dimensions.

307. Lorsqu'en posant une teinte, il arrive qu'on fasse quelques taches soit par le défaut du papier ou par toute autre cause, on doit les corriger en épongeant légèrement, lorsqu'elles sont plus fortes que la teinte, et en mettant avec le pinceau presque sec quelques faibles tons dans les parties les plus pâles, pour les raccorder avec le ton général.

Les fig. A, B, C, D, E, de la pl. 26 représentent divers modèles lavés, dont on a préalablement tracé les ombres, comme il a été indiqué sur les fig. 1 à 9. Ces modèles peuvent servir de guides pour les effets d'ombre et de lumière, quoique gravés d'une manière différente que ceux de la pl. 27 ; toutefois, nous engageons toujours l'élève à les dessiner sur une plus grande échelle, afin de s'habituer à la pose des grandes teintes.

SUITE DES ÉTUDES D'OMBRES.

PLANCHE 28.

OMBRE PORTÉE DANS UN CYLINDRE CREUX.

308. Lorsqu'un cylindre creux, comme un cylindre de machine à vapeur, une colonne en fonte, un tuyau de conduite, etc., est coupé par un plan passant par son axe, on a, d'une part, une arête droite, et de l'autre, une portion de l'une de ses bases, qui portent ombre sur la surface intérieure du cylindre.

Proposons-nous de déterminer l'ombre portée dans l'intérieur d'un cylindre à vapeur A, coupé par un plan vertical passant par son axe, fig. 1 et 1ᵃ. Cherchons d'abord l'ombre portée par l'arête saillante B C, qui n'est autre que l'intersection du plan coupant avec la surface intérieure du cylindre. Cette droite étant verticale est projetée horizontalement au point B′, et porte ombre dans le cylindre suivant une droite b f, qui est aussi verticale et déterminée par la rencontre du rayon de lumière B′ b′ avec le cylindre B′ F′b′.

Ainsi, lorsqu'une droite est parallèle aux génératrices du cylindre, elle porte ombre sur la surface de celui-ci suivant une droite parallèle à l'axe. Il suffit donc de chercher un seul point de la droite pour avoir l'ombre entière.

309. Déterminons maintenant l'ombre portée dans le cylindre par la portion circulaire B′ E′ F′ de la base supérieure. Si on prend sur e cercle un point quelconque E′, que l'on projette verticalement en E, et que l'on mène par ce point un rayon E′e′, Ee, on trouve que ce dernier rencontre la surface concave du cylindre au point e′, qui se projette verticalement en e ; ce que nous venons de dire s'applique à un point quelconque de l'arc E′ F′, on a les points extrêmes de l'ombre portée, d'un côté, par une tangente à l'arc tracé en F′, et qui donne le point F sur la base même du cylindre, et de l'autre le point b, qui déjà a été déterminé par l'arête B C. On a donc la courbe F e b, pour l'ombre portée par la portion circulaire B′ E′ F′.

310. Si, comme dans les fig. 1 et 1ᵃ, nous supposons le cylindre à vapeur renfermant son piston P, représenté non coupé, la base de ce piston portera ombre sur la paroi du cylindre suivant une courbe d h o, que l'on détermine en prenant à volonté des points B′, H′, O′ sur la circonférence du piston, et en menant par ces points, sur les deux plans de projection, des rayons de lumière qui rencontrent le cercle B′ b′o′, du cylindre en b′, h′ et o′, lesquels se projettent verticalement en d, h, o ; la courbe réunissant ces points donne l'ombre portée à l'intérieur du cylindre par le piston. La tige T de ce piston, étant cylindrique et verticale, porte ombre dans l'intérieur du cylindre, sui-

vant un rectangle dont les côtés verticaux ij, kl, déterminés par les tangentes I′i' et K′k', sont parallèles à l'axe.

OMBRE PORTÉE D'UN CYLINDRE SUR UN AUTRE.

311. Soient, fig. 2 et 2^a, les projections d'un cylindre convexe A, tangent à un cylindre concave B, sous forme d'une doucine ou de cannelures arrondies.

Ce problème, qui consiste à déterminer l'ombre propre d'un cylindre convexe et l'ombre portée par un cylindre concave, résume ce qui a été dit pour déterminer l'ombre propre d'un cylindre (fig. 4 et 4^a, pl. 26), et ce que nous venons de dire pour le cylindre creux (fig. 1 et 1^a); les opérations sont suffisamment indiquées fig. 2 et 2^a, nous observerons seulement qu'il est toujours essentiel de déterminer en premier lieu les points extrêmes C′ D′, qui limitent l'ombre propre CG, et l'ombre portée Dcg; ces points C′ D′ s'obtiennent, comme nous l'avons vu, plus exactement par les rayons O C′ et D′ E, perpendiculaires aux rayons de lumière.

OMBRES D'UN CÔNE.

312. Dans cette étude, nous nous proposons de déterminer : 1° l'ombre propre ou la ligne de séparation d'ombre et de lumière sur la surface du cône; 2° l'ombre portée de ce cône sur le plan vertical de projection; 3° l'ombre portée par un prisme à base carrée et horizontale sur le cône et sur le plan vertical de projection.

313. 1° Nous avons posé en principe général, que pour trouver l'ombre propre d'une surface quelconque, il fallait mener une suite de rayons de lumière parallèles et tangentes à cette surface, mais lorsque le corps est engendré par une droite, comme un cylindre ou un cône, il suffit de tracer des plans tangents parallèles aux rayons lumineux pour obtenir les lignes de séparation d'ombre et de lumière.

Dans le cas du cône représenté fig. 3 et 3^a, et dont l'axe ST est vertical, l'opération consiste à mener par le sommet S et S′, deux lignes à 45°, Ss et S′ s', qui donnent en s', l'ombre portée par ce sommet sur le plan horizontal; de ce point on mène une droite $a's'$, tangente à la base A′C′B′ du cône. Cette droite représente la trace du plan tangent au cône sur le plan horizontal, on obtient alors la génératrice de contact, en abaissant du centre S′ un rayon S′ a', perpendiculaire à cette trace $a's'$, on a la projection horizontale de l'une des lignes de séparation d'ombre et de lumière; la projection verticale Sa de cette droite s'obtient en projetant le point de contact a' en a sur la base AB, et en réunissant ce dernier au sommet S. La seconde ligne S′ b' de séparation d'ombre et de lumière du cône s'obtient de même par la tangente $s'b'$, seulement sa projection verticale n'est pas apparente sur la fig. 3^a.

314. 2° L'ombre portée du cône sur le plan vertical est limitée d'une part par la ligne de séparation d'ombre et de lumière, et de l'autre par la portion

de la base éclairée comprise entre ces deux lignes; or, la droite Sa porte ombre suivant une droite $s^2 a^2$, comme l'indique le tracé, et la base A' E' C' B' porte ombre suivant une courbe elliptique $fe\,d\,a^2$ qui se détermine par points d'après le tracé (fig. 5, pl. 26).

315. 3° L'ombre portée par la base inférieure G H du prisme rectangulaire P, sur la surface convexe, se détermine d'après le principe déjà énoncé: que lorsqu'une droite est parallèle à un plan, elle porte ombre sur ce plan, suivant une droite égale et parallèle à elle-même; il en résulte que si on coupe le cône par un plan M N parallèle à sa base, l'ombre portée par la droite G H sur ce plan sera déterminée en menant par le point I de la base situé sur l'axe du cône et projeté horizontalement en S', un rayon de lumière qui rencontre ce plan M N au point i, lequel se projette horizontalement en i', sur la projection du même rayon. Si donc du point i on porte la distance $i'\,i^2$ égale à S' J', et que par le point i^2 on mène la droite G² H², cette dernière exprimera l'ombre portée par le côté G H sur le plan M N; mais celui-ci coupe le cône suivant un cercle dont le diamètre M N, compris entre ses génératrices extrêmes, se projette horizontalement en M'L'N'. La rencontre de la droite G²H² avec la circonférence de ce cercle donnera donc deux points i^2 et i^3 qui, projetés verticalement en $i\,i''$, sur M N, déterminent deux points de l'ombre portée.

En opérant de la même manière pour tout autre plan sécant parallèle à M N, on pourrait obtenir d'autres points de la courbe; on reconnaît que ces plans sont pris à la hauteur convenable, lorsque les projections de la droite G H se rencontrent avec les cercles correspondants; et on évite à cet égard des tâtonnements, en cherchant d'abord les points limites de la courbe; ainsi dans l'exemple qui nous occupe, on obtient le sommet g de la courbe en portant la distance J'S' (fig. 3), de I en J, sur la droite I G (fig. 3^a). Par ce point J, on mène un rayon de lumière; le point de rencontre g'', de ce rayon, avec la génératrice extrême AS, se projette sur la génératrice S T, par l'horizontale $g''g$, et détermine le sommet g. On obtient ensuite les points extrêmes $h\,h'$ de la même ombre, en rabattant le point G' en G³ sur le plan vertical. Cette opération consiste à décrire du centre S', avec le rayon S'G', l'arc de cercle G'G''. On mène ensuite par le point G³, projection de G'', la droite G³h', parallèle au rabattement du rayon de lumière dans le plan vertical et incliné, comme nous l'avons vu, suivant l'angle de 35° 16'. Le point de rencontre h' de cette droite avec la génératrice extrême AS, détermine le plan $h'h$, qui est rencontré par les rayons à 45°, menés des points I et G, aux points limites cherchés h, h'.

L'ombre portée du prisme P sur le plan vertical ne présente aucune particularité en dehors des principes déjà exposés.

OMBRE D'UN CONE RENVERSÉ.

316. Lorsque le cône, au lieu de reposer sur sa base, prend appui sur son sommet, comme dans les fig. 4 et 4^a, les rayons lumineux éclairent une

moindre partie de sa surface, et les lignes de séparation d'ombre et de lumière s'obtiennent en menant également par le sommet SS' des lignes à
45°, que l'on prolonge jusqu'au plan de la base AB.

On observe que les points de rencontre s, s' doivent se trouver à gauche de
l'axe du cône, au lieu d'être à droite. Par le point s', projection horizontale
du point de rencontre s, on mène les deux tangentes s' a', s' b', à la circonférence de la base A'B'D'. Les rayons S' a' et S' b', passant aux points de contact, donnent la projection horizontale des deux lignes de séparation d'ombre et de lumière, et font voir que la partie éclairée du cône, qui est la surface b' G² a'S', est toujours plus petite que la partie dans l'ombre b' D' a'S'.

La première ligne S' a' est seule apparente en projection verticale, fig. 4ª;
elle est déterminée par la projection du point a' en a, et par la réunion de
ce point a au sommet S. On voit que le cône étant coupé par un plan horizontal D'E, cette ligne aS s'arrête en c sur ce plan.

317. Le cône, ainsi renversé, est aussi surmonté d'une embase carrée, dont
les côtés FG' et C'H' portent ombre sur sa surface latérale. Or, le côté FG',
projeté en G, fig. 4ª, est perpendiculaire au plan vertical; par conséquent, il
porte ombre sur le cône suivant une ligne à 45°, Gf; on détermine le point
limite f en procédant comme précédemment, c'est-à-dire en rabattant le
point G' en G³ sur le plan vertical, et en menant par le point G³ la droite G³h''
parallèle au rabattement du rayon de lumière, on tire ensuite l'horizontale
h'' h qui est rencontrée par le rayon Gf en f.

Comme l'embase est carrée, le sommet g de la courbe s'obtient directement par le point de rencontre y'' du rayon de lumière avec la génératrice
extrême AS, et par l'horizontale g'' g, menée de ce point. On détermine ensuite un point quelconque i'' de la courbe par la section d'un plan horizontal MN, avec le rayon de lumière mené du centre I du carré.

OMBRE A L'INTÉRIEUR D'UN CONE CREUX.

318. La fig. 5 représente un plan vu en dessus d'un tronc de cône creux,
et la fig. 5ª est une section verticale par l'axe de ce cône. On a à chercher
en projection horizontale l'ombre portée sur la paroi intérieure du cône par
la portion A'BC, de la circonférence de sa base, et l'ombre portée en projection verticale par l'arête saillante DS, et par la partie circulaire A' D' projetée en AD.

Nous devons d'abord faire observer que la droite DS, qui est une génératrice
du cône, porte ombre sur celui-ci, suivante une droite, *car tout plan parllèle
au rayon de lumière et passant par cette droite, coupe le cône suivant une
génératrice;* on mène donc du point D' le rayon à 45° D' d', et du centre S'
on abaisse la perpendiculaire S' E', cette droite représente la projection horizontale de l'intersection du cône avec le plan, passant par l'arête D'S', et
parallèle au rayon de lumière; en projetant le point E' en E, fig. 5ª, et en

joignant SE, on a la projection verticale de cette ligne d'intersection, et par suite l'ombre portée par l'arête DS. Le rayon de lumière mené du point D détermine le point limite d sur cette même droite. On obtient aussi sur le plan horizontal les points limites A′ et C de la courbe, par les tangentes $s′$ A′ et $s′$ C menées du point $s′$, où le rayon de lumière rencontre ce plan. La détermination du point symétrique $b′$ de la même courbe a lieu par la droite Db, menée du point D parallèlement au rayon de lumière SR, préalablement rabattu en S R²; le point de rencontre b de cette droite avec la génératrice SF, directement opposée à celle qui passe en D, se projette horizontalement en $b′$ sur le prolongement du rayon de lumière BS′.

319. L'opération pour trouver un point quelconque intermédiaire de la courbe repose sur le principe énoncé précédemment, que lorsqu'une ligne ou une surface est parallèle à un plan, l'ombre portée est aussi une ligne ou une surface égale et parallèle à la première. Si donc on mène un plan MN parallèle à la base D F du cône, l'ombre portée par cette base sur ce plan est un cercle; il suffit alors de mener par le centre O, fig. 5ª, un rayon Oa qui rencontre le plan MN en a, lequel se projette horizontalement en $a′$ sur le rayon même; si du point $a′$ comme centre, avec le rayon DO, on trace un cercle H′IJ, celui-ci exprime l'ombre entière portée par la base DF sur le plan sécant; or, ce plan coupe le cône suivant un cercle dont MN est le diamètre, et que l'on trace sur la projection horizontale en H′ M′JN; ce cercle est rencontré par le premier aux points H′ et J, qui sont deux points de l'ombre sur la fig. 5; l'un de ces points est apparent dans le plan vertical et se projette en H sur la ligne MN.

APPLICATIONS.

320. Nous donnons sur cette planche, comme dans la planche 26, des modèles lavés et finis, sur lesquels on peut faire l'application des principes que nous venons d'indiquer, soit comme ombres propres et portées, soit comme lavis. Ainsi, la fig. A représente l'intérieur d'un cylindre à vapeur avec son piston et sa tige. On a tenu compte dans cet exemple de ce principe général, que les ombres sont d'autant plus vigoureuses qu'elles se trouvent sur des surfaces plus éclairées, par conséquent le ton le plus foncé doit partir de la génératrice correspondante à Gh, fig. 1ª, qui est située dans le plan vertical du rayon de lumière passant par l'axe du cylindre; le ton de l'ombre doit donc dégrader à gauche et à droite de cette ligne.

321. Dans cette dégradation successive, on a aussi égard aux effets de la lumière réfléchie, qui font qu'une surface dans l'ombre ne peut pas être complétement noire. Dans un cylindre creux, pour la portion qui est dans l'ombre, c'est la génératrice FF², fig. 1ª, projetée en F′, fig. 1, qui doit être la moins foncée, comme recevant plus directement les rayons de la lumière réfléchie. On se rappelle que ce point F′ est obtenu par le rayon TF′ perpendiculaire au rayon de lumière.

La fig. ß montre un exemple relatif aux doucines et cannelures arrondies, et fait bien voir la différence entre une ombre propre et une ombre portée pour détacher les saillies des creux.

La fig. ℭ est un fragment d'entablement de l'ordre dorique, donné comme application de l'ombre portée sur les cônes et de celles portées par ceux-ci sur un plan vertical.

Cet exemple fait voir que, pour l'effet du dessin, il importe beaucoup de faire une grande différence de ton entre les ombres portées des premiers et des seconds plans, comme aussi entre les ombres portées sur des surfaces arrondies et des surfaces planes.

La fig. ⅅ réunit la projection d'un cylindre avec deux cônes opposés par leurs bases pour démontrer que le lavis sur chacune des surfaces ne doit pas être rendu de la même manière.

Le ton du cône supérieur est moins avancé comme ombre que celui du cylindre, tandis que le ton sur le cône inférieur est au contraire plus sensiblement avancé, ce dont on s'est rendu compte sur les tracés, fig. 3ª et 4ª.

Les fig. 𝔼 et 𝔽 sont des modèles lavés de cônes vus extérieurement et intérieurement, et sur lesquels on doit faire les mêmes observations comme effets d'ombres dégradées et de demi-teintes.

ORDRE TOSCAN.

PLANCHE 29.

OMBRE DU TORE.

322. En géométrie, le tore ou anneau est un solide engendré par un cercle qui tourne autour d'un axe en restant constamment dans le plan de cet axe, de sorte que toute section faite par un plan passant par l'axe est un cercle de même rayon, et que toute section perpendiculaire à l'axe donne aussi des cercles, mais variables de diamètre.

Nous avons vu que dans l'architecture le tore est une des parties essentielles de la base et du chapiteau de la colonne de chaque ordre, il nous a donc paru utile de faire connaître la détermination de ses ombres propre et portée, en indiquant à cet effet les tracés les plus simples.

Les fig. 1 et 1ª représentent les deux projections d'un tore A, supposé engendré par un demi-cercle afc, assujetti à tourner autour d'un axe vertical O P.

323. Proposons-nous de déterminer l'ombre propre ou la ligne de séparation d'ombre et de lumière sur la surface extérieure de ce tore. Il convient de chercher d'abord les points principaux qui sont d'ailleurs très-faciles à obtenir; ainsi, en menant parallèlement au rayon de lumière R O' deux droites tangentes aux cercles afc, qui limitent le contour du tore, on a les

deux points extrêmes bd de la courbe. Ces points de contact sont obtenus très-exactement en abaissant des centres o et o' de ces cercles, des rayons perpendiculaires sur ces tangentes. Si on tire du point b la ligne horizontale be, on obtient sur la droite verticale OP, le point e milieu de la courbe.

Pour avoir la courbe en projection horizontale, on projette les points be de la fig. 1^a en $b'e'd'$, fig. 1, qui correspondent au cercle ayant pour rayon be ou dO; on obtient encore un point g, en traçant la droite à 45°, $O'g'$, perpendiculaire au rayon de lumière $R'O'$. Cette droite rencontre le cercle extérieur $f'hf$, qui limite le tore, en projection horizontale et dont la projection est, en ff, passant par le centre oo', le point de rencontre e' se projette alors en q sur cette droite ff.

Pour trouver le point i qui paraît le plus bas de la courbe, et qui est situé sur le rayon de lumière contenu dans le plan vertical $i'O'$, qui passe par l'axe du tore, on rabat ce plan dans le plan vertical, sa section dans l'anneau étant un cercle se rabat alors sur le cercle générateur afc; le rayon de lumière situé dans ce même plan se rabat aussi suivant une tangente ki^2 à ce cercle et inclinée, comme on sait, suivant l'angle de 35° 16', le point de contact i^2 est celui cherché en rabattement; on le projette horizontalement en i^3, et on le ramène à sa véritable position i', sur le rayon $k'O'$, par un arc de cercle décrit du centre O' avec le rayon $O'i^3$, puis on projette le point i' verticalement en i, sur la ligne horizontale tirée du point de contact i^2.

On se contente habituellement de ces cinq principaux points b, i, e, g et d, de la ligne de séparation d'ombre et de lumière; mais si l'on veut d'autres points intermédiaires, on mène des plans sécants passant par l'axe, tels que celui $O'B'$, qui coupe le tore suivant un cercle de même rayon que celui du cercle générateur; on opère alors, pour trouver le point de contact du rayon de lumière tangent à cette section, suivant la méthode indiquée (fig. 5 et 5^a, pl. 26), c'est-à-dire que l'on cherche la projection du rayon de lumière sur ce plan $O'B'$, il suffit pour cela d'abaisser sur ce plan une perpendiculaire $R'i'$, d'un point quelconque pris sur le rayon lumineux, on obtient le rabattement de ce rayon ainsi projeté sur le plan $O'B'$, en faisant tourner ce dernier autour de l'axe O', jusqu'à devenir parallèle au plan vertical; le point r' décrit alors un arc de cercle autour de O', pour se placer en r'', et comme sa hauteur au-dessus du plan horizontal reste la même que celle du point R', on tire du point R l'horizontale Rr qui donne, par sa rencontre avec la verticale $r''r$, le point r, et par suite la ligne rO', pour le rabattement cherché du rayon de lumière. Il est évident que le cercle de section situé dans le même plan $O'B'$, s'est aussi rabattu dans le plan vertical suivant afc; par conséquent si on mène à celui-ci une tangente mn, parallèle à rO', on a le point de contact n, qui se projette horizontalement en n', et que l'on ramène par l'arc décrit du centre o', avec le rayon $n'O'$, sur la droite $O'B'$. On a ainsi la projection horizontale n^3 du point cherché, que l'on projette verticalement en n^2, sur la ligne horizontale passant par le plan de contact n.

Si on prolonge l'arc de cercle $n'n^3$ au delà du rayon $O'g'$, et que l'on porte
la distance $g'n^3$ de g' en l', on obtiendra aussi un point l' symétrique à n^3
par rapport à ce rayon $O'g'$, qui est incliné à 45°, et perpendiculaire à la
ligne $R'O'$. Ce point l' se projette verticalement en l, sur l'horizontale pl,
tracée au-dessus de la ligne milieu ff, à la distance pq égale à qs qui existe
au-dessous, entre cette ligne et la droite nn^2.

324. Lorsqu'on connaît l'ombre propre d'un tore, on détermine aisément
l'ombre qu'il porte sur un plan horizontal, en menant par des points quelconques, pris sur la ligne de séparation d'ombre et de lumière, des rayons
à 45°, et en déterminant les points où ces rayons rencontrent le plan ; ainsi
dans les fig. 2 et 2^a, une portion du tore A porte ombre sur le plan horizontal
BC, suivant une courbe dont la partie $a'b'c'$ est seule apparente (fig. 2).

Un point quelconque b, b' de cette courbe est déterminé par la rencontre
du rayon de lumière mené de l, l', avec le plan horizontal B C.

325. Lorsque le tore est surmonté d'un filet cylindrique, il peut arriver que
la ligne de séparation d'ombre et de lumière de celui-ci porte ombre sur la
surface, ce qui a lieu pour le filet D, dont la ligne de séparation d'ombre et de
lumière est fh. Cette ligne étant verticale porte ombre suivant une ligne à 45°,
$f'i'$, que l'on détermine en menant par le point f un rayon de lumière qui rencontre en i le plan horizontal aa. Il reste alors à déterminer l'ombre portée
par la portion de cercle $f'j'$, d'après la méthode générale expliquée sur les
fig. 3, 4 et 5 de la pl. 5, et que nous rappelons d'ailleurs ici sur les fig. 3 et 3^a.
Cette méthode s'applique aussi pour déterminer l'ombre portée nj et $n'j'$, de
la ligne de séparation d'ombre et de lumière mn, du cylindre E, sur la gorge
annulaire qui raccorde ce cylindre avec le filet D.

OMBRE PORTÉE D'UNE DROITE SUR UN TORE.

326. La fig. 3 représente la projection horizontale vue en dessous d'un fragment de chapiteau dont la fig. 3^a est la projection verticale pour montrer
l'ombre portée du larmier F, qui est un prisme carré, sur le quart de rond A,
qui est annulaire.

Nous nous servons encore du principe général que, lorsqu'une droite est
parallèle à un plan, son ombre sur ce plan est une ligne parallèle à elle-même.
Il suffit, au reste, de comparer les opérations indiquées avec celles des fig. 3
et 3^a, pl. 28, pour reconnaître qu'elles sont exactement les mêmes ; ainsi on
obtient d'une part pour l'ombre portée la ligne à 45°, Gf, qui est limitée à la
ligne de séparation d'ombre et de lumière bel du tore, et de l'autre la courbe
$i''gi'$, pour l'ombre portée de la droite GH sur le tore qui doit également
s'arrêter sur la même ligne de séparation d'ombre et de lumière.

Les fig. 3 et 3^a complètent ce qui est relatif à l'ombre du chapiteau d'une
colonne ; elles montrent l'opération à effectuer pour déterminer l'ombre portée par la ligne de séparation d'ombre et de lumière du tore sur un cylindre,

et aussi celle portée par une portion du larmier sur le même cylindre. Le tracé se réduit à mener des rayons de lumière par les points $i''e$, d'une partie de la ligne de séparation d'ombre et de lumière du tore, et de chercher leur intersection avec la surface cylindrique E. Les opérations ne présentent aucune particularité, et étant d'ailleurs suffisamment indiquées sur les fig. 3 et 3^a, nous n'avons pas à nous y arrêter.

Pour rendre les épures plus intelligibles, nous n'avons pas donné aux figures les dimensions réelles qu'elles doivent respectivement avoir pour la représentation du dessin d'un ordre quelconque : ces dimensions sont d'ailleurs exactement indiquées sur la fig. A qui représente le modèle, lavé à l'effet, de l'entablement et de la colonne de l'ordre toscan, dans le double but de faire voir l'application des ombres et les différences de tons que l'on doit observer au lavis.

OMBRE D'UNE SURFACE DE RÉVOLUTION.

327. On appelle *surface de révolution* celle qui est engendrée par une ligne droite ou courbe assujettie à tourner autour d'un axe fixe, en restant constamment à la même distance ; ainsi, le cylindre, le cône droit, la sphère, le tore, sont autant de surfaces de révolution ; il en est du même de la surface engendrée par la courbe abc, tournant autour de l'axe AB (fig. 4 et 4^a). D'après cette définition, toute section faite perpendiculairement à l'axe donne un cercle, ces sections sont des *parallèles.* Toute section faite par l'axe donne une ligne égale à la courbe génératrice et se nomme *méridienne.*

328. Pour déterminer l'ombre d'une surface de révolution, on peut employer deux moyens, soit en menant des plans perpendiculaires à l'axe, et en considérant les sections faites par ces plans comme autant de bases de cônes droits, soit en imaginant des plans passant par l'axe, et en projetant sur ces plans les rayons de lumière, pour avoir, par des lignes parallèles à ces rayons et tangentes aux méridiennes, des points de contact qui appartiennent à la ligne de séparation d'ombre et de lumière. Cette dernière méthode ayant été appliquée dans les figures précédentes 1 et 1^a, pl. 6, et fig. 3 et 4, pl. 28. Nous avons cru devoir indiquer de préférence la première.

Soit donc un plan horizontal quelconque bd, fig. 4 et 4^a, qui coupe la surface de révolution suivant un cercle dont le rayon est be, et que l'on projette horizontalement en $b'e'd'$, par les points b et d, on mène deux tangentes à la courbe génératrice qui forme le contour extérieur de la surface de révolution, ces tangentes se rencontrent sur l'axe au point s, sommet du cône sbd, par ce sommet on mène le rayon de lumière sf et $A'b'$; ce rayon rencontre le plan de section en f, f', de ce dernier point, menant les deux droites $f'g'$ et $f'e'$, tangentes au cercle $b'e'd'$, on a les points de contact g' et i' qui sont deux points de la ligne de séparation de lumière, situés sur le plan bd ; de ces points, le dernier seul i' est apparent en i, sur la projection verticale.

C'est ainsi qu'on a déterminé les points h et j' situés sur les plans CD et EF, menés parallèlement au premier.

329. Dans le cas où les tangentes à la courbe génératrice sont verticales, ce qui a lieu pour les plans MN et al, les points m et n de la ligne de séparation de lumière sont déterminés par des tangentes à 45° aux sections circulaires dans la projection horizontale, parce qu'alors ces sections sont les bases de cylindres droits au lieu d'être celles de cônes. Lorsqu'on a ainsi déterminé un assez grand nombre de points sur la fig. 4^a, on les réunit entre eux pour former la courbe apparente $m\,i\,nhj$ E, qui est la ligne de séparation d'ombre et de lumière sur la surface de révolution.

Cette méthode est générale, et elle s'applique quel que soit le contour de la surface de révolution.

Comme il est bon de déterminer le point le plus bas k de cette courbe, on cherche ce point en faisant, comme précédemment pour le tore, le rabattement du rayon de lumière $R'A'$, et en menant à la courbe génératrice abc, une tangente parallèle au rabattement RB ; le point de contact ramené en k' sur la projection horizontale du rayon de lumière, se projette alors en k sur la ligne horizontale tracée de ce point de contact.

Une partie de cette courbe, celle inférieure Ekj, porte ombre sur le filet cylindrique co ; pour déterminer cette ombre, il faut d'abord tracer la courbe Ekj, sur le plan horizontal, fig. 4, et mener par les points de cette courbe des rayons de lumière qui rencontrent le cercle $c'\,o'$, base du cylindre, en autant de points que l'on projette verticalement et qui déterminent la courbe cpq, les lignes de projection n'ont pu être indiquées sur la figure, mais il est facile de les comprendre.

330. La fig. 4^a représente la projection verticale d'un balustre employé souvent comme balcon en pierre en architecture, et quelquefois dans les machines comme support isolé. Au-dessous du filet qui termine la surface de révolution se trouve une gorge annulaire sur la surface de laquelle la base de ce filet porte ombre. Il est facile de voir que cette ombre doit être construite exactement comme celle que nous avons indiquée sur les fig. 3 et 3^a, pl. 28 et suivantes.

Les fig. B et C donnent les modèles lavés de deux sortes de balustres à surface de révolution, nous engageons les élèves à les dessiner sur une grande échelle, afin d'y déterminer les ombres rigoureusement, en suivant les principes que nous avons exposés. Ces balustres se font ordinairement en pierre et sont susceptibles de recevoir les dimensions les plus variées; nous avons supposé sur le dessin qu'ils étaient dessinés à une échelle de 1/10ᵉ.

RÈGLES ET DONNÉES PRATIQUES

POMPES A EAU.

331. On distingue dans l'industrie trois espèces de pompes :

1° Les pompes *aspirantes* ou *élévatoires*, dans lesquelles le piston élève l'eau au-dessus de lui, après avoir aspiré l'air qui se trouvait au-dessous, tel est le système que nous donnons (pl. 37 [1]).

2° Les pompes *foulantes*, dans lesquelles le piston refoule l'eau à des hauteurs plus ou moins considérables. Les pompes alimentaires des machines à vapeur sont des pompes foulantes (voy. pl. 39).

3° Les pompes aspirantes et foulantes qui réunissent les deux systèmes précédents.

PRINCIPES HYDROSTATIQUES.

332. *Quelle que soit la hauteur à laquelle une pompe verse son eau, quels que soient le diamètre et l'inclinaison des tuyaux d'aspiration et d'ascension, le piston porte toujours une charge d'eau égale au poids d'une colonne de ce fluide qui aurait pour base celle du piston même et pour hauteur la différence de niveau entre la surface du puisard et le point de versement.*

Ainsi, en désignant par H la différence de niveau, par D le diamètre du piston, on a pour la charge ou pression P sur le piston,

$$P = \frac{\pi D^2 H}{4},$$

et pour exprimer cette pression en kilogrammes, il faut multiplier cette quantité par 1000, qui est le poids d'un mètre cube d'eau, ce qui donne alors,

$$P = 1000 \frac{\pi D^2 H}{4} \text{ kilog.}$$

333. Indépendamment de cette charge qui correspond à l'effet utile de la machine, la puissance nécessaire pour élever le piston a encore à vaincre les résistances passives qui proviennent :

1° Du frottement du piston dans l'intérieur du corps de pompe;

1. Il est à remarquer que la hauteur à laquelle s'élève un liquide dans le vide, par l'effet de la pression atmosphérique, est en raison inverse de la pesanteur spécifique de ce liquide. Ainsi cette pression, qui est égale à 1 k. 033 par centimètre carré, fait élever dans le vide l'eau à une hauteur de 10 mèt. 33, tandis que la même pression sur le mercure ne le fait élever qu'à 0 mèt. 76, parce que la pesanteur spécifique du mercure est 13 fois 59 celle de l'eau. Si l'air pressait sur un liquide plus léger que l'eau, il élèverait ce liquide dans le vide à une hauteur au-dessus de 10 mèt. 33, déterminée par l'excès de pesanteur spécifique de l'eau sur le liquide. En pratique on ne doit compter que sur une hauteur de 8 à 9 mèt. pour la distance du puisard au bas du corps de pompe, à cause du vide imparfait.

2° Du frottement de l'eau dans celui-ci et dans les tuyaux ;

3° De l'étranglement de l'eau à son entrée dans le tuyau d'aspiration à son passage au cylindre par la soupape *dormante* ou d'aspiration ;

4° Du poids de cette soupape ;

5° Enfin, de l'inertie de la masse d'eau à recevoir.

On ne peut déterminer ces résistances que d'une manière approximative. Toutefois, il résulte des expériences de M. d'Aubuisson, que l'effort à vaincre pour lever le piston dans une pompe aspirante est égal à

$$1000 \, \frac{\pi \, D^2}{4} \times H \times 1,08,$$

ou pour simplifier $$850 \, D^2 \, H ;$$

il suffit alors d'ajouter à ce résultat le poids du piston et de sa tige.

334. L'effort à exercer sur le piston dans sa descente favorisée par son poids et celui de sa tige est toujours très-petit comparativement à celui qu'exige la levée.

Dans les pompes ordinaires, le volume d'eau versé à chaque coup de piston, au lieu d'être donné par

$$\frac{\pi \, D^2}{4} \times l \text{ ou } 0,785 \, D^2 \, l,$$

est déterminé par l'expression qui varie entre

$$0,6 \, D^2 \, l \text{ et } 0,7 \, D^2 \, l,$$

l, représentant la longueur de la course du piston.

La vitesse du piston est, au minimum, de $0^m 16$ par seconde, et au maximum de $0^m 24$ à $0^m 25$. Le diamètre du tuyau d'aspiration et du tuyau d'ascension est égal aux 2/3 ou aux 3/4 de celui du corps de pompe ; l'aire de l'ouverture masquée par les soupapes doit être au moins la moitié de celle du corps de pompe.

POMPES FOULANTES.

335. Ce qui vient d'être dit pour les pompes aspirantes s'applique également aux pompes foulantes ; il est toutefois une résistance qui est plus considérable dans ces dernières, c'est celle que fait éprouver au moment où elle s'ouvre la soupape de retenue, et en général toute soupape portant sur elle une masse d'eau, et dont la surface supérieure est plus grande que celle de l'orifice.

POMPES ASPIRANTES ET FOULANTES.

336. La pompe aspirante et foulante se compose ordinairement d'un corps de pompe, d'un court tuyau d'aspiration, d'un tuyau d'ascension, d'un piston plein appelé *plongeur*, et de deux soupapes, l'une d'aspiration et l'autre de retenue.

On accouple souvent les pompes aspirantes et foulantes comme on le fait pour les pompes foulantes proprement dites. Les deux corps de pompe n'ont alors qu'un seul tuyau d'aspiration et un seul tuyau d'ascension.

337. La force nécessaire pour faire mouvoir une ou plusieurs pompes est exprimée par $850 \, D^2 \, H \, v$, ou, en tenant compte de l'effort exigé pour l'abaissement du piston, est égale à $900 \, D^2 \, H \, v$; v exprimant la vitesse du piston par seconde.

On sait que cette vitesse v s'obtient en multipliant le nombre de coups de piston par minute par la longueur de sa course, et en divisant le produit par 60. Ainsi, on a

$$v = \frac{2\,n\,l}{60},$$

n étant le nombre d'oscillations doubles ou de montée et de descente du piston par minute; par conséquent, la puissance est égale à

$$900\ \mathrm{D}^2\ \mathrm{H} \times \frac{2\,n\,l}{60} = 30\ \mathrm{D}^2\ \mathrm{H}\ n\ l \ \text{kilogrammètres.}$$

D'après ces données, soit proposé de résoudre les problèmes suivants :

1° Quelle est la force F à employer pour faire mouvoir une pompe dont le piston a $0^m 24$ de diamètre et une course de 0,40, avec une vitesse de 15 oscillations doubles par minute, la hauteur totale entre le niveau du puisard et le point de versement de l'eau étant de 25 mètres?

On a pour la vitesse $\quad v = \dfrac{2\,n \times l}{60} = \dfrac{2 \times 15 \times 0,40}{60} = 0,20;$

puis $\quad$ F $= 900\ \mathrm{D}^2 \times \mathrm{H} \times v = 900 \times 0^{m\cdot q}.0576 \times 25 \times 0,20 = 259^k 20$

Pour exprimer cette puissance en chevaux, il faut diviser par 75, et l'on a

$$\mathrm{F} = \frac{259,20}{75} = 3^{ch.} 56.$$

2° Quelle est la quantité d'eau élevée par cette pompe en 10 heures de travail continu?

En admettant d'après la formule (333) le volume effectif V,

$$\mathrm{V} = 0,6\ \mathrm{D}^2\ l, \text{ ou } \mathrm{V} = 0,6 \times 0,0576 \times 0,40 = 0^{m\cdot c\cdot} 138 \text{ par coup de piston.}$$

Et le volume par minute,

$$\mathrm{V} = 0^{m\cdot c\cdot} 138 \times 15 = 0,207,$$

et par heure

$$\mathrm{V} = 0,207 \times 60 = 12^{m\cdot c\cdot} 420.$$

Le volume d'eau élevé en 10 heures est donc

$$\mathrm{V} = 12^{m\cdot c\cdot} 420 \times 10 = 124^{m\cdot c\cdot} 20.$$

3° Quel diamètre faut-il donner à une pompe pour élever $12^m 42$ par heure, en admettant que la vitesse du piston soit de $0^m 20$ par seconde, et sa course $0^m 40$, et que la distance du niveau du puisard au point de versement de l'eau soit de 25 mètres?

La formule précédente relative au volume effectif par coup de piston, ou

$$\mathrm{V} = 0,6\ \mathrm{D}^2 \times l,$$

se transforme en

$$\mathrm{D}^2 = \frac{\mathrm{V}}{0,6 \times l}.$$

Or, le volume $12^{m.c.}42$ correspondant à un travail d'une heure devient par minute

$$\frac{12,42}{60} = 0^{m.c.}207.$$

Ce dernier se réduit par coup de piston à

$$\frac{0,207}{15} = 0^{m.c.}138,$$

car la vitesse du piston par seconde ou $0^m20 \times 60 = 12^m$ par minute, et $12 \div 0,40 = 30$ oscillations simples, ou 15 coups effectifs par minute.

Par conséquent : $D^2 = \dfrac{0^{m.c.}138}{0,6 \times l}$

d'où $D = \sqrt{\dfrac{0^{m.c.}138}{0,6 \times 0,40}} = 0^m24.$

PRESSE HYDRAULIQUE.

338. La presse hydraulique est une application de la pompe aspirante et foulante ; elle consiste en un gros piston renfermé dans un corps de pompe qui est mis en communication par un tuyau avec une autre pompe d'un diamètre très-petit. Le grand piston est attaché à un plateau destiné à comprimer ou écraser des substances quelconques.

La pression que la base du petit piston exerce sur l'eau lorsqu'il baisse, se transmet par l'intermédiaire du fluide contenu dans le tuyau, à la base du grand piston, et, comme elle est égale sur chacun des points des deux bases, son effort total sur chacune d'elles est en raison de sa surface : de sorte que si les diamètres des deux pistons sont dans le rapport de 1 à 5, l'effort exercé sur le grand, qui peut à son tour s'exercer sur d'autre corps, sera 25 fois plus grand que celui qui a été fait sur le petit. Admettons qu'un homme agisse avec une pression de 30 kil. à l'extrémité d'un levier de 1^m de long ; et que le point de ce même levier, auquel tient la tige du petit piston, ne soit qu'à 0^m05 de l'autre extrémité où est le point d'appui : le bras de levier de la puissance sera 20 fois plus considérable que celui de la résistance, et l'effort au grand piston sera évidemment de $25 \times 30 \times 20 = 15000$, effort pareil à celui de 500 hommes agissant à la fois.

Il y a donc, dans une presse hydraulique, à considérer deux avantages, l'un hydrostatique et le second mécanique, avantage de puissance, mais avec diminution proportionnée de vitesse dans la marche du gros piston.

L'avantage hydrostatique est dans le rapport de la surface du petit au grand piston, l'avantage mécanique est dans le rapport du bras de levier. On construit sur ce principe des presses hydrauliques très-puissantes et capables d'exercer des pressions de 4 à 500,000 kilog. et plus sur le plateau du gros piston.

CALCULS ET DONNÉES SUR L'HYDRAULIQUE.

DÉPENSES D'EAU PAR DIVERS ORIFICES.

339. La dépense ou le volume d'eau fourni dans un temps donné, varie suivant la vitesse de l'eau, et dépend de la surface et de la forme de l'orifice d'écoulement.

Vitesse à la surface. — La vitesse de l'eau à la surface d'un canal ou d'une rivière dont on veut déterminer la dépense, s'obtient en jetant dans le plus fort courant un ou plusieurs bois flotteurs en bois légers, sous forme de disques de 30 millimètres de

diamètre environ; on observe alors, avec une montre à secondes, le temps que mettent ces flotteurs à parcourir une distance prise aussi étendue que possible sur la
partie la plus régulière du cours d'eau; puis on divise l'espace parcouru par le temps
exprimé en secondes, le quotient donne en mètres la vitesse à la surface du courant.

Exemple : Supposons que l'espace parcouru par chacun des flotteurs soit de
50 mètres en 35 secondes, quelle est la vitesse à la surface du courant?

$$V = \frac{50}{35} = 1^m 428.$$

Si la vitesse n'est pas la même dans toute la longueur du canal, on emploie, pour la
déterminer en un lieu désigné, un moulinet ou une roue très-légère, dont les palettes
trempent très-faiblement dans l'eau, puis on multiplie le nombre de révolutions qu'elle
fait dans une minute, par sa circonférence moyenne, celle qui correspond au milieu de
la partie plongée; le produit exprime alors l'espace parcouru dans une minute, et en
divisant par 60, on a la vitesse à la surface du courant par seconde.

Exemple : Supposons que le moulinet, dont la circonférence moyenne égale $1^m 5$,
fasse 120 révolutions dans une minute, quelle est la vitesse du courant?

$$\frac{120 \times 1^m 5}{60} = 3 \text{ mètres.}$$

340. *Vitesse moyenne.* — La vitesse obtenue précédemment n'est que celle à la surface du courant; or la vitesse moyenne V' celle qui est nécessaire pour le jaugeage
du cours d'eau, se déduit de la première en la multipliant par un coefficient qui varie
dans les proportions suivantes :

Vitesse à la surface.	$0^m 10$	$0^m 50$	$1^m 00$	$1^m 50$	$2^m 00$	$2^m 50$	$3^m 00$	$3^m 50$	$4^m 00$
Rapport de V' à V...	0, 76	0, 78	0, 81	0. 83	0, 85	0, 86	0, 87	0, 88	0, 89

Exemple : Quelle est la vitesse moyenne d'un courant dont la vitesse à la surface
est égale à 3 mètres?

Elle égale $0,87 \times 3^m = 2^m 61$.

La vitesse moyenne de l'eau dans un canal découvert à pentes et à profil uniformes, se détermine par la formule suivante :

$$V' = 56,86 \times \sqrt{\frac{S}{P} \times \frac{H}{L}} - 0,072.$$

Cette formule exige que l'on fasse le nivellement exact de la surface des eaux sur
une certaine longueur L, aussi étendue que possible, que l'on mesure la surface S
et le contour mouillé P du profil, afin que l'on connaisse la pente H des eaux, correspondante à la longueur L.

Exemple : Quelle est la vitesse moyenne de l'eau dans un canal à section rectangulaire uniforme, présentant une largeur de $3^m 50$, une profondeur de $1^m 20$ sur une
étendue de 140 mètres avec une pente de $0^m 08$?

La surface du profil ou S $= 3^m 50 \times 1^m 20 = 4^{m.q.} 20$.

Le contour mouillé P $= 3^m 50 + (2 \times 1^m 20) = 5^m 90$.

$$V = 56,86 \times \sqrt{\frac{4^{m.q.} 20}{5,90} \times \frac{0,08}{140}} - 0,072 = 1^m 065.$$

Ainsi, d'après cette formule, il faut, pour obtenir la vitesse du courant, extraire la racine carrée des quantités placées sous le radical $\sqrt{\quad}$, puis multiplier cette racine par le coefficient 56,86, et retrancher du produit 0,072.

341. Connaissant la vitesse moyenne d'un canal à section régulière et à pente uniforme, on trouve sa dépense en 1″ par la formule suivante D = S × V', dans laquelle D exprime la dépense par seconde, S la surface du profil du canal, et V' la vitesse moyenne.

Exemple : Quel est le jaugeage d'un canal dont la surface de profil = 4ᵐ·ᑫ· 20, dont la vitesse moyenne = 1ᵐ 065 ?

$$D = 4^{m \cdot q \cdot} 20 \times 1^m 065 = 4^{m \cdot c \cdot} 473,$$

ou   4,473 litres par seconde.

342. *Vitesse au fond des canaux.* — La vitesse de l'eau au fond des canaux est plus faible encore que la vitesse moyenne.

En représentant par V la vitesse à la surface, par V' la vitesse moyenne, et par V″ la vitesse au fond du canal, on a la relation V″ = 2 V' — V. C'est-à-dire que la vitesse au fond d'un canal est égale à 2 fois la vitesse moyenne, moins la vitesse à la surface.

Exemple : La vitesse à la surface d'un canal = 2 mètres, la vitesse moyenne = 1ᵐ 55, quelle est la vitesse au fond ?

$$V'' = 2 \times 1^m 55 - 2 = 1^m 10.$$

Une trop grande vitesse au fond des canaux entraîne les matériaux et est une cause de détérioration ; une trop petite vitesse, au contraire, en retenant les limons, devient une cause d'obstruction.

Le tableau suivant donne la limite que la vitesse de l'eau ne peut dépasser au fond d'un canal, suivant sa nature, sans le dégrader.

XXXIᵉ TABLE. — VITESSE DE L'EAU DES CANAUX.

NATURE DU FOND.	LIMITE de la vitesse.
	mètres.
Terre détrempée, brune............................	0.076
Argile tendre.....................................	0.152
Sable...	0.305
Gravier...	0.609
Cailloux..	0.614
Pierres cassées, silex............................	1.220
Cailloux agglomérés, schistes tendres.............	1.520
Roches en couches.................................	1.830
Roches dures......................................	3.050

343. *Module de Prony.* — Le produit d'une source quelconque peut encore se déterminer en barrant le cours d'eau dans toute sa largeur par des planches minces percées

de trous de 20 millimètres de diamètre, disposés sur une même ligne horizontale : on débouche une partie de ces trous recouverts par des tampons, de manière à établir le niveau à une hauteur constante au-dessus du centre des orifices, et quand ce niveau est atteint sans varier, il sort par les orifices découverts, le produit de la source.

La quantité d'eau écoulée par chaque orifice de $0^m 02$ de diamètre pratiqué dans une planche de 0,047 d'épaisseur, et sous une charge d'eau sur le centre de $0^m 03$ est de 20 mètres cubes par 24 heures.

Un autre moyen de jauger un cours d'eau, consiste à établir un barrage de vanne verticale ou de vanne en déversoir, et à calculer la dépense en se basant sur les règles suivantes qui y ont rapport.

CALCUL DES DÉPENSES D'EAU

EFFECTUÉES PAR LES ORIFICES RECTANGULAIRES A MINCES PAROIS.

344. Comme il importe, dans la plupart des circonstances, de savoir déterminer le volume d'eau qui s'écoule par une vanne de décharge ou par une vanne motrice verticale, afin de connaître le volume, et, par suite, la valeur du cours d'eau ; nous commençons par donner une table qui permettra de déterminer ces dépenses d'une manière extrêmement simple, et mettra ces opérations à la portée de tous les industriels, de tous les praticiens.

Cette table a été calculée d'après la formule suivante :

$$D = l \times h \times \sqrt{2\,g\,H} \times 1000, \text{ dans laquelle}$$

D représente le volume d'eau dépensée en litres par $1''$;

l, la largeur de l'orifice ouvert exprimée en mètres ;

h, la hauteur verticale de cet orifice ;

H, la charge ou la hauteur de pression mesurée depuis le centre de l'orifice jusqu'au niveau supérieur du réservoir ;

g exprime l'action de la pesanteur, et est égal à $9^m 81$;

$v, = \sqrt{2\,g\,H}$, la vitesse due à la hauteur H ;
    Voyez, au sujet de cette vitesse la table, page 196 (xxx° table) ;
    et enfin

m, coefficient qui varie, en pratique, suivant les hauteurs h et H, de 0,59 à 0,66, en admettant que la contraction soit complète, c'est-à-dire qu'elle ait lieu sur les quatre côtés de l'orifice et les charges étant relevées au-dessus de cet orifice.

Nous donnons, dans la première colonne de la table, les hauteurs des orifices en centimètres, et dans les colonnes suivantes les résultats des dépenses effectuées en litres, par seconde, pour des hauteurs de pression variant de $0^m 20$ à 4 mètres.

XXXIIᵉ TABLE. — DÉPENSES D'EAU PAR ORIFICE CHARGÉ DE 1 MÈTRE DE LARGE, LA CONTRACTION ÉTANT COMPLÈTE.

HAUTEUR des orifices en centimètres	VOLUMES EN LITRES CORRESPONDANTS AUX HAUTEURS DE							
	0ᵐ20	0ᵐ30	0ᵐ40	0ᵐ50	0ᵐ60	0ᵐ70	0ᵐ80	1ᵐ00
4	50	61	71	79	86	93	99	110
5	62	76	88	98	107	116	124	138
6	75	91	107	117	128	139	148	163
7	86	106	122	136	148	161	172	192
8	98	120	139	155	170	184	196	219
9	109	135	156	174	191	208	220	246
10	122	149	173	193	212	228	246	272
11	133	161	189	212	230	249	267	299
12	145	178	206	230	251	272	291	326
13	157	192	222	249	272	294	314	352
14	168	206	238	267	292	316	338	379
15	179	220	255	285	312	338	361	405
16	190	234	271	304	330	360	385	432
17	204	248	287	322	350	382	414	456
18	213	262	304	340	370	403	432	484
19	223	276	324	358	392	425	454	510
20	235	291	337	377	414	447	485	536
21	247	305	354	396	431	470	512	563
22	259	320	370	417	451	492	538	590
23	271	334	388	434	472	515	550	616
24	282	348	404	452	492	537	574	643
25	294	363	420	471	516	559	598	670
26	306	377	437	490	538	581	626	697
27	318	392	454	509	559	604	645	724
28	329	406	471	527	573	626	679	740
29	340	421	487	546	602	649	693	777
30	353	434	504	564	624	670	718	804
31	364	449	521	583	635	694	741	831
32	376	463	538	602	655	715	765	857
33	388	477	555	622	676	737	789	884
34	400	491	572	640	696	759	813	911
35	413	507	588	659	717	782	837	938
36	424	520	603	677	737	804	861	965
37	436	534	622	696	758	826	885	981
38	450	549	638	715	778	849	909	1018
39	462	564	653	734	798	872	933	1045
40	484	577	671	753	819	894	957	1070
41	»	591	688	772	840	915	981	1097
42	»	606	705	790	860	936	1005	1124
43	»	620	722	809	881	961	1028	1151
44	»	635	737	828	901	983	1053	1171
45	»	649	754	847	920	1005	1076	1204
46	»	663	771	866	941	1028	1100	1231
47	»	677	787	885	961	1050	1124	1257
48	»	691	804	903	982	1072	1148	1284
49	»	706	820	922	1002	1095	1172	1311
50	»	719	836	940	1023	1115	1194	1337

SUITE DE LA TABLE DES DÉPENSES D'EAU PAR ORIFICE CHARGÉ DE 1 MÈTRE
DE LARGE, LA CONTRACTION ÉTANT COMPLÈTE.

VOLUMES EN LITRES CORRESPONDANT AUX HAUTEURS DE								
1^m20	1^m40	1^m60	1^m80	2^m00	2^m50	3^m00	3^m50	4^m00
121	130	138	146	154	172	188	201	215
151	162	173	182	191	214	235	251	268
181	194	207	218	229	257	281	301	321
210	226	241	255	267	299	327	350	374
240	258	275	290	305	341	374	400	427
267	289	309	326	343	382	420	450	481
298	321	342	362	380	424	466	500	533
327	353	376	398	418	466	511	550	587
356	384	409	434	455	507	557	599	640
385	416	443	469	492	549	602	647	693
414	446	476	504	530	590	648	697	745
443	477	509	539	566	631	693	747	799
472	509	542	574	603	673	739	797	852
501	540	575	610	638	715	784	847	905
529	571	608	644	677	757	830	896	958
558	601	641	680	715	799	876	946	1011
586	627	675	715	753	841	922	996	1065
615	664	708	751	790	884	968	1046	1118
645	695	742	787	828	926	1014	1096	1171
674	726	776	823	865	968	1060	1146	1224
703	758	809	859	903	1010	1106	1195	1278
733	790	843	895	941	1052	1152	1245	1331
762	822	877	930	978	1094	1198	1295	1384
791	853	911	966	1016	1136	1245	1345	1437
820	885	944	1001	1054	1172	1291	1395	1491
850	916	978	1037	1092	1220	1337	1444	1544
880	948	1010	1073	1129	1262	1385	1494	1597
909	980	1046	1109	1167	1305	1429	1544	1650
939	1011	1079	1144	1205	1366	1475	1594	1703
969	1043	1113	1180	1242	1389	1521	1644	1756
998	1074	1147	1216	1279	1431	1568	1693	1810
1027	1103	1180	1252	1317	1473	1614	1743	1863
1057	1138	1214	1288	1355	1515	1660	1793	1916
1086	1169	1248	1324	1392	1557	1706	1843	1969
1115	1201	1283	1359	1430	1599	1752	1893	2023
1145	1232	1315	1395	1468	1641	1798	1943	2076
1174	1266	1351	1431	1506	1683	1844	1992	2129
1203	1298	1384	1467	1543	1725	1890	2042	2182
1233	1329	1419	1503	1581	1768	1936	2092	2236
1262	1361	1453	1538	1618	1809	1982	2142	2289
1291	1393	1486	1574	1656	1851	2029	2192	2343
1321	1424	1520	1609	1694	1894	2075	2241	2394
1350	1456	1554	1646	1731	1936	2121	2291	2449
1380	1488	1588	1681	1769	1978	2167	2341	2504
1409	1519	1622	1716	1807	2020	2213	2391	2559
1438	1551	1656	1753	1845	2062	2259	2440	2614
1468	1583	1690	1789	1882	2104	2305	2490	2669

Au moyen de cette table, nous pouvons maintenant déterminer, par une simple opération, la dépense d'eau effectuée par un orifice rectangulaire à mince paroi ou par une vanne verticale avec charge ou pression sur l'orifice, lorsque la contraction est complète, car il suffit évidemment de *chercher dans la table le nombre correspondant à la hauteur de l'orifice et à la charge sur son centre, et de multiplier ce nombre par la largeur donnée de l'orifice.*

Exemple : Quelle est la dépense effectuée par l'orifice d'une vanne verticale de 1^m 50 de large, la hauteur de cet orifice étant de 0^m 25, et la hauteur de pression, depuis le centre de cet orifice jusqu'au niveau supérieur étant de 2^m 50, la contraction étant complète? On trouve dans la table, en regard de 0,25 cent., et dans la colonne correspondante à 2^m 50, le nombre 1052.

On a donc   1^{m}5 $\times$ 1052 = 1578$^{lit.}$ 0, pour la dépense réelle.

Il serait également facile d'évaluer très-approximativement la dépense d'eau correspondante à des données qui seraient différentes de celles contenues dans la table.

Premier exemple : Quel est le volume d'eau écoulée par une vanne verticale de 0^m 80 de large, la hauteur de l'orifice ouvert étant de 16^c et la charge sur le centre de 2^m 75 ?

Cette charge de 2^m 75 n'est pas dans la table, mais elle se trouve comprise entre 2^m 50 et 3^m 00 ; la dépense correspondant à l'orifice de 16^c, sur 1 mètre de large, sera donc comprise entre 673 et 739 ; elle est donc à très-peu près 706 ; par conséquent, 706 $\times$ 0^m 80 = 664$^{lit.}$ 80, dépense cherchée.

Deuxième exemple : Si la hauteur de l'orifice était de 16^c 5, au lieu de 16, les autres données restant les mêmes, comme cette hauteur est comprise entre 16 et 17 cent., la dépense effectuée par un mètre de large serait évidemment comprise entre les nombres 673 et 715, pour la charge de 2^m 50, et entre les nombres 739 et 784 pour la charge de 3 mètres ; elle serait donc, à très-peu près, une moyenne entre ces quatre nombres,

ou $$\frac{673 + 715 + 739 + 784}{4} = 727^{lit.} 75.$$

On a donc 727$^{lit.}$ 75 $\times$ 0^m 8 = 582$^{lit.}$ 20 pour la dépense effective.

345. CONTRACTION NON COMPLÈTE. — Lorsqu'un ou plusieurs côtés de l'orifice se trouvent sur le prolongement même des parois du réservoir, la contraction est sensiblement diminuée, et alors le coefficient de contraction est plus considérable.

Dans ce cas, pour calculer la dépense effective, on devra multiplier les nombres par :

1,125 si la contraction n'a lieu que sur un seul côté.
1,072   *id.*   sur deux côtés.
1,035   *id.*   sur trois côtés.

Exemple : On demande la dépense d'eau qui s'écoule par un orifice de 0^m 25 de hauteur et 1^m 30 de largeur, avec une charge de 0^m 80 sur son centre débouchant à l'air libre, le seuil se trouvant sur le prolongement même du fond du canal, c'est-à-dire la contraction ayant lieu sur trois côtés de l'orifice?

On trouve, d'après la table, que la dépense est de 598 litres pour 1 mètre de large ; par conséquent 598 $\times$ 1^m 31 = 777 litres pour la largeur de 1^m 30, lorsque la contraction est complète ; on a donc 777 $\times$ 1,035 = 804 litres, dépense réelle cherchée.

346. VANNE INCLINÉE. — Il arrive des circonstances où la vanne est inclinée ; dans ce cas, si la contraction est nulle sur les côtés et le fond de l'orifice, le coefficient

augmente sensiblement. Alors, pour calculer la dépense effective, il faut multiplier les nombres de la table précédente par 1,33 si la vanne est inclinée à 45°, ou 1 de base sur 1 de hauteur, et 1,23 si la vanne est inclinée à 60°, ou 1 de base sur 2 de hauteur.

Exemple : On voudrait connaître le volume d'eau dépensée par un orifice incliné à 45° de 0m 17 de hauteur verticale, sur 1m 25 de large, la hauteur de pression ou charge d'eau sur le centre de l'orifice étant de 1m 20, les deux côtés verticaux et le fond de l'orifice étant dans le prolongement des parois du réservoir.

On trouve dans la table 398 × 1m 25 = 622lit. 5 ; l'orifice étant vertical et la contraction complète ; par conséquent, 622,5 × 1,33 = 828 litres, dépense cherchée.

347. VANNES D'ÉCLUSES. — Lorsque les vannes verticales ont leur seuil très-près du fond du radier d'amont, comme en général les vannes d'écluse, pour déterminer la dépense dans ce cas :

Multipliez le résultat donné dans la table par 1,04.

Exemple : Quel est le volume d'eau dépensée en 1″ par une vanne d'écluse, dont l'orifice est ouvert à 0m 38 de hauteur sur 0m 80 de largeur, avec une pression de 2,50 sur le centre?

La table donne 1,599 litres pour la dépense effectuée par un orifice de 1m de large ;

On a donc   1,599lit. × 0m 80 × 1,04 = 1,330lit. 60 pour dépense effective.

Lorsque deux vannes d'écluses sont ouvertes en même temps et ne se trouvent pas à plus de 3 mètres de distance, pour calculer la dépense :

Multipliez les nombres donnés dans la table par 0,915.

Exemple : Si les orifices de deux vannes d'écluses placées à 2 mètres l'une de l'autre avaient ensemble une largeur de 1m 50, et étaient ouverts à la même hauteur de 0m 45, avec une charge sur le centre de 1m 80, quelle serait la dépense effective par 1″?

On trouve dans la table 1,609 litres sous la pression de 1m 80, et une largeur de 1m.

On a donc   1,609 × 1m 50 × 0,915 = 2208lit. 35.

CALCUL DES DÉPENSES D'EAU PAR ORIFICES EN DÉVERSOIR.

348. La formule pratique employée par les ingénieurs pour déterminer le volume d'eau qui s'écoule dans l'espace d'une seconde par un orifice en déversoir est celle-ci :

$$D = L \times H \times \sqrt{2\,g\,H} \times m \times 1000,$$

formule dans laquelle,

D représente, comme précédemment, le volume d'eau dépensée en litres par 1″;

l, la largeur du déversoir en mètres;

H, la hauteur de l'orifice mesurée verticalement depuis l'arête supérieure du déversoir jusqu'à la ligne horizontale déterminée par un niveau jusqu'au point où la dénivellation n'est plus sensible.

Nous avons alors calculé la table suivante en supposant :

1° Que la largeur de l'orifice d'écoulement est de 1 mètre;

2° Que la hauteur d'orifice varie de 0m 005 en 0m 005, depuis 0m 05 jusqu'à 0m 75. Cette hauteur est exprimée en centimètres dans la première colonne de la table, et la vitesse qui lui correspond est donnée dans la table page 196;

3° Le déversoir étant supposé ne pas être de même largeur, mais plus étroit que le réservoir ou le canal d'arrivée de l'eau, auquel cas MM. Poncelet et Lesbros donnent pour *m* les valeurs numériques suivantes :

Pour la hauteur H de... |0ᵐ 03|0ᵐ 04|0ᵐ 06|0ᵐ 08|0ᵐ 10|0ᵐ 15|0ᵐ 20|0ᵐ 22|
Le coefficient m devient|0,412|0,407|0,404|0,397.|0,395|0,393|0,390|0,385|

Les dépenses correspondantes, dans cette circonstance, sont données par la deuxième colonne de la table; elles sont exprimées en litres ou kilogrammes.

5° Le réservoir étant sensiblement de même largeur que le déversoir, et sa profondeur n'étant pas beaucoup plus grande que la hauteur de la lame d'eau au-dessus du seuil ou de la crête du déversoir, dans ce cas, suivant M. d'Aubuisson (expériences de M. Castal), le coefficient m est moyennement égal à 0,42. Les dépenses correspondantes sont alors dans la troisième colonne de la table.

XXXIIIᵉ TABLE. — DÉPENSES D'EAU EFFECTUÉES PAR DES ORIFICES EN DÉVERSOIR DE 1, MÈTRE DE LARGEUR.

HAUTEURS du niveau au-dessus du déversoir en centim.	DÉPENSES en litres par 1″ sur un mètre de large.		HAUTEURS du niveau au-dessus du déversoir en centim.	DÉPENSES en litres par 1″ sur un mètre de large.		HAUTEURS du niveau au-dessus du déversoir en centim.	DÉPENSES en litres par 1″ sur un mètre de large.	
	1ᵉʳ cas.	2ᵉ cas.		1ᵉʳ cas.	2ᵉ cas.		1ᵉʳ cas.	2ᵉ cas.
centim.	litres.	litres.	centim.	litres.	litres.	centim.	litres.	litres.
5.0	20	21	28.5	259	283	52.0	639	698
5.5	23	24	29.0	266	290	52.5	648	708
6.0	26	27	29.5	273	298	53.0	658	718
6.5	29	31	30.0	280	306	53.5	667	728
7.0	32	34	30.5	287	313	54.0	676	748
7.5	36	38	31.0	293	321	54.5	685	748
8.0	40	42	31.5	301	329	55.0	694	758
8.5	43	46	32.0	309	337	55.5	704	769
9.0	47	50	32.5	315	344	56.0	713	770
9.5	51	54	33.0	323	353	56.5	724	790
10.0	56	59	33.5	330	361	57.0	733	800
10.5	60	63	34.0	338	369	57.5	743	811
11.0	64	68	34.5	345	377	58.0	753	822
11.5	68	73	35.0	353	385	58.5	762	832
12.0	72	77	35.5	360	393	59.0	771	842
12.5	77	82	36.0	368	402	59.5	781	853
13.0	82	87	36.5	375	410	60.0	791	864
13.5	86	92	37.0	382	419	60.5	801	875
14.0	92	98	37.5	392	428	61.0	811	886
14.5	97	103	38.0	399	436	61.5	821	896
15.0	101	108	38.5	408	445	62.0	831	907
15.5	107	114	39.0	415	453	62.5	841	918
16.0	111	119	39.5	423	462	63.0	851	929
16.5	117	125	40.0	431	471	63.5	861	940
17.0	121	130	40.5	439	479	64.0	871	951
17.5	127	136	41.0	447	488	64.5	882	963
18.0	132	142	41.5	455	497	65.0	892	974
18.5	138	148	42.0	463	506	65.5	902	985
19.0	143	154	42.5	472	515	66.0	912	996
19.5	149	160	43.0	481	525	66.5	922	1007
20.0	154	166	43.5	488	533	67.0	932	1018
20.5	160	173	44.0	497	543	67.5	943	1030
21.0	166	179	44.5	506	552	68.0	954	1042
21.5	171	185	45.0	514	561	68.5	965	1054
22.0	176	192	45.5	523	571	69.0	976	1066
22.5	182	199	46.0	531	581	69.5	987	1078
23.0	188	205	46.5	540	590	70.0	998	1090
23.5	194	212	47.0	549	599	70.5	1008	1101
24.0	202	219	47.5	558	609	71.0	1019	1113
24.5	207	226	48.0	567	619	71.5	1030	1125
25.0	212	233	48.5	576	629	72.0	1041	1137
25.5	220	240	49.0	584	638	72.5	1052	1149
26.0	226	247	49.5	593	648	73.0	1063	1161
26.5	233	254	50.0	603	658	73.5	1073	1172
27.0	239	261	50.5	612	668	74.0	1084	1184
27.5	245	268	51.0	621	678	74.5	1095	1196
28.0	253	276	51.5	630	688	75.0	1106	1208

RÈGLE. — Au moyen de cette table, le calcul, pour déterminer la dépense d'eau effectuée par un orifice en déversoir, se réduit à la règle suivante :

Multipliez la largeur de la vanne ou du déversoir exprimée en mètres par le résultat de la deuxième colonne; correspondant à la hauteur de l'orifice dans la première, si le déversoir n'est pas de même largeur que le canal d'arrivée de l'eau, et qu'il ne soit d'ailleurs pas accompagné d'un coursier, c'est-à-dire que l'eau verse immédiatement dans l'air.

Et par le résultat de la troisième colonne correspondant à la même hauteur, si le canal d'arrivée de l'eau est égal en largeur à celle du déversoir, et que sa profondeur ne soit pas sensiblement plus grande que la hauteur au-dessus du seuil ou de l'arête supérieure du déversoir.

Premier exemple : On demande de déterminer le volume d'eau écoulée par seconde au-dessus d'une vanne en déversoir dont la longueur est de $2^m 50$, la hauteur de l'orifice est de $0^m 22$; on suppose se trouver dans la première circonstance.

On voit, dans la deuxième colonne de la table, que la dépense effectuée par un orifice de 1 mètre de large à la hauteur de $0^m 22$ est de 176 litres; on a donc :

$$176 \times 2^m 50 = 440 \text{ litres pour le volume cherché.}$$

Deuxième exemple : On voudrait déterminer la dépense, avec les mêmes données, dans la deuxième circonstance où le réservoir est de même largeur que le déversoir.

Dans la troisième colonne, le nombre qui donne la dépense effectuée par 1 mètre de large à la hauteur de $0^m 22$ est de 192 litres; on a donc :

$$192 \times 2^m 50 = 480 \text{ litres pour le volume cherché.}$$

REMARQUE. — Si la hauteur donnée était comprise entre deux des nombres exprimés dans la table, il faudrait prendre, pour la dépense correspondante, une moyenne proportionnelle entre les deux résultats qui correspondent à ces nombres.

Exemple : Quelle est la dépense d'eau qui s'effectue par un déversoir de 3 mètres de large, la hauteur au-dessus du seuil étant de $0^m 183$?

Dans la première circonstance, la dépense effectuée sur 1 mètre de large serait comprise entre 132 et 138 litres, la moyenne est à très-peu près 136.

Par conséquent, $136 \times 3^m = 408$ litres, dépense effective.

Et dans la deuxième circonstance, la dépense sur un mètre, étant comprise entre 142 et 148, serait d'environ 146.

D'où $146 \times 3 = 438$ litres, dépense réelle.

DÉTERMINER LA LARGEUR D'UN ORIFICE EN DÉVERSOIR.

349. Lorsqu'on connaît le volume d'eau par seconde, et qu'on veut déterminer la largeur à donner soit à un déversoir, soit à une vanne qui doit être disposée en déversoir, pour pouvoir effectuer la dépense sous une hauteur donnée, il suffit d'opérer de la manière suivante :

Cherchez dans la table quel est le nombre correspondant à cette hauteur (lequel exprime la dépense sur 1 mètre de large), *et divisez le volume donné, exprimé en litres, par ce nombre ; on a la largeur cherchée en mètres.*

Premier exemple : Quelle est la largeur à donner à un déversoir qui doit effectuer une dépense de 0^{m.c.} 6 ou 600 litres par seconde, sous une hauteur au-dessus du seuil de 0^m12?

On trouve dans la deuxième colonne de la table, en regard de 0^m12, le nombre 72.

On a donc $600 \div 72 = 8^m33$, largeur demandée.

Deuxième exemple : On demande la largeur d'une vanne en déversoir, pour dépenser un volume d'eau de 448 litres par seconde, sous une hauteur de 0^m205?

On a, d'après la table, 160 litres pour la dépense effectuée par une largeur de 1 mètre, sous la hauteur de 0^m205.

Donc $448 \div 160 = 2^m80$, longueur de la vanne.

350. DÉTERMINER LA HAUTEUR DE L'ORIFICE. — Il peut arriver des circonstances où l'on soit limité dans la largeur à donner à la vanne en déversoir, il faut alors déterminer la moindre hauteur à donner à l'orifice pour pouvoir effectuer la dépense d'eau voulue, ce qui devient facile par la règle suivante :

Divisez la dépense exprimée en litres par 1" par la largeur-limite en mètres, et cherchez dans la table le nombre qui, dans la seconde colonne, se rapproche le plus du quotient trouvé ; le nombre en regard dans la première colonne sera la hauteur cherchée, à très-peu près.

Exemple : Par quelle hauteur d'orifice en déversoir doit s'effectuer une dépense de 350 litres, si on est limité par une largeur de 2 mètres?

On a $350 \div 2 = 175$ litres.

On trouve dans la deuxième colonne de la table, 176 litres qui correspondent à 0^m22 de la première colonne; ce qui serait donc la hauteur cherchée, à un millimètre près.

351. OBSERVATION. — Quand on ne peut mesurer la hauteur H exactement, on doit chercher à prendre celle *h*, immédiatement au-dessus de l'arête supérieure du déversoir, et alors on multiplie cette nouvelle hauteur par 1,178 pour avoir la valeur de H, à laquelle correspondent les nombres de la deuxième ou de la troisième colonne, suivant que la largeur du déversoir est moindre ou égale à celle du réservoir.

Premier exemple : Déterminer la dépense d'eau effectuée par un déversoir de 4 mètres de large, l'épaisseur de la lame d'eau ou *h*, mesurée au-dessus du seuil étant 0^m11, la largeur du déversoir étant environ les 4/5 de celle du réservoir.

On a 0^m11 × 1,178 = 0^m13 pour la hauteur H du niveau au-dessus de l'arête du déversoir.

A cette hauteur correspond dans la deuxième colonne 82 litres.

Donc $82 \times 4 = 328$, dépense effective cherchée.

Deuxième exemple : Quelle serait la dépense, dans les mêmes conditions, si le réservoir était de même largeur que le déversoir, et que sa profondeur fût environ de la hauteur supposée?

On aurait encore 0^m11 × 1,178 = 0^m13 pour la hauteur H. Cette hauteur correspond à 87 litres dans la troisième colonne.

On a donc $87 \times 4 = 348$ litres pour la dépense réelle.

352. DÉVERSOIR ACCOMPAGNÉ D'UN CANAL OU COURSIER. — Il peut arriver qu'un orifice en déversoir soit accompagné d'un coursier ou canal légèrement incliné ou

même horizontal, et qu'il se trouve resserré par rapport au fond et aux parois du réservoir, la dépense d'eau est alors sensiblement altérée. Dans ce cas, pour déterminer la dépense, il faut multiplier les nombres de la deuxième colonne de la table par 0,83, lorsque la hauteur de l'orifice sera de 0ᵐ 20 et au-dessus,

par.   .   0,80 si la hauteur est de 0ᵐ 15,

et par   0,76 si la hauteur est de 0ᵐ 10.

TUYAUX DE CONDUITE DES EAUX.

353. Les formules employées pour l'établissement d'une conduite d'eau régulière par des tuyaux cylindriques sont les suivantes :

$$V = 53,58 \sqrt{\frac{dJ}{4}} - 0,025,$$

$$\text{et } D = SV = \frac{\pi d^2}{4} \times V,$$

Dans lesquelles V est la vitesse moyenne de régime ;

D, le volume en mètres cubes ;

d, le diamètre intérieur de la conduite ;

J, la pente par mètre, ou la longueur L de la conduite divisée par la différence de niveau de ses deux extrémités ;

Et S, la section de la conduite.

Afin d'abréger les calculs, nous donnons la table suivante, au moyen de laquelle on peut résoudre rapidement les diverses questions relatives à l'établissement des conduites d'eau par des tuyaux cylindriques ?

Premier exemple : Quelle est la pente à donner à une conduite de 0ᵐ 10 qui doit débiter 11 litres d'eau par 1″?

Cette pente d'après la table est de 0ᶜ 10 ou 1 millimètre par mètre.

Deuxième exemple : Quel est le diamètre d'une conduite de 500 mètres de longueur, capable de débiter 168 mètres cubes d'eau par heure, la charge totale pouvant s'élever à 0ᵐ 265 ?

On a 168 mètres cubes ou 168,000 litres ÷ 60 × 60 = 46ˡⁱᵗ· 65, dépense par 1″,

et 0,265 ÷ 500 mètres = 0ᶜ 53 charge par mètre.

On trouve dans la table que le diamètre suffisant pour débiter cette quantité d'eau avec cette charge est de 0ᵐ 25 ou 25 centimètres.

XXXIVᵉ TABLE. — ÉTABLISSEMENT DES TUYAUX DE CONDUITE.

VITESSE moyenne en mètres par 1".	DIAMÈTRE des tuyaux 0m10.		DIAMÈTRE des tuyaux 0m15.		DIAMÈTRE des tuyaux 0m20.		DIAMÈTRE des tuyaux 0m25.		DIAMÈTRE des tuyaux 0m30.	
	Dépenses en litres par 1".	Charges par mètre de long en cent.	Dépenses en litres par 1".	Charges par mètre de long en cent.	Dépenses en litres par 1".	Charges par mètre de long en cent.	Dépenses en litres par 1".	Charges par mètre de long en cent.	Dépenses en litres par 1".	Charges par mètre de long en cent.
0.10	0.8	0.02	1.8	0.01	3.1	0 01	4.9	0.01	7.07	0.01
0.15	1.2	0.04	2.6	0.03	4.7	0.02	7.4	0.02	10.60	0.01
0.20	1.6	0.07	3.5	0.05	6.3	0.03	9.8	0.03	14.14	0.02
0.25	2.0	0.10	4.4	0.07	7.8	0.05	12.3	0.04	17.67	0.03
0.30	2.3	0.15	5.3	0.10	9.4	0.07	14.7	0.06	21.20	0.05
0.35	2.7	0.19	6.1	0.13	11.0	0.10	17.2	0.08	24.74	0.07
0.40	3.1	0.25	7.1	0.17	12.6	0.12	19.6	0.10	28.27	0.08
0.45	3.5	0.31	8.0	0.21	14.1	0.16	22.0	0 12	31.81	0.10
0.50	3.9	0.38	8.8	0.25	15.7	0.19	24.5	0.15	35.34	0.13
0.55	4.3	0.46	9.7	0.30	17.3	0.23	27.0	0.18	38.88	0.15
0.60	4.7	0.54	11.6	0.36	18.8	0.27	29.4	0.22	42.41	0.18
0.65	5.1	0.63	11.5	0.42	20.4	0.32	31.9	0.25	45.95	0.21
0.70	5.5	0.73	12.4	0.49	22.0	0.36	34.4	0.29	49.48	0.24
0.75	5.9	0.83	13.2	0.56	23.6	0.42	36.8	0.33	53.01	0.28
0.80	6.3	0.95	14.1	0.63	25.1	0 47	39.3	0.38	56.55	0.31
0.85	6.7	1.06	15.0	0.71	26.7	0.53	41.7	0.43	60.08	0.35
0.90	7.0	1.19	15.9	0.79	28.3	0.59	44.2	0.48	63.62	0.40
0.95	7.5	1.32	16.8	0.88	29.8	0.66	46.6	0.53	67.15	0.44
1.00	7.8	1.46	17.7	0.97	31.4	0.73	49.1	0.58	70.7	0.49
1.10	8.6	1.76	19.4	1.17	34.5	0.88	54 0	0.70	77.7	0.59
1.20	9.4	2.09	21.2	1.39	37.7	1.04	58.9	0.83	84.8	0.69
1.30	10.2	2.44	23.0	1.63	40.8	1.22	63.8	0.98	91.9	0.81
1.40	11.0	2 82	24.7	1.88	44.0	1.41	68.7	1.13	98.9	0.94
1.50	11.8	3.24	26.5	2.16	47.1	1.62	73.6	1.29	106.0	1.08
1.60	12.6	3.68	28.3	2.45	50.3	1.84	78.5	1.47	113.1	1.22
1.70	13.3	4.14	30.6	2.76	53.4	2.07	83.4	1.66	120.2	1.38
1.80	14.1	4.64	31.8	3.09	56.5	2.32	88.3	1.85	127.2	1.55
1.90	14.9	5.16	33.6	3.44	59.7	2.58	93.3	2.06	134.3	1.72
2.00	15.7	5.71	35.3	3.80	62.8	2.85	98.2	2.28	141.4	1.90
2.10	16.4	6.29	37.1	4.19	66.0	3.14	103.1	2.51	148.4	2.10
2.20	17.2	6.89	38.9	4.60	69.1	3.45	108.0	2.76	155.5	2.30
2.30	18.0	7.53	40.6	5.02	72.2	3.76	112.9	3.01	162.6	2.50
2.40	18.8	8.19	42.4	5.46	75.4	4.09	117.8	3.28	169.6	2.73
2.50	19.6	8.88	44.2	5.91	78.5	4.44	122.7	3.55	176.7	2.96
2.60	20.4	9.60	45.9	6.40	81.7	4.80	127.6	3.83	183.8	3.20
2.70	21.2	10.34	47.7	6 89	84.8	5.17	132.5	4.14	190.8	3.44
2.80	22.0	11.11	49.4	7.41	88.0	5.56	137 4	4.45	197.9	3.70
2.90	22.8	11.92	51.2	7.94	91.1	5.95	142.3	4.77	205.0	3.97
3.00	23.6	12.74	53.0	8.50	94.2	6.37	147.3	5.10	212.1	4.25

CHAPITRE VII

APPLICATION DES OMBRES AUX ENGRENAGES.

PLANCHE 30.

ENGRENAGES DROITS.

FIGURES 1 ET 2.

354. Nous avons déjà dit que, en général, le lavis à l'effet d'un objet quelconque exige le tracé préalable des ombres propres et portées qui peuvent exister sur toute sa surface.

Ainsi, pour laver à l'effet l'engrenage de deux roues droites, fig. A, il est indispensable de déterminer séparément sur chacune de ces roues, soit l'ombre propre sur leur surface extérieure, soit l'ombre portée des dents sur la même surface ou sur elles-mêmes ; nous avons indiqué l'opération pour l'une des roues sur les fig. 1 et 2.

La surface extérieure A C de la couronne A de la roue étant cylindrique, la ligne de séparation d'ombre et de lumière est naturellement déterminée par une tangente au cercle et parallèle au rayon de lumière, ou mieux par le rayon O D, perpendiculaire à celui-ci : la projection du point de contact D donne, en élévation (fig. 2), la projection verticale D′ E de cette droite. On obtient de même, par la projection du point E, la droite F′ G, pour la ligne de séparation d'ombre et de lumière sur la surface extérieure des dents qui est également cylindrique. Une partie de la surface latérale des dents se trouve aussi dans l'ombre, ce que l'on reconnaît facilement en menant des rayons de lumière par les arêtes extrêmes, telles que celles projetées en a, b, c, etc.; ainsi, les surfaces ad, be, cf, ne recevant pas de lumière, sont teintées en élévation, suivant les contours $a′d′gh$, $b′e′ij$ et $c′f′kl$.

Chacune de ces dents porte aussi ombre sur la surface cylindrique de la couronne, et comme leurs arêtes $a′h$, $b′j$, $c′l$, etc., sont verticales, leurs ombres portées sur la couronne sont aussi des droites verticales ; on les obtient en menant des rayons de lumière par les points abc et $a′b′c′$, et en projetant les points de rencontre mno et $m′n′o′$.

Pour compléter l'ombre des dents sur la couronne de la roue, il faut aussi déterminer l'ombre portée par le contour ad, be, ef, etc. On a déjà les points extrêmes $d'e'f$ et $m'n'o'$; dans la plupart des cas, ces points peuvent suffire. Mais, pour plus d'exactitude, il est bon de chercher des points intermédiaires; le contour de la partie inférieure des dents porte également ombre sur la couronne et s'obtient de la même manière, en menant par les points p, q, r, etc., des rayons de lumière qui rencontrent cette surface en des points projetés verticalement en $r'v'$, etc.

Quelques dents portent ombre aussi les unes sur les autres, mais comme leurs surfaces sont verticales, ces ombres s'obtiennent encore par la rencontre des rayons de lumière avec leurs surfaces; ainsi les arêtes projetées en sty, etc., portent ombre suivant des droites qui se projettent verticalement en $u'u^2$, $x'x^2$ et $z'z^2$, etc.

On a enfin, lorsqu'on fait une projection horizontale d'un engrenage, à déterminer l'ombre portée par la couronne sur les tenons des dents et sur les croisillons; or, comme toutes les surfaces sont horizontales et parallèles, l'ombre portée sur chacune est un cercle égal à celui HIL, qui est la projection de la surface intérieure de la couronne; il suffit alors de mener par le centre OO' un rayon de lumière, et de chercher les points d'intersection O^2 et O^3, avec les plans MO'' et NO''' qui limitent la surface supérieure des tenons et des bras, puis de tracer de ces points O^2 et O^3, comme centres, des arcs de cercle avec le rayon commun OH (280). On détermine de la même manière l'ombre portée du moyeu de la roue et celle des nervures sur les croisillons.

Lorsqu'on a fait ainsi les opérations nécessaires pour les ombres de chaque roue, on procède, pour le lavis suivant les principes exposés (289 et suiv.), en couvrant d'abord de teintes les parties qui doivent être les plus prononcées, et en laissant intactes les parties faibles que l'on ne couvre qu'en dernier lieu; le modèle fig. ⚙, que nous recommandons de dessiner toujours sur une grande échelle, indique, du reste, les diverses dégradations de tons pour rendre les effets selon la position des plans et le contour des surfaces; on a supposé dans cette figure, les roues montées sur leurs axes qui sont alors ombrés et lavés comme des cylindres polis.

ENGRENAGES D'ANGLE.

FIGURES 3 ET 4.

355. On doit procéder pour cette étude comme pour la précédente, c'est-à-dire tracer d'abord les ombres propres et portées sur chaque roue. Les fig. 3 et 4 représentent les projections horizontale et verticale d'une roue conique à dents de fonte sur la surface de laquelle les ombres sont indiquées.

La surface extérieure des dents et de la couronne étant conique, l'ombre propre s'obtient comme celle d'un cône, en menant par le sommet un plan tangent parallèle au rayon de lumière, et en cherchant la génératrice de contact de ce plan avec la surface conique (313).

C'est ainsi que, pour la surface extérieure des dents, on a la génératrice

projetée en OA, fig. 3, et pour la surface extérieure de la couronne, la génératrice projetée en OB. Ces génératrices, qui sont les lignes de séparation
d'ombre et de lumière, ont leurs projections verticales suivant les droites C'A'
et DB', concourant au sommet du cône; et comme dans le cas actuel ces droites
sont situées entre deux dents, elles ne sont pas apparentes dans la fig. 4.

Certaines dents ont leurs faces latérales dans l'ombre, ainsi que toute la
surface conique inférieure correspondante aux gros bouts des dents, ce que
l'on reconnaît par les teintes les plus prononcées de la fig. 4.

On n'a donc plus qu'à déterminer l'ombre portée par les arêtes extérieures
ad, be, cf, et par les contours dg, eh et fi. Or, les arêtes extérieures ad, be,
cf portent ombre sur la surface conique de la couronne, suivant des droites
qui ne sont autres que des génératrices de cette surface, puisque, pour obtenir cette ombre, il faut mener par les arêtes des plans parallèles au rayon
de lumière, et qui passent nécessairement par le sommet commun O; il suffit
donc véritablement de chercher l'ombre portée par un point de chacune de
ces arêtes. Prenons, par exemple, les points d, e, f, ces derniers étant situés
sur un même cercle EdF, l'opération se borne à chercher l'ombre portée
par ce cercle sur une surface conique; cette opération est la même que celle
que nous avons déjà indiquée plusieurs fois; elle consiste, en effet, à mener
des plans GH et IJ, perpendiculaires à l'axe, et par conséquent parallèles au
plan du cercle E'd'F'.

356. On a vu que l'ombre portée par la circonférence EdF sur chacun des
plans coupants était une circonférence égale à elle-même; il suffit alors d'y
déterminer l'ombre portée par le centre OO', elle se trouve en oo' sur le
plan GH, et en o^2o^3 sur le plan IJ. Si donc des points o et o^2 comme centres,
avec les rayons oK' et o^2J', égaux au rayon OE, on trace des arcs de cercle,
ces arcs rencontreront les circonférences G'K'H' et I'L'J', projections des
plans de section en K' et J' qui, projetés verticalement en K et J, donnent
deux points de la courbe JKMN, cette courbe exprime l'ombre portée de la
circonférence EdF sur le cône qui limite les creux des dents; par conséquent,
en traçant des rayons de lumière des points $d'e'f'$, etc., leurs rencontres respectives avec la courbe seront des points MPQ, qui expriment leur ombre
portée. Ces points se projettent horizontalement en M'P'Q'.

Les points ghi, situés sur la base supérieure du cône, portent naturellement ombre sur eux-mêmes; si on voulait avoir des points intermédiaires
entre ceux déjà déterminés, il faudrait imaginer un cercle tel que celu[i]
G'K'H', passant entre les points d et g qui limitent l'extrémité et le fond des
dents, et on obtiendrait, pour l'ombre portée de ce cercle sur le cône, la
courbe projetée verticalement en RST.

Puisque les génératrices ad, be, cf, portent ombre suivant des génératrices, il suffit, pour avoir celles-ci, de mener par les points M', Q' et P', des
lignes qui concourent au sommet du cône en plan comme en élévation.

On obtient enfin l'ombre portée par les génératrices extrêmes telles que fc, sur les dents de la roue, en menant par le point *f* le rayon de lumière *fl* qui rencontre le flanc *lm* de la dent suivante dont le plan est vertical. Ce point de rencontre se projette verticalement en *l'* sur la projection *f' l'* du rayon de lumière. On mène alors, de ce point *l'*, une ligne *l' n* concourant au sommet du cône, pour limiter l'ombre portée par l'arête *fc*.

357. Dans le cas où le rayon de lumière passant par l'extrémité de la dent comme celui tiré du point *p*, rencontrerait la partie courbe des dents, il faudrait, pour être rigoureux, imaginer par ce point un plan vertical passant par un rayon de lumière, et chercher son intersection avec la surface courbe, ce que l'on obtient par un simple rabattement, comme nous en avons déjà vu des exemples (287).

358. Le modèle (fig. ⓑ) représente l'application d'une roue d'angle à dents de bois, avec laquelle engrènent à la fois deux pignons dentés en fonte. On remarque que, quoique l'ombre sur chacune de ces roues ne soit pas la même à cause de leur position respective par rapport à la lumière, leurs ombres se déterminent cependant par les mêmes opérations que celles qui viennent d'être indiquées.

On devra, pour le lavis de ce modèle, suivre les principes et les observations déjà exposés, en tenant compte des parties claires et des parties noires. On observe aussi que, par la position des pignons sur ce modèle, le bout interne du tourillon de l'un se trouve dans l'ombre, tandis que le bout interne du tourillon de l'autre pignon est éclairé.

APPLICATION DES OMBRES AUX VIS.

PLANCHE 31.

359. On sait qu'une vis peut être engendrée soit par un triangle, soit par un rectangle, soit même par un cercle dont le plan passe par l'axe de la vis et se meut suivant une hélice. Elle est alors dite vis à filets triangulaires, carrés et arrondis. Dans chacun de ces cas, les arêtes extérieures des filets portent ombre soit sur le noyau, soit sur la surface gauche ou rampante du filet. Si la vis est surmontée ou accompagnée d'une embase, elle reçoit en outre une ombre portée sur la surface extérieure des filets ou du noyau. Nous allons successivement déterminer les ombres de ces diverses espèces de vis.

VIS CYLINDRIQUE A FILET CARRÉ.

FIGURE 1, 2, 2ᵈ ET 3.

360. La limite de l'ombre propre de la vis s'obtient comme celle d'un cylindre droit, en menant un rayon O A perpendiculaire à la directrice du rayon de lumière R O, et en projetant le point A en A', A², suivant une ligne parallèle à l'axe du cylindre. On a de même, par la projection du point B, la ligne de séparation d'ombre et de lumière B'B² sur la surface du noyau.

L'ombre portée par l'arête extérieure des filets sur la surface cylindrique du noyau se détermine simplement par des droites C*c*, D*d*, menées parallèlement au rayon de lumière R O, et rencontrant le cercle E*d*B, projection du noyau en *c d*; projetant alors les points C D en C′D′, et menant de ces derniers, parallèlement au rayon R′, les droites C′*c*′, D′*d*′, on obtient sur celles-ci les points *c*′ *d*′ pour l'ombre cherchée; on peut ainsi multiplier les points de cette ombre autant qu'il est nécessaire.

Lorsque les filets de la vis sont inclinés à gauche (fig. 2ª et 3) au lieu d'être inclinés à droite comme fig. 1 et 2, l'opération, pour déterminer les ombres, n'en reste pas moins la même. Ce qui est indiqué suffisamment par les mêmes lettres en regard des parties symétriques; on observe seulement que la fig. 3, exprimant le rabattement sur la droite de la moitié de la vis sur le plan vertical, au lieu d'un rabattement à gauche, comme fig. 1, le rayon de lumière se rabat également sur la droite, en formant toujours un angle de 45° avec la ligne d'axe qui est horizontale.

L'embase polygonale F G H I, qui sépare la vis à droite de la vis à gauche, porte ombre sur une partie de celle-ci, suivant des courbes qu'il est facile de déterminer d'après (285 et 286), et dont on voit les points principaux en *f*, *g*, fig. 2ª et 3.

VIS A PLUSIEURS FILETS RECTANGULAIRES.

FIGURES 4 ET 5.

361. La construction de l'ombre d'une vis rectangulaire ne change pas, soit que cette vis se trouve horizontale ou verticale, soit qu'elle ait un seul ou plusieurs filets, soit encore que son inclinaison ait lieu à gauche ou à droite; ainsi, la vis à plusieurs filets rectangulaires, représentée fig. 4 et 5, reçoit d'une part une ombre propre limitée par la ligne verticale A′A², projection du point A, et de l'autre une ombre portée *c*′ *d*′ *f*′, sur le noyau, par l'arête extérieure C′D′E′, du filet; elle reçoit également en partie l'ombre portée par l'embase circulaire G H I, sur les filets et sur le noyau; ces ombres se déterminent exactement comme sur les fig. 1, 2 et 3 (361).

VIS A FILET TRIANGULAIRE.

FIGURE 6, 6ª, 7 ET 8.

362. Lorsque la vis est engendrée par un triangle isocèle, tel que *c a d*, fig. 6, dont la hauteur *a b* est plus grande que la moitié de la base *c d*, il y a ombre portée par l'arête extérieure des filets sur leur surface gauche. Pour déterminer cette ombre en suivant la méthode générale qui consiste à chercher la rencontre d'un rayon de lumière avec la surface, on est conduit à chercher la courbe d'intersection de cette surface avec un plan passant par ce rayon et parallèle à l'axe de la vis.

Soit, à cet effet, le plan sécant EO, fig. 7, l'intersection de ce plan avec l'a-
rête extérieure $cG'p$ du filet se trouve en EE', fig. 6 et 7, de même son intersection avec l'arête intérieure alq, se trouve en r, r'. Pour obtenir des
points intermédiaires de la courbe d'intersection, nous supposons tracées
du centre O avec les rayons Om et On des circonférences qui représentent la
projection des cylindres sur lesquels sont tracées des hélices comprises entre
celle intérieure alq et celle extérieure dE^2 et s, et du même pas que ces
dernières. On a alors les points de rencontre hi (fig. 7) qui se projettent en
$h'i'$ (fig. 6); par conséquent, en joignant tous les points E^2, h', i' et r, on a la
courbe d'intersection du plan sécant avec la surface gauche; si donc du
point E' on mène le rayon de lumière $E'e'$ situé dans ce plan, sa rencontre
avec la courbe donne un point e' de l'ombre cherchée.

On trouvera de même, en menant encore des plans FH et GI parallèles au
premier EO, les courbes d'intersection $F^2f'H'$ et $G^2j'g'l$, et par suite sur ces
dernières les points f' et g' de l'ombre portée; on peut obtenir ainsi autant
de points utiles à la détermination de l'ombre portée par l'arête extérieure
$cG'p$, cette courbe se répète évidemment sur les autres filets. Nous ferons
remarquer qu'il n'existe pas d'ombre portée lorsque la profondeur du filet
est telle, que ab, fig. 6, est plus petit que la moitié de la base cd ou du pas.

Le tracé indiqué sur les fig. 6^a et 8 qui représentent une vis inclinée à
gauche, fait voir que les opérations pour déterminer l'ombre portée sont
exactement les mêmes.

Le noyau N, qui sépare les deux portions de vis, reçoit comme le bout N'
une ombre portée par l'arête extérieure des filets.

OMBRE D'UNE VIS A FILET ARRONDI ET SERPENTIN.

FIGURES 9 ET 10.

363. Ces figures représentent une sorte de vis engendrée par un cercle
$abcd$, dont le plan passe par l'axe et dont tous les points décrivent des hélices en tournant autour de cet axe. Les évidements ou creux de la vis sont
aussi formés d'une surface gauche engendrée par le demi-cercle def, tangent au premier. On a alors à déterminer sur cette vis la limite de l'ombre
propre de chaque filet, et l'ombre portée par cette ligne sur les creux.

Le filet saillant étant une espèce de tore en spirale, la détermination de
son ombre propre revient à celle indiquée pour l'anneau (323).

Ainsi, si on coupe la vis par un plan vertical GO, sa section avec le filet donne
évidemment un cercle qui se projette en j', l' (fig. 9). Ce cercle, étant incliné
au plan vertical de projection, fig. 10, se projette sur celui-ci suivant une
ellipse dont on a les points principaux j, k, l, en projetant les points j', k', l', respectivement sur les hélices correspondantes aux points abc; si donc on projette sur le plan GO, que nous supposons ramené en og, fig. 10^a, le rayon

de lumière R o, il suffira de déterminer le point de contact de ce rayon avec la courbe j k l; à cet effet, on cherche la projection de ce rayon sur le plan vertical en g' o' (fig. 10ᵃ), puis on mène, parallèlement à la droite g' o', une tangente g² o² à l'ellipse j k l; son point de contact m, avec cette dernière, est un point de la ligne de séparation d'ombre et de lumière sur la surface extérieure du filet. On procédera de même pour tout autre point de la limite de cette ombre propre.

Si on continue la section du plan G O, sur le creux de la vis, on obtiendra aussi la courbe elliptique n o², dont les points principaux sont également situés sur des hélices qui passent par les points d, e, f; il suffit de prolonger le rayon de lumière g²o² sur la rencontre de cette ellipse n o²p, pour obtenir un point o² de l'ombre portée par le point correspondant m, de la courbe de séparation d'ombre et de lumière sur les gorges.

On remarque que le prolongement de la ligne s t, de séparation d'ombre et de lumière, porte ombre sur la surface extérieure du filet qui se trouve immédiatement au-dessous, comme aussi l'embase qui forme la tête de la vis porte ombre également sur les filets.

APPLICATION DES OMBRES A UNE CHAUDIÈRE ET SON FOURNEAU.

PLANCHE 32.

OMBRE DE LA SPHÈRE.

FIGURE 1.

364. On se rappelle que la sphère est un solide régulier engendré par un demi-cercle tournant autour de son diamètre. De cette définition, il résulte que sa surface convexe ou concave, selon qu'on la considère pleine ou creuse, est une surface de révolution dont tous les points sont également distants du cercle générateur. Pour déterminer l'ombre propre sur la surface d'une sphère, on pourrait opérer exactement d'après le principe général (328), mais il est plus simple pour ce cas particulier d'employer le procédé suivant.

Supposons la sphère enveloppée par un cylindre droit, dont l'axe soit parallèle au rayon de lumière; ce cylindre touchera la sphère suivant un grand cercle qui n'est autre que la ligne de séparation d'ombre et de lumière, et dont le plan est perpendiculaire au rayon lumineux, et par conséquent incliné aux plans de projection; il en résulte que la projection de cette ligne sur ces plans est une ellipse.

Ainsi soit, fig. 1, la projection horizontale d'une sphère de rayon OA, les projections des génératrices extrêmes BC et DE, parallèles au rayon de lumière RO, ont leur contact avec le contour extérieur de la sphère, aux points C, E, qui sont diamétralement opposés, et qui sont les extrémités du grand axe de l'ellipse.

Comme en général cette courbe peut être déterminée par ses deux axes, il reste à chercher son petit axe. A cet effet, concevons un plan vertical passant par le rayon RO, et supposons dans ce plan deux rayons de lumière tangents à la sphère; si nous faisons tourner ce plan autour du rayon R O, considéré comme charnière, pour le rabattre dans le plan horizontal, le grand cercle suivant lequel il coupe la sphère se rabat nécessairement suivant le cercle tracé avec le rayon A O; et le rayon de lumière se rabat comme on l'a vu (287) suivant la ligne R′O, formant avec la ligne R O l'angle de 35° 16, et que l'on obtient du reste en portant le côté G R, d'un carré quelconque G O F R, sur la perpendiculaire R R′ élevée en R. Les deux rayons lumineux tangents à la sphère se rabattent alors suivant les droites H L et M N, parallèles au rabattement R′O; leurs points de contact avec le grand cercle se trouvent aux extrémités du diamètre L N, perpendiculaire à la même droite R′O. En faisant revenir le plan dans sa véritable position, ces points se projettent en L′ et N sur la trace R O, et donnent ainsi le petit axe L′ N′ de l'ellipse cherchée.

365. Si, au lieu de construire cette ellipse par les moyens ordinaires, on préfère en déterminer les points par une suite de sections et de rabattements analogues, il suffira, par exemple, de tracer un plan ab parallèle à R O, puis de rabattre la section faite par ce plan dans la sphère, dans le plan horizontal, suivant la circonférence du rayon cO égal à ac; on mène ensuite la tangente ed, parallèle à R′O, et dont le point d, également situé sur le diamètre L N, se projette en $d′$ sur la trace ab, on obtient ainsi autant de points de la courbe que l'on mène de plans; la distance $cd′$ étant reportée de c en d^2, donne le point symétrique d^2 de la partie de l'ellipse non apparente.

Si la projection de la sphère était faite sur un plan vertical, l'opération serait tout à fait identique, seulement le grand axe de l'ellipse, au lieu de se trouver dans la direction C D, serait au contraire dans la direction perpendiculaire A I, comme on le voit sur la fig. B, ombrée à l'effet.

OMBRE PORTÉE DANS UNE SPHÈRE CREUSE.

FIGURE 2.

366. Lorsqu'une sphère creuse est coupée par un plan passant par son centre et parallèle à l'un des plans de projection, le rebord circulaire interne de la section porte ombre sur sa surface concave, suivant une courbe elliptique que l'on peut déterminer soit par le principe général de sections parallèles, exposé (287), soit par le système plus simple de sections et de rabattements que nous venons d'indiquer, et dont la fig. 2 renouvelle l'application.

Cette figure représente la projection d'une sphère creuse sur le plan vertical, et reproduisant la section faite suivant la ligne 1, 2, de la chaudière dessinée fig. 4 et 5. Si on coupe cette sphère par un plan diamétral A B, parallèle au rayon de lumière, sa section rabattue, fig. 3, est un demi-cercle A′ C′ D′; le rayon de lumière situé dans ce plan et passant par le point A, se rabat aussi suivant la ligne A′ C′, parallèle au rabattement R′A, obtenu comme l'indique la fig. 2. Cette droite A′ C′ rencontre le cercle A′ C′ B′ au point C′ qu'on projette sur la trace A B en C, et qui est le point de l'ombre portée par le point A.

On obtient de même les points bd, par les plans ab, cd, parallèles à AB, en coupant la sphère suivant des demi-cercles rabattus en $a'b'e$. Ce dimicercle est rencontré en b par le rayon $a'b'$ mené parallèlement à A'C'.

Les points extrêmes DE se trouvent situés à l'extrémité du diamètre DE, perpendiculaire au rayon AO, et représentent le grand axe de l'ellipse. Ces ombres se rencontrent fréquemment en architecture et en mécanique, comme dans les *niches*, les dômes, les chaudières, etc.

APPLICATIONS.

367. La fig. 4 représente la section longitudinale suivant la ligne 3, 4, d'une chaudière cylindrique en tôle, à bouts sphériques et surmontée de deux tubulures cylindriques, dont une est fermée par un couvercle ou trou d'homme.

La fig. 5 est un plan vu en dessus de cette chaudière et des tubulures.

La fig. 6 est une section transversale faite par la ligne 5, 6.

On a à déterminer pour cette chaudière :

1° Sur la fig. 4, l'ombre portée DdC et EbC sur les surfaces sphériques qui limitent la chaudière ; et celles Cgi, jkl, sur la surface cylindrique, comme aussi l'ombre portée dans l'intérieur des tubulures ;

2° Sur la ligne fig. 5, l'ombre propre des parties cylindriques et sphériques de la surface extérieure de la chaudière, et l'ombre portée, sur celles-ci par les tubulures cylindriques.

Nous repérons avec les mêmes lettres sur la fig. 7 le tracé analogue à la fig. 3, pour obtenir la courbe elliptique DdC de l'ombre portée, par la portion circulaire AcD, sur la surface sphérique intérieure de la chaudière.

On a obtenu de même la portion $EbCl$, à l'aide du rabattement (fig. 8), en observant que les sections faites parallèlement au rayon de lumière audessus de la trace ab donnent des demi-cercles, tandis que celles faites audessous, telles que celle FC, donnent bien une portion circulaire à droite de la ligne aO, mais une portion elliptique à gauche de cette même droite. Il est à remarquer que les tubulures cylindriques, montées sur la chaudière, donnent lieu à des intersections IJKF qui portent ombre à l'intérieur de la chaudière, au lieu des portions droites IF de la génératrice extrême du cylindre, ce qui existerait réellement, si les tubulures étaient supprimées.

L'ombre portée par ces intersections est limitée aux courbes JKL, que l'on obtient à l'aide de la section (fig. 6), en projetant les points JKLF sur l'arc $J'K'L'F'$, et en menant par ces points des rayons de lumière qui rencontrent la surface intérieure du cylindre en $j'k'l'$, lesquels se projettent alors, pour les deux tubulures en j, k, l, sur les rayons correspondants (fig. 4). La partie droite GI, de la génératrice extrême du cylindre, porte ombre sur la surface interne de celui-ci suivant une droite li, qui (308) est située sur l'axe OO.

Une partie de la génératrice extrême IN de chaque tubulure cylindrique porte aussi ombre sur la surface intérieure de la chaudière suivant une courbe *imj* qui n'est autre qu'un portion de circonférence dont le centre est en *o*, et dont le rayon *o i* est égal à celui *c* O de la chaudière; cette ombre est circulaire, parce que la droite I N est perpendiculaire à l'axe du cylindre, et que le plan de ces deux lignes est parallèle au plan vertical de projection.

On peut, au reste, déterminer les points *imj* de la courbe directement à l'aide des deux projections (fig. 4 et 6).

Il en est de même de la courbe *n, p, q,* qui est aussi un arc de cercle, parce que la droite N P du couvercle qui ferme la première tubulure est encore perpendiculaire à l'axe de celle-ci, et parallèle au plan vertical de projection. Les arêtes N R et R M étant verticales portent ombre sur cette même tubulure suivant des lignes qui sont aussi verticales (309). La seconde tubulure étant ouverte à sa base supérieure, l'ombre portée sur sa surface interne est nécessairement différente de celle portée sur la première, mais elle s'obtient du reste de la même manière que sur les fig 1 et 1ᵃ (pl. 28). On observe toutefois qu'une partie *s t u* de cette ombre résulte du plan inférieur S T U du bord de la tubulure, et l'autre partie *s v* résulte du plan supérieur V X, (fig. 4 et 5).

On a enfin la courbe C*e gh* et la partie droite *hi* qui réunit la première D*d*C avec la droite *i i*, et qui résulte de l'ombre portée par l'arc A E G H, et par la partie droite H I de la génératrice extrême du cylindre.

Toute la ligne D*d*C*g i* qui provient de l'ombre portée du bord de la section de la chaudière sur sa surface interne est réellement la même que celle désignée en architecture sous le nom d'ombre portée de *la niche,* en observant toutefois que cette ombre est dans une autre position, parce que l'axe de la niche est vertical.

Il reste à faire le tracé des ombres propres et portées sur la surface extérieure de la chaudière en projection horizontale (fig. 5). Quant à l'ombre propre, elle consiste d'une part en celle limitée par la ligne de séparation d'ombre et de lumière *d′ d* que l'on obtient par la tangente à 45° menée en C, et de l'autre par les courbes elliptiques C *d* et *dc′* E, sur les bouts sphériques de la chaudière, et que l'on détermine comme sur la fig. 1.

368. Pour les ombres portées des tubulures soit, sur leurs brides, soit sur la surface extérieure de la chaudière, elles sont naturellement déterminées par des lignes à 45°, A′D′ et B′E′, tangentes au cylindre extérieur des tubulures, et qui se prolongent en ligne droite jusqu'à la limite de séparation d'ombre et de lumière, lorsque ces tubulures sont assez saillantes. Mais si au contraire elles avaient peu de hauteur, comme on le suppose sur le rabattement (fig. 9), on aurait à déterminer l'ombre portée par une portion de la base supérieure B′C′, soit sur la partie cylindrique de la chaudière, soit sur la partie sphérique. Pour trouver l'ombre dans ce cas, nous supposons un plan vertical passant par le rayon de lumière R′ O′, fig. 5, et coupant le cylindre suivant une ellipse, et la sphère suivant un grand cercle. Ce plan transporté en R², O², et rabattu sur le plan horizontal (fig. 9), donne la courbe F²G²H², pour le rabattement de ladite section. Le point de contact B′ reporté en B² se rabat aussi dans cette figure

en B³ : si donc on mène par ce dernier point la parallèle B³I² au rayon de lumière rabattu R³O³, elle rencontrera la courbe d'intersection en I² ; la projection horizontale I³ de ce point sur la trace R²H², se reporte de B′ en I′, sur la trace correspondante R′I′, fig. 5. On opère de même par une autre section faite parallèlement à la première et passant par le point C′ pour obtenir un second point c′ de l'ombre. Les opérations pour déterminer les courbes d'intersection sont suffisamment indiquées sur les fig. 5 et 7.

369. La chaudière cylindrique à vapeur représentée en section longitudinale (fig. A), vue par bout (fig. B), et en section transversale (fig. C), résume les applications que nous venons de traiter relativement aux sphères et aux cylindres, et en même temps elle sert de modèle pour le lavis avec les effets qui doivent y être observés suivant les divers principes exposés précédemment.

370. Nous rappelons que pour rendre ces effets il ne faut pas toujours s'arrêter aux ombres propres et portées, mais encore déterminer les parties claires ou brillantes, comme déjà on l'a fait pour les cylindres en relief ou en creux. De même que sur un cylindre ou un cône il existe une ligne brillante, de même sur la surface de la sphère se trouve un point brillant.

Ce point est situé sur le rayon de lumière passant par le centre de la sphère, (fig. 1). Mais comme les rayons visuels ne sont pas dans la même direction que les rayons lumineux, la position de ce point brillant paraît un peu changée : ainsi, si l'on rabat le plan vertical RO (fig. 1) dans le plan horizontal, le rayon de lumière est rabattu, comme on l'a vu, suivant la droite R′O, et par conséquent son point de rencontre avec la sphère se rabat en i ; d'un autre côté les rayons visuels qui sont perpendiculaires au plan horizontal se rabattent suivant des droites parallèles à CO ; or, ce dernier rayon rencontre la sphère au point C, et comme la lumière se réfléchit sur une surface par rapport aux rayons visuels, en faisant un angle d'incidence égal à l'angle de réflexion, si l'on divise l'angle iOC en deux parties égales par la droite nO, on aura le point n qui paraîtra à l'œil le point correspondant à la partie la plus éclairée.

Pour l'effet du dessin, il est préférable de ménager la partie brillante ou la plus claire entre les deux points $i′$ et $n′$ qui résultent de la projection des points i et n sur le rayon RO. Lorsque la sphère est un corps poli, comme une boule en acier, en cuivre ou en ivoire, on a le soin de laisser autour de ce point brillant une partie circulaire tout à fait blanche ; quand le corps est mat, comme on l'a supposé sur la fig. B, on laisse bien cette partie plus claire que le reste de la surface, mais cependant en la couvrant d'un ton léger.

Dans une sphère creuse (fig. 2 et 3), il y a à tenir compte non-seulement du point brillant qui se projette de la même manière sur le rayon de lumière AB, entre les points $i′$ et $n′$, mais encore du point qui dans l'ombre portée doit être le moins foncé ; on détermine ce dernier en $m′$ (fig. 2) par la droite $mO′$ (fig. 3), tracée perpendiculairement au rayon de lumière rabattu A′C′.

371. La chaudière est placée dans son fourneau, qui est construit entiè-

rement en briques avec une cloison située dans le milieu de sa longueur, pour obliger la flamme et la fumée qui se dégagent du foyer à se diriger dans la galerie de gauche, puis revenir par la galerie de droite et sortir dans un troisième canal ou carneau avant de s'échapper dans la cheminée ; ce troisième carneau renferme un bouilleur plein d'eau mise en communication avec la chaudière par un tube plongeur, et recevant l'eau d'alimentation qu'elle échauffe à une température assez élevée pour ne pas refroidir la chaudière lors de son introduction.

La chaudière est à moitié ou à 2/3 remplie d'eau [1]; l'espace restant, ainsi que les tubulures sont réservés pour la vapeur. La base de la cheminée est en pierre de taille ou en moellons, et tout le corps est en briques; de même les fondations du fourneau sont en moellons ou en pierre de taille.

Outre ce modèle de chaudière, nous donnons encore comme exercice de lavis à l'effet la pl. 33, que nous engageons à dessiner sur une échelle deux à trois fois plus grande, afin d'acquérir de la main et de l'habileté.

LAVIS EN NOIR. — LAVIS EN COULEURS.

PLANCHE 33.

372. Dans un grand nombre de dessins et particulièrement dans les projets destinés à l'exécution, on ne se contente pas de laver les objets à l'encre de Chine, mais en outre on recouvre leurs surfaces d'un ton de couleur approprié à la nature de la matière. Le lavis, d'une part, fait bien voir les saillies et les formes des surfaces, et de l'autre les couleurs expriment de quelles matières elles sont composées; ce double travail rend le dessin beaucoup plus intelligible en le rapprochant du relief.

Un dessin peut être colorié de plusieurs manières. Le procédé le plus facile consiste à laver d'abord toutes les surfaces à l'encre de Chine, en observant la force ou la dégradation des tons, suivant l'ombre et la lumière, comme on l'a supposé dans chacune des planches qui précèdent ; on recouvre ensuite les surfaces entières de chaque objet d'un ton de couleur qui est d'abord tout de convention, et que l'on peut poser par teintes plates, suivant les indications de la pl. 10.

Ce premier mode d'opérer peut suffire dans plusieurs cas, mais il laisse à désirer sous le rapport de l'effet du dessin, qui est généralement sans vigueur et d'un aspect froid et monotone. On obtient un meilleur résultat en ne poussant pas à un ton aussi avancé le lavis à l'encre de Chine, et en recouvrant alors les surfaces avec des teintes de couleur que l'on étend au pinceau par dégradations successives, comme pour le simple lavis, de telle sorte que les parties les plus foncées conservent le ton local de la matière, tandis que les parties claires deviennent extrêmement faibles.

---

1. La ligne d'eau sur le dessin est supposée descendue jusqu'à l'axe de la chaudière, afin de laisser apparente une plus grande partie de l'ombre portée.

Lorsqu'on a acquis une certaine habitude dans le mélange et la composition des couleurs, on procède d'une manière plus directe et plus vigoureuse, en supprimant complétement le lavis préalable à l'encre de Chine, et en posant successivement des tons coloriés qui rendent à la fois les effets d'ombre et de lumière, et la nature de la matière. Cette dernière méthode a l'avantage de donner à chaque partie du dessin plus de transparence, plus de chaleur, et satisfait à toutes les conditions désirables.

En général, tout dessin destiné à être lavé doit être tracé en lignes grises, au lieu d'être noires, comme pour un dessin au trait ; le faible ton de ces lignes permet de ne pas les faire trop fines, et le trait étant alors plus nourri sert mieux de guide au pinceau. Un trait noir, quoique fin, aurait l'inconvénient de rendre les contours du lavis plus durs, et serait plus susceptible d'être dépassé.

373. Nous avons essayé de donner sur la pl. 33 un modèle ombré et lavé aux couleurs et embrassant les matières le plus en usage dans les constructions.

La fig. 1 représente un chapiteau de colonne dorique en bois. Quoique les bois soient de nature bien différente, on s'en tient, quant au dessin, à une seule nuance, qui est, comme nous l'avons dit, toute de convention.

On a dû surtout à cet égard chercher à éviter la confusion, en affectant une couleur spéciale pour la représentation de chaque substance, sans s'arrêter à sa couleur naturelle et à toutes ses variétés.

Pour colorier ce chapiteau en bois, d'après le premier des procédés que nous venons de mentionner, on le lave préalablement à l'encre de Chine dans toutes ses parties ombrées, puis, lorsque ce lavis est arrivé au ton convenable et suffisamment sec, on couvre toute la surface d'un ton composé de gomme-gutte, de carmin et d'encre de Chine, analogue à celui de la fig. 4, pl. 10, en observant toutefois que le ton doit être un peu plus gris, pour le rendre moins vif que dans les coupes.

On modifie aisément ce procédé et on se rapproche du second, en laissant à nu certaines parties de l'objet, et en fondant celles-ci à pinceau presque sec, vers les lignes les plus éclairées. Mais si on est assez familiarisé avec le pinceau et les couleurs, on évite, comme nous l'avons dit, le lavis préalable en noir, en composant constamment chaque ton, par le mélange immédiat de l'encre de Chine et des couleurs, et en les superposant graduellement soit à teintes plates, soit à teintes fondues. On a le soin de poser ces teintes en commençant par les parties les plus foncées, et en les recouvrant par d'autres de plus en plus faibles, pour arriver ainsi à un effet plus vif et plus transparent. Quelquefois on simule les nœuds et les veines du bois par des traits irréguliers et très-variés, formés au pinceau, comme la fig. 1 peut en donner l'idée.

C'est en suivant ces principes qu'on arrive de même à colorier d'autres objets de nature différente, en variant seulement le mélange d'après les indications de la pl. 10.

La fig. 2 représente une tête de cheminée en brique et de forme circulaire.

Dans cette vue extérieure, on a indiqué le contour de chaque brique, et pour mieux les détacher, on a eu le soin dans le lavis de ménager les reflets vers les arêtes de celles qui se trouvent dans la demi-teinte.

La fig. 3 représente la base d'une colonne dorique en pierres de taille et cannelée. Cette colonne étant vue extérieurement ne reçoit pas un ton de carmin comme on le fait pour la maçonnerie en coupe. On est convenu de l'exprimer par un ton gris jaune composé de gomme-gutte comme couleur dominante, et d'une légère quantité d'encre de Chine et de carmin.

Ces trois modèles de bois, briques et pierres, représentent des corps mats qui, ne pouvant jamais recevoir un brillant comme un métal poli, sont teintés même sur les parties les plus éclairées.

La fig. 4 est une tête de vis en fer ; comme on l'a supposée dressée, tournée et polie sur toute sa surface, on a dû conserver des blancs sur les parties brillantes par opposition aux surfaces brutes ou mates. Il en est de même de la base de colonne en fonte représentée par la fig. 5, et du double coussinet en bronze projeté latéralement fig. 6.

Nous espérons que les principes d'ombres et de lavis exposés dans ce chapitre pourront suffisamment servir de guides aux diverses applications qui peuvent se présenter, pour exprimer soit les effets d'ombre et de lumière, soit les dégradations des tons, suivant la position des plans ou la nature des matières, comme suivant le degré de poli des surfaces. On comprend en effet que, pour deux objets de même nature, mais situés à inégale distance, et que l'on se propose de colorier, les teintes doivent être plus vives et plus transparentes sur celui du premier plan, tout en observant plus de force et plus d'énergie dans les parties ombrées.

CHAPITRE VIII

COUPE DES PIERRES

PLANCHE 34.

374. La coupe des pierres a pour objet de préparer et de tailler les pierres de telle sorte qu'en les plaçant les unes à côté des autres dans des positions déterminées, elles forment des ouvertures, des voûtes, des arcades, etc.; cette opération s'appelle *appareiller*.

L'étude de la coupe des pierres repose entièrement sur la géométrie descriptive, dont elle n'est qu'une application particulière, et rentre, dans ce que nous avons exposé sur la génération des surfaces ainsi que sur leurs intersections et développements.

Pour appareiller, le contre-maître ou l'ouvrier chargé de ce soin doit tracer, au préalable, à l'échelle d'exécution, un dessin, une épure générale qui indique exactement la place des joints des pierres; celles-ci prennent alors, suivant la position qu'elles occupent, la dénomination de *claveaux, voussoirs, sommiers, clefs*, etc.

Notre intention n'est pas de faire un traité complet sur la coupe des pierres, mais, comme cette étude est du ressort du dessin géométral, nous avons jugé utile d'en donner quelques applications, qui suffiront pour montrer la marche à suivre dans ce genre d'opérations.

ARRIÈRE-VOUSSURE DE MARSEILLE.

FIGURES 1 ET 2.

375. Proposons-nous de faire l'épure d'une baie de porte ou de fenêtre en pierres de taille, évidée à sa partie supérieure en forme de surface gauche, analogue à celle qui porte le nom d'*arrière-voussure de Marseille*. Cette surface est engendrée par une droite C A, assujettie à s'appuyer constamment sur l'horizontale C′ K′, projetée en C, et à se mouvoir d'une part sur la demi-base B E D d'un cylindre droit dont l'axe est C′ K′, et de l'autre sur un arc de cercle F K A, situé dans un plan parallèle à celui de la base B E D.

Les faces latérales F B L N et A R Q D de la baie sont verticales, et, projetées horizontalement en F′ B′ et A′ D′ (fig. 2), ces faces rencontrent la surface gauche suivant les courbes F B et A D qu'il s'agit d'abord de déterminer.

A cet effet, on cherche les projections de diverses positions de la droite génératrice C A, afin d'obtenir leurs intersections avec l'un des plans obliques; remarquons que, si on prolonge l'arc F K A, à droite, par exemple, de la figure 1, et que l'on tire du point C les lignes C J, C a, C b et C G, elles représenteront autant de projections verticales de la génératrice C A. Ces droites rencontrent la circonférence B E D en I c d e, qui se projettent horizontalement sur la ligne B′ D′, projection de la base du cylindre en I′ c′ d′ e′. Ces mêmes droites rencontrent aussi l'arc de cercle F A G en J a b G, que l'on projette de même sur la ligne F′ G′, qui est la projection horizontale de cet arc en J′ a′ b′ G′. La réunion de ces derniers points avec les premiers I′ c′ d′ e′ donne les droites C² J′ C³ a′, C⁴ b′, C⁵ G′, qui sont les projections horizontales de la génératrice correspondante aux projections verticales (fig. 1).

Ces droites rencontrent le plan A′ D′ aux points M′ f′ i′ que l'on projette alors verticalement en M f i sur les droites C J, C a, C b; la courbe A M f i D, passant par chacun de ces points, donne l'intersection cherchée; on la reporte symétriquement en F B sur la gauche de la fig. 1, pour éviter un second tracé qui est semblable au premier.

Pour connaitre cette intersection en vraie grandeur, il faut déterminer le rabattement du plan A R Q D qui la contient. Pour cela, on rabat le plan D′ A′ dans le plan vertical, en le faisant tourner autour de la verticale D Q, projetée horizontalement en D′; dans ce mouvement, chacun des points A′ M′ f′, décrit des arcs de cercle autour de D′ comme centre pour se placer en M², A² et f² i². Par les points correspondants A M f de la projection verticale, on mène les droites A A″, M M″, f f″, sur lesquelles se projettent les points précédents M², A², f², et on a alors la courbe A″ M″ f″ D, qui représente la forme exacte de l'intersection.

376. L'épure préliminaire que l'on vient de tracer ne donne encore que la forme de surface de la voussure; il reste maintenant à la subdiviser en un certain nombre de parties pour représenter les pierres de taille qui doivent la composer.

Le nombre des divisions dépend nécessairement des matériaux dont on peut disposer, et dans tous les cas le nombre doit toujours être impair, pour réserver au milieu la pièce principale que l'on appelle *clef*.

Les divisions sont faites sur la demi-circonférence B E D par une suite de rayons concourant au centre C; ce sont ces lignes qui représentent les traces des joints; en contre-bas de la voussure les pieds droits X se composent d'une suite de pierres d'égales dimensions dont les joints sont horizontaux.

Les projections horizontales des joints de chacune des pierres pour la voussure sont des lignes droites, parce que ces joints sont formés par des plans perpendiculaires au plan vertical, et dont l'intersection avec la surface gauche est toujours une droite génératrice : ainsi les plans O C et P C de la clef K sont perpendiculaires au plan vertical, et ont leurs parties n h et o l comprises entre les cercles générateurs B E D et F K A, et projetés horizontalement suivant les droites $n'h'$ $o'l'$, qui représentent la vue en dessous des arêtes des joints, ou leurs intersections avec la surface gauche.

Il en est de même des plans m C et J C qui contiennent les joints des claveaux Y, Z ; les joints kg et I M se projettent aussi horizontalement suivant des droites $k'g$ et M'I.

377. L'épure d'ensemble étant ainsi terminée, l'appareilleur doit détacher chaque pierre de la voussure pour en représenter toutes les faces de joints, ce qu'il fait en choisissant dans le chantier les pierres de dimensions convenables, et qui sont débitées préalablement en parallélipipèdes rectangles.

Ainsi, pour la clef K, par exemple, détaillée de face et en coupe par le milieu (fig. 3 et 4), il prend un parallélipipède dont la base $pqrs$ est capable de circonscrire les deux faces parallèles de la clef, et dont la hauteur est au moins égale à sa longueur $t'u'$. Après avoir fait dresser les deux faces verticales $t'o'$ et $u'v$ du prisme, ainsi que la face horizontale $t'u'$, il trouve sur la face antérieure, fig. 3, les côtés parallèles et verticaux tO et uP, puis les lignes oblique Oh et Pl, et qui, comme on le sait, concourent au même point C, axe de la voussure. Il relève alors sur un gabarit les arcs no et hl (fig. 1), pour les reporter en no et hl sur la face du parallélipipède (fig. 3). D'après ce premier tracé, le tailleur de pierres enlève sur les côtés du parallélipipède toute la matière qui excède les lignes Oh et Pl ; ces dernières faces obtenues, l'appareilleur trace sur elles les lignes projetées en nh et ol. Afin de faire mieux comprendre la forme que présente le joint, on l'a rabattu perpendiculairement à la ligne Pl (fig. 4 bis). On voit qu'il est très-facile d'obtenir ce rabattement, puisque l'on a, d'une part, la ligne P'y égale à K'K², qui représente l'épaisseur du mur ou de la voûte, et que, d'un autre côté, on a toutes les autres dimensions également relevées sur la projection horizontale (fig. 2) : d'où il résulte que la direction de $o'l'$ est rigoureusement déterminée.

Cette droite, ainsi que celle correspondante sur la face opposée Oh, servent de guides au tailleur de pierres pour dresser la surface gauche de la clef comprise entre ces deux faces, et comme vérification, cette surface doit être taillée de telle sorte qu'une règle puisse s'y appliquer sur toute son étendue, en s'appuyant sur les deux arcs no et hl, dont l'un est projeté en o' sur la face P'o' et l'autre en l'.

Pour déterminer les faces de joints de l'un des deux claveaux Z, représenté en détail, fig. 5 et 6, sur lesquelles ces faces ne sont pas vues dans leur véritable grandeur, on est obligé d'opérer, comme précédemment, par rabattement.

Ainsi, pour obtenir la face de joint projetée en Oh, du point w comme centre, on décrit une suite d'arcs de cercles avec les rayons ow, nw, hw, pour ramener les points O, n, h, sur la verticale wO², O², n², h² ; il suffit alors de porter de h² en h' la distance $n'h'$ (fig. 2) et de joindre le point h' (fig. 7) au point n², pour avoir la direction de la génératrice n²h', qui était projetée en nh (fig. 1). On achève la face de joint par les lignes horizontales O^2u', $h'z'$, $y'v'$, et par les verticales $u'v'$ et $z'y'$, qui déjà sont vues dans leur véritable grandeur sur la fig. 6.

Le même mode de rabattement est applicable pour la seconde face projetée en mg, ramenée en m^2g^2 et rabattue sur la fig. 8; seulement, pour ce dernier claveau, on doit avoir égard à la portion d'intersection qu'il contient et que nous avons rabattue en vraie grandeur en a^2m^3, après l'avoir relevée au gabarit de A'' en M'' (fig. 1) : le dernier claveau X contient par conséquent l'autre partie M''D de l'intersection.

Ce qui vient d'être expliqué pour l'appareillage de la clef et d'un des claveaux s'étend sans autre difficulté à la taille des autres pierres qui composent l'arrière-voussure dite de Marseille.

Dans cette application, il y avait à tenir compte, indépendamment des faces des joints, de la surface gauche de la baie ; mais dans le cas le plus général des baies droites ou cintrées, comme celle représentée (fig. 1 *bis*), l'opération se simplifie, et on n'a à s'occuper que de la taille pour les faces de joints, d'après le mode de rabattement plus haut décrit ; le tracé de cette figure ne présentant aucune particularité, nous avons cru inutile de nous y arrêter.

378. *Soit proposé de tracer une voûte circulaire à plein cintre, rencontré par deux plans obliques à son axe* (fig. 9 et 10)[1].

Pour représenter cette voûte, on a supposé l'un des plans de section parallèle au plan vertical, il en résulte que l'axe de la voûte est incliné à ce plan.

Soient AB cet axe et CD la trace d'un plan qui lui est perpendiculaire ; du point B, comme centre, on décrit le demi-cercle CAD, qui représente en rabattement le cintre exact de la voûte. Supposons ce cercle divisé en un nombre impair de parties égales, en a, b, c, d, e, f; de chacun de ces points on tire des droites qui concourent au centre B, pour représenter les faces de joints ag, bh, ci, etc., des claveaux, et qui sont normales à la courbure circulaire de la voûte, dont l'épaisseur est supposée limitée par un second cercle gil concentrique au premier ; chacune de ces faces rencontre le cintre suivant des lignes parallèles à son axe ; on obtient les projections horizontales supposées vues en dessous de ces lignes en tirant des points a, b, c, d, des parallèles à la droite BA ; ces dernières s'arrêtent sur le plan vertical AE, qui limite la voûte. Les faces extérieures du claveau et de la clef sont limitées par des droites verticales, telles que mh, in, oj, et des droites horizontales mi et no.

On a alors à projeter sur le plan vertical (fig. 10) l'intersection du plan de section AE, avec chacun des claveaux.

Remarquons d'abord que, de ce qu'il est incliné à l'axe du cylindre, il coupe ce dernier suivant une ellipse qui a pour demi-grand axe la longueur G'A et pour demi-petit axe AB', égal au rayon A'B. La portion existante de cette ellipse est tracée suivant l'une des méthodes indiquées (53 et suiv.) en

1. Cet exemple est tiré de l'entrée du viaduc du chemin de fer de Strasbourg près du débarcadère de Paris, et se rencontre fréquemment dans la construction des chemins de fer.

rabattement (fig. 9) suivant la courbe $C'b^3B'$, que l'on reproduit en $c''b''a''$, sur l'élévation (fig. 10).

Si on détermine de même la projection du demi-cercle Fil, qui limite les faces des joints, on obtiendra aussi l'ellipse $F''g''i''$; il ne reste plus qu'à projeter les point $a'b'c'$ sur la première ellipse en $a''b''c''$, comme aussi sur la seconde ellipse les points $g''h''i''$, correspondants à ceux g, h, i. Les droites $F''C''$, $g''a''$, $h''b''$, $i''c''$, représentent l'intersection des faces de joints des claveaux et de la clef, avec le plan AE.

La voûte étant supposée limitée au plan CD, on doit aussi représenter sur la projection verticale l'intersection de ce dernier avec les claveaux qui sont eux-mêmes prolongés jusqu'à ce plan. On a donc à projeter les ellipses $C'''b'''c'''$ et $F'''g'''i'''$, correspondantes aux quarts de cercles dont les rayons sont FB et CB. Comme les claveaux ne peuvent avoir toute la longueur de la voûte, ils sont limités par des plans MN, perpendiculaires à l'axe, et par conséquent parallèles à CD, et on a le soin de disposer les joints situés dans ces plans, de manière à se contrarier comme dans toutes les assises de pierres de taille.

379. Nous avons maintenant à déterminer l'intersection du plan oblique AG avec la même voûte cintrée; ce plan rencontre aussi le cintre de la voûte, suivant une ellipse que l'on rabat en $G'q$, t (fig. 11), pour en avoir la véritable grandeur; cette ellipse a pour demi-grand axe la longueur GA, et pour demi-petit axe le rayon $A'B$.

Après avoir divisé cette courbe en un certain nombre impair de parties égales, on lui mène des normales pu, qv, rx, sy et tz [1], qui expriment les faces de joints des claveaux dont les faces extérieures sont encore limitées par des lignes horizontales et verticales.

Si on suppose que la voûte est limitée au plan, sa surface devient alors celle de parement, et les divisions des claveaux doivent se faire sur la première ellipse $G'qt$, et se limiter sur la seconde ellipse $H'q^2t^2$, obtenue par le tracé du plan HI, parallèle à GA; en joignant par des droites les points de division obtenus sur la première ellipse, au centre O, on a les points de rencontre p^2, q^2, r^3, s^2, de ces lignes, avec la deuxième ellipse, et, par suite, les droites pp^2, qq^2, rr^2, ss^2, qui représentent les intersections des claveaux avec la voûte et dont les faces se nomment *douelles*; ces droites sont projetées horizontalement en $p'p''$, $q'q''$, $r'r''$, etc., où elles sont apparentes, parce que cette projection est supposée vue en dessous; à l'aide des deux figures (fig. 9 et 11), on détermine facilement la projection verticale (fig. 10), où les mêmes lignes sont désignées par les mêmes lettres.

Pour limiter les claveaux et les raccorder avec la voûte circulaire, il faut les couper par des plans tels que JK et LP (fig. 9), perpendiculaires à l'axe AB; les intersections de ces plans avec la voûte donnent des cercles qui se projettent sur la fig. 11, suivant les ellipses intérieures $L'q^2V$ et $U'r^2X'$, et

---

1: On appelle normale à une courbe, la perpendiculaire élevée sur la tangente en un point donné, également sur la courbe (73).

les ellipses extérieures J'QR' et L'S'P', lesquelles correspondent aux cercles des rayons CB et FB. On termine enfin les joints des claveaux par des plans tels que K'P''S'Q, passant par l'axe AB, et dont les intersections avec la voûte donnent les lignes horizontales Y'Z' et QS; l'un de ces points est apparent sur l'élévation (fig. 10).

380. Pour la construction, il est indispensable de détailler séparément chacun des claveaux afin d'en faire connaître toutes les faces. Nous avons représenté, sur les fig. 12, 13, 14 et 15, le plan et l'élévation d'un des claveaux C, détaché de la fig. 11, en tenant compte sur l'élévation des lignes qui n'étaient pas apparentes dans le rabattement (fig. 11). Ainsi on distingue sur cette élévation :

1° La face antérieure $vqrx$, qui est projetée horizontalement sur la trace du plan GA; on sait que cette face rencontre la voûte suivant une portion elliptique projetée en qr;

2° La face de joint xrr^2w, dont l'arête opposée xr est projetée sur le même plan GA en $x'r'$; l'arête opposée $wr^{2'}$, projetée sur la ligne $v''r''$ parallèle à GA, dont le côté inférieur rr^2, intersection de cette face avec la voûte, est projeté suivant la ligne $r'r''$, et dont enfin le quatrième côté xw est projeté en $x'w'$,

3° La deuxième face de joint vqq^2W, opposée à la précédente, est projetée en $v'q'q^4W'$;

4° La face QSZY, qui a sa projection horizontale en Q'S'Z'Y'; cette face est située dans un plan passant par l'axe de la voûte et représentée, par suite, sur le rabattement (fig. 14), suivant le rayon PQ'';

5° La douelle qq^2YZr^2r, dont les côtés qq^2 et rr^2 sont, comme on le sait, projetés en qq^4 et $r'r''$, et les côtés qr et Zr^2 en $q'r'$ et $Z'r''$, et enfin le côté q^2Y, projeté en q^4Y';

6° Enfin la dernière face Q, dont il sera facile de se rendre compte en se repérant avec les lettres qui sont toujours les mêmes pour les mêmes points. Nous avons dû, pour rendre cette projection verticale plus intelligible, faire le rabattement d'une partie sur la fig. 14, suivant le plan LP, perpendiculaire à l'axe; on a alors dans leurs véritables dimensions les faces projetées suivant les plans verticaux S'r'' et P'q''. Il a suffi, pour avoir les différents points apparents sur ce rabattement, de porter les hauteurs verticales à partir de la ligne GO de l'élévation (fig. 13), ce qui donne, par exemple, les points $r^3q^3v^3x^3$, etc., correspondants à ceux r^2q^2vx.

Les modèles choisis dans cette planche 34 réunissent les principales difficultés qui se rencontrent dans la coupe des pierres et font reconnaître que les opérations se bornent, en général, à effectuer des projections ou des rabattements sur des plans parallèles aux faces des joints, afin d'avoir toujours celles-ci dans leurs véritables dimensions.

RÈGLES ET DONNÉES PRATIQUES

ROUES HYDRAULIQUES.

381. La chute d'un cours d'eau varie suivant les localités, et donne lieu à l'emploi de récepteurs ou roues hydrauliques qui, en raison de leurs dispositions, reçoivent les dénominations suivantes :

1° Roues de côté recevant l'eau au-dessous du centre, et ayant leurs aubes parfaitement emboîtées dans un coursier circulaire à partir du point de prise d'eau ;

2° Roues dites à augets ou en dessus, qui reçoivent l'eau à leur sommet ;

3° Roues à axe vertical désignées sous le nom de *turbines,* et pouvant marcher noyées dans l'eau à toute profondeur ;

4° Roues à aubes ou à palettes planes, recevant l'eau à leur partie inférieure, et se mouvant dans des coursiers qui les emboîtent sur une partie de leur développement ;

5° Roues à palettes courbes, recevant également l'eau en dessous ;

6° Roues pendantes montées sur bateaux et suspendues dans le courant même.

ROUES DE CÔTÉ A AUBES PLANES ET A COURSIER CIRCULAIRE.

382. La meilleure disposition à adopter pour la construction d'une roue de côté, à aubes planes, emboîtée dans un coursier circulaire, est celle dans laquelle l'orifice est formé par une vanne en déversoir, et lorsque cette vanne est abaissée de 0^m20 à 0^m25 au-dessous du niveau général du réservoir.

Soit à déterminer la largeur d'une roue de côté, sur les données suivantes :

1° La dépense d'eau est de 1,200 litres par seconde ;

2° La hauteur de la chute est de 2^m475 ;

3° On demande que le volume d'eau s'écoule par une épaisseur de 0^m23.

LARGEUR DE LA ROUE. — On sait, d'après la table xxxiiie, qu'avec un orifice en déversoir de 0^m23 de hauteur, on peut effectuer une dépense de 188 litres d'eau par seconde sur 1 mètre de large : par conséquent, la largeur à donner à la vanne, pour effectuer la dépense de 1,200 litres, est de

$$1200 \div 188 = 6^m 38.$$

383. DIAMÈTRE DE LA ROUE. — Le diamètre d'une roue de ce genre n'est pas rigoureusement déterminé, car il n'influe pas directement sur l'effet utile qu'elle peut rendre ; cependant on conçoit qu'il ne doit pas être trop petit, car alors l'eau pourrait s'admettre trop près de la ligne horizontale passant par le centre et même au-dessus de cette ligne, ce qui serait un inconvénient ; de même, il ne doit pas être trop grand, car des dimensions exagérées ne font qu'augmenter le volume et le poids de la roue, et, par suite, la charge et les frottements des tourillons.

En général, pour des chutes de 2 à 3 mètres, il convient de donner au rayon extérieur de la roue au moins la hauteur moyenne de la chute, augmentée de deux fois l'épaisseur de la plus forte lame d'eau qui doit passer au-dessus de la vanne plongeante.

Ainsi, dans le cas ci-dessus, la hauteur de la chute étant limitée à 2m475, le rayon de la roue ne peut avoir moins de 2m475, plus deux fois l'épaisseur de la lame qui peut s'élever, quand le volume d'eau augmente, à 0m600, c'est-à-dire 3m075, ce qui correspond à un diamètre de 6m150.

Des roues de même système, établies sur des chutes de 2m60 à 2m70, n'ont quelquefois pas plus que le diamètre intérieur.

384. VITESSE DE LA ROUE. — La vitesse qu'il convient de donner à une roue hydraulique de côté doit être, suivant la théorie, égale à la moitié de celle due à la hauteur de l'orifice, c'est-à-dire de 1 mètre à 1m10 dans ce cas; cependant la pratique prouve qu'on peut, sans inconvénient, s'écarter assez sensiblement de cette règle, et faire marcher la roue avec une vitesse de 1m50 à 1m60 par 1″, au besoin, ce qui peut être, dans diverses circonstances, d'un très-grand avantage.

Si l'on fait faire à la roue trois tours par minute, la vitesse moyenne à la circonférence extérieure des aubes est alors de

$$\frac{6^m150 \times 3,1416 \times 3}{60} = 1^m021 \text{ par seconde;}$$

Ainsi, lorsque la hauteur de l'orifice est de 0m24, dans lequel cas la vitesse correspondante de l'eau est de 2m17 environ, comme le montre la table xxxe, qui donne les hauteurs d'orifice 23c56 et 24.67, le rapport de la vitesse de la roue à celle de l'eau = 0,47.

Si la hauteur de l'orifice se réduisait à 0m15, ce qui suppose que la dépense ne serait que de

$$101 \text{ litres} \times 6^m32 = 638 \text{ litres par } 1″,$$

la vitesse de l'eau correspondante n'est plus que de 1m72, et dans ce cas, le rapport de la vitesse de la roue (qui reste la même) à celle de l'eau devient 0m595 ÷ 1.

385. NOMBRE D'AUBES, LEUR CAPACITÉ. — Quoique le nombre d'aubes ne puisse être rigoureusement fixé, il importe cependant que leur écartement ne soit pas beaucoup plus grand que la plus forte épaisseur de la lame d'eau passant sur la vanne. Il est nécessaire que le nombre d'aubes puisse être divisible par celui des bras, afin qu'il ne se rencontre pas un coyau, dans l'assemblage même d'un bras avec la couronne. Or, comme le diamètre extérieur de la roue est de

$$6^m150 \times 3,1416 = 19^m32,$$

on peut, sans inconvénient, l'établir avec 8 bras, en lui donnant 64 aubes; le plus grand écartement existant entre celles-ci est de 0m32; avec cette distance, on ne doit généralement pas admettre une épaisseur de lame d'eau de plus de 0m25 à 0m26, car, à 0m27, elle commence à cracher, l'admission ne peut se faire complétement, l'eau rejaillit dans l'intérieur et il se produit des secousses continuelles.

Ainsi donc il faut compter, pour donner l'écartement aux aubes d'une roue hydraulique recevant l'eau par un orifice en déversoir, environ le tiers ou au moins le quart en plus de la hauteur de cet orifice, et s'arranger, d'ailleurs, pour que le nombre d'aubes soit divisible par le nombre de bras.

Pour des roues de 3m50 à 4m75 de diamètre, il suffit de 6 bras par chaque cordon, et, pour des roues de 5 à 7 mètres, on doit compter toujours 8 bras par cordon; ce nombre doit évidemment augmenter pour des roues au-dessus de 7 mètres, cas extrêmement rare.

Quant à la capacité formée par les aubes, le coursier et les murs latéraux, elle doit être au moins le double du volume d'eau dépensée. Ainsi, on pourra toujours déterminer la profondeur à donner aux aubes, en connaissant la plus grande dépense à effectuer.

En effet, admettant que le plus grand volume d'eau disponible soit de 1,340 litres (au lieu de 1200) par seconde, puisque la vitesse de la circonférence extérieure de la roue est de 1^m021, la quantité d'aubes contenues dans cet espace est égale à

$$1^m 021 \div 0^m 32 = 3,19,$$

Donc $$1^{m.c.} 340 \div 3,19 = 0^{m.c.} 43 \text{ environ,}$$

volume d'eau contenue dans chaque auget pendant la marche de la roue ; si la capacité de l'auget est double, elle doit donc être de $0^{m.c.} 86$, mais le produit de la largeur $6^m 38$ de la roue par la distance 0,32 de deux aubes consécutives est égal à $2^m 022$.

On a donc $$0^{m.c.} 86 : 2^m 022 = 0^m 42$$

pour la profondeur des aubes ; mais, comme la distance des aubes n'est pas la même au fond qu'aux extrémités, comme d'ailleurs le fond est encore rétréci par les contre-aubes inclinées à 45 degrés, et qu'enfin la capacité est diminuée par l'épaisseur même des planches dont ces aubes et contre-aubes sont composées, il faut évidemment augmenter cette profondeur. Lorsque les dépenses d'eau sont considérables, et qu'on est limité par la largeur à donner à la roue, il est préférable de supprimer les contre-aubes, comme nous l'avons indiqué sur le dessin, pl. 36, et de faire les aubes très-prolongées vers le centre de la roue.

EFFET UTILE DE LA ROUE.

386. La force absolue d'un cours d'eau est le produit du volume d'eau dépensée par $1''$ (exprimé en kilogrammes) par la hauteur de chute exprimée en mètres. Ainsi, lorsque la dépense est de 1,300 litres ou 1,300 kilogr. par $1''$, et que la hauteur totale de la chute est de $2^m 475$, le produit 1,300 kilogr. par $2^m 475$ exprime en *kilogram-mètres* la force absolue : on peut encore l'évaluer en chevaux-vapeur, en divisant le résultat par 75 ; on aurait donc :

$$1,300 \times 2,475 = 3,217 \text{ kilogrammètres} \div 75 = 43 \text{ chevaux.}$$

Les roues de côté, à aubes planes, à coursier circulaire, et recevant l'eau en déversoir, lorsqu'elles sont bien établies, peuvent utiliser 70 à 75 0/0 de la force absolue du cours d'eau.

ROUES A AUGETS RECEVANT L'EAU EN DESSUS.

387. Soit proposé d'établir une roue hydraulique à augets, recevant l'eau à son sommet, dans les circonstances suivantes :

1° La chute totale disponible ou la hauteur verticale existant entre le niveau inférieur et le niveau supérieur est de $4^m 56$, sans variation sensible ;

2° Le volume d'eau à dépenser par $1''$ est supposé à très-peu près constant, et mesuré par une vanne verticale avec pression sur l'orifice et contraction complète ;

3° La largeur de cette vanne est de $0^m 50$, la hauteur de l'ouverture est de $0^m 14$, et la charge ou la hauteur existante du niveau supérieur au centre de l'orifice est de 0ᵐ55.

Solution. — En cherchant dans la table xxxuᵉ des dépenses d'eau, on trouve 280 litres pour le volume d'eau qui s'écoule par l'orifice de 0ᵐ44 de hauteur sur 1 mètre de large avec une pression sur le centre de 0ᵐ55 ; par conséquent on a :

$$280 \times 0,50 = 140 \text{ litres.}$$

Cette dépense étant connue, si on n'est pas limité pour la largeur à donner à la roue, on pourra l'établir, pour qu'elle donne, à très-peu près, le maximum d'effet utile qu'on doit en attendre. Pour cela, on devra régler sa vitesse v à 1 mètre par seconde à la circonférence, parce qu'on n'aurait pas grand avantage à employer une vitesse moindre, à cause du plus grand poids résultant d'une augmentation de largeur de la roue.

En adoptant cette vitesse de 1 mètre, celle V de l'eau sortant de l'orifice pour arriver sur les augets devra être de 2 mètres : or, on a vu (table xxxᵉ) que cette vitesse correspondait à une hauteur de pression H, de 0ᵐ205, sur le centre de l'orifice.

Cette hauteur est déjà à déduire de la chute totale.

Pour de petites dépenses d'eau, il convient de donner peu de hauteur à l'orifice de la vanne, afin que l'épaisseur de la lame soit faible, et que l'admission de l'eau dans les augets se fasse mieux ; on peut la régler sur 0ᵐ06.

Ainsi $H = 0^m 06.$

On doit ajouter la moitié de cette hauteur ou 0ᵐ03 à la première 0ᵐ205, pour la hauteur entière de l'eau dans la huche devant la vanne, depuis le niveau supérieur jusqu'au fond.

Prenant aussi 0ᵐ04, pour hauteur de la légère pente du petit coursier qui existe depuis la vanne jusqu'au sommet de la roue, et 0ᵐ01 pour le jeu que l'on peut supposer entre celle-ci et ce coursier, on aura, en déduisant ces quantités de la chute entière, 4ᵐ56 et :

$$4^m 560 - (0^m 205 + 0^m 03 + 0^m 04 + 0^m 01) = 4^m 305$$

pour le diamètre extérieur d de la roue.

Comme on doit, autant qu'il est possible, disposer le canal d'arrivée de l'eau et la largeur de la vanne, de manière qu'il n'y ait pas de contraction sur les côtés latéraux et sur le fond de l'orifice, en divisant, d'après la table xxxuᵉ, la dépense 140 litres par le nombre 75, correspondant à la hauteur 0ᵐ06 et à la charge 0ᵐ20, et par le coefficient 1ᵐ125,

On a $\dfrac{140}{75} \div 1,125 = 1,66$

pour la largeur de la vanne. En ajoutant 0,10 à ce résultat, on a 1ᵐ76 pour celle de la roue.

La profondeur des augets est déterminée par

$$p = \frac{8 \times 0^m 140}{3 \times 1^m 78 \times 1^m} = 0^m 214.$$

Par conséquent, le diamètre intérieur d' de la roue devient

$$d' = 4^m 305 - 0,214 \times 2 = 3^m 877,$$

En augmentant de 1/5 environ cette profondeur, ce qui ferait 0m257, on a l'écartement à donner aux augets : ainsi, comme la circonférence intérieure est égale à

$$3,14 \times 3^m877 = 12^m174,$$

en la divisant par 0m 257, il vient

$$\frac{12,174}{0,257} = 47,3; \text{ soit } 47 \text{ augets.}$$

Mais pour une roue de 4m 305 de diamètre extérieur, il faut compter sur 8 bras; si on veut faire les couronnes en fonte et par segments, il est utile que le nombre d'augets soit divisible par 8 : il conviendra donc d'en mettre 48 au lieu de 47, et alors leur écartement à la circonférence intérieure deviendra

$$12,174 \div 48 = 0^m254.$$

Maintenant il ne reste plus qu'à tracer la roue; pour cela, on décrit avec les rayons des cercles intérieur et extérieur deux circonférences concentriques, on divise la première en 48 parties égales, et par chaque point de division on fait passer des rayons comme il a été indiqué sur la pl. 36; on porte sur chacun d'eux, à partir de la circonférence intérieure, une distance un peu plus grande que la moitié de la profondeur, soit 0m 12, pour marquer le fond des augets.

La roue établie de cette manière peut rendre 79 à 80 p. 0/0 de la force brute de l'eau. Or cette force, exprimée en chevaux, est égale à

$$\frac{140 \times 4^m56}{75} = 8,51 \text{ chevaux-vapeur.}$$

En déduisant 5 à 6 p. 0/0 au plus, pour le frottement des tourillons de la roue dans leurs coussinets, on peut encore compter sans crainte que la force utilisée et transmise par cette roue pourra être de 74 à 75 p. 0/0,

$$\text{ou } 8,51 \times 0,75 = 6,38 \text{ chevaux.}$$

Le nombre de révolutions que cette roue doit faire par minute est de

$$60 \div 4,305 \times 3,14 = 4,44,$$

puisque sa vitesse v est de 1 mètre par 1″ ou 60 mètres par 1′.

En suivant la solution précédente, on a vu que la largeur à donner à la roue était de 1m 76; on aurait pu obtenir une largeur beaucoup moindre, en la faisant tourner plus vite et en augmentant la vitesse de l'eau. Supposons qu'on résolve la question dans l'hypothèse que la vitesse de la roue dût être de 4m 50, au lieu de 1 mètre : il faut alors, pour que la vitesse de l'eau sortant de l'orifice soit double de celle de la roue, qu'elle égale 3 mètres par seconde.

La hauteur de pression du niveau au centre de l'orifice doit être pour cela de 0m 46.

Admettant l'orifice de la vanne également ouvert à 0m 06, la hauteur totale au-dessus de la roue serait

$$0,46 + 0,03 + 0,2 = 0^m51,$$

Par conséquent le diamètre extérieur de celle-ci,

ou $$d = 4^m 56 - 0^m 51 = 4^m 05.$$

La largeur de la vanne

ou $$l = \frac{0^m 140}{0,06 \times 3^m \times 0^m 70} = 1^m 11,$$

et par suite la largeur de la roue $= 1,11 + 0,10 = 1^m 21.$

Cette largeur est, comme on le voit, sensiblement moindre que dans le premier cas; disons aussi que l'effet utile que cette roue plus étroite marchant à la vitesse de 1m 50 par 1″ sera capable de transmettre sera 4 à 5 p. 0/0 plus faible. Cependant il peut être préférable dans bien des circonstances d'adopter cette largeur plus faible, soit pour rendre la roue plus légère et plus économique de construction, soit encore pour la mettre plus en rapport avec la vitesse à communiquer aux appareils à mouvoir. Ainsi il est évident que cette roue devrait faire :

$$60 \times 1^m 50 \div 4^m 305 \times 3,14 = 6,66 \text{ révolutions par minute,}$$

tandis que la première n'en fait que 4,44.

Les autres parties de la roue, qui se détermineraient d'ailleurs comme ci-dessus, seraient à très-peu près les mêmes.

On pourrait encore construire la roue en admettant une épaisseur de lame d'eau sensiblement plus grande que celle sur laquelle nous avons basé les calculs précédents : ainsi, on pourrait supposer que l'orifice fût ouvert à $0^m 10$ au lieu de $0^m 06$: dans ce cas, la largeur de la vanne et de la roue serait bien moindre, mais remarquons bien que ce serait le cas le plus désavantageux, parce qu'il faudrait faire les augets plus ouverts, c'est-à-dire que l'angle de la partie antérieure avec la tangente à la circonférence extérieure et passant par son extrémité, au lieu d'être de 15 à 16°, devrait être de 30 à 32°, les augets seraient plus profonds et plus écartés; ils déverseraient beaucoup plus tôt, et il en résulterait, par suite, une différence en moins d'effet utile qui pourrait s'élever à 15 p. 0/0.

Il est vrai que la largeur de la vanne serait réduite à 1 mètre, en ne faisant marcher la roue qu'avec une vitesse de 1 mètre par 1″, et qu'elle ne serait plus que de $0^m 67$, lorsque la roue marcherait à la vitesse de $1^m 50$, la profondeur des augets serait environ de $0^m 34$, et leur écartement de $0^m 40$.

On conçoit qu'une telle disposition ne peut convenir que dans le cas où les volumes d'eau à dépenser sont beaucoup plus considérables, et qu'on est tout à fait limité par la largeur à donner à la roue.

ROUES A PALETTES PLANES.

388. On rencontre encore, surtout dans les anciens moulins, des roues à palettes planes placées dans des coursiers droits ou inclinés, et dont le vannage est vertical et plus ou moins éloigné du centre de la roue.

Ces roues ne rendent habituellement que 0,25 à 0,35 d'effet utile comparativement à la force absolue du cours d'eau. Dans ces roues, les aubes ont 3 à 4 centimètres d'écartement des parois du coursier; lorsque ce jeu est plus grand, l'effet utile diminue notablement; habituellement la largeur de ces roues est égale à celle du vannage.

Aujourd'hui, on ne construit plus de roues à palettes planes dans de telles conditions; il est préférable, lorsqu'on veut avoir une roue à grande vitesse, d'établir des roues emboîtées dans des coursiers circulaires, et recevant l'eau par un orifice chargé ou en dessous.

Ces roues se construisent de la même manière et avec les mêmes soins que celles de côté et à déversoir; elles n'en diffèrent, en effet, que par la disposition du vannage qui, dans les roues de côté, laisse échapper l'eau en dessus ou en déversoir. Leur effet utile est alors de 0,40 à 0,50, suivant que l'ouverture de la vanne est plus ou moins rapprochée du niveau. Ainsi, plus le coursier est prolongé vers le niveau supérieur, plus on se rapproche de la roue à déversoir, et, par suite, plus on obtient d'effet utile.

Pour l'établissement d'une roue de ce genre, on se conforme aux règles que nous venons d'exposer pour celles à déversoir.

Soit proposé d'établir une telle roue sur une chute de 1^{m}75 avec une dépense de 440 litres par seconde. Supposons que le centre de l'orifice de la vanne par lequel l'eau se déverse sur la roue soit à 0^{m}40 du niveau supérieur, et que la hauteur du même orifice soit de 0^{m}15.

On trouve, d'après la table xxxiie, que la dépense d'eau pour un orifice chargé, dans ces conditions, est de 255 litres par seconde sur la largeur de 1 mètre; on voit que la roue devra avoir

$$\frac{440}{255} = 1^m72 \text{ de largeur.}$$

La vitesse de l'eau à la sortie de la vanne, correspondante à la charge de 0,40, est de 2^{m}802, par conséquent en faisant la vitesse à la circonférence de la roue égale à 0,55 de celle de l'eau, cette vitesse sera égale à
2,802 $\times$ 0,55 = 1^{m}54 par seconde.

Le diamètre de la roue est assez indifférent; en construction, pour diminuer les frais, on doit le réduire le plus possible. Toutefois il ne peut pas être moindre que deux fois la hauteur totale de la chute : ainsi, dans le cas actuel, il doit être au moins de 4 mètres [1].

On a alors $$\frac{1^m54 \times 60}{4 \times 3,1416} = 7,2 \text{ révolutions de la roue par minute.}$$

Si cette roue était construite en déversoir avec le même diamètre et avec un orifice ou épaisseur de lame d'eau de 0^{m}20, la vitesse de l'eau étant réduite alors à 1^{m}981, la vitesse à la circonférence de l'eau ne serait que

$$1,981 \times 0,55 = 1^m09,$$

et par conséquent le nombre de tours :

$$\frac{1,09 \times 60}{4 \times 3,1416} = 5,2 \text{ par minute.}$$

1. On a prétendu souvent que les roues avaient d'autant plus d'effet que leur diamètre était plus grand; mais il est évident que la puissance transmise est en raison de la chute et de la dépense d'eau; que si la roue augmente de diamètre, elle diminue de vitesse angulaire ou de rotation, et par conséquent la force qu'elle communique reste la même,

Mais alors, comme la dépense en déversoir d'un orifice de $0^m 20^c$ sur 1 mètre de large (table xxxiii⁵) est de 166 litres, la largeur de la roue est égale à :

$$\frac{440}{166} = 2^m 70.$$

Ainsi, on voit que la roue à grande vitesse est plus étroite que la roue en déversoir pour la même dépense d'eau, et, par suite, plus économique de construction, mais aussi son effet utile est à peine de 50 p. 0/0, lorsque celui de la roue de côté à petite vitesse peut s'élever, comme nous l'avons vu, à 70 p. 0/0.

Quant aux autres dimensions de la roue, nous renvoyons à ce qui a été dit pour la roue à déversoir.

ROUES A AUBES COURBES.

389. Ces roues sont accompagnées d'un vannage incliné à 1 de base sur 1 ou 2 de hauteur, c'est-à-dire de 45 à 60 degrés, et emboîtées à leur partie inférieure par une portion très-courte de coursier circulaire et entre deux murs latéraux.

Elles ne se construisent guère que sur de basses chutes de $0^m 50$ à $1^m 30$, et lorsqu'on veut avoir une grande vitesse, leur effet utile varie de 0,45 à 0,55.

Il importe que le vannage soit le plus près possible de la circonférence de la roue et de ménager au bas de celle-ci, à l'extrémité du coursier, un ressaut de 10 à 15 cent. pour faciliter le dégagement de l'eau ; ce ressaut commence à une distance de la verticale passant par l'axe de la roue égale à la distance entre deux aubes consécutives. La vitesse est de 0,50 à 0,55 de celle de l'eau, à la sortie de la vanne.

La largeur de ces roues se calcule comme les précédentes ; quant au diamètre, on le réduit suivant la chute ; il ne peut pas d'ailleurs être au-dessous de 3 fois la hauteur de celle-ci

La profondeur des aubes circulaires ou la largeur de la couronne dans le sens du rayon est égale à *1/4 de la chute augmenté de l'orifice ouvert.*

Pour des chutes au-dessous de $1^m 20$, l'ouverture de l'orifice ou l'épaisseur de la lame d'eau est, en pratique, de $0^m 20$ à $0^m 22$; elle doit se réduire à $0^m 18$, ou $0^m 16$, pour des chutes de $1^m 20$ à $1^m 50$.

Les aubes se composent d'une courbe cylindrique tracée par un seul arc de cercle qui, à l'intérieur de la roue, est tangent au rayon, et forme, avec la direction du filet de l'eau qui passe à l'intérieur de la couronne, un angle de 24 à 25 degrés. L'écartement des aubes, mesuré à la circonférence extérieure de la roue pour l'angle de 25°, est de 24 à 28 centièmes lorsqu'elles sont en tôle, et de 32 à 35 quand elles sont en bois. Le fond du coursier doit être incliné d'environ 1/12 à 1/15, c'est-à-dire suivant l'hypoténuse d'un triangle rectangle qui aurait pour base 12 ou 15, et pour hauteur 1.

TURBINES [1].

390. Parmi les turbines qui admettent l'eau à la fois sur toute leur couronne, on distingue celles qui dégorgent l'eau par leur circonférence extérieure de celles qui la laissent échapper en dehors. L'effet utile de ces roues varie de 0,55 à 0,65, de la force absolue du cours d'eau.

---

1. Nous n'avons pu donner à cette partie des moteurs hydrauliques toute l'importance qu'elle comporte ; nous renvoyons nos lecteurs à notre *Publication industrielle,* qui renferme les données et détails de construction pour l'établissement de ces appareils.   (ARMENGAUD aîné.)

Dans ces roues, la dépense d'eau se calcule suivant les règles et tables citées plus haut. Pour les premières, appelées turbines centrifuges, on détermine leur diamètre intérieur en multipliant le 1/4 ou le 1/5 de la vitesse due à la chute totale par 785,4, puis on divise le volume d'eau à dépenser exprimé en litres par le produit obtenu, et on extrait la racine carrée du quotient.

Exemple : Supposons une chute de $2^m 20$, et une dépense d'eau de 800 litres par seconde. On sait, d'après la table XXXII⁰, que la vitesse due à une hauteur de $2^m 20 = 6^m 570$.

On a alors $$\frac{6,570}{4} = 1,642, \text{ et } \frac{6,570}{5} = 1,314,$$

et par suite

$$D = \sqrt{\frac{800}{785,4 \times 1,642}} = 0^m 787, \text{ ou } D = \sqrt{\frac{800}{785,4 \times 1,314}} = 0,874$$

pour le diamètre intérieur du réservoir cylindrique qui surmonte la turbine.

On ajoute 4 à 5 centimètres pour le diamètre intérieur de celle-ci, ce qui donne :

$$0^m 82 \text{ à } 0^m 91.$$

Le diamètre extérieur est égal au diamètre intérieur multiplié par 1,25 à 1,45, et

devient, d'une part, $1^m 025$ à $1^m 189,$

et de l'autre, $1^m 137$ à $1^m 319.$

Lorsque la chute et la dépense d'eau sont variables, on doit calculer les diamètres dans les différents cas, afin de pouvoir adopter les plus convenables pour établir le meilleur effet possible pendant la plus grande partie de l'année.

Si la variation est très-notable, il convient d'établir deux ou plusieurs turbines calculées pour les plus petites, les moyennes et les plus grandes dépenses.

La hauteur des aubes, c'est-à-dire la distance verticale des deux plateaux entre lesquels elles sont comprises, est habituellement le 1/5 ou le 1/4 au plus du rayon intérieur de la couronne.

Ainsi, dans le cas actuel, le diamètre étant 0,787 à 0,874, le rayon devient 0,3985 à 0,437, et par suite la hauteur des aubes $= 0^m 10$ à $0^m 11$.

Les aubes étant de forme cylindrique, leur naissance est normale aux conductrices fixes qui dirigent l'eau vers elles, et forme, pour ces faibles dépenses d'eau, des angles de 68 à 70° avec la circonférence intérieure de la roue, c'est-à-dire que l'extrémité des conductrices forme avec cette circonférence un angle de 20 à 22 degrés; lorsque les dépenses sont considérables, cet angle peut s'élever de 30 à 45 degrés: ainsi, pour une dépense de 6 à 700 litres, il a été reconnu qu'il fallait un angle de 30 degrés environ.

Pour le maximum de l'effet utile, la vitesse de la roue doit être égale à environ 0,70 de celle de l'eau ; on peut en pratique s'écarter de 1/10 au delà de ce rapport de vitesse, et de 1/5 à 1/6 au-dessous sans diminuer notablement l'effet utile. L'écartement des aubes, compté sur la circonférence intérieure, est à peu près égal à la distance des plateaux de la turbine ; toutefois cet écartement n'excède pas 18 à 20 centimètres; les distances intérieure et extérieure des aubes sont d'ailleurs dans le rapport des diamètres de la roue.

Nous donnons dans le tableau suivant les dimensions principales, les données et les résultats de plusieurs sortes de turbines établies dans ces dernières années par MM. Fourneyron, Fontaine et André Kœchlin.

Ces résultats ont été choisis dans les circonstances qui rendent le plus d'effet utile.

XXXV° TABLE. — DIMENSIONS ET RÉSULTATS PRATIQUES SUR DIVERS GENRES DE TURBINES.

DÉSIGNATION.	NOMS DES TURBINES ET DES CONSTRUCTEURS.				OBSERVATIONS.
	TURBINE de MOUSSAY. FOURNEYRON.	TURBINE de MULBACH. FOURNEYRON.	TURBINE du BOUCHET. FONTAINE.	TURBINE de VADENAY. FONTAINE.	
Chute totale	7m 56	3m 45	4m 00	4m 40	1. Un diaphragme
Dépense par seconde....	527 lit.	2500 lit.	248 lit.	4400 lit.	était placé au-dessus du
Diamètre extérieur.....	0m 850	1m 90	1m 33	1m 940	fond de la couronne.
Hauteur de la couronne.	0m 440	0m 335	» »	0,23	
Levée de la vanne......	0m 074	0m 270	0m 04	»	2. La turbine était
Nombre d'aubes........	....	32	58	64	noyée de 0m 550.
Nombre de courbes conductrices............	....	24	24	32	Pour de petites levées de vannes, 0m 05, par exemple, cette turbine
Nombre de révolutions par minute...........	485	55	30	»	ne donne que 37 p. 0/0.
Travail ou effet utile....	35 chev.	90 chev.	2 chev.	48 chev.	
Rapport de l'effet utile à l'effet absolu........	70 0/0	70 0/0 2	74 0/0	74 0/0	

DÉSIGNATION.	TURBINES-JONVAL CONSTRUITES PAR MM. ANDRÉ KŒCHLIN DE MULHOUSE.			OBSERVATIONS.
	1re TURBINE D'ASPACH-LE-PONT.	2o TURBINE D'ASPACH-LE-PONT.	TURBINE DU BOUCHET.	
Chute totale...........	2m 720	2m 77	4m 70	1. A la vitesse de 90
Dépense par seconde....	684 litres.	470 lit.	355 lit.	tours par minute, la
Diamètre extérieur.....	0m 800	0m 800	0m 810	moitié seulement des
Largeur des augets.....	0m 440	0m 400	0m 420	canaux de circulation
Nombre des augets.....	46	48	48	formés par les augets sont garnis de leurs ob-
Section des orifices ensemble.............	0mq 290	0mq 220	0mq 0706	turateurs. L'effet utile est encore de 70 à 74
Section de la vanne de sortie au bas de la roue.	0mq 450	0mq 45	0mq 2977	p. 0/0 du travail moteur, et il est même encore
Nombre de tours.......	158 à 90	168 à 90	90	de 63 pour 0/0 lorsque
Travail ou effet utile....	43 chev.	45 chev.	6 chev.	tous les augets en sont
Rapport de l'effet utile à l'effet absolu........	»	72 0/0	72 0/0 1	garnis.

NOTE SUR LES MACHINES-OUTILS.

391. Les principales machines-outils employées dans les ateliers de construction sont :

1° Les tours simples, les tours à engrenages et à plateaux, les tours parallèles où à chariot et à fileter ;

2° Les machines à percer, de petites et de grandes dimensions. Les machines dites radiales ;

3° Les alésoirs horizontaux et verticaux ;

4° Les machines à raboter, à outil fixe, ou à outil mobile, ou travaillant pendant l'allée et le retour ;

5° Les machines à mortaiser, à outil vertical avec plateau tournant;

6° Les machines à fraiser, ou à schéper, à dresser les écrous ou les têtes de vis ;

7° Les machines à tarauder les vis, les boulons, les écrous, etc. ;

8° Les plates-formes pour diviser et tailler les engrenages de toutes dimensions;

9° Les cisailles droites et circulaires ;

10° Les balanciers, les découpoirs, les machines à river ;

11° Les martinets, les marteaux-pilons;

12° Les scieries, droites, circulaires ou à chantourner.

La vitesse de l'outil, ou de la pièce, dans ces machines, varie suivant la nature de la matière et suivant le travail que l'on veut obtenir.

En général, pour la fonte douce ou de deuxième fusion, il convient de faire marcher l'outil, dans les tours, les machines à raboter ou à mortaiser, à la vitesse de sept à huit centimètres par seconde. Elle doit se réduire à quatre ou cinq centimètres au plus dans les alésoirs, machines à percer ou à tarauder. Lorsque la fonte est dure, la vitesse diminue notablement.

Pour le fer, on peut sans inconvénient augmenter la vitesse de moitié, parce qu'on humecte constamment l'outil, soit avec de l'huile, soit avec de l'eau de savon ; ainsi, au tournage ou au rabotage, la vitesse peut s'élever à onze ou douze centimètres, et à l'alésage ou au taraudage, elle est environ de six centimètres.

Pour le cuivre, ou le bronze, ou d'autres métaux analogues qui ne sont pas susceptibles d'échauffer l'outil au travail, la vitesse peut être notablement plus considérable; et pour le bois, on n'a pas d'autre limite que celle déterminée par les dimensions mêmes de la pièce et par la plus grande rotation de la machine.

Quant à la *pression* ou à l'avancement de l'outil, soit à chaque révolution, soit à chaque passe, elle varie nécessairement suivant la force et les dimensions mêmes de la machine, comme aussi suivant le degré de fini des surfaces que l'on veut obtenir ; on ne peut évidemment donner autant de *fer* ou autant de pression à l'outil sur un petit tour que sur un grand, sur une petite machine à percer que sur un fort alésoir. Cette variation peut s'étendre pour les différents métaux depuis un dixième de millimètre jusqu'à un et même deux millimètres. Nous donnons au reste, dans la table suivante, la vitesse de rotation qu'il convient de donner, soit à l'outil, lorsque la pièce est fixe, soit à celle-ci, lorsqu'au contraire l'outil ne tourne pas, dans les tours, alésoirs ou machines à percer.

Cette table pourra servir de guide dans l'établissement des machines-outils, pour les combinaisons de mouvement qu'il importe d'y appliquer selon les dimensions des objets que l'on se propose d'y travailler. Ainsi un tour qui est destiné à ne tourner, par exemple, que des pièces de quatre ou vingt à trente centimètres de diamètre, doit avoir des vitesses de rotation très-grandes, tandis que celui qui est principalement appliqué au tournage et à l'alésage de fortes pièces, comme celles de un à deux mètres, doit au contraire être combiné avec des mouvements très-lents et en même temps très-forts.

XXXVIᵉ TABLE. — VITESSE ET PRESSION DES OUTILS DANS LES MACHINES.

DIAMÈTRES en centimètres	TOURNAGE. Nombre de révolutions par 4'.		Travail de l'outil par heure, à 1/2 mill. de pression		PERÇAGE OU ALÉSAGE. Nombre de révolutions par 4'.		Travail de l'outil par heure, à 1/2 mill. de pression	
	Fonte.	Fer.	Fonte.	Fer.	Fonte.	Fer.	Fonte.	Fer.
			cent.	cent.			cent.	cent.
1	152.9	229.4	458.5	687.8	76.4	114.6	229.2	343.9
2	76.4	114.6	229.2	343.9	38.2	57.3	114.6	171.9
3	50.9	76.4	152.8	229.2	25.5	38.2	76.4	114.6
4	38.2	57.3	114.6	171.9	19.1	28.7	57.3	85.9
5	30.6	45.8	91.7	137.5	15.3	22.9	45.8	68.7
6	25.5	38.2	76.4	114.6	12.7	19.1	38.2	57.3
8	19.1	28.7	57.3	85.9	9.5	14.3	28.6	42.9
10	15.3	22.9	45.8	68.7	7.6	11.5	22.9	34.3
12	12.7	19.1	38.2	57.3	6.4	9.5	19.1	28.6
15	10.2	15.3	30.5	45.8	5.1	7.6	15.2	22.9
			Pression de 1 millim.				Pression de 1 millim.	
20	7.6	11.5	45.8	68.7	3.8	5.7	22.9	34.3
25	6.1	9.2	36.6	55.0	3.0	4.6	18.3	27.4
30	5.1	7.6	30.5	45.8	2.5	3.8	15.2	22.9
35	4.4	6.5	26.1	39.0	2.2	3.3	13.0	19.6
40	3.8	5.7	22.9	34.3	1.9	2.9	11.4	17.1
45	3.4	5.1	20.3	30.5	1.7	2.5	10.1	15.2
50	3.1	4.6	18.3	27.4	1.5	2.3	9.1	13.7
55	2.7	4.2	16.2	24.9	1.4	2.1	8.2	12.6
60	2.5	3.8	15.2	22.9	1.3	1.9	7.6	11.4
65	2.3	3.5	14.1	21.1	1.2	1.8	7.0	10.5
70	2.2	3.3	13.0	19.6	1.1	1.6	6.5	9.7
75	2.0	3.0	12.1	18.3	1.0	1.5	6.0	9.0
80	1.9	2.9	11.4	17.1	0.9	1.4	5.7	8.5
90	1.7	2.5	10.1	15.2	0.8	1.3	5.0	7.6
100	1.5	2.3	9.1	13.7	0.8	1.1	4.5	6.8
110	1.4	2.1	8.2	12.6	0.7	1.0	4.1	6.2
120	1.3	1.9	7.6	11.4	0.6	0.9	3.7	5.7
130	1.2	1.8	7.0	10.5	0.6	0.9	3.4	5.2
140	1.1	1.6	6.5	9.7	0.5	0.8	3.2	4.8
150	1.0	1.5	6.0	9.0	0.5	0.8	3.0	4.5
175	0.9	1.3	5.1	7.8	0.4	0.6	2.6	3.9
200	0.8	1.1	4.5	6.8	0.4	0.6	2.2	3.4
225	0.7	1.0	4.0	6.0	0.3	0.5	1.9	3.0
250	0.6	0.9	3.6	5.4	0.3	0.4	1.8	2.7
275	0.5	0.8	3.3	4.9	0.3	0.4	1.6	2.4
300	0.5	0.7	3.0	4.5	0.2	0.4	1.5	2.2
350	0.4	0.6	2.5	3.9	0.2	0.3	1.2	1.9
400	0.3	0.5	2.2	3.4	0.2	0.3	1.1	1.6

on ne peut évidemment donner autant de l'on compte la pression à l'outil sur une petit tour sur un grand, sur une machine-outil ou sur une autre. Ces variations peut s'étendre pour les différents métaux depuis un dixième de millimètre jusqu'à un même deux millimètres. Nous donnons ici celles dans la table

CHAPITRE IX

ÉTUDE ET LEVÉ DES MACHINES.

APPLICATIONS ET ENSEMBLES DIVERS.

392. Jusqu'ici nous n'avons eu à nous occuper du dessin industriel que sous le rapport des tracés géométriques des organes principaux ; cette première étude étant d'une grande importance, nous avons dû nous y arrêter plus particulièrement, d'autant plus qu'elle forme la base de la construction, car elle comprend non-seulement la forme des objets, mais encore les proportions qu'il convient de leur donner suivant les diverses fonctions qu'ils sont appelés à remplir.

Les applications en sont très-nombreuses dans les machines, qui ne sont réellement que la combinaison bien raisonnée de ces agents. Nous sommes donc amenés à étudier ces dernières dans leur ensemble.

393. Les machines en général peuvent se subdiviser en trois catégories, les machines-outils, les machines productives ou de fabrication, et les moteurs.

On entend par machines-outils les instruments au moyen desquels on travaille les matières premières, les bois, les métaux, la pierre, etc. : tels sont les tours à chariot, à engrenages, à plateaux, les machines à percer, à aléser, à mortaiser, à raboter, à canneler, à river, et en général, les cisailles, les découpoirs, les scieries, etc. On doit combiner les mouvements de ces machines de manière que l'outil proprement dit, c'est-à-dire la pièce qui attaque la matière, marche à une vitesse convenable et en rapport avec la nature du travail.

Nous avons réuni à ce sujet dans les notes qui accompagnent notre texte, quelques données ou résultats d'expériences, qui peuvent servir de guides pour la combinaison des mouvements dans l'établissement de ces machines.

Les machines productives ou de fabrication embrassent les métiers de filature, de tissage, les machines à imprimer, les pompes, les presses, les moulins à blé, à huile, etc. ; enfin les moteurs comprennent les manéges, les moulins à vent, les roues hydrauliques, les turbines, les machines à vapeur, etc.

Pour l'étude des machines, nous avons choisi de préférence dans ces catégories, celles qui offrent le plus d'intérêt et de généralité, comme une ma-

chine à percer dont l'emploi est si fréquent dans les ateliers de serrurerie, de
mécanique, de chemins de fer, une pompe à élever l'eau, qui sert à l'usage
domestique comme aux fabriques et manufactures, une roue hydraulique de
côté et une roue en dessus avec leurs diverses formes d'aubes et d'augets, une
machine à vapeur à haute pression et détente avec les tracés géométriques
qui déterminent les positions relatives des pièces principales, et enfin un
moulin à blé marchant par courroies, d'après le système récemment adopté.

Avant de donner la description de ces machines, il convient d'habituer
l'élève à dessiner d'après nature, car jusqu'alors il n'a fait que copier des
modèles graphiques à des échelles différentes ; cette opération consiste à
tracer à la main, et en conservant autant que possible la forme et les proportions des pièces, les élévations, plans, coupes et détails d'une machine, et
à mesurer avec un mètre toutes les dimensions de chaque pièce en les indiquant par des chiffres sur chacune d'elles ; ce double travail de *croquer* et de
coter constitue l'étude du levé des machines.

LEVÉ DES MACHINES.

PLANCHES 35 ET 36.

394. Avant de commencer le *levé* ou le *croquis* d'une machine exécutée, il
est indispensable de bien examiner d'abord son organisation, le jeu des diverses parties fonctionnantes, les agencements intermédiaires mécaniques,
et enfin le résultat qu'elle produit ; cet examen préliminaire a pour objet de
bien pénétrer le dessinateur des parties principales qu'il doit faire ressortir,
lorsqu'il aura à mettre son dessin au net et par suite à le fixer sur des vues
d'ensemble et de détails qu'il doit relever, de telle sorte qu'à l'aide de ces
croquis, la machine puisse être représentée d'une manière complète, et que
le dessin au net puisse servir à l'exécution d'une semblable.

MACHINE A PERCER.

PLANCHE 35.

395. Afin de donner une idée plus précise du levé des machines, nous
prenons pour modèle une machine simple que nous supposons représentée
en perspective [1] (fig. A), pour remplacer le modèle en relief.

Cette machine est destinée à percer des métaux ; elle se compose d'une
colonne verticale en fonte A, laquelle peut faire partie du bâtiment, de l'a-
telier ou de l'usine. Cette colonne est creuse et repose par sa base élargie
sur un dé en pierre B, encastré dans le sol, et supporte à sa partie supérieure
la poutre C.

---

1. Nous faisons voir dans le chapitre xᵉ, les principes généraux de perspective parallèle
et de perspective exacte.

On a ménagé contre une partie latérale de cette colonne, une face verticale et dressée D, pour recevoir les trois chaises en fonte E, F et G, qui y sont fixées par des boulons. A la partie opposée D′ de la même colonne est adaptée également la chaise H, qui, avec celle F, sert de support à l'axe horizontal I. Cet axe porte d'un côté la poulie J à plusieurs diamètres, sur laquelle passe la courroie de commande K, et vers l'autre extrémité le pignon d'angle L qui engrène avec la roue conique plus grande M. Celle-ci est montée sur l'arbre vertical N, qui n'est autre que le porte-foret, ou porte-outil, mobile dans les collets des chaises F et G. Cet arbre reçoit un double mouvement, celui de rotation continue et plus ou moins rapide suivant que la courroie K embrasse l'une ou l'autre des circonférences du cône J, et l'autre vertical et rectiligne au moyen de la vis de rappel O, qui a son écrou dans la douille de la chaise E. Cette vis porte à son sommet une roue droite P, avec laquelle engrène le pignon à joues Q, dont l'axe R se prolonge en contre-bas et se termine par un petit volant à poignée S, faisant fonction de manivelle.

La pièce à percer ou à aléser est pincée entre deux mordaches $a\,a'$, ajustées à coulisse sur le plateau T, et que l'on peut rapprocher ou écarter à volonté par la vis de rappel b, dont la tête porte une manivelle d'étau. Le plateau T est en deux pièces, pour former collier autour de la colonne A, et se fixe à la hauteur convenable, contre celle-ci à l'aide de la vis de pression c; on règle la position exacte de ce plateau par rapport au foret d, suivant l'épaisseur de la pièce à percer au moyen de la crémaillère verticale U, qui est appliquée contre la surface de la colonne et avec laquelle engrène un pignon droit dont l'axe e porte à son extrémité une manivelle f. La rotation de cette manivelle détermine celle du pignon, et par suite l'ascension ou la descente du plateau.

Ainsi la machine à percer remplit les conditions suivantes : d'une part le foret d est animé d'un mouvement de rotation plus ou moins rapide, en même temps qu'il descend verticalement avec une vitesse très-lente, et qui varie d'ailleurs suivant la nature des matières, et d'autre part, le plateau qui porte la pièce à percer peut être réglé à la hauteur convenable, d'après les formes et les dimensions des objets, comme au besoin il peut s'excentrer par rapport au foret, en le tournant autour de la colonne.

396. Le dessinateur, après s'être ainsi rendu compte de la composition et de la fonction de chaque pièce de la machine, peut procéder à son relevé. Il doit d'abord faire une espèce de vue d'ensemble sur laquelle il indique par de simples lignes la place des pièces principales.

On voit fig. 1 l'élévation géométrale de la colonne A, avec la position relative des chaises et du plateau qui ne sont indiqués que par leurs contours; on a le soin dans ce premier canevas, comme pour le dessin au net, de mener soit à la main, soit à la règle, des lignes d'axe qui servent de guides; ainsi, après avoir tiré la première ligne d'axe $g\,h$ de la colonne A, on trace de chaque côté les parties qui en forment le contour; on mène ensuite parallèlement la ligne d'axe $i\,j$, de l'arbre porte-foret N, puis la ligne horizontale $k\,l$, qui représente l'axe de l'arbre du pignon d'angle L et des poulies motrices J, et de même les droites m, n, o, p, q, r, qui expriment les lignes milieux des chaises E, F, G ; et enfin les lignes s t, et u v, du plateau T et de la chaise H, comme aussi les lignes extrêmes x y et w z de la base et du sommet de la colonne. Dans cet état il faut coter le croquis. La colonne étant garnie des pièces principales de la machine à percer, et ayant une hauteur à laquelle il n'est pas possible d'atteindre à la main, on détermine sa hauteur totale y z, à l'aide d'un fil à plomb qu'on suspend au point z de la poutre C, qui repose sur la colonne, et on mesure ce fil, soit avec une longue règle, soit avec un cordon métrique, pour en porter la cote en mètres et fractions de mètre sur la ligne d'axe g h. On mesure ensuite les diamètres à la base et au sommet de la colonne, ainsi que ses différentes moulures. Ces diamètres peuvent se mesurer soit avec un compas d'épaisseur, dont on porte l'ouverture sur le mètre pour y lire la cote que l'on écrit sur le croquis, soit en enveloppant la circonférence, au moyen du cordon ou d'un mètre très-flexible. Ce dernier moyen est toujours employé pour les cylindres de grandes dimensions, quand il n'est pas possible de prendre la mesure sur l'une de leurs bases. Dans ce cas, pour obtenir le diamètre, il faut diviser, comme on l'a vu (72), la circonférence trouvée par 3,1416.

Pour avoir la distance de i j à g h, de la colonne, on applique l'extrémité du mètre en i' contre la surface de la colonne, et on le dirige vers le centre i de la roue P ou de la vis de rappel O ; le chiffre qu'on lit sur le mètre indique la cote i' i, à laquelle on ajoute le rayon i' i^2 de la colonne.

Si le centre i n'était pas abordable avec le mètre, on prendrait la distance intérieure qui existe entre la surface de la colonne et celle de la vis, et on ajouterait le rayon de celle-ci et le rayon de la colonne. Ces mêmes distances s'obtiennent avec une règle lorsqu'elles dépassent la longueur du mètre.

Enfin, lorsqu'on a acquis une certaine habitude, on peut mesurer directement la distance i i^2, en appliquant le mètre ou la règle sur la surface de la colonne vers son milieu et sur la surface de l'arbre ou de la vis également vers son axe.

Il faut aussi coter les distances verticales qui existent entre les différentes lignes horizontales m, n, o, p, q, r, s, t, etc. Les cotes indiquées sur la fig. 1 montrent suffisamment comment toutes ces distances sont mesurées.

Cette première opération permet déjà de fixer sur le dessin à faire, la position relative des objets qui composent la machine que l'on relève ; il s'agit maintenant de croquer et coter toutes les parties des pièces de la machine ; à cet effet, pour éviter la confusion, il est indispensable de détacher chacune de ces pièces, afin de les faire voir sous divers aspects et d'y indiquer toutes les dimensions.

Les fig. 2 et 3 représentent, en élévation et en plan, le détail de la chaise principale F, qui porte les arbres I et N, avec le pignon L et la roue M. Ces vues ne suffisent pas encore pour bien déterminer toutes les parties de cette chaise : ainsi on est obligé de faire une section, telle que celle faite suivant la ligne 1-2, et projetée fig. 4, afin de montrer la forme exacte des nervures ; on est également dans la nécessité de faire une vue de côté, fig. 5, de la bride *b'*, qui maintient l'arbre N contre la chaise, et de plus une section verticale fig. 6, suivant la ligne 3-4, pour montrer le coussinet qui embrasse le tourillon de l'arbre I ; ce détail est fait autant que possible sur une échelle plus grande pour indiquer les ajustements et les cotes, et on observe que pour pouvoir faire une telle section, lorsqu'on n'a pas encore l'habitude de la construction, il faut nécessairement démonter certaines parties, telles que le chapeau, le coussinet supérieur, etc.

Pour les engrenages, il suffit de faire la section de la jante et du moyeu, comme l'indiquent les fig. 2 et 7, et une section fig. 8 de l'un des bras, lorsque la roue en comporte, puis de compter le nombre de dents et de bras.

Lorsque toutes les parties d'un détail sont ainsi croquées, soit en élévation, soit en plan, soit en coupe, on cote toutes les dimensions, comme elles sont indiquées sur les figures, en ayant soin de bien examiner à l'avance celles qui sont indispensables pour le dessin au net. La cote du diamètre primitif et de la largeur des dents suffit, d'après ce qui a été dit sur le tracé et la construction des engrenages, pour les établir et les mettre en rapport. Cette observation, qui peut s'appliquer également à d'autres organes, permet de simplifier notablement le croquis.

On détaille de même les autres pièces de la machine ; ainsi les fig. 9, 10 et 11 représentent en coupe verticale, en plan et en vue de côté, une portion du plateau T, avec ses mordaches, son axe et son pignon. La fig. 12 est une section verticale de la partie inférieure de l'arbre N, avec la vue de face de son foret *d* ; la fig. 13 est une section de la poulie à plusieurs diamètres ou cônes J, les fig. 14 et 15 montrent la section verticale par l'axe et le plan du manchon à douille V, qui assemble à rotule la partie supérieure de l'arbre N, avec la partie inférieure de la vis de rappel O. Enfin les fig. 16 et 17 donnent un détail complet de l'ajustement et du mouvement du plateau T avec le mécanisme qui sert à le retenir à diverses hauteurs. On voit par ces figures, et par la fig. 1, qu'en tournant la manivelle *f*, le pignon *m* engrène avec la crémaillère U et produit le mouvement d'ascension ; un cliquet *n* et une roue à rochet *o* maintiennent le plateau à une hauteur invariable. Lorsqu'on veut faire redescendre celui-ci, on soulève le rochet par sa poignée *p*, et l'on tourne la manivelle en sens contraire jusqu'à ce que tout le système ait atteint la hauteur nécessaire.

397. On a indiqué, sur tous les détails précédents, les cotes telles qu'elles doivent être relevées sur la machine, et toujours exprimées en millimètres, comme nous l'avons d'ailleurs admis dans tous les modèles qui précèdent, parce que le millimètre est une unité très-petite qui évite les fractions. On a aussi touché, comme on le fait habituellement, certaines parties dont la complication ou les formes diverses pourraient faire confusion et entraîner à des

erreurs. Cette méthode permet, au moyen de quelques coups de crayon, de reconnaître toujours par une seule figure quelles sont les parties rondes d'une machine.

Pour faciliter les croquis aux commençants, nous les engageons à tracer à la règle les lignes d'axes, et au compas les cercles principaux, quoique les dimensions ne soient pas dans les proportions exactes, afin d'arriver à plus de netteté et plus de régularité dans les figures. C'est dans ce but qu'on emploie quelquefois, comme guides, des feuilles de papier dites *quadrillées,* dont les lignes sont verticales et horizontales et également espacées ; telle est la portion de la planche 35, dans laquelle sont compris les croquis fig. 9, 10 et 11.

On comprend que, si les lignes du papier quadrillé sont à des distances métriques égales, comme à 5 ou 10 millimètres, il peut servir également pour établir des projets de machines, en permettant de croquer ou de dessiner immédiatement avec les proportions voulues pour les pièces, sans avoir recours à une échelle.

L'exemple que nous venons de donner comme introduction au levé des machines peut déjà familiariser l'élève à cette opération. Les applications contenues dans les modèles suivants compléteront une telle étude, qui est d'une grande importance pour le dessin et la construction.

MOTEURS. — ROUES HYDRAULIQUES.

PLANCHE 36.

398. La roue hydraulique représentée fig. 1 est à aubes planes emboîtées dans un coursier concentrique et recevant l'eau en déversoir un peu au-dessous de son centre.

Elle consiste en plusieurs couronnes parallèles A, dans lesquelles sont encastrés les coyaux B en bois qui portent les aubes ou palettes C. Lorsque ces couronnes sont en fonte, comme on l'a supposé dans cet exemple, elles sont fondues avec des bras ou croisillons D, et avec leur moyeu E, pour se fixer par des clavettes *a* sur un arbre F, également en fonte.

La tête du coursier G, qui enveloppe la partie inférieure de cette roue, est formée d'une pièce en fonte H, appelée *col de cygne,* qui s'emboîte sur la charpente transversale I, et scellée dans les deux murs latéraux ou *bajoyers.* Contre ce col de cygne s'appuie la vanne plongeante J en bois, au-dessus de laquelle s'écoule une certaine épaisseur de lame d'eau qui se déverse successivement sur toutes les aubes de la roue pour la faire tourner dans le sens de la flèche. La rotation de cette roue hydraulique se transmet par la roue droite K, montée sur le bout de son arbre F, à un pignon en fonte L, dont l'arbre de couche communique avec les machines à mettre en action.

En donnant ce modèle, nous avons eu en vue d'examiner ce moteur non-seulement sous le rapport du dessin proprement dit, mais encore sous le rapport du levé, de la construction et de l'établissement de la roue, du coursier et de son vannage.

CONSTRUCTION ET ÉTABLISSEMENT DE LA ROUE, COURSIER ET VANNAGE.

Le coursier G est construit en pierres de taille dont les joints latéraux concourent au centre *o* de la roue, et assises sur un massif en moellons. Toute cette maçonnerie est faite en mortier de chaux hydraulique et *jointoyée* en ciment romain. Dans certaines localités le coursier est en briques ou en pierres meulières et quelquefois en bois. La surface concave apparente du coursier doit être exactement cylindrique et concentrique à la circonférence extérieure de la roue : aussi, avant de mettre celle-ci en place, il faut préalablement dresser cette surface, ce qui se fait soit à l'aide d'un faux arbre, soit à l'aide de l'arbre même qui porte la roue. Voici comment :

L'arbre F, muni de ses tourillons (146), est placé à la hauteur exacte qu'il doit avoir, et mobile dans des coussinets ajustés sur des plaques de fonte assises et fortement boulonnées sur les murs latéraux.

On monte sur cet arbre les couronnes A, qui se relient au moyeu par huit bras ; on adapte à l'extérieur de ces couronnes, mais d'une manière provisoire seulement, deux rayons ou montants en bois, qu'on relie par une large règle ou planche dont l'arête extérieure est limitée au rayon exact de la roue et bien dressée parallèlement à son axe. On comprend qu'en faisant tourner l'arbre sur ses coussinets, l'arête extérieure de la planche engendre une surface cylindrique qui est justement celle que doit avoir le coursier : on peut donc aisément, en se guidant avec cette règle, donner à cette surface la forme exacte qui lui convient.

La partie inférieure du coursier se prolonge à partir de la verticale *o b*, suivant un plan *b c* légèrement incliné jusqu'au delà de la roue, pour faciliter l'écoulement de l'eau.

La charpente I, qui couronne la maçonnerie du coursier, et qui reçoit le col de cygne H, est aussi cintrée intérieurement comme le coursier, afin de permettre à la vanne de s'approcher le plus près de la roue : le col de cygne H, qui forme la crête du coursier, est en fonte plutôt qu'en bois et en pierre, comme exigeant beaucoup moins d'épaisseur pour résister à la pression de l'eau. Le sommet du col de cygne se trouve au-dessus du niveau de l'eau, à une distance verticale déterminée par la plus forte épaisseur de la lame d'eau que l'on veut admettre sur la roue. Cette lame d'eau varie essentiellement suivant le volume d'eau à dépenser et la largeur que l'on peut donner à la roue. La maçonnerie forme, en avant du col de cygne, une cavité M, destinée à loger la vanne et à permettre d'y descendre au besoin pour nettoyer le fond ; la surélévation de cette maçonnerie a pour effet d'empêcher les corps flottants, arbres, branches, etc., etc., indépendamment d'un grillage placé en avant, d'arriver jusqu'à la vanne,

La vanne plongeante se compose de deux fortes planches de chêne assemblées à rainures et languettes, et plus épaisses vers le milieu qu'aux extrémités, quand la largeur de la roue dépasse 1 mètre 50 centimètres. L'inclinaison de cette vanne J est déterminée par une ligne perpendiculaire à l'extrémité du rayon o f, tracé vers le milieu ou les deux tiers de l'épaisseur de la lame d'eau ; elle est mobile dans deux poteaux en bois N, entièrement encastrés dans les murs latéraux ; sur sa partie supérieure sont agrafées des équerres en fer destinées à recevoir à charnières deux crémaillères droites en fonte O, qui s'élèvent jusqu'au-dessus de la charpente P, appelée chapeau de vanne, et qui relie les deux poteaux N. Ces crémaillères s'appuient d'un côté sur des rouleaux à joues h, qui leur servent de guides et engrènent de l'autre avec des pignons droits g, montés sur un même axe horizontal. Ce dernier se prolonge d'un bout du côté du bâtiment de l'usine, pour porter la roue dentée Q, avec laquelle engrène la vis sans fin R, que l'on peut manœuvrer à volonté de l'étage supérieur, à l'aide d'une manivelle ou volant à main, montée sur son axe vertical. Ce mouvement permet de régler la position de la vanne, et par suite l'épaisseur de la lame qui passe sur elle, comme d'interrompre au besoin l'arrivée de l'eau sur la roue.

La couronne A de la roue étant en fonte, on a dû, pour en réduire le poids autant que possible, y ménager des évidements i, comme le montrent l'élévation, fig. 1, et la section, fig. 2, faite suivant la ligne circulaire 1-2. On y a également réservé des mortaises pour recevoir les queues ou tenons des coyaux B.

Lorsque la roue porte des contre-aubes, comme on le voit sur la partie inférieure de la fig. 1, et ce qui a lieu lorsque la dépense d'eau et par suite l'épaisseur de la lame qui passe par-dessus la vanne est peu considérable, les coyaux sont très-courts et dépassent très-peu les couronnes extérieurement ; mais quand au contraire la roue ne porte pas de contre-aubes, ce qui a lieu quand le volume d'eau et par suite l'épaisseur de la lame sont considérables, les aubes C et les coyaux B se prolongent notablement en dedans des couronnes, comme on l'a supposé à la partie supérieure de la fig. 1. Dans l'un comme dans l'autre cas, les queues des coyaux sont toujours dirigées suivant des rayons qui concourent au centre de la roue, et retenues aux couronnes par des clavettes en fer j. Quelquefois, pour faciliter l'ajustement des coyaux sur les couronnes, au lieu de les emboîter dans des mortaises fermées, on les ajuste à queue d'hironde sur le côté, comme le montrent les fig. 3 et 4, en les retenant alors par les cales de côté ; par ce dernier ajustement, on évite de faire des entailles dans les coyaux.

Lorsque les couronnes sont en bois, on est nécessairement obligé de les faire en plusieurs parties que l'on assemble à tenons et à mortaises, fig. 5 et 6, et pour consolider le joint on rapporte, de chaque côté, des cintres en fer mince k, qui d'un bout sont reliés par des boulons, et de l'autre par des clavettes dont le serrage détermine le rapprochement des deux parties de la couronne. Dans ce système les coyaux sont ajustés à queues et à clavettes, comme l'indiquent les fig. 7 et 8, et les bras en chêne sont assemblés à tenons avec la couronne, et reliés par des brides, comme le montrent les fig. 9 et 10.

Les aubes C de la roue sont formées de planches de chêne ou d'orme, que l'on fixe sur les coyaux B, par des boulons *l*.

Les contre-aubes S s'appuient sur le bout des aubes et contre les fonçures S', et se clouent sur de petits tasseaux en bois *m*. L'espace libre réservé entre le bout de l'aube et la fonçure sert au dégagement de l'air. Lorsque les aubes sont prolongées, elles sont nécessairement formées de plusieurs planches mises bout à bout.

400. TRACÉ DE LA ROUE HYDRAULIQUE. — Les explications que nous venons de donner font comprendre les particularités relatives à la construction de la roue, du coursier et de son vannage. Le dessinateur doit alors en faire le tracé en procédant de la manière suivante. Il place le centre *o* de la roue à la rencontre de deux lignes qui se coupent à angle droit, et décrit de ce centre un premier cercle avec un rayon égal à celui de la roue et du coursier; il divise alors cette circonférence en autant de parties égales qu'il y a d'aubes. Ce nombre doit toujours être divisible par celui des bras de la couronne, afin de ne pas être gêné pour le placement des coyaux; de chacun des points de division, il tire des lignes concourant au centre, et qui représentent le côté des coyaux sur lequel s'applique chaque aube. Il trace ensuite les deux cercles qui expriment la largeur de la couronne, puis le contour entier d'un coyau et de son aube, suivant les dimensions cotées, il indique de même la clavette et les boulons; il observe alors que pour compléter le dessin, il lui suffit de tracer une suite de circonférences passant par le centre des boulons, par les extrémités de l'aube, du coyau, de la contre-aube et de la clavette. Quant à l'aube et aux bras de la couronne, ainsi qu'aux engrenages de transmission, il doit se reporter au tracé et aux explications concernant ces organes; il en est de même du mouvement de la vanne, qui se compose aussi d'engrenages, dont il a fait également les études.

401. PROJET D'UNE ROUE HYDRAULIQUE. — S'il s'agit de faire le projet de construction d'une roue hydraulique, analogue à celle que nous venons de décrire, il suffit de connaître la hauteur de la chute et la dépense d'eau ou le volume disponible par seconde, et de recourir aux calculs et règles pratiques qui accompagnent ce texte, pour déterminer, d'une part, le diamètre et la largeur de la roue, puis la profondeur, l'écartement des aubes, et par suite le nombre de celles-ci. En recourant également aux tables et notes relatives à la résistance des matériaux (IIIe chapitre), on complète les autres dimensions pour l'arbre, ses tourillons, la couronne et ses bras.

L'étude d'une telle roue se trouve simplifiée si l'on observe que certaines dimensions, telles que l'épaisseur des aubes, la section des coyaux et des couronnes, le diamètre des boulons, etc., et celles du vannage, ne varient pas sensiblement et qu'on peut s'en rapporter, à cet égard, complétement à celle indiquée sur le dessin, qui lui-même est relevé d'après l'exécution.

402. Levé d'une roue hydraulique. — Le levé d'une roue hydraulique établie est très-simple si l'on observe que les mêmes pièces se répètent, et qu'il suffit d'avoir les dimensions de l'une d'elles ; ainsi, par exemple, après avoir mesuré le diamètre et la largeur totale de la roue à l'aide d'une longue règle, et compté le nombre d'aubes, celui des couronnes et des bras, on prend le croquis et les cotes d'une seule aube, de son coyau et de ses attaches, on relève de même la section d'une couronne et de l'un de ses bras, et enfin celle de l'arbre et du moyeu.

Les détails indiqués fig. 2 à 10 montrent bien les principales parties détachées à relever séparément avec l'indication des cotes correspondantes. La fig. 20 est une section transversale d'un des bras D, en fonte, près du moyeu.

Le levé du vannage consiste à faire une section des poteaux de vanne et de leur chapeau, et de la vanne elle-même, puis un détail d'une des crémaillères de son pignon et de son rouleau, comme de la roue et de la vis sans fin ; quant à l'inclinaison de la vanne et des poteaux, on a vu qu'elle était déterminée par des perpendiculaires au rayon passant vers le milieu de l'épaisseur de la lame d'eau à la circonférence de la roue. On peut au reste la déterminer à l'aide d'un fil à plomb abaissé de l'une des arêtes du chapeau de vanne jusque vers le niveau de l'eau, et en mesurant la distance horizontale rs, du fil à plomb, à l'une des faces du poteau et la hauteur verticale rt ; une règle disposée suivant l'inclinaison du poteau et descendue jusqu'au col de cygne, permet toujours de mesurer la distance du sommet de celui-ci, soit par rapport à la ligne horizontale prolongée rs, soit par rapport au chapeau de la vanne : pour avoir d'une manière exacte la distance horizontale rs, que l'on peut d'ailleurs supposer à une distance quelconque au-dessus de l'eau, et que l'on trace d'ordinaire sur l'un des murs latéraux du canal d'arrivée d'eau, il est convenable de se servir d'un niveau à bulle d'air ou autre. (Pl. 1re.)

Pour pouvoir relever exactement le col de cygne et le coursier, on est presque toujours dans l'obligation d'établir en amont un batardeau qui permette de mettre à sec toute la tête du coursier, et d'enlever d'une part la vanne et de l'autre quelques aubes de la roue. Nous pouvons remarquer que ce travail peut être évité, en sachant que la hauteur et l'épaisseur du col de cygne sont à très-peu près toujours égales à celles indiquées fig. 11, et en se rappelant que les joints des pierres de taille, des moellons ou briques, dont le coursier peut être formé, concourent au centre de la roue.

ROUE EN DESSUS OU A AUGETS.

FIGURES 12.

403. Construction de la roue et de son vannage. — Les roues à augets reçoivent l'eau par une vanne disposée à leur sommet et la déversent à leur partie inférieure ; elles se construisent en bois ou en fonte. Dans le premier cas, qui est le plus simple et le plus économique, l'arbre, les bras et les cou-

ronnes sont en chêne, et les augets et la fonçure sont aussi en chêne ou en tôle, telle est la partie inférieure de la roue représentée sur le dessin fig. 12. Comme cette roue est d'un petit diamètre, son arbre F est réduit à 6 pans, par suite chaque couronne A de la roue ne porte que 6 bras D; ceux-ci s'emboitent et se fixent par des boulons sur un tourteau en fonte E, qui lui-même est assujetti sur l'arbre par des cales; la section transversale, fig. 13, fait comprendre cet emboîtement. Les couronnes en bois A, se composent habituellement de deux cintres superposés et à joints contraires, fig. 14 et 15, pour éviter le travail du bois et la déformation qui en résulte. Ces cintres sont réglés par des vis v, des clous, chevilles, ou mieux par leur assemblage avec les bras D, qui se fait par deux boulons comme l'indique la section fig. 16. Les augets C sont ou encastrés d'une petite quantité, par le bout, sur la face intérieure des couronnes, comme on le voit en c', fig. 14 et 15, ou retenus par des tasseaux c, et de forts boulons B d'écartement maintiennent cet assemblage en reliant les deux couronnes A; ces boulons se placent lorsque la fonçure S, qui ferme les augets, a été clouée ou vissée sur le bord intérieur des couronnes. Les couronnes sont revêtues extérieurement d'une bande circulaire en fer mince G, faisant fonction de frette et recouvrant les joints des cintres.

Quelquefois les augets sont en partie en bois et en partie en tôle, pour leur donner plus de durée. Ce sont surtout les bords de ces augets qui doivent être en métal, comme étant plus susceptibles de s'user. La partie inférieure du dessin fig. 12, représente trois modes différents de construction de ces augets.

Lorsque la roue est en fonte, si elle n'est pas d'un grand diamètre, comme on l'a supposé à la partie supérieure de la fig. 12, les bras et le moyeu E' peuvent être fondus avec les couronnes A': dans le cas de grands diamètres ces pièces sont en plusieurs parties assemblées par des boulons. La fonçure S' et les augets C' sont en tôle de 2 à $3^{m/m}$ 1/2 d'épaisseur. Pour fixer ces derniers, on ménage sur la face interne des couronnes, des nervures B' (fig. 12, 17 et 19), traversées par des boulons à écrous l. Dans la largeur de la roue les augets et la fonçure sont reliés par des rivets i, ou par de petits boulons i', fig. 17 et 18.

L'avantage des augets en tôle, c'est de pouvoir recevoir une forme cintrée qui augmente leur capacité et les rend favorables à l'introduction de l'eau, tandis que les augets en bois sont forcément en deux parties droites, dont l'une est dirigée vers le centre et l'autre inclinée.

L'eau est amenée par un canal en bois M, jusque vers le sommet de la roue qui est précédée d'une vanne J, ajustée entre deux coulisses et mobile à l'aide de deux crémaillères O et de deux pignons d, dont l'axe porte une manivelle Q. Les deux joues verticales N du canal se prolongent au delà du sommet de la roue, et leur écartement doit être un peu moindre que celui des deux couronnes, dans le double but de mieux diriger l'eau sur les augets, et d'éviter le rejaillissement en permettant à l'air de se dégager.

L'épaisseur de la lame d'eau est réglée par la distance de la vanne au-dessus du coursier, et doit toujours être moindre que le plus petit écartement qui existe entre deux augets consécutifs. La pression de l'eau sur les augets détermine la rotation de la roue, dans le sens indiqué par la flèche, laquelle se communique aux machines à mouvoir au moyen d'une roue dentée intérieurement, rapportée sur l'une des couronnes extérieures. Cette roue, qui n'a pu être représentée que par son cercle primitif K, engrène avec le pignon droit L, monté à l'extrémité de l'arbre de couche que l'on prolonge à l'intérieur de l'usine.

404. Tracé, levé et projet d'une roue a augets. — Le tracé des principales parties d'une roue à augets s'exécute comme celui de la roue à aubes, dont elle ne diffère que par les godets ou récepteurs de l'eau. On a vu que lorsque ces godets sont en bois, ils sont composés de deux planches, dont l'une est dans le sens du rayon de la roue, et dont l'autre, inclinée suivant la direction de l'eau, forme un angle de 15 à 30 degrés, par rapport à la tangente menée de son extrémité à la circonférence extérieure de la couronne, comme on le voit par l'angle abc (fig. 17). Lorsque l'auget est en tôle, on suit le même angle vers le bord extérieur, bien que son contour forme une courbe continue que l'on trace, soit par deux ou trois arcs de cercle, comme l'indiquent les fig. 12, 17 et 18.

Pour le levé de cette roue, on suivra également les mêmes indications que ci-dessus, en comptant le nombre d'augets et en prenant le croquis exact et les cotes de l'un d'eux, ce à quoi on arrive en mesurant les diamètres ou les rayons intérieur et extérieur, puis le plus petit écartement qui existe d'un auget à l'autre, ainsi que la profondeur de b à d (fig. 17) ; enfin s'il était indispensable d'obtenir la forme ou la courbure de l'auget, il faudrait nécessairement le démonter, afin d'en prendre le gabarit en appliquant une feuille de papier contre le bord, comme on le fait pour une dent d'engrenage ou d'autres courbes qu'il serait difficile de coter. Quant au croquis des autres parties de la roue, telles que le moyeu, les bras, l'arbre et le vannage, il ne présente aucune particularité qui doive nous y arrêter ; le dessin indique d'ailleurs à cet égard les figures et toutes les cotes nécessaires. L'établissement d'une roue à augets exige la connaissance de la chute et de la dépense d'eau ; nous renvoyons pour cette étude aux *Notes et Données pratiques*.

POMPES A EAU.

PLANCHE 37.

405. Tracé géométrique. — Nous avons indiqué dans les notes et calculs qui précèdent, les différents systèmes de pompes et les dimensions qu'il convient de leur donner suivant la quantité d'eau qu'elles doivent fournir ; nous allons entrer dans des explications plus complètes, au sujet de leur construc-

tion, de leur jeu et de leur travail. Nous avons choisi de préférence une pompe aspirante et foulante dans laquelle le jet est à peu près continu, quoique sa construction soit analogue à celle d'une pompe dite à simple effet.

La fig. 1, pl. 37, représente une section verticale faite par l'axe de cette pompe. Elle consiste en un corps cylindrique en fonte A, alésé dans la plus grande partie de sa longueur et reposant sur un socle à nervures B, fondu avec la tubulure inférieure C. Ce socle est assujetti soit par des pièces de charpente D, avec lesquelles il'est boulonné, soit sur une maçonnerie. Il renferme le siége à clapet E, qui se compose d'un cadre rectangulaire double traversé à son milieu par une cloison élevée *a,* de manière à présenter deux plans inclinés sur lesquels viennent s'asseoir les clapets en bronze F, lorsqu'ils se ferment. La tubulure C terminée par une bride reçoit le tuyau d'aspiration qui plonge dans le puisard. Vers la partie supérieure du corps de pompe A, est ménagée une tubulure courbe G, sur laquelle s'adapte le tube ascensionnel ou de sortie. Le piston de cette pompe se compose d'un anneau en bronze H, sur la circonférence duquel est ménagée une gorge *b* (fig. 2) pour recevoir une tresse de chanvre ou une garniture d'étoupes *c,* qui coïncide avec la paroi intérieure du cylindre. Il renferme aussi une cloison *d,* qui reçoit à charnière les deux clapets I, venant battre sur un siége incliné formé par les bords élevés *e* du piston. Il est en outre fondu avec une bride *f,* percée à son centre pour se relier par le boulon à écrou *g,* avec la base de la grosse tige creuse J. Cette tige, qui dans un grand nombre de pompes est d'un très-petit diamètre, comme celui de la partie K, qui la surmonte, est dans la fig. 1, d'une section égale à la moitié de celle du corps de pompe. Il en résulte, comme on va le voir plus loin, que l'écoulement de l'eau a lieu aussi bien pendant l'ascension que pendant la descente du piston.

Les clapets F sont accompagnés des saillies *h,* qui servent à limiter leur degré d'ouverture, en butant contre les parois intérieures du socle B. Il en est de même des clapets I, qui sont également fondus avec les petites saillies *i,* qui butent contre la tête de la bride *f,* lorsqu'ils s'ouvrent. On voit que ces clapets ont leurs siéges inclinés à peu près à 45°, dans le but de faciliter leur mouvement d'ouverture, en diminuant l'action de leur propre poids. Les siéges qui les reçoivent sont garnis habituellement d'une bande de cuir ou de cuivre, pour rendre la fermeture plus hermétique en facilitant l'ajustement.

La fig. 2 représente le détail en élévation du piston H et de ses clapets I ; la fig. 3 est une section horizontale de ce piston faite à la hauteur de la ligne 1-2. Les fig. 4 et 5 donnent en élévation et en plan les détails du siége E dont on a élevé les clapets.

Pour éviter que l'air extérieur ne pénètre dans l'intérieur du corps de pompe, il est fermé à sa base supérieure par un couvercle en fonte L, qui est garni d'étoupe tout autour de la tige ; cette étoupe est comprimée par un bouchon M, appelé à cet effet presse-étoupe, analogue à celui que nous avons décrit pl. 11 (81).

406. Jeu de la pompe. — L'extrémité supérieure de la tige K porte une
tête *l* (fig. 6), pour s'assembler à articulation avec la partie inférieure d'une
tringle ou bielle N, qui elle-même est adaptée à une manivelle O ; celle-ci est
montée à l'extrémité d'un axe horizontal P, qui lui imprime un mouvement
rotatif continu. Ce mouvement se transforme par la bielle en un mouvement
alternatif de montée et de descente du piston, qui est assujetti à marcher en
ligne droite, parceque la tête *l* de sa tige est guidée dans des coulisses verticales.

Il résulte de cette disposition et de la longueur invariable de chaque pièce
mobile, que lorsque la manivelle O occupe le piston P O (fig. 6), le piston est
au bas de sa course, c'est-à-dire en H' : par conséquent, pendant que la manivelle tourne, le piston s'élève et forme le vide au-dessous de lui, parce que
l'espace qui existe entre le clapet F et sa base augmente et avec lui le volume
d'air qui s'y trouvait renfermé. La pression de cet air sur les clapets diminue
donc et celle de l'air extérieur sur le puisard force l'eau à s'élever dans le
tuyau d'ascension et à faire soulever le clapet F, pour s'introduire dans le
corps de pompe jusque sous le piston, en suivant sa marche ascensionnelle.

Lorsque la manivelle est arrivée à la position P, 12, c'est-à-dire lorsqu'elle
a décrit une demi-révolution, le piston lui-même occupe la position la plus
élevée de sa course ; dans cette position, tout l'espace qu'il laisse après lui
dans le corps de pompe est rempli d'eau ; si alors la manivelle, continuant sa
course, parcourt la seconde demi-révolution, le piston descend, et, pressant
sur la surface de l'eau, force les clapets F à se fermer ; or, comme l'eau est
incompressible, elle oblige les clapets I à s'ouvrir pour lui donner passage
à travers le piston H et à se loger au-dessus. Mais comme sa tige J est d'un
gros diamètre, et qu'elle occupe par suite un grand espace dans le corps de
pompe, une partie de cette eau s'échappe nécessairement par la tubulure G,
de telle sorte que quand le piston est au bas de sa course, il ne reste plus
dans le corps de pompe qu'un volume d'eau égal à la moitié du volume en-
géndré par la base du piston.

Tel est l'effet produit par le premier tour de la manivelle, qui correspond
à un coup double de piston, c'est-à-dire à sa montée et à sa descente.

Au second tour, quand le piston remonte, il aspire de nouveau un volume
d'eau à peu près égal à celui qu'il engendre, parce que les clapets F, qui
s'étaient fermés, s'ouvrent de nouveau, et que les clapets I, qui étaient ouverts dans la descente, se sont fermés.

Dans le même temps, toute l'eau qui était restée au-dessus du piston trouve
à s'écouler par la même tubulure G ; ainsi, de cette disposition de piston à
grosse tige plongeante, il résulte qu'à chaque course ascendante la quantité
d'eau élevée dans le corps de pompe est égale au volume engendré par le
piston, et que dans sa course descendante la quantité d'eau qui s'écoule par
le tuyau de sortie est égale à la moitié de ce volume, dont l'autre moitié
s'échappe pendant l'ascension suivante, ce qui rend le jet à peu près continu.

Lorsqu'au contraire la tige est très-mince, comme dans les pompes ordinaires (fig. 6), l'écoulement de l'eau n'a lieu que pendant la montée du piston ; par conséquent le jet est intermittent.

Dans une pompe, comme dans toute autre machine dont le mouvement rectiligne est transmis par une manivelle à mouvement de rotation continu, les espaces parcourus en ligne droite ne correspondent pas aux espaces circulaires décrits par le bouton de la manivelle ; on voit en effet, par la fig. 6, que si l'on suppose la manivelle parcourir des arcs égaux à partir de 0, les distances correspondantes $0'1'$, $1'2'$, $2'3'$, etc., parcourues par le piston sont irrégulières : petites d'abord au commencement de la course, elles s'agrandissent progressivement jusque vers le milieu, puis elles dégradent en arrivant vers l'autre extrémité ; on obtient ces positions successives du piston en décrivant de chacun des points de division 1, 2, 3, 4, effectués sur la circonférence décrite par le bouton de la manivelle, avec le rayon égal à la longueur de la bielle N, une suite d'arcs de cercles ; ces derniers coupent la verticale passant par le centre P, aux points 0^2 1^2 2^2, etc., qui donnent sur cette ligne la position correspondante du point d'attache l de la tige du piston ; ces points sont reportés en $0'1'2'$, etc., sur la même ligne par la longueur de la tige mesurée depuis le bouton l jusqu'à la base du piston.

On comprend, par cette irrégularité de la marche du piston, que le jet d'eau doit aussi varier pendant toute la course ; c'est ce que nous avons voulu rendre sensible par le tracé fig. 7, qui exprime les volumes successifs du jet d'eau pour une pompe à simple effet comme celle de la fig. 6.

Ce tracé consiste à porter sur une ligne quelconque xy autant de parties égales que l'on a pris de divisions sur la circonférence décrite par la manivelle ; puis à chacun des points 1, 2, 3, 4, on tire des lignes perpendiculaires à xy. Comme, pendant l'ascension du piston de 0 à 12 (fig. 6 et 7), il n'y a pas d'écoulement, puisque le piston ne fait qu'aspirer, on n'a rien à indiquer sur ces premières divisions ; mais dès que la manivelle passe le point le plus élevé, le piston commençant à descendre produit le jet ; on constate alors que lorsqu'il a parcouru le premier espace rectiligne de $12'$ à $11'$, la quantité d'eau qu'il a refoulée est égale au produit de sa base par la hauteur $11'$ $12'$. C'est cette hauteur que l'on porte de 13 en a, sur la perpendiculaire menée du point 13 ; de même, lorsque le piston descend de $11'$ à $10'$, le nouveau volume qu'il a engendré est encore égal à sa section multipliée par la hauteur $11'$, $10'$ qui est reportée de même de 14 en b ; on voit donc qu'il suffit de porter sur chacune des perpendiculaires tirées des points de division 15, 16, 17, etc., les hauteurs successives parcourues par le piston dans sa descente, pour exprimer réellement les volumes qu'il a engendrés, car ces volumes sont proportionnels aux hauteurs, puisque la section du piston reste constante.

Si l'on fait passer par tous les points a, b, c, d, etc., fig. 7, une courbe, on obtient la limite d'une surface que nous avons teintée, et qui permet de reconnaître les volumes d'eau refoulés par les pistons, correspondants à une position quelconque de la manivelle. En continuant le mouvement, le piston

remonte et aspire, par suite le jet est interrompu pendant cette ascension,
pour recommencer de nouveau pendant la descente de la deuxième révolution ; c'est ce qui est indiqué sur la fig. 7 par une courbe égale à la première,
et sur laquelle sont indiqués les mêmes points.

Pour éviter cette irrégularité, on construit des pompes à deux et à trois
corps, dans lesquels la disposition des pistons est telle que les points d'attache aux manivelles partagent en deux ou trois parties égales la circonférence décrite par celles-ci.

La fig. 8 représente le tracé géométrique du travail d'une pompe à deux
corps ; il est évident que le produit de chacun des pistons est alternativement
le même, puisque l'un descend pendant que l'autre monte ; c'est ainsi que
l'un des pistons ayant produit un jet correspondant à la courbe a' b' c', etc.,
l'autre produit immédiatement après un jet égal exprimé par la courbe $abcd$;
ce tracé ne diffère donc de celui fig. 7, qu'en ce que les intervalles vides de
0 à 12 et de 24 à 12, sont remplis par une surface teintée égale.

Ce tracé du produit d'une pompe à deux corps correspond à celui de la
pompe fig. 1, qui en raison de sa grosse tige plongeante fait fonction, comme
nous l'avons vu, d'une pompe à double effet.

La fig. 9 représente le tracé du mouvement d'une pompe à trois corps,
dont les pistons H, H', H², que nous avons supposés ramenés dans le même
cylindre, occupent respectivement des positions correspondantes aux trois
sommets d'un triangle équilatéral inscrit dans la circonférence décrite du
centre P, par l'une des manivelles O, O', O''. Par suite de cette disposition,
il y a tantôt deux pistons qui s'élèvent en même temps et un seul qui descend,
et tantôt au contraire un seul piston monte pendant que deux autres descendent. Il est facile de s'en rendre compte en imaginant par la pensée et en
faisant le tracé au besoin avec des couleurs différentes pour la marche de
chaque piston, afin d'éviter toute confusion, que le bouton des manivelles
prend successivement les positions 1, 2, 3, 4, etc., et en cherchant les positions correspondantes des points d'attache des bielles N, N', N'', avec les
tiges des pistons, sur la ligne verticale qui passe par le centre P.

Nous avons reporté sur la fig. 10, le produit de chacune des pompes en
particulier supposée de même diamètre, en ayant le soin quand deux pompes refoulent en même temps d'additionner leur travail ; ainsi, par exemple,
lorsque l'un des pistons élève une quantité d'eau correspondante à la perpendiculaire 13 a, celui qui refoule en même temps fournit un volume exprimé
par la hauteur a a' ; par conséquent, le volume total du jet à cet instant est
exprimé par la hauteur totale 13 a' ; lorsqu'au contraire une seule des trois
pompes refoule, quand les deux autres remontent, comme on le voit sur
la fig. 9, le volume du jet est exprimé par une seule hauteur telle que 18 f ;
or, on observe que c'est justement au moment où une seule pompe refoule
qu'elle donne son maximum de produit ; de là résulte qu'en somme le jet
est continu et presque régulier dans toute sa durée, comme on le voit par le

tracé de la fig. 10, où le contour est déterminé par des perpendiculaires, ou ordonnées se rapprochant de la ligne droite *mn*.

Pour comparer l'effet d'une pompe à trois corps avec celui de deux pompes à double effet, ou de trois pompes à double effet, nous avons répété sur les fig. 8 et 11 les tracés correspondants aux produits de ces derniers systèmes, et on remarque que, bien qu'on en obtienne à égalité de section de piston un volume d'eau plus considérable, la régularité du jet n'en est pas plus grande.

MOTEURS A VAPEUR.

MACHINE A VAPEUR A HAUTE PRESSION ET A DÉTENTE.

PLANCHES 38, 39 ET 40.

407. Lorsque la vapeur engendrée dans une chaudière est amenée dans un vase ou cylindre hermétiquement fermé, elle agit avec toute sa pression sur les parois du vase, de sorte que si celui-ci renferme un diaphragme ou un piston, elle tend par sa force expansive[1] à le faire marcher; c'est sur cette mobilité du piston que repose le principe des moteurs à vapeur en général.

Ainsi l'action de la vapeur dans la plupart des appareils de ce nom, consiste à presser alternativement sur les bases du piston renfermé dans le cylindre, pour lui donner une impulsion rectiligne de va-et-vient (187).

Les machines sont à basse, à moyenne, ou à haute pression, suivant que la tension de la vapeur est à 1 atmosphère, 2 à 4 atmosphères, et 5 à 6 atmosphères et au-dessus.

Lorsqu'on fait agir alternativement la vapeur en dessus et en dessous du piston, la machine est dite à double effet, telle est la plus grande partie de celles employées dans l'industrie; mais si la vapeur n'agit toujours que sur l'une des bases du piston, comme cela a lieu dans les appareils d'épuisement des mines, alors la machine est dite à simple effet.

Les machines à basse ou à moyenne pression sont à condensation, c'est-à-dire que la vapeur en sortant du cylindre, après avoir produit son action sur le piston, est mise en communication avec un réservoir d'eau froide appelé condenseur, afin de se liquéfier. Le résultat de cette condensation est de produire un vide partiel dans le cylindre, et par suite de diminuer notablement la résistance qui s'oppose à la marche du piston.

Dans les machines à haute pression la vapeur qui a produit son effet sur le piston s'échappe directement dans l'air, de sorte qu'il a toujours à vaincre en sens inverse de sa marche la résistance d'une atmosphère.

Les moteurs à vapeur se distinguent encore par machines sans détente et machines à détente : les premières sont celles dans lesquelles la vapeur arrive constamment dans le cylindre pendant toute la course du piston, de telle sorte que la pression reste constante, puisque le volume de vapeur qui entre

---

1. La force expansive de la vapeur est due à la propriété qu'ont les vapeurs et les gaz de chercher constamment à augmenter de volume.

dans les cylindres correspond toujours au volume engendré par le piston.

Dans les machines à détente, au contraire, la vapeur n'arrive dans le cylindre que pendant une portion de la course du piston, de sorte que celui-ci ne continue sa marche que par la force expansive de la vapeur.

La machine détaillée pl. 38 à 40 est à haute pression et à détente variable.

La fig. 1, pl. 38, représente une élévation extérieure ou vue de face de la machine, qui a pour bâtis une colonne creuse à jour.

La fig. 2 est une section horizontale faite à la hauteur de la ligne 1-2.

La fig. 3 est un fragment d'élévation de la partie inférieure de la colonne.

La fig. 4 est une autre section horizontale faite suivant la ligne 3-4, et la fig. 5 est l'élévation du chapiteau de la colonne.

Les fig. 6 et 7 sont des tracés relatifs au mouvement du modérateur à boules.

La fig. 8, pl. 39, représente une coupe verticale faite par l'axe de la colonne et du cylindre à vapeur suivant un plan 5-6, parallèle à celui du volant.

La fig. 9 est une autre coupe verticale perpendiculaire à la précédente.

Enfin, la fig. 10 est une section horizontale à la hauteur de la ligne brisée 7-8-9 et 10.

Cette machine se compose d'un cylindre en fonte A, alésé à l'intérieur et renfermant le piston B. Sur le côté du cylindre sont ménagés des conduits a, b, par lesquels la vapeur peut se rendre alternativement au-dessus et au-dessous du piston. Ces orifices sont successivement recouverts par un diaphragme ou tiroir D, dont les détails sont indiqués sur les fig. 28 à 31, pl. 40, et le tiroir est renfermé lui-même dans une boîte en fonte E, appelée *boîte de distribution,* qui communique avec une seconde boîte F, dite *boîte de détente;* c'est dans cette dernière que la vapeur de la chaudière est amenée par le tuyau G. La communication est interceptée momentanément entre les deux boîtes, pendant la marche de la machine, par le tiroir de détente H, détaillé fig. 38 à 41, pl. 40.

La tige verticale I, du piston B, se relie à la partie supérieure par articulation à une traverse e^2, qui la réunit à la bielle en fer forgé J, suspendue au bouton f de la manivelle K; celle-ci est ajustée et calée à l'extrémité de l'arbre de couche L, qui porte d'une part le volant M, et de l'autre les excentriques N, O, P. Le premier de ces excentriques est destiné à faire mouvoir le tiroir de distribution D, en se reliant à sa tige g, par la tringle N'. Le deuxième fait marcher le tiroir de détente H, par la tringle O', assemblée à sa tige h; et enfin, le troisième excentrique P imprime un mouvement également alternatif au piston Q de la pompe d'alimentation R.

Le cylindre à vapeur est boulonné d'une manière solide et invariable par sa partie supérieure à la base pleine du socle en fonte S, sur lequel est assise et également boulonnée la colonne T. Le socle est carré, et vers les angles de sa base inférieure, sont ménagées des oreilles traversées par des boulons qui l'assujettissent sur un massif en maçonnerie.

La colonne T est fondue creuse avec quatre larges ouvertures diamétrale-ment opposées, dont l'objet est d'en diminuer le poids et de former les passages nécessaires pour le montage et le démontage des pièces ; cette colonne sert de bâtis à toute la machine, elle reçoit à sa partie supérieure un palier en fonte U, garni de coussinets en bronze, pour porter le premier tourillon de l'arbre de couche, et les supports k' k de l'axe l du modérateur à boules ; on a aussi boulonné contre sa paroi intérieure les deux supports i, des points fixes du parallélogramme et le guide j de la tige du tiroir de distribution.

408. Avant d'aller plus loin, donnons d'abord une idée de la marche générale de la machine.

Comme nous l'avons dit, la vapeur est engendrée dans une chaudière (189 et pl. 14), et arrive par le tuyau G, dans la première boîte F ; lorsque le tiroir H, contenu dans cette boîte, découvre l'orifice d, cette vapeur peut passer dans la boîte de distribution E, d'où elle se rend, soit au-dessus, soit au-dessous du piston, suivant que son tiroir D ouvre l'un ou l'autre des deux orifices a, b. Or, lorsque le piston est par exemple en haut de sa course, le canal a est ouvert presque entièrement, tandis que le canal b est en communication avec l'orifice d'échappement c, qui par les deux tuyaux e⁴ communique avec l'extérieur. Il en résulte que si la vapeur possède, lors de son introduction dans le cylindre, une pression de 4 atmosphères, par exemple, elle tend à faire descendre le piston avec toute sa tension ; mais comme le dessous de celui-ci est en communication avec l'air libre, il y a une pression d'une atmosphère qui s'oppose à sa marche, alors la pression effective n'est donc réellement que de 3 atmosphères. Il en est de même lorsque le piston remonté : le tiroir découvre l'orifice b, pour laisser entrer la vapeur en dessous, et met le canal a en communication avec les orifices de sortie c, pour donner issue à la vapeur qui a agi précédemment au-dessus du piston.

Il est à remarquer que si l'introduction de la vapeur avait lieu pendant toute la marche ascensionnelle et descensionnelle du piston, ce qui pourrait avoir lieu si le tuyau G communiquait directement avec la boîte de distribution E et si le tiroir D laissait ouvert l'un des orifices dans la course entière, la pression de la vapeur resterait constante ; on dit alors que la machine est à *haute pression, sans détente,* c'est-à-dire qu'elle marche à pleine vapeur.

Mais dans la machine qui nous occupe, la vapeur s'introduit d'abord dans la première boîte F, dont le tiroir H ferme à chaque coup le canal de communication d, avant que le piston arrive à l'une des extrémités de sa course. Il en résulte que la vapeur contenue dans le cylindre augmente de volume, mais en même temps diminue de pression au fur et à mesure que le piston marche, il y a alors *expansion* ou *détente ;* dans ce cas on ne dépense à chaque coup de piston qu'une quantité de vapeur égale à 1/3, à 1/2, ou aux 2/3, etc.,

du volume du cylindre suivant que l'on a intercepté l'arrivée de la vapeur à
1/3, à 1/2, ou aux 2/3 de la course ; c'est le rapport entre le volume introduit et le volume total du cylindre qui exprime le degré de détente auquel
fontionne l'appareil.

409. Parallélogramme. — Le mouvement rectiligne alternatif du piston
se transforme en un mouvement circulaire continu sur l'arbre de couche L,
par l'intermédiaire de la bielle J et de la manivelle K ; mais afin que la
marche du piston soit parfaitement verticale, on relie le sommet de sa tige I
à un système de leviers articulés formant parallélogramme.

Ce mécanisme consiste en deux guides en fer forgé V (fig. 1, 4 et 8), qui
ont leurs points d'oscillation sur les tourillons fixes i, et qui s'assemblent par
l'autre extrémité vers le milieu des balanciers X, au moyen de la traverse n.
Ces balanciers sont aussi en fer forgé et se réunissent d'un bout par articulation à l'axe de jonction e^2, fig. 9, et de l'autre à la bielle oscillante Y, qui a
son point d'appui sur l'axe o, dont les tourillons sont reçus par des chaises
en fonte Z, boulonnées au socle du bâti.

La tête de cette bielle oscillante est dessinée à part sur les fig. 21 et 22
(pl. 40) ; elle porte des coussinets qui forment articulation autour du tourillon p^4, qui la réunit avec les bouts des balanciers X.

La combinaison de ce mécanisme est telle que le point d'attache e suit constamment une ligne droite sur toute la longueur de la course ; on peut l'établir
géométriquement, comme il est indiqué sur le tracé, fig. 8 et 11. Nous supposons, à cet effet, qu'après avoir tiré d'une part la ligne horizontale i^2p et la
verticale c, e^3, on porte d'abord de e^2 en e et en e^3 la demi-longueur de la course
ou le rayon de la manivelle, puis des points e, e^3, on décrit un arc d'un rayon
ep égal à la longueur du balancier X, que l'on se donne à volonté, et qui ne
doit jamais être moindre que celle de la course entière du piston. Si l'on porte
également cette longueur de e en p^2, l'écartement $p\,p^2$ exprimera l'amplitude
de l'oscillation de la bielle X, dont on place le centre o au-dessous sur la ligne
verticale tracée à égale distance des deux points p, p^2, on se donne ensuite
le point n, qui réunit le levier V au balancier X ; ce point n décrit nécessairement dans le mouvement du parallélogramme un arc de cercle dont il faut
chercher le centre. A cet effet on remarque que, quelle que soit la position du
balancier, le point n reste toujours à égale distance de l'extrémité p ou de
celle e ; si donc on trace successivement les lignes pe, $p'e'$, p^2e^2, p^3e^3 qui indiquent différentes positions du balancier correspondantes à celles e, e', e^2, e^3,
du sommet de la tige du piston, on aura pour chacune de ces lignes les positions n, n', n^2 n^3, en y portant soit la distance pn, soit la distance en. On
peut alors déterminer aisément le centre i^2 de l'arc passant par ces points (10).

La fig. 10 représente le tracé d'un parallélogramme analogue, mais en
supposant que les guides V soient disposés de telle sorte que leurs points
d'attache soient exactement au milieu des balanciers X ; dans ce cas, le centre
d'oscillation i^2 se trouve dans le plan vertical passant par la ligne d'axe ec^3.

DÉTAILS DE CONSTRUCTION.

410. CYLINDRE A VAPEUR. — Le cylindre est fondu d'une seule pièce avec son fond inférieur et les canaux ou conduits de vapeur; comme il doit être alésé avec soin pour être parfaitement cylindrique à l'extérieur, une ouverture centrale a été ménagée à sa base pour le passage de l'arbre de l'alésoir, mais cette ouverture est fermée par un tampon a^3, qui est mastiqué et boulonné. Sa base supérieure est fermée par un couvercle en fonte A', qui, à son centre, forme boîte à étoupes, pour envelopper la tige du piston et constituer une fermeture hermétique. L'étoupe est comprimée ou serrée à cet effet par un bouchon appelé presse-étoupes (140), et évasé en contre-haut pour servir de réservoir à l'huile. La partie extérieure du cylindre sur laquelle s'applique le tiroir est dressée avec beaucoup de soin, afin de coïncider exactement dans toute son étendue. Il en est de même de la partie environnante qui reçoit la boîte de distribution.

PISTON. — (fig. 8, 9, 19 et 20). — Le piston est à garniture métallique; il consiste en deux plateaux de fonte laissant entre eux un espace annulaire pour recevoir deux bagues concentriques c' en fer ou en fonte. Ces bagues sont fendues d'un côté dans toute leur hauteur et placées l'une dans l'autre, de telle sorte que leur fente est diamétralement opposée; leur épaisseur diminue graduellement de chaque côté, jusque vers la fente, et comme elles sont parfaitement écrouies, elles forment ainsi un ressort d'une grande élasticité qui tend constamment à les ouvrir. Or, le diamètre de la bague extérieure étant égal à celui du cylindre, quand les deux parties de la fente son rapprochées, d'un autre côté la bague intérieure ajoutant son élasticité à celle de la première pour tendre toujours à l'agrandir, il en résulte une coïncidence parfaite entre sa surface extérieure et la paroi intérieure du cylindre sur toute l'étendue de celle-ci. Ainsi, le contact du piston avec la paroi du cylindre n'a lieu que par les bagues excentriques et non par les plateaux, qui sont d'un diamètre légèrement plus petit. Pour empêcher le passage de la vapeur par la fente de la bague extérieure, on a pratiqué dans celle-ci une ouverture rectangulaire dans laquelle se loge une petite pièce a^2 vissée sur la bague intérieure, et qui ferme le joint sans empêcher le jeu de ces bagues. Le plateau principal du piston est fixé à sa tige par une clavette (fig. 9). La tige est en conséquence renflée vers sa base. Le haut de la tige est aussi fixé à clavette dans une douille I', fig. 9 et 13, terminée par deux branches verticales entre lesquelles s'ajuste un coussinet en bronze en deux pièces qui embrasse le milieu de l'axe c^2; on resserre ce coussinet au moyen d'une clavette.

411. BIELLE ET MANIVELLE (fig. 8, 9, 14 et 15). — La fourche qui termine la bielle J s'assemble d'une manière analogue, mais avec des brides à clavettes, avec l'axe c^2, de chaque côté de la douille, en laissant entre elles le passage nécessaire pour loger l'épaisseur des balanciers X. La tête de la bielle (fig. 15

et 16) porte aussi des coussinets pour former articulation autour du bouton f de la manivelle ; on le serre au moyen d'une vis de pression f'.

La manivelle K est, comme la bielle J, en fer forgé, ajustée sur le bout de l'arbre de couche et fixée par une clef. Le plus souvent cette manivelle est en fonte pour les machines fixes, mais dans les appareils de bateaux et dans les locomotives, elle est généralement en fer corroyé, comme étant plus susceptible de résister aux chocs.

L'arbre de couche L est aussi en fer ou en fonte ; nous avons donné dans les notes des tables et des règles pour en déterminer les dimensions. Il est supporté non-seulement par les coussinets d'un palier U, mais encore par ceux d'un palier analogue assis sur le mur de séparation du local de la machine et de l'atelier. Il doit toujours être renflé vers la partie qui reçoit le volant M.

412. Volant. — Le volant est en fonte, d'une seule pièce, parce que son diamètre ne dépasse pas 3^m50 ; au-dessus de cette dimension, la couronne et les bras sont fondus en deux pièces avec le moyeu, puis boulonnés et frettés. Pour des diamètres de 5 à 8 mètres, la jante est en plusieurs pièces, et les bras ou croisillons sont également fondus à part, puis assemblés et boulonnés sur le milieu avec chaque partie de la couronne. On fait quelquefois les bras en fer mince, afin de diminuer le poids du volant tout en conservant son énergie [1].

413. Pompe alimentaire. — Cette pompe a pour objet d'envoyer dans la chaudière une certaine quantité d'eau qui doit remplacer celle qui s'est réduite à l'état de vapeur, et qui a été dépensée par la machine ; elle n'est autre qu'une pompe foulante qui se compose d'un corps cylindrique R, dans lequel se meut un piston plein Q appelé plongeur. Le piston ne frotte pas dans toute l'étendue du corps de la pompe ; celui-ci est seulement alésé dans sa partie supérieure, où il sert de boîte à étoupes pour guider le piston, en empêchant l'eau de sortir et l'air de rentrer.

Sur le côté est ménagée une tubulure contre laquelle est rapportée la chapelle ou boîte à soupape R', qui est habituellement en bronze ; à la partie inférieure de cette chapelle s'adapte le tuyau d'aspiration T', qui commuique avec un réservoir d'eau froide et qui porte le robinet S', analogue à celui dont nous avons donné le détail, pl. 17. A sa partie latérale s'applique également un tuyau de sortie muni d'un robinet semblable S^2, et que l'on fait passer ordinairement dans une colonne où se projette la vapeur perdue, afin d'échauffer l'eau qu'il doit conduire dans la chaudière.

On voit par les fig. 9 et 23 que cette chapelle est munie de deux soupapes s', s^2, dont l'une, celle inférieure s', sert pour l'aspiration, et l'autre, celle supérieure s^2, pour l'échappement ; cette dernière est d'un diamètre sensiblement plus grand que la première, pour que son siége puisse livrer passage à

1. On trouvera dans les *Notes et données pratiques* les règles relatives aux dimensions à donner aux volants, selon les conditions qu'ils ont à remplir.

celle-ci. La base supérieure de la chapelle est fermée par un couvercle auto-clave qu'une seule vis de pression r' tient fermée à l'aide de la bride en fer q'.

Chaque soupape a une partie conique (fig. 24), pour s'asseoir sur son siége. Le dessous est cylindrique pour lui servir de guide, mais évidé pour donner passage à l'eau quand elle est soulevée. C'est pour cette raison qu'elles sont nommées *soupapes à lanternes*.

Le corps de pompe est aussi muni d'une soupape de sûreté s^3, dont la fig. 25 donne le détail, et qui a pour objet de donner issue à l'air renfermé dans le corps de pompe, quand celui-ci est accumulé en assez grande quantité pour nuire à la fonction de la pompe. Cette soupape est maintenue en place par un levier coudé en équerre u, et qui sur sa branche horizontale porte un poids suffisant pour faire équilibre à la pression intérieure (195).

La tête du piston plongeur est surmontée d'une petite tige t', ajustée dans la douille qui termine la partie inférieure à deux branches de la grande tringle en fer forgé P' (fig. 9 et 18), laquelle, comme on l'a dit, embrasse par sa partie supérieure, qui forme collier, la gorge de l'excentrique circulaire P (142).

Le jeu de cette pompe est analogue à celui des pompes dont nous avons donné la description ; ainsi, quand la machine fonctionne et que les robinets s' et s^2 sont ouverts, l'eau monte du réservoir par le tuyau R', force la soupape s' à s'ouvrir et se rend dans le corps de pompe, en suivant la marche ascensionnelle du piston Q ; dès que celui-ci descend, cette eau refoulée ferme la soupape s' et ouvre la seconde s^2 pour se rendre par le tuyau d'échappement dans la chaudière. On règle l'alimentation en ouvrant plus ou moins les robinets, et elle cesse complétement par la fermeture de ces derniers ; mais alors, dans ce cas, comme l'excentrique P et la tringle P' continuent leur mouvement, il importe de débrayer le plongeur Q, ce que l'on fait en desserrant la vis de pression v', par laquelle sa tige est retenue à la tringle, de sorte que l'étrier à douille b^3 (fig. 18) qui termine la tringle P' ne fait plus que glisser le long de cette tige sans l'entraîner.

414. MODÉRATEUR A BOULE OU PENDULE CONIQUE. — Ce mécanisme a pour objet de régler la vitesse de la machine suivant les résistances à vaincre ; à cet effet, il fait alternativement ouvrir ou fermer une soupape ou papillon c^3, placée sur le tuyau d'arrivée de vapeur G ; le passage plus ou moins grand laissé à la vapeur par l'ouverture ou la fermeture de ce papillon, qui est enfermé dans une boîte particulière pour la facilité du montage, et qui est ajusté sur une tige tournant dans une garniture d'étoupes, augmente ou diminue la quantité de vapeur qui doit passer au cylindre, et par suite détermine l'accélération ou le ralentissement du piston ainsi que de l'arbre de couche avec lequel il est mis en communication.

Il consiste fig. 1 en un axe vertical l, qui repose par sa partie inférieure dans un petit support à crapaudine k', et se trouve retenu plus haut par une équerre à douille k. A sa partie supérieure sont assemblées par articulation deux branches symétriques m', terminées par des boules sphériques en fonte ou en bronze o'; ces branches se relient également par articulation à la bague mobile en fer ou en cuivre i', par l'intermédiaire des liens l'.

En imprimant à l'axe vertical l un mouvement de rotation, les boules entraînées dans ce mouvement tendent constamment à s'écarter de la ligne verticale par l'effet de la force centrifuge (262); tant que la vitesse de rotation reste la même, les boules tendent à occuper la position moyenne indiquée sur le dessin, et correspondante à la vitesse *normale* ou de *régime,* c'est-à-dire celle pour laquelle la machine a été réglée. Lorsque cette vitesse est dépassée par le débrayage de quelques-unes des machines en activité, les boules s'écartent et cherchent à occuper la position extrême o^2 indiquée sur la fig. 6. Dans cette position des boules, la bague i' est soulevée ; or cette bague est embrassée à sa gorge circulaire par la fourche du levier j' (fig. 9), lequel est relié à la tringle verticale h, qui par une suite de bras articulés g', g^2, g^3, g^4, g^5, communique au papillon c^3 dessiné avec sa boite A^2 fig. 26 et 27. Il résulte de cette transmission que la soupape se ferme au fur et à mesure que la bague s'élève. Si, au contraire, la vitesse de régime se ralentit par le fait d'une résistance plus grande, les boules se rapprochent comme le montre la fig. 7. La bague i' descend, et par suite la soupape s'ouvre, afin de laisser entrer une plus grande quantité de vapeur dans la boîte de distribution, et par suite dans le cylindre. Les positions extrêmes des branches du modérateur sont limitées par le secteur à coulisse m^3, qui est fixé sur l'axe l.

Cet axe l reçoit son mouvement de l'arbre de couche L, par la poulie à gorge p^3, qui commande l'arbre intermédiaire r^2, placé près du chapiteau de la colonne T, et les roues d'angle r^3 par la poulie r^4; par conséquent, il y a un rapport constant entre la vitesse de la machine et celle du modérateur.

Le tracé géométrique indiqué fig. 6 et 7 explique suffisamment les positions respectives de chacune des pièces du pendule, et fait voir la marche ascensionnelle de la bague par rapport à l'écartement des boules, suivant le nombre de révolutions de l'axe et la longueur des bras[1].

MOUVEMENT DU TIROIR DE DISTRIBUTION ET DU TIROIR DE DÉTENTE.

415. Tiroir de distribution. — Nous avons vu que le tiroir D, représenté dans diverses positions sur les fig. 28 à 31 et en section horizontale fig. 32, est attaché par sa tige g, à la tringle verticale N', qui se relie à la barre N^2 de l'excentrique circulaire N, fig. 33 et 34. Lorsque, comme on l'avait fait jusqu'à ces derniers temps, le centre de l'excentrique circulaire se trouve sur un rayon perpendiculaire à la direction de la manivelle, le tiroir de distribution et le piston à vapeur ont un mouvement rectiligne diffé-

---

1. Voir les *Notes et Données pratiques* au sujet des vitesses et des dimensions du pendule conique,

rent, c'est-à-dire que quand la manivelle passe de l'horizontale de gauche à l'horizontale de droite ou réciproquement, le piston marche dans une direction rectiligne correspondante, mais l'excentrique passe de la verticale inférieure, située au-dessous de l'axe de l'arbre de couche, à la verticale supérieure ou *vice versa,* et par suite imprime au tiroir un mouvement rectiligne dans un sens opposé, de telle sorte que lorsque le piston est au milieu de sa course, le tiroir, au contraire, est à l'extrémité, et les ouvertures d'entrée sont complétement ouvertes pour livrer passage à la vapeur dans le cylindre.

Pendant que le piston accomplit son mouvement dans un sens, le tiroir va et revient sur lui-même, la lumière qu'il couvrait se découvre et se recouvre successivement ; quand au contraire la manivelle a accompli deux quarts de révolution en sens opposé, le piston monte et descend, tandis que le tiroir effectue un seul mouvement rectiligne dans le même sens.

Enfin, pour chacun de ces mouvements, pendant que les vitesses du piston vont croissant depuis le commencement jusqu'à la moitié de la course, celle du tiroir vont décroissant et réciproquement ; il en résulte que le maximum du chemin parcouru par le piston correspond au minimum de celui parcouru par le tiroir de distribution.

416. Avance et recouvrement du tiroir. — On a reconnu depuis plusieurs années qu'il était nécessaire d'incliner le rayon de l'excentrique par rapport au rayon de la manivelle, au lieu de les placer perpendiculairement l'un à l'autre, de manière qu'aux *points morts* (c'est-à-dire les points extrêmes haut et bas de la course du piston), le tiroir a déjà dépassé d'une certaine quantité le milieu de sa course ; c'est cette quantité que l'on est convenu d'appeler *avance* du tiroir.

Le résultat de cette avance est de faciliter l'introduction de la vapeur au commencement de la course du piston, et en même temps l'échappement de celle qui a produit son effet ; on obtient par suite plus de régularité dans la marche, et on perd en même temps moins de force.

Pour éviter, au moins en grande partie, la contre-vapeur, on donne au tiroir, en même temps que l'avance, plus ou moins de recouvrement, c'est-à-dire que la largeur des bandes qui doivent fermer les orifices d'introduction *a b* (fig. 28), est sensiblement plus grande que la hauteur de ceux-ci.

Pour bien se rendre compte des effets qui résultent de l'avance et du recouvrement du tiroir de distribution, nous avons représenté sur la fig. 35, un tracé géométrique qui indique les positions relatives de la manivelle, du piston, de l'excentrique et du tiroir.

Soit la ligne *o* O, qui représente le rayon de la manivelle, on décrit avec la longueur de cette ligne comme rayon, un demi-cercle qu'on divise en un nombre quelconque de parties égales. De chacun des points de division on abaisse des perpendiculaires sur le diamètre *o* 18. Les points de rencontre 1, 2, 3, 4, etc., représentent sur ce diamètre les positions respectives du piston correspondantes à celles 2¹, 3¹, 4², etc., du bouton de la manivelle. On n'a pas égard ici à la longueur de la bielle qui réunit celle-ci à la tige du piston, car on suppose que cette bielle est indéfinie ou reste constamment parallèle à elle-même, ce qui ne change pas sensiblement les résultats.

On trace aussi du centre O une circonférence avec un rayon $O a'$ égal à celui de l'excentrique N. On indique en a', sur cette circonférence, la position que doit occuper le centre de cet excentrique au moment où le piston est à l'extrémité de sa course, c'est-à-dire en o ; la distance de ce point a', à la verticale mn, exprime l'avance du tiroir, et par suite l'angle mOa', s'appelle l'*angle d'avance* ou de calage. On obtient au reste la position du point a', après s'être donné, d'une part, la hauteur des orifices d'admission a et b, fig. 28, la largeur rs, de la bande du tiroir, qui est égale à la hauteur de l'orifice augmentée de deux fois le recouvrement, et de l'autre l'ouverture tr, qui exprime son avance proprement dite à l'introduction et l'ouverture $s't'$, qui exprime l'avance à l'échappement, et qui est toujours plus grande que la première, afin que les orifices de sortie restent ouverts le plus longtemps possible. Le diamètre de l'excentrique N est égal à la hauteur de la lumière augmentée de la largeur rs, de la bande et de la différence qui existe entre les deux avances $s't'$ et rt, c'est donc avec ce demi-diamètre qu'on a décrit la circonférence $a' b' c' d'$, on obtient alors le point a', en portant du centre O à droite de la verticale mn, une distance égale à l'avance de l'introduction rt, augmentée du recouvrement ; à partir de ce point a', on divise la circonférence en autant de parties égales que celles décrites par la manivelle, puis de chacun des points de division on abaisse des perpendiculaires sur le diamètre mn.

On tire également la droite $a' g'$, parallèle à mn, la distance de chacun des points de division à cette droite $a' g'$, indique les positions successives du tiroir par rapport à celles du piston. Ainsi, après avoir tiré une ligne horizontale ru, par le point extrême r, du tiroir au moment où le piston est à l'extrémité de sa course, on porte la distance $b' b^2$, de 1^2 en $1'$, et le point $1'$ montre que le tiroir est descendu de cette quantité quand le piston a parcouru la longueur $o\,1$ et que la manivelle a décrit le premier arc $o\,1'$. On porte de même les distances $c' c^2$, $d' d^2$, etc., qui correspondent aux 3e et 5e divisions à partir de la même ligne horizontale ru, de i^2 en $3'$ et de h^2 en $5'$, sur les verticales correspondantes aux positions 3 et 5 du piston et par suite à celles 3^2 et 5^2 de la manivelle ; on voit alors que le tiroir descend toujours jusqu'au moment où le centre de l'excentrique est descendu en f', sur la ligne horizontale $O f'$, qui correspond à la 6e division, le tiroir découvre alors l'orifice a, entièrement comme l'indique la fig. 29, à partir de ce point l'excentrique continuant à descendre les distances des points de divisions à la ligne $a' g'$ diminuent, et le tiroir remonte constamment de telle sorte, que lorsque le centre est arrivé au point p, c'est-à-dire lorsque la manivelle a parcouru sa demi-révolution et que le piston est arrivé en 18 à l'autre extrémité de sa course, le tiroir occupe la position indiquée fig. 30. Cette figure fait voir qu'il découvre alors la lumière inférieure b, pour l'introduction de la vapeur et celle supérieure

a, pour l'échappement. Si pendant tout ce parcours on détermine les positions respectives 6′,7′,8′,9′, etc., du tiroir en portant, comme nous l'avons dit, sur les lignes verticales 6, 7, 8, 9, etc., les distances des points de divisions de l'excentrique à la droite $a'g'$, on formera la courbe u, 3′, 6′, 9′, 18′ qui est une sorte d'ellipse. Ce tracé a l'avantage de réunir dans une seule vue, les positions relatives de la manivelle, du piston, de l'excentrique et du tiroir, et de déterminer par une position quelconque du piston, celle correspondante du tiroir.

Ainsi, pour avoir la position du tiroir correspondante à celle y du piston à vapeur, il suffit d'élever la verticale y x', qui rencontre la courbe en v', la distance v' x' de ce point à l'horizontale $t u'$, passant par le sommet de l'orifice d'introduction a, indique la quantité dont le tiroir découvre ce dernier. On voit aussi que la courbe est rencontrée par la ligne horizontale $t u'$, au point y', qui indique le moment où le tiroir ferme son orifice ; à cette position, le piston n'est encore arrivé qu'au point y^2 de sa course, par conséquent il lui reste à parcourir la distance y^2 18, sans recevoir de nouvelle vapeur de la chaudière, ce qui démontre qu'avec un tiroir à recouvrement et avec de l'avance, on peut déjà marcher à détente ; dans le cas actuel la détente a lieu environ aux 4/5 de la course.

On comprend que si la marche de la machine continue, le piston revient sur lui-même, le centre de l'excentrique qui était arrivé en p, continue à monter et le tiroir ne tarde pas à occuper la position indiquée fig. 31, ce qui a lieu dès que le centre de l'excentrique est arrivé en z ; dans ce cas les orifices a et b, sont complétement ouverts, le premier à l'échappement et le second à l'introduction, et le tiroir est au plus haut point de sa course, comme on le trouve du reste en continuant la courbe u 9′ 18′, dont le prolongement 18′, 24′, 30′ est exactement symétrique par rapport à la ligne inclinée u 18′. Nous avons tracé sur la même fig. 35 une seconde courbe elliptique 0″, 9″, 18″ égale et parallèle à la première, et qui indique les positions respectives du point s', de la bande inférieure du tiroir, par rapport à l'orifice b, afin d'avoir à première vue les positions respectives de cette seconde bande ; ce tracé se borne évidemment à porter sur chacune des verticales tirées des points 1, 2, 3, 4, la distance constante $r s'$, du tiroir, fig. 28.

Il est à remarquer que la distance entre les orifices a et b peut être arbitraire ; il est convenable cependant de la réduire autant que possible pour diminuer la surface du tiroir, et par suite la pression de la vapeur qui agit sur lui : dans tous les cas il faut toujours que la hauteur de l'orifice d'échappement c, soit plus grande que celle des lumières d'introduction, d'une quantité au moins égale à la différence qui existe entre les deux avances $t' s'$ et $t r$.

417. Détente. — La marche de l'excentrique O de détente est analogue à celle de l'excentrique de distribution, à l'exception que la position de son centre n'est pas réglée de la même manière.

Observons d'abord que cet excentrique n'est pas invariablement fixé sur l'arbre de couche L, comme le précédent ; il est seulement retenu au manchon à gorge P² par les vis u^2 (fig. 36, 37). Cette disposition permet de rapprocher ou d'éloigner son centre de celui de l'arbre, selon la course qu'on veut lui donner; à cet effet, son ouverture centrale est allongée, ainsi que celles qui reçoivent les vis de détente.

Si le centre de cet excentrique se trouve dans la direction même de la manivelle, le tiroir de détente H, guidé par la console h^2, rapportée contre le socle S et dessinée en détail sur la fig. 43, est complétement ouvert quand le piston est à l'extrémité de sa course; mais on a supposé, sur la fig. 35, que ce centre se trouve en a^4 sur la circonférence décrite du point O, avec le rayon $L\,a^4$ de l'excentrique, et que par suite le tiroir ne découvre pas entièrement l'orifice d d'admission, afin de détendre un peu plus tard.

On divise comme précédemment cette circonférence à partir de a^4 en parties égales; aux points a^4 on élève une ligne verticale, puis on porte successivement les distances des points de division à cette ligne sur chacune des verticales 1, 2, 3, 4, fig. 35, et à partir de la ligne horizontale passant par l'arête supérieure r'' du tiroir H; on a ainsi une seconde courbe elliptique u, m' n' p', dont l'intérieur est teinté un peu plus fortement que celle correspondante du tiroir de distribution, afin de les mieux distinguer sur le dessin. Cette courbe rencontre la ligne horizontale menée par l'arête supérieure de l'orifice d, au point n', qui indique l'instant où le tiroir H ferme l'orifice d'admission (fig. 39). On voit que ce point correspond à la position b' du piston à vapeur, ce qui veut dire que la détente commence quand le piston n'a parcouru encore que le 1/4 de sa course. En continuant la marche, on voit que le tiroir H s'élève de plus en plus, de telle sorte qu'il commence à découvrir le même orifice d'admission avant que le piston soit arrivé à l'autre extrémité de sa course; mais on sait que la vapeur ne peut pas s'introduire dans le cylindre, puisqu'à partir de la position $y\,y'$, le tiroir de distribution est à son tour fermé; il n'y a donc aucun inconvénient à ce que le tiroir H soit ouvert à chaque extrémité de la course, comme l'indiquent les fig. 38 et 40, et comme le montre aussi le tracé (fig. 35).

En variant le rayon de l'excentrique O, et la position de son centre par rapport au rayon de la manivelle, on conçoit que l'on puisse changer dans une certaine limite le moment où le tiroir H ferme l'orifice d'admission et par conséquent le degré de détente.

Les fig. 41 et 42 font voir que la tige du tiroir est assemblée avec lui par un emmanchement à T qui rend le tiroir assez libre pour que la vapeur le fasse appliquer constamment contre la paroi dressée; ce même ajustement est adopté pour le tiroir de distribution.

Les explications générales que nous venons de donner, sur la construction et sur le jeu de cette machine, s'étendent évidemment aux autres systèmes, qui ne diffèrent que par les dispositions et les formes des pièces. On trouvera d'ailleurs, dans les *Notes,* les règles et les tables relatives aux calculs de ces machines.

RÈGLES ET DONNÉES PRATIQUES

MACHINES A VAPEUR.

MACHINE A BASSE PRESSION, A CONDENSATION, SANS DÉTENTE.

418. Dans les machines, dites à basse pression, la vapeur est produite à une température peu élevée au-dessus de 100 degrés centigrades; on la compte généralement à 105 degrés; dans ce cas, sa tension est égale à une colonne de mercure de 90 centimètres, c'est-à-dire de 14 centimètres au-dessus de la pression atmosphérique; elle· est par conséquent équivalente à la pression de 1 atmosph. 17 ou de 1 kilog. 20 par centimètre carré. C'est à cette pression que les machines de Watt, sans détente, sont calculées, et celle qui nous occupe est réglée sur cette donnée.

Mais il. y a une différence bien grande entre cette pression de la vapeur dans la chaudière et celle qui donne la puissance effective de la machine. Il est évident qu'une partie est absorbée soit par la contre-pression, ou le vide imparfait du condenseur, soit par les frottements des pistons et de toutes les parties mobiles, soit par les fuites et par les refroidissements. Aussi, pour toutes ces causes, on estime que la force effective est à peine de $0^k 50$ par centimètre carré, dans un certain nombre de machines, et au plus de $0^k 65$ dans les plus puissantes.

La règle pour calculer les machines à basse pression, consiste :

A multiplier la pression moyenne effective de la vapeur sur le piston, par la surface de celui-ci, exprimée en centimètres carrés, et le produit, par la vitesse en mètres par seconde.

Le résultat exprime l'effet utile de la machine en kilogrammètres.

Pour avoir la force en chevaux, il suffit de diviser ce résultat par 75.

Ainsi, le diamètre du cylindre d'une machine à basse pression sans détente, étant de $0^m 856$ et sa section de 5755 centimètres carrés, si la pression effective sur le piston est de $0^k 63$ par centimètre carré et sa vitesse de $1^m 1076$;

on a $\qquad 0{,}63 \times 5755 \times 1{,}1076 = 4015^{km}. 67,$

d'où $\qquad 4015{,}67 \div 75 = 53{,}54$ chevaux.

Mais la pression effective sur le piston n'est pas toujours de $0^k 63$ par centimètre carré, elle est bien plus souvent au-dessous qu'au-dessus de cette quantité. Elle varie non-seulement suivant la puissance de la machine, mais encore suivant son degré d'entretien. Ainsi, quelquefois la pression effective ne sera pas de $0^k 45$ pour des machines de faible force, tandis que dans les machines de grande puissance, elle pourra s'élever à $0^k 65$.

Les machines à simple effet, comme celles employées dans les mines, sont de même dimension que celles à double effet, mais seulement d'une puissance moitié moindre; ainsi, le cylindre d'une machine à basse pression de 100 chevaux, marchant à simple effet, c'est-à-dire recevant la vapeur au-dessus du piston en descendant seulement, est exactement le même que celui d'une machine de 50 chevaux, dans laquelle la vapeur agit alternativement en dessus et en dessous du piston.

Nous donnons sur ce système de machine, dans la table suivante, les diamètres et vitesses de pistons à vapeur depuis la force de 1 cheval jusqu'à celle de 200 chevaux.

XXXVIIe TABLE. — DIAMÈTRES, SURFACES ET VITESSES DES PISTONS DANS LES MACHINES A BASSE PRESSION ET A DOUBLE EFFET, AVEC LES QUANTITÉS DE VAPEUR DÉPENSÉES PAR FORCE DE CHEVAL.

FORCE en chevaux.	DIAMÈTRE du piston.	SURFACE DU PISTON		COURSE du piston.	NOMBRE de révolut. par 1'.	VITESSE du piston par seconde.	VITESSE du piston par minute.	PRESSION effective sur le piston par cent. carré.	POIDS de vapeur dépensée par cheval. et par heure.
		totale.	par chev.						
	cent.	mèt. car.	cent. car.	mètres.		mètres.	mètres.	kil.	kil.
1	15	0.018	181	0.52	50	0.85	51	0.49	38.81
2	21	0.036	178	0.61	42	0.86	52	0.49	38.77
4	30	0.068	171	0.76	34	0.90	54	0.49	38.77
6	35	0.098	163	0.91	31	0.94	57	0.49	38.72
8	40	0.128	160	1.07	27	0.96	58	0.49	38.72
10	45	0.159	159	1.22	24	0.98	59	0.49	38.64
12	49	0.189	157	1.22	24	0.98	59	0.49	38.64
16	55	0.240	150	1.37	22	1.01	60	0.50	37.80
20	61	0.292	146	1.52	20	1.02	61	0.51	37.38
24	66	0.346	144	1.69	18	1.02	61	0.52	36.88
30	73	0.414	137	1.83	17	1.04	62	0.53	36.04
40	83	0.533	134	1.99	16	1.06	64	0.53	35.70
50	91	0.658	132	2.13	15	1.07	64	0.54	35.32
60	1.00	0.779	130	2.28	14	1.07	64	0.54	34.94
70	1.07	0.903	129	2.44	13	1.06	63	0.55	34.36
80	1.14	1.032	129	2.41	13	1.06	63	0.56	34.31
90	1.21	1.138	126	2.59	12	1.04	62	0.57	33 01
100	1.27	1.264	126	2.59	12	1.04	62	0.58	32 97
120	1.39	1.512	126	2 74	11	1.00	60	0.59	01.02
160	1.60	2.005	125	3.00	10	1.00	60	0.60	31.67
200	1.78	2.480	124	3.00	10	1.04	60	0.61	31.47

DIAMÈTRE DES PISTONS. — On peut au moyen de cette table déterminer, d'une manière bien simple, le diamètre et la vitesse du piston d'une machine à basse pression et à double effet, la vapeur produite dans la chaudière étant supposée à la pression de 1 atm. 17, qui correspond à une colonne de mercure de 90 centimètres.

RÈGLE. — Il suffit de chercher dans la table quelle est la surface du piston par cheval, et de la multiplier par le nombre de chevaux de la machine à construire, puis de déterminer le diamètre du cercle correspondant.

Exemple : Quel serait le diamètre à donner au piston d'une machine à vapeur à basse pression et à double effet, de la force de 25 chevaux.

On voit dans la quatrième colonne de la table précédente, que la surface à donner au piston doit être de 144 centimètres carrés par force de cheval pour 24 à 26 chevaux, avec une vitesse de 1^m 02 par seconde.

On aurait donc $\qquad$ 144 × 25 = 3600 cent. carrés,

pour la surface totale du piston,

d'où $\qquad$ $\sqrt{3600} \times 0,7854 = 67^c 7$,

Ainsi, le diamètre du piston est de 0^m 677.

VITESSES. — Les vitesses par seconde et par minute données dans les 7e et 8e colonnes de la table, sont généralement les vitesses de régime adoptées en pratique dans l'établissement des machines à vapeur, quel que soit d'ailleurs le nombre de révolutions de la manivelle ou le nombre de coups de piston par minute, puisque ce nombre est variable suivant la longueur de la course que l'on veut donner au piston. Ainsi, dans les machines fixes pour manufactures ou fabriques, la course du piston est généralement plus longue, et par suite, il donne moins de coups par minute que dans les machines pour bateaux ; comme dans ces dernières on cherche à réduire le plus possible les hauteurs de l'appareil, la course est proportionnellement beaucoup plus courte pour la même force.

La longueur de la course du piston se règle à volonté par le constructeur, suivant qu'il trouve plus commode, pour ses transmissions de mouvement, de faire faire à la manivelle plus ou moins de révolutions par minute, sans pour cela apporter des différences sensibles dans la vitesse du piston, par rapport à celles adoptées dans la table.

Si pourtant on voulait établir une machine avec une vitesse plus faible ou plus grande que celle donnée dans la table, il faudrait évidemment avoir égard à cette différence, et augmenter ou diminuer proportionnellement la surface à donner au piston par cheval, afin d'obtenir la puissance demandée, et cela au moyen d'une simple opération.

Exemple : Soit proposé de construire la machine précédente, de la force effective de 25 chevaux, avec une vitesse de piston de 1 mètre par seconde, au lieu de 1^{m}02 ?

Il suffirait d'établir la proportion inverse suivante :

$$1 : 1^m02 :: 144^{c.q.} : x.$$

d'où

$$x = 144 \times 1,02 = 146^{c.q.}9,$$

pour la surface à donner au piston par force de cheval, par conséquent,

$$146,8 \times 25 = 3675 \text{ centimètres quarrés pour la surface totale,}$$

$$\text{et } \sqrt{3675 \div 0,7854} = 68^c4, \text{ diamètre du piston.}$$

Nous avons donné comme complément de la table, les dépenses de vapeur correspondantes aux forces de machine, et nous avons déduit les dépenses par heure et par cheval. On peut reconnaître par la dernière colonne, qui donne ces dépenses, qu'elles sont sensiblement plus considérables dans les machines de petites forces que dans les machines puissantes, ce qui doit être évidemment ; ainsi, pour une machine de 12 chevaux, la dépense de vapeur est de 38^{k}64 par heure et par cheval, tandis que dans une machine de 100 chevaux, la dépense ne s'élève plus qu'à 32,97 pour la même force et dans le même temps.

Les dépenses ou les poids de vapeur ont été calculés d'après la formule suivante :

$$P = S \times C \times p \times 2N \times 60 ;$$

S, représentant la surface par cheval ; C, la course du piston ; p, le poids d'un mètre cube de vapeur à la tension adoptée ; N, le nombre de révolutions.

Nous n'avons pas besoin de faire entrer en compte les pertes de vapeur résultant du refroidissement ou des fuites, et que l'on estime à environ 1/10 de la dépense totale ; on doit évidemment en tenir compte dans le calcul des chaudières.

Tuyau et orifices de vapeur. — La section du tuyau qui amène la vapeur au cylindre, et celle des orifices d'introduction sont égales à la 20e partie de la surface du piston.

D'où il résulte que le diamètre à donner au tuyau d'admission doit être le 1/5 de celui du cylindre.

Nous remarquons, du reste, que plus la vitesse de la machine est grande, plus on doit augmenter la surface du tuyau et des orifices ; c'est à tel point que, dans les machines locomotives, cette section est quelquefois égale à 1/9e et à 1/10e de celle des cylindres, et cependant la pression de la vapeur est beaucoup plus élevée, puisqu'elle est ordinairement de 5 à 6 atmosphères et quelquefois plus.

POMPE A AIR ET CONDENSEUR. — La course du piston de la pompe à air est égale à la moitié de la course du piston à vapeur, et comme il donne le même nombre de coups, mais qu'il n'épuise qu'en montant, il ne peut élever à chaque double coup qu'une quantité d'air et d'eau équivalente au volume qu'il engendre.

Or, la section de la pompe est égale à $0^{m \cdot q \cdot} 2827$, et la longueur de la course est de $0^m 923$; la capacité de cette pompe est donc de $0^{m \cdot c \cdot} 261$, et comme le double du volume engendré par le piston à vapeur est égal à $2^{m \cdot c \cdot} 125$, il on résulte qu'elle est un peu plus du huitième de la capacité du cylindre.

Cette capacité est suffisante pour que la machine puisse marcher avec avantage.

La section du condenseur est la même que celle de la pompe, et sa hauteur est de plus d'un mètre; ainsi, sa capacité est au moins aussi grande.

Comme la quantité d'eau à injecter dans le condenseur est variable, suivant le degré de température de l'eau froide dont on peut disposer, il est bon de savoir la déterminer.

On se sert à cet effet de la règle suivante :

RÈGLE. — *Prenez l'excès de la température de la vapeur sur celle que doit avoir l'eau de condensation, ajoutez 550 à cette différence, et multipliez la somme par le poids de vapeur à condenser, divisez le produit par la différence de température de l'eau de condensation et de l'eau froide. Le quotient sera le poids de l'eau froide à injecter.*

Ainsi, soit p, le poids de la vapeur à condenser; t, sa température; P, le poids de l'eau froide à injecter dans le condenseur; t', sa température, et T, celle de l'eau de condensation.

on a
$$P = \frac{p\,(550 + t - T)}{T - t'},$$

Si on suppose $p = 26,16$, $t' = 12°$, T $= 38°$ et $t = 105°$,

on a
$$P = \frac{26,16\,(550 + 105° - 38°)}{38° - 12°},$$

D'où P $= 621$ kilog. ou 621 litres pour la dépense d'eau froide par minute pour la condensation.

C'est-à-dire que la quantité d'eau à injecter dans le condenseur est environ 24 fois le poids de vapeur dépensée.

Si l'eau de condensation était à la température de 55°, l'eau froide restant à 12°,

on aurait donc
$$P = \frac{26,16\,(550 + 105° - 55°)}{55° - 12°};$$

D'où P $= 365$ kilog. ou 365 litres.

C'est-à-dire que, dans ce dernier cas, la quantité d'injection ne serait plus que 14 fois celle de la vapeur dépensée.

Mais remarquons que, dans ce cas, la force de la vapeur à 55° dans le condenseur est de $12^{c \cdot} 75$ de mercure, tandis que dans le premier elle n'est que 5,5 cent.; il y a donc avantage à condenser à la plus basse de ces deux températures.

Des résultats précédents nous déduisons ce qui suit :

1° Que la course du piston de la pompe à air dans les machines à vapeur à basse pression et à double effet, est ordinairement égale à la moitié de la course du piston à vapeur;

2° Que le diamètre du piston de cette pompe est à peu près égal aux deux tiers du diamètre du cylindre à vapeur, et par conséquent sa surface est environ moitié de la section de ce cylindre ;

3° Que le volume utile, engendré par le piston de cette pompe, est le 1/8ᵉ ou au moins le 1/9ᵉ du volume engendré par un double coup de piston à vapeur ;

4° Que la capacité du condenseur est au moins égale à celle de la pompe à air ;

5° Que la section du passage de la soupape de communication entre le condenseur et cette pompe est égale à 1/4 de la surface de son piston ;

6° Que la quantité d'eau froide à injecter dans le condenseur est variable suivant son degré de température, et suivant aussi la température du mélange ;

7° Que cette quantité est égale à 24 fois le poids de vapeur dépensée par le cylindre, lorsque la température moyenne de l'eau froide est de 12°, et celle de l'eau de condensation à 38°, ce qui a le plus généralement lieu dans les machines à basse pression à double effet.

POMPE A EAU FROIDE ET POMPE ALIMENTAIRE. — Le volume engendré par le piston de la pompe à eau froide doit être de 1/24 à 1/18 de celui du cylindre à vapeur.

La capacité de la pompe à eau froide doit être dans une machine à basse pression, à double effet, égale à la 18ᵉ partie ou au moins à la 24ᵉ partie de celle du cylindre à vapeur.

Celle de la pompe alimentaire à eau chaude doit être égale à la 230ᵉ ou 240ᵉ partie au moins du cylindre à vapeur.

MACHINES A VAPEUR A HAUTE PRESSION ET A DÉTENTE.

Soient données les dimensions suivantes d'une machine analogue à celle que nous avons décrite :

Le diamètre du cylindre	$= 0^m 275$
La course du piston	$= 0^m 680$
Sa surface	$= 0^{m.q.} 0594$
Nombre de coups doubles par minute	$= 40$

Supposons d'abord que la pression de la vapeur, arrivant dans le cylindre, se maintienne à 5 atmosphères ; et qu'on veuille détendre pendant les 3/4 de la course du piston, c'est-à-dire que la vapeur n'arrive dans le cylindre que pendant le premier quart de la course.

Cette pression de 5 atmosphères est égale à $5 \times 1,033 = 5,165$ kil. par centimètre carré ; par conséquent la pression totale exercée sur la surface du piston est de

$$5,165 \times 594^{c.q.} = 3068 \text{ kil.}$$

Et puisqu'il parcourt avec cette pression un espace égal au quart de la course ou

$$0^m 680 \div 4 = 0^m 170$$

il est, théoriquement parlant, capable de transmettre une quantité de travail exprimée par

$$3068^k \times 0^m 17 = 521^{kgm.} 56.$$

Divisons la longueur $0^m 51$, ou les 3/4 de la course en un nombre pair de parties égales, en quatre ; par exemple, chacune de ces parties sera égale à

$$\frac{0,51}{4} = 0^m 1275.$$

Or, on sait que d'après la loi de Mariotte, les volumes successivement occupés par une même quantité de gaz sont en raison inverse de sa force de pression, en admettant toutefois que ce gaz ne change pas d'état; ce principe peut être regardé comme exact dans les machines à vapeur, parce que la détente n'y est jamais poussée très-loin, et que, comme la vapeur traverse les cylindres très-rapidement, et s'y renouvelle fréquemment, elle les maintient, après un certain temps, à une température très-peu différente de celle qu'elle possède elle-même. En désignant par P, la pression 3068 kil. trouvée au premier quart de la course, on pourra donc établir les relations suivantes :

aux points, 1 2 3 4 5

c'est-à-dire aux espaces successifs = 0^m170, 0^m2975, 0^m425, 0^m5525, 0^m680

Les pressions correspondantes étant

ou $$\frac{P}{3068^k} \quad \frac{0.1700}{0,2975}\,P, \quad \frac{0.170}{0,425}\,P, \quad \frac{0,1700}{0,5525}\,P, \quad \frac{0,170}{0,680}\,P.$$

ou enfin   = 3068^k, 1764^k, 1227^k, 944^k, 767^k.

On a donc, d'après la méthode du géomètre anglais Thomas Simpson,
La somme des pressions extrêmes   = 3068 kil. + 767 kil. =   3835 kil.
Deux fois celle des autres pressions de rangs impairs = 2 × 1227 =   2454
Quatre fois celle des pressions de rangs pairs = 4 (1764 + 944) = 10832
                                   Total.   17121

Prenant le tiers de cette quantité et multipliant par 0^m1275, on aura le travail produit pendant la détente,

ou $$\frac{17121^k \times 0^m1275}{3} = 727^{km}.64.$$

Ajoutant à ce travail celui = $524^{k.m.}56$, produit avant la détente, on a pour le travail total produit par la vapeur pendant la course entière du piston,

$$= 1249^{km}.20.$$

Déduisant maintenant de ce travail l'effet de la pression atmosphérique qui s'oppose au mouvement du piston pendant toute la course, et qui est égal à

$$1^k033 \times 594^{c.q.} \times 0^m68 = 417^{km}.25,$$

il reste pour le travail effectif du piston,

$$1249,20 - 417,25 = 832^{k.m.}$$

environ par coup de piston; et comme celui-ci doit donner 40 coups doubles ou 80 coups simples par minute, le travail effectif par minute devient

$$832 \times 80 = 56560 \text{ kilogrammètres.}$$

On peut arriver à calculer ce travail de la machine, et en général de toutes les machines à vapeur à détente, d'une manière beaucoup plus simple, à l'aide de la table suivante :

XXXVIIIe TABLE. — QUANTITÉS DE TRAVAIL PRODUITES SOUS DIFFÉRENTES DÉTENTES PAR 1 MÈTRE CUBE DE VAPEUR A DIVERSES TENSIONS.

VOLUME après la détente.	QUANTITÉ DE TRAVAIL CORRESPONDANT POUR DES TENSIONS DE							
	1 atmosph.	1 1/2 atmosph.	2 atmosph.	2 1/2 atmosph.	3 atmosph.	4 atmosph.	5 atmosph.	6 atmosph.
mèt. cube.	k.gmètres.	k.gmètres.	k.gmètres.	k.gmètres.	k.gmètres.	k.gmètres.	k.gmètres.	k.gmètres.
1.00	10333	15500	20666	25833	31000	41333	51666	62000
1.25	12639	18958	25278	31597	37917	50556	63195	75834
1.50	14523	21784	29046	36257	43569	58092	72615	87138
1.75	16116	24174	32232	40290	48348	64464	80580	96696
2.00	17496	26244	34992	43740	52488	69984	87480	104976
2.25	18713	28069	37426	46782	56139	74852	93565	112278
2.50	19802	29703	39604	49505	59406	79208	99010	118812
2.75	20787	31180	41574	51967	62361	83148	103935	124722
3.00	21686	32529	43372	54215	65058	86744	108430	130116
3.25	22513	33769	45026	56282	67539	90052	112565	135078
3.50	23279	34918	46558	58197	69837	93116	116395	139574
3.75	23992	35988	47984	59980	71976	95968	119960	143952
4.00	24658	36987	49316	61645	73974	98632	123290	147948
4.25	25285	37927	50570	63212	75855	101140	126425	151710
4.50	25875	38812	51750	64687	77625	103500	129375	155250
4.75	26434	39651	52868	66085	79302	105736	132170	158604
5.00	26964	40446	53928	67410	80892	107856	134820	161784
5.25	27467	41200	54934	68667	82401	109868	137335	164802
5.50	27949	41923	55898	69872	83847	111796	139745	167694
5.75	28408	42612	56816	71020	85224	113632	142040	170448
6.00	28848	43272	57696	72120	86544	115392	144240	173088
6.25	29270	43905	58540	73175	87810	117080	146350	175620
6.50	29675	44512	59350	74187	89025	118700	148375	178050
6.75	30065	45097	60130	75162	90195	120260	150325	180390
7.00	30441	45661	60882	76102	91323	121764	152205	182646
7.25	30804	46206	61608	77010	92412	123216	154020	183224
7.50	31158	46734	62308	77885	93462	124616	155770	186924
7.75	31493	47239	62986	78732	94479	125972	157465	188958
8.00	31820	47730	63640	79550	95460	127280	159100	190920
8.25	32139	48208	64278	80347	96417	128556	160695	192834
8.50	32447	48670	64894	81117	97341	129788	162235	194682
8.75	32747	49120	65494	81867	98241	130988	163735	196482
9.00	33038	49557	66076	82595	99114	132152	165190	198228
9.25	33321	49984	66642	83303	99963	133284	166605	199926
9.50	33597	50395	67194	83992	100791	134388	167985	201582
9.75	33865	50797	67730	84662	101595	135460	169325	203190
10.00	34127	51190	68254	85317	102381	136508	170635	204762

D'après cette table, si l'on voulait calculer le travail produit par le piston de la machine précédente, dans les mêmes conditions que ci-dessus, on chercherait d'abord quel est le volume primitif de la vapeur dépensée pendant le premier quart de la course du piston. Ce volume est égal à

$$0^{m.q.}0594 \times 0^{m}17 = 0^{m.c.}010098.$$

Or, on voit dans la table que la quantité de travail pour la détente, à 4 fois le volume primitif d'un mètre cube de vapeur à 5 atmosphères, est de

123290 kilogrammètres;

par conséquent celle qui correspond au volume $0^{m.c.}010098$, est

123290 × 0,010098 = 1245 kilogrammètres.

D'où en déduisant le travail de la pression atmosphérique opposée au mouvement du piston,

on a   1245 — 417 = 828 kilogrammètres

quantité à très-peu près égale à celle obtenue plus haut. Ainsi, le calcul pour déterminer le travail d'une machine à vapeur dont on connaît le diamètre et la course du piston, la pression de la vapeur et le degré de détente, se réduit à la règle suivante.

RÈGLE. — *Multipliez la surface du piston par la partie de sa course pendant laquelle il agit à pleine pression*, vous aurez le volume de vapeur dépensée; *multipliez ce volume par la quantité de travail correspondant, dans la table, au degré de pression de la vapeur, et au degré de tension donnée; puis déduisez de ce produit le travail résultant de la pression opposée au mouvement du piston pendant toute la course*, et vous aurez la quantité de travail théorique produit pendant toute cette course.

MACHINE A MOYENNE PRESSION, A DÉTENTE ET CONDENSATION.

Soit donné, le diamètre du cylindre à vapeur $\qquad$ = 0^m 330
$\qquad$ Course du piston à vapeur $\qquad$ = 0^m 650
$\qquad$ Diamètre de la pompe à air $\qquad$ = 0^m 180
$\qquad$ Course de son piston $\qquad$ = 0^m 325
$\qquad$ Diamètre de la pompe alimentaire = 0^m 035
$\qquad$ Course de son piston $\qquad$ = 0^m 235

Il résulte de ces dimensions, que pour les surfaces de piston on a :

$\qquad$ Surface du piston à vapeur $\qquad$ = 855,30 cent. quar.
$\qquad$ Surface du piston de la pompe à air $\qquad$ = 254,47 »
$\qquad$ Surface du piston de la pompe alimentaire = 9,62 »

Et pour les volumes engendrés pour ces pistons à chaque course :

$\qquad$ Celui du cylindre à vapeur $\qquad$ = 55,594 décim. cubes.
$\qquad$ Celui de la pompe à air $\qquad$ = 8,270 »
$\qquad$ Celui de la pompe alimentaire = 0,226 »

Supposons que dans la marche habituelle, la pression est de 3 1/2 atmosphères, et voyons quelle est la force réelle que l'on peut obtenir, en admettant que la détente ait lieu pendant les 3/4 de la course du piston, c'est-à-dire que la vapeur n'arrive dans le cylindre que pendant un quart, qui correspond à la longueur 0^m 1625.

Puisque la surface du cylindre est de 0^m 0885, le volume de vapeur dépensée pendant 1/4 de la course est de

$$0,0885 \times 0,1625 = 0^{m.c.} 0139,$$

ou $\qquad\qquad\qquad\qquad$ 13,9 décimètres cubes.

Or, d'après la table relative aux quantités de travail de la vapeur à diverses tensions, on trouverait que le travail d'un mètre cube de vapeur à 3 1/2 atmosphères, et se détendant de 1 à 4, est égal à 86303 kilogrammètres [1], par conséquent on a dans la machine actuelle,

$$0,0139 \times 86303 = 1199,6 \text{ kilogrammètres.}$$

pour un coup simple de piston.

Mais de cette quantité on doit retrancher la pression qui a lieu en sens contraire,

---

1. Comme la table ne contient pas les évaluations pour 3 1/2 atmosphères, on peut y suppléer en prenant 2 1/2 atmosphères et 1 atmosphère, ce qui donne 61645 + 24658 = 86303.

et qui résulte du défaut de vide dans le condenseur, cette pression est égale à $0^k 27$
par centimètre carré, lorsque la température de l'eau de condensation est de 65°.
Admettons que la machine se trouve dans cet état pendant qu'elle fonctionne, nous
aurons à déduire du résultat précédent le travail résultant de cette pression sur toute
la surface du piston multipliée par la course entière, c'est-à-dire

$$0,27 \times 0,0885 \times 0,65 = 150 \text{ kilogrammètres.}$$

Par conséquent on a $\qquad 1199,6 - 150,1 = 1049^{kgm}.5$

pour le travail réel d'un coup de piston ; et si la machine marchait avec une vitesse
de 42 révolutions par minute, ce qui suppose que la vitesse du piston soit $0^m 90$ par
seconde, on trouve que le travail par minute est de

$$1049,5 \times 84 = 881588 \text{ kilogrammètres}$$

ou $\qquad 881588 \div 4500 = 19,59 \text{ chevaux.}$

Mais on sait que tout ce travail est loin d'être transmis à l'arbre moteur, parce
qu'une partie est employée à vaincre les frottements des diverses parties mobiles
de la machine et les autres pertes.

En comptant que la force utilisée ne soit que les 4/10 de ce travail, ce qui suppose
que les 6/10 soient complétement perdus, on aurait pour la puissance effective
transmise à l'arbre de la manivelle :

$$19,59 \times 0,4 = 7^{ch.} 84,$$

ou près de 8 chevaux effectifs, de 75 kilogrammètres.

Si l'on veut connaître la quantité de combustible consommé par heure pour produire ce travail, nous remarquerons qu'un mètre cube de vapeur à la pression de
3 1/2 atmosphères est de $1^k 8548$, et à la pression de 4 atmosphères de $2^k 0291$.

Or, quoique nous ayons supposé plus haut que la pression dans le cylindre soit
3 1/2 atmosphères, nous admettons cependant qu'elle est plus considérable dans la
chaudière, pour compenser les pertes par les boîtes, les conduits et les soupapes.

En comptant sur une pression de 4 atmosphères, on trouve que le poids de vapeur
dépensée à chaque course simple de piston est de

$$0,0139 \times 2,091 = 0^k 0291,$$

et par heure, $\qquad 0,0291 \times 84 \times 60 = 146^k 204.$

D'où l'on déduit, dans l'hypothèse qu'un kilogramme de houille produit 6 kilogrammes de vapeur :

$$146,64 \div 6 = 24^k 44 \text{ par heure.}$$

Et puisque la puissance obtenue est de 7,84,

on a $\qquad 24,44 + 7,84 = 3^k 1,$

pour la quantité de charbon brûlé par heure et par cheval.

Pour compléter les règles qui précèdent, nous donnons les deux tables suivantes, qui sont relatives aux dimensions principales à donner aux machines à vapeur de divers systèmes.

XXXIXᵉ TABLE. — PROPORTIONS DES MACHINES A VAPEUR A DOUBLE EFFET, AVEC ET SANS CONDENSATION ET AVEC OU SANS DÉTENTE (LA PRESSION DE LA VAPEUR ÉTANT A 4 ATMOSPH. DANS CELLES A CONDENSATION, ET A 5 ATMOSP. DANS LES AUTRES).

FORCE en chevaux	COURSE du piston.	VITESSE du piston par seconde	NOMBRE de révolutions par minute.	MACHINES à condensation et à détente aux 3/4.			MACHINES sans condensation et à détente aux 3/4		MACHINES sans détente ni condensation.	
				diamètre du piston.	surface du piston par cheval.	Poids de vapeur par chev. et par heure.	diamètre du piston.	surface du piston par cheval.	diamètre du piston.	poids de vapeur par chev. et par heure.
	cent.	cent.		cent.	cent. car.	kilog.	cent.	cent. car.	cent.	kilog.
1	40	70	52.5	16	189	24.90	14	148	10	50.76
2	50	75	45.0	20	160	22.62	19	135	14	49.56
4	60	80	40.0	27	148	22.38	25	124	18	46.98
6	70	85	36.4	32	138	22.08	31	123	21	45.30
8	80	90	33.7	36	127	21.54	33	106	23	42.00
10	90	95	31.7	39	119	21.36	36	100	25	41.34
12	100	100	30 0	42	112	21.18	38	92	26	40.86
16	110	105	28.6	46	104	20.58	42	87	29	39.96
20	120	110	27.5	49	94	20.28	45	84	31	38.82
25	130	115	26.5	54	92	19.80	49	76	34	38.52
30	140	120	25.7	57	86	19.32	52	72	36	37.56
35	150	125	25.0	59	77	18.54	55	68	38	37.38
40	160	130	24.3	62	73	18.06	57	64	39	36.60
50	170	135	23.8	67	70	17.28	62	60	43	36.18
60	180	140	23 3	72	68	17.22	66	58	46	35.76
75	190	145	22.9	78	67	17.16	72	54	50	35.04
100	200	150	22.5	85	57	16.62	84	55	56	34.08

XLᵉ TABLE. — PROPORTIONS DES MACHINES A DEUX CYLINDRES A MOYENNE PRESSION, DÉTENTE ET CONDENSATION DU SYSTÈME DE WOLF (PRESSION A 4 ATMOSPH.)

FORCE en chevaux.	DIAMÈTRE DES CYLIND. en centimètres.		SURFACE DES PISTONS EN CENTIM. CARRÉS.				COURSE DES PISTONS en mètres.		NOMBRE de tours par 1′.
	d.	D.	totale.		par cheval.		c.	C.	
			s.	S.	s.	S			
4	16	27	201	572	50	143	0.67	0.90	30.0
6	19	35	283	962	47	160	0.67	0.90	30.0
8	21	38	346	1134	43	141	0.75	1.00	30.0
10	23	42	415	1385	41	138	0.75	1.00	30.0
12	25	46	491	1662	40	138	0.82	1.10	27 3
16	28	52	616	2124	38	133	0.90	1.20	27.5
20	30	54	707	2290	35	114	0.97	1.30	25.4
24	32	59	804	2734	33	113	0.97	1 30	25.4
30	34	63	908	3117	30	103	1.20	1.60	21.6
36	37	67	1075	3526	29	98	1.20	1.60	21.6
40	37	67	1075	3526	26	88	1.27	1.70	22.1
45	39	71	1194	3959	26	87	1.27	1.70	22.1
50	41	75	1320	4418	26	88	1.35	1.80	20.8
60	45	82	1590	5281	26	88	1.35	1.80	20.8
70	48	87	1809	5945	25	84	1.50	2.00	19.3
80	51	93	2043	6793	25	84	1.50	2.00	19.5
90	54	99	2290	7698	23	85	1.57	2.10	18.6
100	57	104	2552	8495	25	85	1.57	2.10	18.6
110	60	109	2827	9331	25	84	1.57	2.10	18.6
120	62	114	3049	10207	25	85	1.57	2.10	18.6
130	65	118	3318	10936	25	84	1.57	2.10	18.6

PENDULE CONIQUE OU MODÉRATEUR A FORCE CENTRIFUGE.

On compare en physique le modérateur à force centrifuge à un pendule simple, dont la longueur est égale à la distance du point de suspension au plan horizontal passant par les centres des boules; et la durée d'une révolution entière décrite par celles-ci, est égale à celle d'une oscillation complète du pendule.

La formule pour déterminer la hauteur verticale ou la distance du point de suspension au plan des boules est donc la même que celle employée pour trouver la largeur d'un pendule dont on connaît le nombre de révolutions; elle peut se réduire à la règle suivante :

RÈGLE. — *Divisez le nombre constant 89478, par le carré du nombre de révolutions par minute*, le résultat donne la hauteur en centimètres.

Exemple : Quelle est la hauteur verticale ou la distance du point d'attache au plan horizontal décrit par le centre des boules d'un modérateur marchant à la vitesse de 40 révolutions par minute?

On a $$40^2 = 1600$$

et $$89478 : 1600 = 56 \text{ centimètres},$$

pour la hauteur cherchée.

D'après cette règle, il nous a été facile de calculer les hauteurs des pendules coniques depuis la vitesse de 25 tours par 1′, jusqu'à celle de 67, qui entrent dans les dimensions le plus souvent employées en pratique; nous les avons réunies dans la table suivante, en y ajoutant une colonne qui établit la différence de hauteur verticale pour chaque révolution. Et comme l'angle que les branches du pendule font avec son axe est généralement de 30° quand les boules sont au repos ou marchent à la plus petite vitesse, nous avons déterminé dans la cinquième colonne de cette table les longueurs à donner à ces branches depuis leur point de suspension jusqu'au centre des boules, en admettant cet angle de 30°, et en les faisant correspondre avec le nombre de révolutions données dans la première colonne.

Pour calculer ces longueurs, nous nous sommes servi de la règle pratique suivante :

RÈGLE. — *Divisez le nombre constant 103320 par le carré du nombre de révolutions par minute, le quotient donne la longueur en centimètres.*

Exemple : Quelle est sous l'angle de 30° la longueur des bras d'un pendule conique faisant 37 révolutions par minute?

On a $$37^2 = 1369 \text{ d'où } \frac{103320}{1369} = 75,46 \text{ centimètres.}$$

pour la longueur cherchée des bras du pendule, ou le diamètre du cercle décrit par le centre des boules.

Il est évident que si, au contraire, on connaissait la longueur des bras sous cet angle de 30° par rapport à leur axe, on trouverait le nombre de révolutions que les boules doivent faire en 1′, *en divisant le nombre 103320 par la longueur exprimée en centimètres, et en extrayant la racine carrée du quotient.*

Le poids des boules suivant la résistance à vaincre est donc aussi important à déterminer que la longueur de leurs branches, pour que l'action du modérateur soit sensible et pour ainsi dire immédiate. Il arrive très-souvent dans les machines, que le modérateur ne produit pas d'effet, parce que la longueur des bras n'est pas en rapport avec la vitesse, et que d'un autre côté le poids des boules n'est pas proportionné à la résistance à vaincre.

Nous avons pensé qu'il serait intéressant pour les constructeurs et les industriels d'avoir une table qui donnerait immédiatement les vitesses et les longueurs correspontant es des pendules coniques employés dans les machines, afin de les mettre à même d'établir des rapports exacts entre ceux-ci et les arbres qui les commandent; ils pourront toujours bien ensuite déterminer le poids à donner aux boules.

XLIe TABLE. — DIMENSIONS DES BRAS ET VITESSES DES BOULES DU PENDULE CONIQUE OU MODÉRATEUR A FORCE CENTRIFUGE.

NOMBRE de révolutions par minute.	CARRÉ des vitesses.	LONGUEUR du pendule en centim.	DIFFÉRENCE de longueur pour une révolution	LONGUEUR des bras sous un angle de 30o.	NOMBRE de révolutions par minute.	CARRÉ des vitesses.	LONGUEUR du pendule en centim.	DIFFÉRENCE de longueur pour une révolution	LONGUEUR des bras sous un angle de 30°.
		cent.	mill.	cent.			cent.	mill.	cent.
25	625	143.1		16	47	2209	40.5		47
26	676	132.4	108	153	48	2304	38.8	17	45
27	729	122.7	96	142	49	2401	37.3	16	43
28	784	114.1	86	132	50	2500	35.8	15	44
29	841	106.4	77	123	51	2601	34.4	14	40
30	900	99.4	70	115	52	2704	33.1	13	38
31	961	93.1	63	107	53	2809	31.8	12	37
32	1024	87.3	57	101	54	4916	30.7	12	33
33	1089	82.1	52	95	55	3025	29.6	11	34
34	1156	77.4	48	89	56	3436	28.5	10	35
35	1225	73.0	44	84	57	3249	27.5	10	32
36	1296	69.0	40	80	58	3004	26.6	9	31
37	1369	65.3	37	75	59	3481	25.7	9	30
38	1444	61.9	34	71	60	3600	24.8	8	29
39	1521	58.8	31	68	61	3721	24.8	8	28
40	1600	55.9	29	64	62	3844	23.3	8	27
41	1681	53.2	27	61	63	3969	22.5	7	26
42	1764	50.7	25	58	64	4096	21.9	7	25
43	1849	48.4	23	56	65	4225	21.2	7	24
44	1936	46.2	22	53	66	4336	20.5	6	24
45	2025	44.2	20	51	67	4489	19.9	6	23
46	2116	42.3	19	49	68	4624	19.3	6	23
			18						

NOTA. Sous l'angle de 30° la force centrifuge est la même pour toutes les longueurs du pendule.

Cette table convient aussi aux pendules simples à un seul bras, que l'on applique depuis peu dans les machines à vapeur, à la place des modérateurs à force centrifuge.

CHAPITRE X

PROJECTIONS OBLIQUES

APPLICATIONS A UN CYLINDRE A VAPEUR OSCILLANT.

PLANCHE 41.

419. Dans le dessin géométral, les plans de projection sur lesquels les objets sont représentés sont choisis de manière à être parallèles à des faces de ces objets; il en résulte que celles-ci sont exprimées dans leurs véritables formes et dimensions.

Il est des cas cependant où la position de certaines parties de la machine ou de l'appareil à dessiner, inclinés par rapport à d'autres pièces, ne permet pas d'avoir toutes les surfaces parallèles aux plans géométraux. Les projections de ces parties inclinées sont dites obliques ou vues en raccourci.

La méthode générale des projections s'applique évidemment au tracé de ces projections obliques, seulement il importe pour pouvoir effectuer celles-ci avec exactitude, de représenter d'abord les objets sur des plans auxiliaires parallèles à leurs faces afin qu'ils puissent y être vus dans leur véritable grandeur.

420. Ainsi proposons-nous de représenter un prisme à base hexagonale ou un écrou à 6 pans dont les arêtes sont à la fois inclinées au plan vertical et au plan horizontal.

Nous représentons d'abord cet écrou, fig. 1, en le supposant placé de manière que sa base soit parallèle à un plan horizontal auxiliaire dont la trace serait L T, fig. 3, ce qui donne ainsi l'hexagone régulier $abcdef$.

Si on faisait la projection verticale de ce prisme par rapport à un plan vertical parallèle à l'une des faces ou à ad, on aurait sur ce deuxième plan auxiliaire, la projection de chacune des arêtes $abcd$.

La droite $L'T'$, indique fig. 3, la ligne d'intersection de ces deux plans auxiliaires et par conséquent la ligne de terre. Cette ligne forme un angle donné LoL', avec la ligne de terre LT du dessin, et exprime ainsi l'inclinaison des bases du prisme avec le véritable plan horizontal de projection, de même l'angle $o'oo^2$, formé par les perpendiculaires élevées du point o sur ces deux lignes de terre, exprimera l'inclinaison des arêtes du prisme, par rapport au plan vertical. D'après cela, il suffit, pour avoir les points $a'b'c'd'$, de porter à

20

gauche et à droite du point o, sur la ligne L'T', les distances a o ou d o, et b g ou c g, de la fig. 1.

De chacun des points a' b' c' d', élevant des perpendiculaires sur L' T', qu'on limite d'ailleurs entre les lignes a²d² et a³d³ (fig. 2) parallèles à cette dernière, on a la projection verticale entière de ce prisme sur le plan auxiliaire parallèle à l'une de ses faces c b. Lorsque l'une des bases de l'écrou est arrondie ou terminée par une portion sphérique, comme on l'a déjà vu (186), le contour en est limité par des arcs de cercles qui expriment les intersections de chacune des faces avec la sphère.

On peut alors, au moyen des deux projections fig. 1 et 2, obtenir la projection oblique, fig. 4, sur le plan vertical L T : la fig. 1 donnant les largeurs ou les distances de chacun des points par rapport à la ligne d'axe a d, qui passe par le centre o, et la fig. 2 limitant les hauteurs verticales ou les distances des points au-dessus du plan horizontal.

A cet effet, on élève de l'un des points quelconques, c, par exemple, qui exprime à lui seul la projection horizontale de l'arête c²c³, une ligne verticale, et on mène des points correspondants c²c³, fig. 2, des lignes horizontales qui rencontrent la verticale en c'' et c'''. Il en est de même des autres points b, a, d, etc., qui ont leur projection, fig. 4, en b'''a'''d''d'''. L'opération se borne donc à mener une suite de lignes verticales de chacun des points de la fig. 1 et des lignes horizontales des points correspondants de la fig. 2. Les intersections de ces lignes donnent les points de chacune des arêtes de la projection oblique fig. 4.

Si on veut avoir rigoureusement les projections des contours circulaires, il faudrait au moins déterminer trois points, et comme on a déjà les angles ou la naissance des courbes, il suffit de chercher les points milieux de chacune. Il en est de même pour le cercle qui représente l'ouverture centrale de l'écrou, sa projection oblique est nécessairement une ellipse qui s'obtient par la projection des deux diamètres perpendiculaires dont l'un m n, parallèle au plan vertical et ne changeant pas de dimension donne le grand axe de l'ellipse, tandis que l'autre est incliné et en donne le petit axe.

421. En général, la projection oblique de tout cercle est toujours une ellipse qui a pour grand axe le diamètre même du cercle et dont le petit axe est variable en raison de l'inclinaison ou de l'angle que son plan fait avec l'un des plans de projection.

On voit les applications de ce principe sur les fig. 5, 6 et 7. Les deux premières de ces figures représentent les projections horizontales et verticales faites sur les plans auxiliaires d'un fragment de la tige cylindrique A, du piston B, mobile dans le cylindre à vapeur oscillant C, et la dernière fig. 7, est la projection oblique de cette partie de la tige sur le plan vertical correspondant à celui du dessin.

On remarque que la partie supérieure du fragment de la tige étant limitée par un plan k l, perpendiculaire à son axe, est projetée suivant une ellipse qui a pour grand axe pq, égal à kl, et pour petit axe $l'k'$, projection de cette ligne kl, sur la fig. 7. Les filets cylindriques rs, tu, etc., de cette tige, se projettent obliquement suivant des ellipses semblables dont une partie seulement est apparente. Pour le tore ou l'anneau qui se trouve compris entre ces deux filets, la projection oblique est une courbe qui résulte de l'intersection d'un cylindre droit dont les génératrices sont horizontales et tangentes à la surface extérieure du tore ; si donc on voulait obtenir cette courbe rigoureusement, on devrait opérer exactement comme on l'a fait pour déterminer l'ombre propre de la surface extérieure de l'anneau (323) ; mais en pratique, quand le dessin est sur une petite échelle, on se contente de déterminer les points principaux de la courbe en projetant d'une part le point v, situé sur le milieu du grand diamètre yy', du tore, suivant la ligne $v'v^2$, que l'on fait égale à ce diamètre, et de l'autre les horizontales tangentes en zz' (fig. 6) au contour extérieur de l'anneau en z^2z^3 sur la ligne d'axe $l'o'$ (fig. 7), puis on trace une ellipse sur les deux lignes $v'v^2$, et z^2z^3, considérées comme diamètres. La clef D, qui traverse la tige A, étant à section rectangulaire, se projette sur la fig. 7, suivant deux rectangles, comme l'indiquent les lignes de projection.

422. D'après ces principes, on peut arriver à faire les projections obliques d'objets plus ou moins compliqués d'une manière assez simple. Lorsqu'on a déjà les projections de ces objets faites sur des plans auxiliaires, faisant des angles connus avec les plans de projection ; ainsi les fig. 10 et 13, sont les projections obliques d'un cylindre à vapeur oscillant. La première représente ce cylindre vu extérieurement et la seconde en est une section faite par l'axe.

Il est facile de reconnaître que ces projections ont été obtenues de la même manière que celles que nous venons d'indiquer fig. 4 et 7, c'est-à-dire, la projection extérieure (fig. 10) résulte des deux projections droites (fig. 8 et 9), faites l'une sur un plan vertical auxiliaire parallèle à l'axe de la tige et perpendiculaire à la ligne d'axe des tourillons et l'autre sur un plan horizontal parallèle aux bases du cylindre et par conséquent perpendiculaire à son axe. Toutes les parties de ce cylindre se projettent sur la fig. 10, suivant des lignes droites ou des ellipses, selon qu'elles appartiennent à des droites ou à des cercles. Il en est de même de la section fig. 13 et de la projection horizontale fig. 14, qui résultent des deux projections droites faites sur les plans auxiliaires, fig. 11 et 12, dont l'un vertical passe par l'axe du cylindre et de sa boite à vapeur, et dont l'autre est perpendiculaire à cet axe et passe par la ligne 1-2. Les lignes d'opération indiquées sur ces différentes figures montrent suffisamment bien toutes les constructions à faire pour obtenir ces projections obliques. Nous avons d'ailleurs affecté à chaque partie projetée, et principalement aux axes, des numéros qui indiquent partout où ils se trouvent les points identiques sur les deux projections.

423. Ces tracés représentent le cylindre à vapeur d'une machine différente de celle que nous avons décrite précédemment, elle est dite *oscillante*, parce qu'au lieu d'être vertical et fixe, le cylindre oscille pendant la marche de son

piston B, sur deux tourillons E, portés par des coussinets. Cette disposition de cylindre oscillant présente l'avantage d'éviter le parallélogramme et d'attacher directement la tige A du piston à la manivelle à laquelle il transmet son mouvement. La tête H de cette tige forme alors coussinet pour embrasser le bouton de la manivelle par articulation. Le fond ou la base inférieure du cylindre est fondu avec celui-ci, seulement on a ménagé une ouverture à son centre pour le passage de l'arbre portant l'alésoir qui a servi à tourner l'intérieur du cylindre. Cette ouverture est fermée par un couvercle en fonte F, boulonné sur le fond.

Contre une partie dressée de la surface extérieure du cylindre est rapportée la boîte de distribution G, qui reçoit la vapeur venant directement de la chaudière et qui renferme le tiroir H, lequel reçoit un mouvement rectiligne alternatif, tout en oscillant comme le cylindre. Dans cette marche alternative, il découvre successivement les orifices a b, fig. 11, qui conduisent la vapeur, l'un à la partie inférieure du cylindre et l'autre à la partie supérieure. Un ressort méplat l, rapporté à l'intérieur de la boîte, maintient ce tiroir constamment appliqué contre le siége ou la partie plane dressée du cylindre.

La vapeur venant de la chaudière pénètre dans la boîte par le canal c, fig. 12, qui communique avec l'un des tourillons E, et la sortie de la vapeur, lorsqu'elle a agi sur le piston, s'effectue par le canal d'échappement d, qui communique avec le second tourillon.

Le piston B se compose d'un corps en fonte sur la surface extérieure duquel on a pratiqué une gorge pour recevoir une garniture d'étoupe i, qui est en partie recouverte par une bague ou cercle métallique h formant ressort et qui coïncide exactement avec la paroi intérieure du cylindre.

CHAPITRE XI

PERSPECTIVE PARALLÈLE

PRINCIPES ET APPLICATIONS.

PLANCHE 42.

424. Nous donnons le nom de perspective parallèle à des projections obliques qui diffèrent des précédentes en ce que les rayons visuels, que jusqu'ici nous avons supposés toujours perpendiculaires aux plans géométraux, forment au contraire avec ces plans un certain angle tout en restant parallèles entre eux, d'où il résulte que toutes les droites qui sur ces objets sont parallèles, conservent leur parallélisme dans ce genre de perspective. Bien qu'en général l'inclinaison de l'angle soit indifférente, cependant il est préférable dans le dessin d'en adopter une convenable qui ait l'avantage de faire connaître par une seule projection les dimensions de l'objet.

Soient A B et A'B', fig. 1 et 2, les deux projections d'une droite à laquelle nous supposons que les rayons visuels doivent être tous parallèles. La projection verticale A B, de cette droite, forme avec la ligne de terre, L T un angle C A T, qui est égal à 30 degrés, et sa projection A'B' est telle que la distance A A' du point A où elle perce le plan horizontal à la ligne de terre, est égale à deux fois la longueur A B de sa projection verticale, le point B étant celui où elle perce le plan vertical.

Nous allons faire comprendre par les diverses figures de la planche 42, qu'en prenant de telles droites pour directrices des rayons visuels, une seule et même projection verticale suffit pour exprimer toutes les dimensions d'un objet. Au lieu de faire coïncider les directrices des divers objets représentés sur cette planche avec la projection même des droites que nous venons d'indiquer, nous avons choisi de préférence le rabattement de ces mêmes lignes sous un angle de 30°. Ainsi les lignes e' d'' k' i'' (fig. 3), sont les droites perpendiculaires aux plans de projection rabattues sous l'angle en question, tandis qu'au contraire la droite y z représente la projection de ces droites, parallèle alors à la projection horizontale A' B' de la figure 2.

425. Le relief, fig. A, représente la perspective *parallèle, cavalière* ou *bâtarde* d'un prisme E, à base carrée, qui surmonte un socle F également pris-

matique et carré. Nous supposons que ce prisme est représenté d'abord en projection horizontale, fig. 3, par deux carrés concentriques [1] $a'd'ef$ et $h'i'kl$, et en projection verticale, fig. 4, par les rectangles $abcd$ et $ghij$; ces projections sont faites en admettant, comme nous l'avons fait jusqu'à présent, que les rayons visuels sont perpendiculaires aux plans géométraux.

Or, si au contraire ces rayons font avec ces plans de projection un angle égal à celui de la droite donnée fig. 1 et 2, chacune des faces parallèles au plan vertical reste parallèle à ce plan et égale à elle-même, tandis que toutes les faces perpendiculaires aux deux plans de projection s'obliquent de telle sorte que les traces horizontales deviennent parallèles à A'B', fig. 2, et les traces verticales parallèles à AB, fig. 1. Par conséquent, si par les sommets des angles saillants $ahij$, etc., fig. 4, on mène des droites parallèles à AB, elles exprimeront les directions de toutes les arêtes perpendiculaires au plan vertical. Puisque, comme nous l'avons dit, la longueur de la projection AB, fig. 1, est égale à la moitié de la perpendiculaire AA', fig. 2, si à partir des points $ahij$, etc., on porte sur les lignes obliques que l'on vient de tracer et de chaque côté de ces points des distances aa^2 et af^2, hh^2 et hl^2, ii^2 et ik^2, etc., respectivement égales à la moitié des longueurs $a'm$ et $h'n$, etc., on aura sur la fig. 4 la représentation en perspective des diverses droites perpendiculaires au plan vertical; et comme toutes les autres arêtes sont parallèles à ce même plan vertical, toutes celles qui sont verticales restent verticales et toutes celles qui sont parallèles à la ligne de terre restent horizontales.

Ainsi, les arêtes ab, hg, dc, ij, étant verticales, deviennent en perspective des verticales a^2b^2, h^2g^2, i^2j^2, d^2c^2, de même les arêtes ad, bc, hi, etc., qui sont parallèles aux deux plans de projection, sont exprimées par les droites a^2d^2, b^2c^2, h^2i^2, parallèles à la ligne de terre.

On voit, en adoptant le rayon visuel suivant l'angle que nous avons indiqué, que la seule vue perspective de l'objet peut en faire connaître toutes les dimensions, car on a d'une part exactement les largeurs et hauteurs des faces parallèles au plan vertical, comme si la perspective était une projection géométrale ordinaire avec les rayons visuels perpendiculaires, et d'autre part les lignes obliques qui représentent toutes les arêtes perpendiculaires au plan vertical, et qui sont égales à la moitié de la longueur de ces dernières.

Observons ici que les bases des prismes étant carrées, les côtés $h'l$, et $i'k$, sont égaux à ceux $h'i'$, ou lk; par conséquent, pour construire la projection oblique ou la perspective fig. 4, le plan fig. 3 devient inutile, puisque alors il suffit de porter sur les lignes obliques la moitié des longueurs ad ou hi en d^2e^2 ou i^2k^2.

426. Le relief B représente un tronc de pyramide régulier G, reposant sur

une base octogonale H, dont la projection horizontale est indiquée en lignes pleines sur la fig. 5, et la projection verticale en lignes ponctuées sur la fig. 6.

D'après les principes exposés plus haut on obtient la perspective de cet objet en menant d'abord (fig. 5) toutes les droites perpendiculaires et parallèles à la ligne de terre passant par les angles opposés de chacun des octogones qui représentent la base supérieure et la base inférieure du tronc de pyramide ainsi que celle du socle. Parmi ces lignes, toutes celles $a'd'$, $f'e'$, $h'i'$, etc., parallèles à la ligne de terre, ainsi que les côtés $p'q'$, $t'u'$, $v'x'$, qui lui sont également parallèles, restent horizontales dans la perspective fig. 6, et au contraire toutes les droites, telles que $p'r'$, $t'y'$, $v'z'$, ainsi que les côtés $a'f'$, $h'l'$, $i'k'$, perpendiculaires à la ligne de terre, deviennent inclinées à 30 degrés par rapport à cette ligne dans la fig. 6, c'est-à-dire parallèles à la droite AB, fig. 1.

Si donc par les points ag, pq, etc., et les points h, o, i, des deux bases du tronc de pyramide, on mène des parallèles à cette droite, puis qu'à partir de chacun de ces points on porte de chaque côté des distances a, a^2, g, g^2, p, p^2, h, h^2, etc., respectivement égales aux demi-longueurs des droites, correspondantes à mf' et $g'n$, etc., de la fig. 5, on aura la perspective parallèle de toutes ces lignes, et par suite en joignant les points extrêmes de chacune d'elles, toutes les arêtes qui expriment les contours de chacune des bases, puis en joignant les sommets des angles correspondants de ces bases, on complète la fig. 6.

427. La perspective d'un objet cylindrique dont l'axe est perpendiculaire au plan vertical tel que le relief (fig. C) peut être déterminée sans le secours de la projection horizontale, pourvu que l'on connaisse la longueur du cylindre et des parties perpendiculaires au plan vertical.

Soit $abcdgfe$ (fig. 7) la projection verticale de cet objet, la perspective de sa base $abcd$ sera parallèle à AB. Les cercles qui ont leur centre en o, étant parallèles au plan vertical, sont vus en perspective suivant des cercles égaux à eux-mêmes et que l'on obtient en menant par le centre o, la droite $o'o^2$, parallèle à AB, et en portant de chaque côté du point o, des distances égales à la moitié de la demi-longueur du cylindre mesurée dans le sens de l'axe perpendiculaire au plan vertical ; on décrit alors des points $o'o^2$, comme centres, des cercles avec les rayons égaux $o'f'$ et $o'i'$; les lignes $f'f^2$, et i, i^2 tangentes aux cercles et parallèles à la droite $o'o^2$, expriment en perspective les génératrices des deux cylindres ; les portions cylindriques qui raccordent ces cylindres avec la base se déterminent de même par la ligne nn^2, tracée du centre n, du cercle dg, parallèlement à $o'o^2$, et par les distances nn', nn^2, égales à la moitié de la demi-longueur réelle de ces surfaces cylindriques.

428. Le relief, fig. D, représente un cône assis sur un socle cylindrique de même axe perpendiculaire au plan horizontal. Ce cône et ce cylindre sont projetés sur le plan, fig. 8, en lignes pleines, et sur l'élévation, fig. 9, en lignes ponctuées.

On divise les cercles qui expriment, fig. 8, les bases du cône et du cylindre

en un certain nombre de parties égales, et aux points de division 1, 2, 3...
8, 9 on abaisse des perpendiculaires à la ligne de terre, et que l'on prolonge
jusqu'à la ligne horizontale a', o', qui est la projection verticale commune de
ces bases. Par les points a', b', c', o', on mène des droites parallèles à A B'
fig. 1, et on porte sur chacune d'elles des distances a' 2', b' 3, c' 4', o', 5', respectivement égales aux demi-longueurs des perpendiculaires 2 a, 3 b, 4 c, 5 o,
ce qui donne ainsi tous les points 2', 3', 4', 5', qui, réunis, donnent une
ellipse pour la perspective de la base du cylindre; on a de même les points
6', 7', 8', de l'ellipse qui représente la perspective de la base du cône.

Les hauteurs du cône et du socle cylindrique restent ce qu'elles sont réellement, puisque leur axe est parallèle au plan vertical; il n'en est pas de
même de leurs bases qui, étant horizontales, se projettent obliquement suivant les ellipses que nous venons de déterminer. Le sommet du cône, qui se
trouve à l'extrémité de l'axe vertical, ne changeant pas, il suffit de mener
par ce point deux tangentes $o^2 m$, et $o^2 n$, à l'ellipse 6', 7', 8', pour avoir les
génératrices qui expriment son contour extérieur en perspective.

429. Le relief, fig. E, représente la perspective d'une sphère métallique
qui surmonte une base polygonale et à gorge circulaire dont la tige est
filetée. Les fig. 10 et 11 en sont les projections horizontale et verticale.

Nous ferons d'abord remarquer que la sphère, dont le rayon est $o a$, peut
se déterminer en perspective ou en projection oblique de plusieurs manières:
1° en imaginant des sections horizontales $a b$, $c d$, $e f$, qui donnent en plan
des cercles dont les rayons sont $a' o'$, $c' o'$, et $e' o'$, on obtient la perspective de
chacun de ces cercles par les mêmes opérations que précédemment, ce qui
donne une suite d'ellipse que l'on raccorde extérieurement par une courbe
qui leur est tangente et qui est elle-même elliptique. 2° En menant des plans
$g h i j$, parallèles au plan vertical, lesquels se projettent en perspective, suivant des cercles dont les rayons sont $l'' g$, $i m$, et dont les centres se trouvent
sur la ligne oblique $n n'$, parallèle au rayon visuel A B, et passant par le centre
o de la sphère; la courbe extérieure menée tangentiellement à la circonférence extérieure de tous ces cercles détermine également le contour de la
perspective de la sphère. 3° En menant d'abord par le centre o un rayon visuel
$n n'$, puis une perpendiculaire $e e''$, passant par le même point; on porte à
partir du centre o, et de chaque côté, les longueurs $o e$, $o e''$, égales au rayon
$a o$ de la sphère, ce qui donne le petit axe de l'ellipse. Pour en obtenir le grand
axe, il faut mener des tangentes au grand cercle de la sphère, parallèles au
rayon visuel rabattu sur le plan vertical. Le rabattement A''B de ce rayon est
indiqué sur la fig. 1 et se détermine, d'ailleurs, en élevant du point A une
perpendiculaire sur A B, et en y portant la distance A A' de A en A''.

On a les points de contact $f f'$, de ces tangentes à la sphère, en traçant du
point o, fig. 11, une perpendiculaire à A''B. Ces tangentes rencontrent le
rayon $n n'$, aux points $n n'$, dont la distance est le grand axe de l'ellipse que
l'on peut alors décrire par l'un des procédés connus.

Ce dernier moyen est évidemment le plus simple pour la perspective de la sphère, mais il lui est tout spécial, car pour toute autre surface de révolution, comme celle de la gorge qui réunit la sphère à sa base hexagonale, ce procédé n'est plus applicable. Dans le cas où l'axe de la surface de révolution est vertical, comme cela a lieu dans cet exemple, il faut recourir au premier moyen général qui consiste à faire des sections horizontales ; lorsqu'au contraire l'axe de la surface de révolution est horizontal, on emploie le second procédé, qui consiste à faire des sections parallèles au plan vertical, ou perpendiculaires à l'axe.

La perspective du filet de vis, dont est garnie la tige de la boule, se détermine d'une manière analogue à celle d'un cercle ; il suffit, en effet, d'établir les deux projections géométrales, fig. 8 et 12, d'un ou de deux filets, et de construire la perspective de tous les points qui ont servi justement au tracé des hélices. Ainsi on mettra, par exemple, le cercle lpq (fig. 8) en perspective en l^4, $p^4 q^4$ (fig. 13), en conservant à cet effet les mêmes points lpq, etc., qui ont servi au tracé de la vis : par ces points $l^4 p^4 q^4$ on élèvera des lignes verticales sur lesquelles on portera les hauteurs $l' l^2$, $l' l^3$, $p' p^2$, etc. ; puis, par les points l^5, l^6, etc., on tracera une courbe qui donnera l'hélice extérieure en perspective. En faisant la même opération à l'égard du cercle intérieur r, s, t (fig. 10), on aura de même l'hélice intérieure.

L'examen de la fig. 13 démontre, d'ailleurs, que les hauteurs des lignes verticales sont les mêmes pour les deux hélices, puisqu'elles sont élevées de points pris sur des rayons communs aux deux cercles l'', p'', et $r s t$, considérés comme des bases.

Nous croyons inutile d'entrer dans plus de développements sur ce genre de perspective parallèle, dont nous avons d'ailleurs fait voir une application générale dans la machine à percer, représentée fig. 1, pl. 35, et qui résume à peu près tout ce qui peut se présenter à ce sujet dans les organes mécaniques.

Dans cet ensemble, comme dans les figures que nous venons d'étudier, nous avons constamment admis que les rayons visuels restent toujours parallèles entre eux et ont leurs projections verticales inclinées à 30 degrés avec la ligne de terre, de telle sorte qu'une seule et même vue remplace deux projections géométrales, non-seulement pour exprimer les contours extérieurs de l'objet, mais encore pour rendre apparent tout ce qui existe sur leur surface.

On comprend l'utilité de cette méthode pour donner à simple vue une idée générale et précise du relief d'un objet quelconque ; elle est souvent plus intelligible pour les gens du monde et peut simplifier, dans certains cas, les croquis d'un levé de bâtiment ou d'un appareil mécanique.

CHAPITRE XII

PERSPECTIVE EXACTE

PRINCIPES ET APPLICATIONS.

430. La perspective rigoureuse diffère de la perspective parallèle, en ce que tous les rayons visuels partent d'un même point au lieu d'être parallèle; elle a pour but de représenter sur une surface quelconque les limites des objets tels qu'ils nous paraissent lorsque nous les regardons d'un point donné.

La surface sur laquelle on suppose que les objets viennent se peindre à nos yeux, est un plan qui se nomme tableau; elle est supposée placée entre l'œil et l'objet.

Le point fixe d'où émanent les rayons visuels s'appelle point de vue; pour déterminer la perspective d'un objet, il faut se donner les projections horizontale et verticale de cet objet, celles du point de vue et la position du tableau; et le principe général de la perspective se réduit alors à concevoir des rayons visuels, passant par les divers points apparents de l'objet et à chercher l'intersection de ces rayons avec la surface du tableau.

PREMIER PROBLÈME.

PERSPECTIVE D'UN PRISME CREUX.

431. Soient A et A', fig. 1 et 2, les projections horizontale et verticale d'un prisme dont on veut connaître la perspective, le point de vue étant projeté en V, V', et le tableau T, T', étant supposé placé perpendiculairement aux deux plans géométraux.

Menons du point V, en projection horizontale, des rayons visuels à chacun des points a, b, c, d, appartenant au contour extérieur du prisme. La rencontre de chacune de ces droites avec le tableau détermine les points b^2, a^2, c^2 et d^2, qui donnent sur la projection horizontale de celui-ci la perspective des points a, b, c, d.

On tire de même du point V', en projection verticale, des rayons visuels $a'V', b'V', fV', e\,V'$, qui rencontrent le tableau en a'', b'', f'' et e'', ces derniers sont alors la projection verticale de la perspective des points a', b', e, f.

Comme par la position donnée au tableau le dessin de la perspective de l'objet n'est pas apparent, puisque tous les points sont situés sur la ligne verticale T, T', nous allons rabattre le plan du tableau dans le plan vertical de projection, en le faisant tourner autour du centre o, intersection de la trace TT', avec la ligne de terre L M. Dans ce rabattement, chacun des points a^2, b^2, c^2, d^2, décrit des arcs de cercle qui les ramènent en a^3, b^3, c^3, d^3, sur la ligne de terre. On élève de ces derniers des perpendiculaires à celle-ci, jusqu'à la rencontre des horizontales menées des points a'', b'', f'', e''; les points d'intersection de ces lignes donnent la perspective a^4, b^4, c^4, d^4, des angles a, b, c, d, de la base supérieure du prisme; on a de même e^2, f^2, g, h, pour la perspective de la base inférieure qui est parallèle à la première; par conséquent, en réunissant tous ces points deux à deux, comme l'indique la fig. **A**, on a la perspective entière de tout le contour extérieur de l'objet; le prisme étant évidé à l'intérieur, on aperçoit dans cette perspective le contour i', m', n', o', correspondant à la base i, m, n, o, de cet évidement.

Le point de vue dont les projections géométrales sont V et V', se projette sur le plan du tableau en v, v^2,; dans le rabattement de ce plan sur le plan vertical, le point de vue se rabat en v^2, v''; par conséquent le point v'' est la position réelle du point de vue sur le dessin en perspective.

On observe dans ce tracé que chacune des lignes $a^4 b^4, a^4 d^4$, et $b^4 c^4$, qui expriment la perspective des arêtes correspondantes ab, ad, bc, sont les intersections des plans passant par ces droites et par le point de vue avec le plan du tableau; or comme l'intersection de deux plans est toujours une ligne droite, on en conclut:

432. 1° *La perspective d'une ligne droite est une ligne droite.*

On remarque aussi que les verticales telles que $b^4 e^2, c^4 h, d^4 g$, sont les perspectives des arêtes verticales projetées en b, c, d, d'où on déduit:

433. 2° *Les perspectives de droites verticales sont verticales, lorsque le tableau est lui-même vertical.*

On voit également que les horizontales $b^4 c^4, d^4 a^4, e^2 h, f^2 g$, de la perspective correspondent aux droites projetées horizontalement bc, ad, et parallèles au tableau, d'où:

434. 3° *La perspective de toute droite horizontale et parallèle au tableau est horizontale.*

Enfin les droites $a^4 b^4, d^3 c^4, e^2 f^2$ et hg, qui concourent au même point v'', projection du point de vue sur le tableau, correspondent aux arêtes ab, cd, ef, horizontales et perpendiculaires au tableau; d'où il résulte:

435. 4° *Les perspectives des droites horizontales et perpendiculaires au plan du tableau sont des droites qui concourent au point de vue.*

On voit encore par les fig. 1 et 2, que la largeur de la perspective dans le dessin fig. **A**, est comprise entre les points b^2 et d^2, qui appartiennent aux rayons visuels extrêmes menés en projection horizontale, et que sa hauteur est limitée entre les deux points a'' et e'', qui correspondent aux rayons visuels extrêmes en projection verticale, l'angle formé par les rayons extrêmes est dit *angle optique*, cet angle b^2 V d^2, en projection horizontale, diffère de celui a'' V' e'', en projection verticale.

La position de l'objet et celle du point de vue étant données, les dimensions de la perspective varient suivant la position du tableau ; on voit en effet sur la fig. 1 que, si l'on transporte le tableau TT' en tt', vers l'objet, la limite de la perspective comprise entre les rayons visuels devient plus grande ; si, au contraire, on le transporte en t^2 t'', vers le point de vue, la limite diminue notablement.

Si, au lieu de déplacer le tableau, on éloigne ou on rapproche le point de vue, on augmente ou diminue la grandeur de la perspective ; on en conclut alors :

436. 5° *Les dimensions en perspective d'un objet ne dépendent ni de sa grandeur réelle, ni de la distance d'où on le regarde, mais bien des distances du point de vue et de l'objet par rapport au tableau.*

DEUXIÈME PROBLÈME.

PERSPECTIVE D'UN CYLINDRE.

FIGURES 3 ET 4.

437. Pour obtenir la perspective du cylindre vertical projeté en B et B', on opère, comme dans l'exemple précédent, en menant du point de vue VV', une suite de rayons visuels que l'on fait concourir à différents points a, b, a, d, e, pris de préférence à égale distance sur la base supérieure du cylindre ; ces rayons rencontrent le plan T, T', du tableau, aux points d^2, c^2, a^2, g^2, etc., en projection horizontale et aux points a'', c'', d'', etc., en projection verticale.

Si l'on rabat le plan du tableau sur le plan vertical, ces différents points se retrouvent en c^4, d^4, a^4, g^4, etc., qui réunis forment une courbe elliptique apparente, parce que le point de vue est situé plus haut.

Les mêmes points a, b, c, d, de la projection horizontale, étant projetés verticalement donnent la perspective $d^5 e^5 f^5 g^5$, de la base inférieure du cylindre et dont une partie seulement est visible.

Les deux tangentes verticales d^4, d^5, g^4, g^5, aux ellipses complètent la perspective extérieure du cylindre fig. B.

Comme ce cylindre est creux, la même opération est nécessaire pour tracer la perspective de son évidement.

On observe qu'en faisant à égale distance et en nombre pair, à partir du diamètre cg, parallèle au tableau, les différentes divisions de la projection horizontale du cylindre, on a toujours deux points situés sur une même ligne perpendiculaire, et dont par conséquent la perspective est située sur une droite qui concourt au point de vue v'' : tels sont les points b, d, dont la perspective b^4, d^4 est située sur la ligne v'' d^4 ; on a ainsi un moyen de vérification de l'exactitude du tracé.

TROISIÈME PROBLÈME.

PERSPECTIVE D'UN SOLIDE RÉGULIER DONT LE POINT DE VUE EST SITUÉ DANS UN
PLAN PASSANT PAR SON AXE ET PERPENDICULAIRE AU PLAN DU TABLEAU.

FIGURES 5 ET 6.

438. Soient V et V′ les projections du point de vue situé sur le plan vertical
V o, passant par l'axe o, o′, du solide C C′, et perpendiculaire au tableau T T′.
On voit déjà que ce point de vue se trouve en perspective, fig. C, sur la ligne
verticale v″ v³, qui représente l'axe de l'objet, et par rapport à laquelle toutes
les arêtes latérales sont symétriques ; tels sont les côtés a b et c d, qui sont
perpendiculaires au plan du tableau et qui, comme on se le rappelle, ont leurs
projections b⁴ a⁴, c⁴ d⁴, dirigées au point de vue v″. Il en est de même des
arêtes f g, h i, dont les perspectives f⁴ g¹, h⁴ i⁴, concourent également au point v″.

Quant aux arêtes verticales, elles conservent en perspective leur verticalité, et les lignes horizontales a d, l m, n k, c b, parallèles au tableau ont pour
perspectives des droites horizontales telles que a⁴ d⁴, l⁴ m⁴, n⁴ k⁴, c⁴ b⁴.

La conséquence de ce problème est que toutes les fois que le point de vue
est situé dans un plan passant par l'axe d'un solide régulier et perpendiculaire
au plan du tableau, la perspective est symétrique par rapport à la ligne d'axe,
et qu'il suffit alors de faire les opérations pour un côté de la figure.

QUATRIÈME PROBLÈME.

PERSPECTIVE D'UN COUSSINET DONT L'AXE EST VERTICAL.

FIGURES 7 ET 8.

439. Le point de vue étant situé, comme dans l'exemple précédent, dans un
plan vertical passant par l'axe de l'objet et en même temps perpendiculaire au
plan du tableau, la perspective est également symétrique par rapport à la ligne
d'axe v″ v² ; on n'a à observer ici que cette particularité : l'intérieur du coussinet étant cylindrique et terminé par des bases demi-circulaires horizontales,
la perspective de ces bases donne des ellipses régulières dont il suffit de déterminer les axes ; on a le grand axe a⁴ c⁴, par la perspective de la droite a c,
qui est horizontale et parallèle au tableau, et le demi-petit axe b⁴ d′, par la
perspective de b⁴ d, qui est également horizontale, mais perpendiculaire au
tableau, et qui par conséquent concourt au point de vue. On remarquera que
le grand axe de l'ellipse de la partie supérieure du coussinet est encore égal
à a⁴ c⁴, mais que, par l'effet de la perspective même, le petit axe est plus
petit que b⁴ d′. Le résultat de cette perspective se voit bien sur la fig. D.

CINQUIÈME PROBLÈME.

PERSPECTIVE D'UN ROBINET A BOISSEAU SPHÉRIQUE.

FIGURES 9 ET 10.

440. En suivant le principe général, on conçoit que pour obtenir la perspective d'une sphère, on doit mener du point de vue une suite de rayons visuels tangents à sa surface extérieure; mais pour avoir les points de contact de ces rayons, il est nécessaire de mener dans la sphère une suite de plans parallèles qui la coupent suivant des cercles; on cherche alors la perspective de la circonférence de chacun de ces cercles, et la courbe extérieure qui les enveloppe n'est autre que le contour de la perspective de la sphère.

Dans l'exemple fig. 9 et 10, le point de vue étant encore comme ci-dessus situé dans un plan passant par le centre de la sphère et perpendiculaire au plan du tableau, la perspective de cette sphère dans ce cas est une ellipse qui a pour petit axe la base $a^2 b^2$ du triangle optique a^2, V, b^2, en projection horizontale, et pour grand axe la base $c^2 d^2$ du triangle c^2, V', d^2, en projection verticale, parce que le cône droit formé par tous les rayons visuels qui enveloppent la sphère, est rencontré obliquement par le plan du tableau T T'.

Mais si le point de vue était situé sur une ligne horizontale passant par le centre o de la sphère, la perspective de celle-ci serait évidemment un cercle. Le boisseau sphérique est traversé par une ouverture horizontale pour le passage de la clef du robinet, et l'entrée ef de cette ouverture étant située dans un plan parallèle au tableau, devient en perspective, fig. 8, un cercle dont le diamètre est $e^2 f^2$.

Quant aux brides cylindriques des tubulures qui terminent le boisseau, les deux demi-cercles agb, et ahb, donnent lieu à des demi-ellipses qui ont pour grand axe commun la droite horizontale $a^4 b^4$, correspondante à ab, et pour demi-petit axe, l'une la verticale $g^2 o^2$, perspective de $g''o''$, et l'autre le prolongement de cette verticale, perspective de o'', h'.

Ainsi la perspective d'un cercle dont le plan est horizontal, et dont la ligne passant par le centre et le point de vue est perpendiculaire au tableau, se compose de deux demi-ellipses, ayant leur grand axe commun, et leur petit axe situé sur la même ligne, mais différent suivant la position du point de vue par rapport au plan de ce cercle; cette différence est rendue très-sensible dans la perspective de la bride supérieure, fig. 8.

SIXIÈME PROBLÈME.

PERSPECTIVE D'UN OBJET PLACÉ DANS UNE POSITION QUELCONQUE PAR RAPPORT AU PLAN DU TABLEAU.

FIGURES 11 ET 12.

441. Dans chacun des problèmes précédents, nous avons supposé quelques-unes des faces des objets représentés, parallèles ou perpendiculaires au plan du tableau, mais il peut arriver que toutes les arêtes qui limitent les contours d'un objet forment des angles quelconques avec ce dernier : tel est le cas que nous avons à examiner sur les fig. 11 et 12.

Soit $abcd$, la projection horizontale d'un carré dont les côtés sont inclinés au plan T, T' du tableau, et dont on se propose de tracer la perspective. Le point visuel étant projeté en VV', si on opère comme il a été indiqué sur les fig. 1 et 2, on trouvera en a^2, b^2, c^2, d^2, la projection horizontale des points de la perspective, et en a'', b'', c'', d'', la projection verticale des mêmes points qui, lorsqu'on ramène le plan du tableau TT' sur le plan vertical, en le faisant tourner autour du point o, comme centre, se représentent rigoureusement en a^4, b^4, c^4, d^4; ces points réunis forment un quadrilatère dont les deux côtés opposés $a^4 b^4, c^4 d^4$ concourent au même point f, et les deux autres côtés opposés concourent à celui f'; ces deux points f et f' sont appelés *points de fuite*. Ils se déterminent géométriquement en menant du point V, projection horizontale du point de vue, les lignes VT et VT', parallèles aux côtés ab, et bc, du carré donné, et en prolongeant ces droites jusqu'à la trace TT' du tableau. Si alors on porte sur la ligne horizontale, v' V', tirée du point V', et appelée *ligne d'horizon*, la distance vT, de v'' en f, et la distance vT', de v'' en f', on a les deux points cherchés.

Il résulte de ce qui précède, *que lorsque des droites inclinées au plan du tableau sont parallèles, leurs perspectives concourent vers un même point situé sur la ligne d'horizon et appelé point de fuite.*

Lorsque plusieurs faces ou arêtes situées dans des plans différents sont parallèles, leurs perspectives n'en concourent pas moins aux points de fuite, ce qui permet de simplifier les opérations.

Ainsi les arêtes des faces horizontales h' i', et $h'' i''$, du prisme quadrangulaire étant respectivement parallèles aux côtés du carré $abcd$, ont encore pour perspective les droites $i^3 e^3, i^4 e^4$, concourant au premier point f, et les droites $i^3 g^3, i^4 g^4$, concourant au second point de fuite f'.

Le cône F, F', qui est traversé latéralement par le prisme, a son sommet projeté horizontalement en S, fig. 12, et verticalement en S', fig. 11, et son axe vertical. La perspective des points S et S', sur le plan du tableau se trouve en s, pour la projection horizontale, et en s' pour la projection verticale; par conséquent, dans le rabattement du tableau, ces points viennent se représenter en s^2 et S^2 sur la même verticale S^2, o^2, qui est alors la perspective de l'axe $o\,S'$ et le point S^2, est la perspective du sommet du cône.

Si on trace comme précédemment la perspective des deux bases $k\,l$, et $m\,n$, du tronc de cône, il suffira de mener du point S^2, les deux tangentes $S^2\,m'$, et $S^2\,n'$ à la base supérieure fig. F, pour obtenir la perspective du cône entier.

APPLICATIONS.

MOULIN A BLÉ MARCHANT PAR COURROIES, ÉTABLI CHEZ M. DARBLAY A CORBEIL.

PLANCHES 44 ET 45.

442. Les premiers principes de perspective, que nous venons d'exposer, permettent de faire des applications sur des objets plus compliqués, et même sur des vues d'ensemble de machines et d'architecture ; nous avons, à cet effet, réuni dans la pl. 45, un exemple qui peut donner une idée générale de cette étude.Cette planche représente la perspective d'un moulin à blé à colonnes et à courroies, établi sur le système le plus récent ; avant d'entrer dans quelques explications au sujet de cette perspective générale, il nous parait indispensable de décrire les différentes parties du mécanisme qui composent le moulin que nous avons dû représenter en projection géométrale dans la pl. 44.

La construction des moulins à blé a subi des améliorations très-importantes depuis un certain nombre d'années, non-seulement sous le rapport du moteur principal, mais encore sous le rapport des mouvements, du mécanisme, et des appareils de nettoyage et de blutage. Comme ce sont des machines extrêmement utiles, et on peut même dire de première nécessité, nous avons cru devoir donner, comme modèle, dans ce traité, un moulin bien monté, et tel qu'il s'en établit aujourd'hui, dans les différentes contrées de l'Europe.

443. Avant l'introduction du système dit américain, nous n'avions en France que des moulins grossiers, à grandes meules éveillées de 2 mètres de diamètre, et produisant ce que l'on appelait de la mouture économique. Ces moulins étaient mus soit par des roues à palettes recevant l'eau en dessous, soit par de mauvaises turbines, comme celles du Midi. A mesure qu'ils sont remplacés, on réforme non-seulement le mécanisme en entier, mais encore le moteur et le genre de meules. En effet, les moulins américains, connus plus particulièrement sous le nom de moulins anglais, se distinguent des moulins français, en ce que, d'une part, les meules plus petites de diamètre sont *rayonnées*, et à éveillures très-serrées, et de l'autre, en ce que la vitesse de rotation de ces meules est plus grande, et que par suite les mouvements sont plus multipliés. Un moulin à grandes meules éveillées, de 2 mètres de diamètre, marche ordinairement à une vitesse de 55 à 60 révolutions par minute, mû par une roue hydraulique en dessous faisant souvent 10 et 12 tours ; son mouvement ne se compose que d'une roue à alluchons et d'une lanterne, ou mieux d'une roue d'angle et d'un petit pignon dans le rapport de 5 ou 6 à 1. Mais un moulin anglais, ayant

habituellement des meules de 1^m30 de diamètre, doit avoir une vitesse de 115 à 120 révolutions par minute et marchant par une bonne roue hydraulique à augets ou à aubes planes en déversoir, qui ne fait que 3 à 4 tours par minute, il faut nécessairement que les mouvements soient multipliés. Lorsqu'ils ne se composent que d'engrenages, on les fait à *double* et le plus souvent à *triple harnais,* c'est-à-dire à deux ou trois paires de roues dentées. Dans ces derniers temps, on a cherché à remplacer le dernier mouvement consistant en la roue horizontale et les pignons placés sur les arbres des meules, par de grandes poulies, afin de commander celles-ci par des courroies. Cette disposition présente l'avantage de rendre les mouvements plus doux, et de permettre d'arrêter à volonté une paire de meules sans arrêter le moteur, et par suite tout le moulin, ce qui est essentiel, surtout lorsque celui-ci est d'une certaine importance et qu'il se compose de plusieurs paires de meules.

444. Le dessin, pl. 44, représente un tel moulin, marchant par courroies, établi chez M. Darblay à Corbeil : il se compose de 10 paires de meules placées sur deux rangées parallèles ; l'usine en possède ainsi plusieurs séries semblables.

Chaque série est mise en mouvement par une turbine hydraulique système Fourneyron.—La fig. 1 représente le plan d'une partie du mécanisme principal du côté de l'une des rangées de meules.—La fig. 2 en est une élévation extérieure prolongée jusqu'à l'arbre vertical de la turbine.—La fig. 3 est une section transversale faite perpendiculairement à l'arbre de couche de commande.

On voit en A, sur la fig. 2, le prolongement de l'arbre vertical en fer qui descend plus bas pour porter la turbine horizontale, cet arbre est supporté par son pivot à sa partie inférieure, et retenu par un collet en bronze *a*, à sa partie supérieure ; ce collet se compose de deux coussinets ajustés au sommet de la chaise creuse en fonte B, assise sur la plaque de fondation C, et reliée en outre avec le support à nervure et à jour D, lequel reçoit le premier palier *b* du grand arbre de couche E.

Cet arbre porte d'abord le pignon d'angle en fonte F, à large denture, et commandé par la roue d'angle horizontale G, à dents de bois, montée sur le bout de l'arbre de la turbine ; celui-ci est réuni par un manchon de fonte *c* à l'axe en fer A′, que l'on a prolongé jusque dans les étages supérieurs du bâtiment, afin de servir à donner le mouvement aux divers appareils de l'usine, tels que monte-sacs, comprimeurs, tarares ou cylindres verticaux et cribles, bluteries à farine et à son, râteaux, élévateurs ou chaînes sans fin, etc. A chaque étage cet axe est maintenu par un collier garni de coussinets semblable à celui *d* vu en coupe sur la fig. 2.

L'arbre de couche E devant commander les deux rangées de paires de meules, se compose de plusieurs pièces réunies par des manchons en fonte *e*, et il est supporté, sur différents points de sa longueur, par des paliers *f* à coussinets de bronze, recouverts de leur chapeau à réservoir d'huile et boulonnés sur la base des chaises à arcades en fonte H ; ces chaises forment *poélettes*, à leur partie supérieure, pour recevoir la crapaudine en bronze et

le grain d'acier qui soutiennent la pointe aciérée *g* de chaque arbre vertical I ;
une vis de pression *i* est rapportée en dessous pour soulager au besoin, et
un boîtard ou palier renversé J, boulonné aux solives du plancher (fig. 2
et 3), sert de collier à l'arbre par le haut.

Chacun des arbres verticaux I, porte un pignon d'angle K, à denture de
fonte taillée et tournée, et deux poulies horizontales L, de même diamètre ;
les pignons engrènent avec les roues coniques K' à dents de bois, fixées sur
le grand arbre de couche, et les poulies sont mises en communication par
les courroies en cuir *h*, avec d'autres poulies semblables L', de même diamètre qu'elles. Ces dernières sont montées chacune sur un *fer* de meule M,
que l'on fait habituellement en fonte tournée avec soin, un tendeur ou galet
cylindrique à jour N, traversé par un petit axe en fer que soutiennent les
deux bras d'une chape mobile O, sert à tendre la courroie de chaque meule,
au degré convenable ; à cet effet, on a adapté à la console un levier *k*, à l'extrémité duquel est attachée une cordelette passant sur les poulies à gorge et
à chape *l*, et chargée d'un léger poids *m*. Ainsi, dans la position donnée à
chacun des leviers ou bascules *k* sur le dessin, les galets agissent et les courroies sont tendues ; par conséquent le mouvement imprimé aux poulies L se
transmet aux poulies L' ; mais si on soulève les poids, pour qu'ils ne tirent
plus, les leviers deviennent libres, les galets sont repoussés ; par suite les
courroies sont lâches et ne commandent plus, les poulies L', et par conséquent les fers de meules sont arrêtés. Les chapes mobiles O sont retenues
par des coussinets contre les consoles de fonte P, boulonnées au-dessous du
plancher ; elles peuvent ainsi prendre diverses positions en tournant comme
autour d'un axe fixe, et les tendeurs eux-mêmes tournent aussi avec leurs
axes dans les coussinets des chapes. Pour que les courroies ne tombent pas,
lorsqu'elles sont détendues, on a rapporté de distance en distance des goujons
en fer *n* à des tiges verticales *o* fixées au plafond.

Chaque fer de meules est muni à sa base d'une fausse pointe aciérée *p*, qui
pivote sur un grain d'acier trempé, ajusté au fond d'une crapaudine en bronze
q (fig. 4), qui est elle-même renfermée dans un manchon ou gobelet cylindrique en fonte *r*, lequel est porté par la poêlette *n'* ; celle-ci est fondue avec
une partie des plates-formes *p'*, qui couronnent les deux massifs en pierre de
taille *o'*, sur lesquels repose tout le beffroi du moulin ; des vis de pression
latérales taraudées sur les côtés de chaque poêlette et pressant contre le gobelet, permettent de centrer la crapaudine et par suite le fer de meule, tandis
qu'on peut le soulager et par suite rapprocher plus ou moins la meule supérieure de la meule inférieure à l'aide de la tige filetée *s*, qui travers une petite
roue droite *t* avec laquelle engrène un pignon denté *u* (fig. 2), dont l'axe vertical est surmonté d'une poignée *v*. En tournant celle-ci à droite ou à gauche,
on fait mouvoir les deux petits engrenages, et comme la tige *s* ne peut tourner, elle est forcée, par ce mouvement, de monter ou de descendre, et obliga
par suite la crapaudine, le fer de meules, et la meule supérieure à en faire

autant. On règle donc ainsi l'écartement des deux meules avec toute la précision désirable, suivant le travail que l'on veut faire.

Au sommet de chacun des fers est aussi rapporté un *pointal aciéré* qui pénètre en partie dans le centre de la nille à deux branches w (fig. 3), laquelle est scellée par ses extrémités dans l'œillard de la meule supérieure ou *courante* Q ; un manchon conique en fonte x, relie le fer avec la nille et par suite avec cette meule, qui alors est entraînée dans sa rotation, lorsqu'il est mis en mouvement. Sur la base supérieure du manchon de nille, est une sorte de soucoupe circulaire dans laquelle plonge le tube qui termine les engreneurs ou distributeurs en cuivre R. Ces engreneurs, qui reçoivent le blé venant d'une trémie commune par les tuyaux y, reposent sur des bascules en bois S (fig. 2), assemblées d'un bout à charnière avec une chape z, et portant de l'autre une tringle verticale en fer z', pour servir à les lever ou les baisser au besoin, et par suite écarter ou rapprocher le bout des tubes du fond de leurs soucoupes ; cette disposition a pour objet de laisser entrer plus ou moins de grains dans les meules. Les supports ou les chapes de chaque bascule sont fixés sur les *archures* en bois T qui recouvrent chaque paire de meules, en laissant entre elles un espace libre, dans lequel tombe la mouture ou la boulange au fur et à mesure qu'elle est produite, pour se rendre de là dans des conduits qui l'amènent soit dans des boîtes, soit dans des chaînes à godets, afin d'être versée dans une chambre où elle est remuée et se refroidit.

Les meules inférieures ou *gisantes* Q', de même diamètre que les courantes, renferment à leur centre des boîtards en fonte b', garnis de coussinets, qui embrassent les fers de meules et les maintiennent exactement dans leur verticalité. Ces meules sont rayonnées comme l'indique le plan de l'une d'elles (fig. 1), c'est-à-dire que des cannelures peu profondes sont pratiquées sur leurs surfaces travaillantes, et présentent d'un côté une arête vive de manière à former cisaille, afin de couper chaque grain de blé soumis à leur action. La rhabillure fine et serrée qui est faite au ciseau entre ces rayons achève de concasser et de moudre le blé. Elles reposent sur une corniche ou faux plancher en fonte U, par l'intermédiaire de 3 vis de nivelage a' qui permettent de les mettre parfaitement de niveau, et 4 vis latérales a^2 (fig. 1) taraudées dans les cadres de fonte qui surmontent la corniche, servent à centrer chacune d'elles en les retenant sur les côtés.

Les corniches et leurs cadres sont non-seulement boulonnés aux poutrelles du plancher en charpente du bâtiment, mais encore elles sont supportées de distance en distance aux colonnes de fonte V placées entre chaque paire de meules, et reposant sur les plates-formes o' et leurs massifs en pierre ; elles se relient en outre avec les grandes colonnes en bois X, qui se trouvent vers les extrémités du beffroi. Une grille ou balustrade en fer Y est disposée de chaque côté des engrenages de commande pour éviter les accidents qui pourraient survenir en passant trop près de ces derniers. Des regards sont ménagés dans les massifs.

445. On a pu observer dans les études préliminaires qui précèdent que les dimensions perspectives d'un objet dépendent à la fois de la position du point de vue et de l'objet par rapport au tableau, dont la dimension est restreinte nécessairement à celle de la feuille de papier.

Dans la perspective d'un ou de plusieurs objets, on doit avoir égard non-seulement à la distance de laquelle ces objets doivent être vus, mais encore à l'élévation plus ou moins grande de l'œil, ou de la ligne d'horizon. Dans l'exemple choisi, nous avons supposé le point de vue placé à la hauteur de l'œil de l'homme, mais il est évident que cette hauteur d'horizon n'est pas invariable; elle dépend du plus ou moins de développement que l'on veut avoir dans les objets à mettre en perspective ; ainsi, pour une machine qui occupe peu de hauteur, il faut nécessairement placer le point de vue moins élevé, et, dans tous les cas, à une distance assez éloignée pour qu'il puisse embrasser la machine dans toute son étendue sans changer de position.

Pour l'architecture, la ligne d'horizon ne se trouve pas au-dessous de la hauteur de l'homme, et on peut, en général, espérer d'assez bons effets, lorsque la distance du spectateur au tableau est égale à environ une fois et demie ou deux fois la largeur du papier, pourvu qu'il y ait au moins la même distance entre le plan du tableau et les objets qui en sont les plus rapprochés.

Le goût et la pratique du dessin perspectif faciliteront toujours le choix à faire pour adopter les dispositions les plus convenables.

Nous avons représenté en tt', fig. 1 et 2, pl. 44, la position du tableau qui est rabattu sur le plan vertical (fig. 5, pl. 45).

Le point de vue, pour satisfaire aux principales conditions indiquées ci-dessus, est supposé placé, par rapport au tableau, à une distance égale à deux fois environ la largeur occupée par le mécanisme du moulin en projection verticale; il n'a pu alors trouver place sur les projections géométrales, pl. 44, mais sa perspective est apparente en v' sur la fig. 5.

Pour dresser le canevas de cette perspective, il est nécessaire de chercher la position de toutes les lignes d'axe des colonnes, des fers de meule, des engrenages et, en général, de toutes les pièces symétriques. Ainsi des points 1, 2, 3, 4, etc., fig. 1, on mène une suite de rayons visuels, qui rencontrent le plan du tableau en $1''$, $2''$, $3''$, $4''$, et qui, dans le rabattement du tableau sur le plan vertical (fig. 5), se reproduisent en $1'$, $2'$, $3'$, $4'$, etc.

Les droites verticales tracées de chacun de ces points expriment les lignes d'axe. On cherche alors la perspective des objets situés sur les premiers plans, comme la colonne X. Celle-ci étant, d'une part, très-proche du tableau, et, d'un autre côté, les rayons d'optique tangents à la partie cylindrique étant tous deux inclinés du même côté, il en résulte que sa perspective paraît d'un diamètre plus fort qu'il n'existe réellement.

On détermine ensuite les perspectives des colonnes V, qui, ayant leurs axes situés dans un même plan perpendiculaire au tableau, diminuent graduellement suivant les lignes qui concourent au point de vue v'. Il résulte de là qu'ayant la perspective complète de la première colonne V, il suffit de diriger de chacun des points principaux des moulures des lignes au point de vue pour obtenir la perspective des points correspondants et, par suite, les hauteurs respectives de chacune des colonnes suivantes.

Il en est de même de la perspective de chacun des fers de meule, des poulies et autres accessoires, dont les centres se trouvent aussi dans le plan vertical passant par l'axe des colonnes V.

Pour les engrenages d'angle KK', dont les axes sont verticaux et projetés horizontalement en 2, 10, 11, fig. 1, et qui, par suite, ont leurs perspectives sur les lignes verticales en 2', 10', 11', etc. (fig. 5), il est utile de déterminer la perspective du sommet du cône s', sur la surface duquel se trouvent toutes les dents, parce que la perspective de toutes les arêtes de la denture concourt à ce point.

Les arêtes des dents de chacune des roues d'angle KK', dont l'axe est horizontal, ont également pour perspective des droites qui concourent à ce même point s'; quant aux arêtes des flancs des dents, comme elles appartiennent aussi à des cônes dont la surface est perpendiculaire au premier, leurs perspectives concourent de même vers un même point, qui est la perspective des sommets des cônes.

Les lignes d'axe des bras de la roue K', concourant au centre de cette roue, ont pour perspective des droites qui se dirigent vers le point o^2, perspective du centre de cette roue.

Puisque la perspective des objets qui se répètent, et dont les axes sont situés dans un même plan perpendiculaire au tableau, est toujours semblable, et qu'elle ne fait que diminuer de dimension suivant leur distance respective au tableau, on comprend que quand on a déterminé la perspective de l'un d'eux, on puisse simplifier les opérations de la perspective des autres, surtout si l'on a le soin de prolonger les différentes lignes qui concourent au point de vue. Cette observation s'applique soit aux engrenages, soit aux coussinets et aux chaises qui portent les différents arbres, soit aux poulies, aux archures, etc. C'est ainsi que sur la fig. 5 on a tracé les principales lignes de concours qui expriment toutes les hauteurs, et dont les rayons visuels, qui n'ont pu être tous indiqués sur la projection horizontale, fig. 1, doivent néanmoins être tracés pour donner, par leurs intersections avec le plan du tableau $t\,t'$, toutes les largeurs horizontales.

La fig. 6 représente, sur une plus grande échelle, l'ensemble de cette perspective ombrée à l'effet, pour mieux en faire comprendre toutes les parties. Cette vue ne diffère du tracé, fig. 5, que parce qu'elle est plus complète et qu'elle est supposée retournée. Elle a un double but, d'apprendre aux élèves le tracé de la perspective des objets d'architecture et de mécanique, et de leur donner en même temps une idée de la dégradation des tons, suivant la différence des plans, conformément aux principes exposés sur les études d'ombres et de lavis.

RÈGLES ET DONNÉES PRATIQUES

TRAVAIL DE DIVERSES MACHINES.

MOULINS A BLÉ.

446. Comme nous l'avons vu en traitant du gros mécanisme proprement dit (10ᵉ livraison), le diamètre généralement adopté dans les moulins, pour les meules à l'anglaise, est de 1ᵐ30, et leur vitesse est de 115 à 120 révolutions par minute. De telles meules, dans les usines bien organisées des environs de Paris, ne moulent, en moyenne, que 15 à 16 hectolitres de blé par 24 heures; mais on obtient aussi 60, 62 et 63 p. 100 de farine première, qui est si recherchée par la boulangerie de la capitale.

Dans ces conditions, nous avons trouvé qu'il faut la force utile d'un cheval de 75 kilogrammètres pour moudre moyennement 20 à 22 kilogrammes de blé par heure, ou 4 chevaux environ pour 80 à 88 kilogrammes de blé; nous comprenons, dans cette évaluation, la puissance nécessaire, non-seulement pour faire mouvoir le mécanisme des meules, mais encore pour tous les accessoires et appareils de l'usine.

On voit donc, d'après cela, que pour moudre 15 à 16 hectolitres par 24 heures (ce qui correspond à 50 ou 51 kilogrammes par heure), il faut une force réelle de deux chevaux et demi, y compris le nettoyage et le blutage.

Si donc on a une puissance utile de 15 chevaux, par exemple, on devra monter 6 paires de meules, dans les conditions qui précèdent, pour employer cette force à faire marcher toute l'usine. Il est à remarquer que dans ce compte, nous comprenons la paire de meules qui peut être en rhabillage; cette opération se faisant à peu près régulièrement tous les cinq ou six jours ou toutes les semaines au plus, il y en a donc presque constamment une paire arrêtée et découverte pour être rhabillée; le meunier actif s'arrange, d'ailleurs, pour que ce travail se fasse bien, avec rapidité, et autant que possible pendant le jour.

Dans les usines qui font les moutures moins serrées, et qui, par conséquent, travaillent avec des meules moins rapprochées, comme celles de la plus grande partie de la Bourgogne, du Lyonnais, et de plusieurs autres contrées, on fait moudre 24 à 25 hectolitres de blé par paire de meules et par 24 heures, et souvent même plus, le travail est donc beaucoup plus considérable, mais c'est évidemment aux dépens de la qualité des farines; on fait alors, presque toujours, plus de rondes ou de secondes que de premières.

La force employée par chaque paire de meules est nécessairement plus grande, cependant elle n'augmente pas proportionnellement à la quantité des produits. En effet, d'après les expériences que nous avons faites, nous avons vu que l'on moud, dans le second cas, 25 à 26 kilogr. de blé avec la force utile d'un cheval de 75 kilogrammètres, tandis que, dans le premier cas, on ne moud pas plus de 20 à 22. Il y a donc un avantage réel sous ce rapport, et on peut dire, sans crainte d'erreur sensible, qu'avec la puissance de 4 chevaux, on pourra moudre (suivant le genre de mouture adopté à Dijon, à Lyon, et ailleurs), 100 à 104 kilogr. de blé par heure, tandis que dans les environs de Paris, avec cette même puissance, on ne produit que 80 à 88 kilogr.

Dans les moulins destinés à la guerre, les moutures étant, comme nous l'avons dit, beaucoup plus grossières, et, par conséquent, les meules travaillant moins rapprochées, la dépense de force est encore proportionnellement moindre, d'autant plus que les appareils de nettoyage et de blutage sont extrêmement restreints; aussi on peut estimer que le travail est bien de **28 à 30** kilogrammes de blé moulu par heure et par cheval. En effet, d'après des expériences suivies, faites à la manutention des vivres de Paris, nous avons constaté qu'avec une machine à vapeur de la force de **24 à 25** chevaux, faisant marcher habituellement **7** paires de meules de 1^m30, on a moulu **17,374** kilogrammes de blé en **24** heures ; ce travail correspond à la puissance de trois chevaux et demi et à 103^k4 de blé moulu par paire de meules, soit à 29^k5 par cheval et par heure.

On peut donc conclure des résultats qui précèdent :

1° Qu'avec la force utile et réelle de 1 cheval (ou 75 kilogrammètres par seconde), on doit moudre au minimum 20 kilogr. de blé, et au maximum 30 kilogr. par heure ;

2° Que la quantité minimum s'applique aux moulins qui travaillent pour le commerce, et particulièrement pour la capitale, en extrayant le plus possible des farines de première qualité ;

3° Que la quantité moyenne (ou 25 à 26 kilogr. par heure) est le résultat produit par des moulins qui travaillent également pour le commerce, mais en faisant beaucoup de farines rondes comme celles livrées à la consommation de Lyon et d'autres contrées ;

4° Enfin, que la quantité maximum correspond aux produits des moulins qui ne font que des moutures grossières, et dans lesquels les appareils de nettoyage et de blutage sont très-simples.

XLII° TABLE. — DE LA FORCE, DE LA QUANTITÉ DE BLÉ MOULU, ET DU NOMBRE DE PAIRES DE MEULES A L'ANGLAISE AVEC LES APPAREILS DE NETTOYAGE, DE BLUTAGE ET AUTRES ACCESSOIRES.

FORCE EFFECTIVE DÉPENSÉE EN		QUANTITÉ DE BLÉ MOULU EN KILOGRAMMES PAR HEURE.			NOMBRE DE PAIRES DE MEULES.		
chevaux.	kgmèt.	minimum.	moyenne.	maximum.	maximum.	moyenne.	minimum.
1	75	20	25	30	1 »	1 »	1 »
2	150	40	50	60	1 »	1 »	1 »
3	225	60	75	90	1 »	1 »	1 »
4	300	80	100	120	1 à 2	1 »	1 »
5	375	100	125	150	2 »	1 à 2	1 à 2
6	450	120	150	180	2 à 3	2 »	1 à 2
7	525	140	175	210	2 à 3	2 »	2 »
8	600	160	200	240	3 »	2 à 3	2 »
9	675	180	225	270	3 à 4	3 »	2 à 3
10	750	200	250	300	4 »	3 »	2 à 3
12	900	240	300	360	4 à 5	4 »	3 »
14	1050	280	350	420	5 »	4 à 5	4 »
16	1200	320	400	480	6 »	5 »	4 à 5
18	1350	360	450	540	6 à 7	6 »	5 »
20	1500	400	500	600	7 »	6 à 7	5 à
22	1650	440	550	660	8 »	7 »	6 »
24	1800	480	600	720	9 »	8 »	6 à 7
26	1950	520	650	780	10 »	8 à 9	7 »
28	2100	560	700	840	11 »	9 »	8 »
30	2250	600	750	900	12 »	10 »	8 à 9
32	2400	640	800	960	12 à 13	10 à 11	9 »
34	2550	680	850	1020	13 »	11 »	9 à 10
36	2700	720	900	1080	14 »	12 »	10 »
38	2850	760	950	1140	15 »	12 à 13	10 à 11
40	3000	800	1000	1200	16 »	13 »	11 »
45	3375	900	1125	1350	18 »	15 »	12 à 13
50	3750	1000	1250	1500	20 »	16 à 17	14 »
55	4125	1100	1375	1650	22 »	18 »	15 à 16
60	4500	1200	1500	1800	24 »	20 »	17 »
65	4875	1300	1625	1950	26 »	21 à 22	18 à 19
70	5250	1400	1750	2100	28 »	23 »	20 »
75	5625	1500	1875	2250	30 »	25 »	21 à 22
80	6000	1600	2000	2400	32 »	26 à 27	»
85	6375	1700	2125	2550	34 »	28 »	24 »
90	6750	1800	2250	2600	36 »	30 »	25 à 26
95	7125	1900	2375	2850	38 »	31 à 32	27 »
100	7500	2000	2500	3000	40 »	33 »	28 à 29

On conçoit que d'après ces conclusions nous ayons pu établir la table précédente qui, à première vue, donne, d'une part, la quantité de blé que l'on peut moudre avec une force utile, connue, et de plus, le nombre approximatif de paires de meules que l'on doit adopter lorsqu'on veut monter une minoterie sur une puissance déterminée.

Il est facile de voir par cette table que le nombre de paires de meules varie suivant les trois cas mentionnés plus haut ; nous croyons qu'elle est suffisante pour servir de guide dans la construction des moulins, quel que soit le genre de moteur que l'on adopte.

Nous devons le dire, c'est plutôt sur de telles données qu'il importe de fixer la quantité de meules, lorsqu'on est appelé à remplacer un vieux moulin par un nouveau, que sur ce qui existait antérieurement, car il n'y a généralement aucun rapport entre le travail d'une ancienne paire de meules à la française de 1^{m}80 à 2^{m}10 de diamètre, et celui d'une paire de meules à l'anglaise. En effet, nous avons vu monter dans telle localité, dans telle usine qui n'avait que deux paires de meules anciennes de 2 mètres, trois ou quatre paires de petites meules de 1^{m}30, et dans telle autre jusqu'à six, huit et dix paires.

Ces différences notables existent pour plusieurs raisons : ainsi, on comprend que si le moteur appliqué à un vieux moulin est mal établi, mal disposé, il utilise peu la force disponible, et n'est capable que de faire un travail beaucoup inférieur à celui qu'il devait réellement produire. D'un autre côté, les grandes meules à la française, à larges éveillures mais sans rayon, peuvent moudre beaucoup ou peu à volonté ; et, d'ailleurs, le travail est généralement plus grossier. Nous pensons, en fait, que la quantité de blé moulu par une paire de grandes meules, dans un temps donné, est presque toujours au moins double de celle d'une paire de petites meules.

Nous croyons devoir encore, à ce sujet, faire une observation qui paraîtra de quelque importance, du moins auprès de certaines personnes. Dans plusieurs localités, sans adopter d'une manière complète le système anglais, on a monté des moulins sur un système mixte, c'est-à-dire qu'on a perfectionné les mouvements, le mode de mouture, et surtout le moteur hydraulique : de tels moulins produisant un travail assez avantageux, nous dirons même produisant plus, avec une force motrice donnée, qu'on n'a pu leur faire produire plus tard, en les mettant entièrement à l'anglaise, on a été surpris et on s'est même, quelquefois, plaint près du constructeur d'obtenir moins après qu'avant leur établissement.

Il faut bien le reconnaître, lorsqu'on améliore un moulin français, c'est-à-dire lorsqu'on lui applique une bonne roue hydraulique et une bonne communication de mouvement, tout en conservant les grandes meules et avec peu d'accessoires, comme il est après tout, dans son ensemble, sensiblement moins compliqué que le moulin anglais qui viendrait le remplacer ou qui serait établi avec la même force disponible, il doit produire plus que celui-ci, quoique ce dernier soit généralement préféré, parce que les appareils y sont plus complets et disposés pour marcher d'une manière plus continue et plus suivie.

Nous devons dire aussi qu'il y a des meuniers qui donnent la préférence à des meules de 1^{m}40 à 1^{m}50, et quelquefois même à des meules de 1^{m}60 de diamètre, en adoptant néanmoins le mode américain, c'est-à-dire des meules rayonnées et rhabillées exactement comme celles de 1^{m}30. Ils leur font faire plus d'ouvrage dans le même temps qu'à celles-ci, quoiqu'ils leur donnent une vitesse moindre, qui ne s'élève guère qu'à 90 à 100 révolutions par minute. Ces dimensions, plus grandes, peuvent présenter un avantage : c'est de simplifier, d'une part, le mécanisme en diminuant le nombre de paires de meules, et de permettre, de l'autre, de tirer parfois meilleur parti de toute la puissance du moteur. On comprend, en effet, qu'on peut avoir trop de force, dans de certains moments, pour faire marcher un moulin de plusieurs

paires de meules de 1m30, en travaillant bien, et que cette force pourrait être utilisée entièrement avec des meules de 1m50 à 1m60 ; ou bien il peut arriver que l'on
n'a pas assez de puissance pour faire tourner deux paires de petites meules, mais
trop pour une seule paire ; et que l'on ne veut pas faire les frais auxquels entraîne
tout le mécanisme, tandis qu'avec une seule paire de meules, plus grandes, on peut
profiter de toute la force et travailler convenablement avec moins de dépense première, moins de frais d'achat et d'entretien.

Nous terminons ces renseignements en donnant un état de la mouture à diverses
époques.

1830. 1er ÉTAT DE MOUTURE. — (Ancien moulin à vapeur de M. Benoît, à Saint-
Denis ; ce moulin n'existe plus.)

Produits de 100 parties de blé moulin, suivant le système américain.

Farine de blé,	1re qualité................... =	64	
Farine tirée des gruaux,	id. .... =	3	toute farine
Id.	2e qualité................... =	6	= 75 p. 100.
Id.	3e et 4e id. .... =	2	
Gros son à	20 kil. l'hectolitre............... =	6	
Petit son à	34 kil. id. .... =	7	issues diverses
Recoupettes de 28 à 30 kil.	id. .... =	6	= 23
Remoulage de 45 à 50 kil.	id. .... =	4	
Déchets..		= 2	

Total général............ = 100

1837. 2e ÉTAT D'UNE MOUTURE de 3,520 setiers de blé pesant ensemble 447,452
kilog. — (Moulin à l'anglaise des environs de Paris.)

Farine 1re et 2e qualité........................ =	300,579	soit 72 p. 100.	
Id. 3e id. .... =	1,840	» 2,3 »	
Id. 4e id. .... =	7,586		
Criblures........................... =	2,856	» 0,7 »	
Issues diverses..................... =	88,016	» 21,5 »	
Déchets, évaporation, balayures................. =	16,575	» 3,5 »	

Total général........ 447,452

1848. 3e ÉTAT D'UNE MOUTURE de 100 setiers pesant ensemble 11,800.

Farine 1re qualité........................ =	70 p. 100	soit 8,260 kil.	
Id. 2e id. .... =	2 id.	236 »	
Id. 3e et 4e id. .... =	4 id.	472 »	
Issues diverses..................... =	20 id.	2,360 »	

Total............ 11,328 kil.

SCIERIES.

447. Les scieries mécaniques sont devenues d'une grande importance en France. On peut les diviser en deux catégories bien distinctes, savoir : les scieries à mouvement continu et les scieries à mouvement alternatif.

Les premières comprennent non-seulement les scies circulaires, mais encore les scies sans fin, composées d'une lame mince s'enveloppant sur deux rouleaux ou poulies, comme une courroie ordinaire.

Les secondes comprennent les scies à lames droites, verticales ou légèrement inclinées, et à lames horizontales ou coupant suivant une direction horizontale.

Nous donnons le résumé des expériences faites sur une scierie à plusieurs lames, dont le châssis porte-scie pèse près de 400 kilogr.

La force dépensée par le moteur a été pour un travail de $0^{m.q.}161$ de surface sciée par minute, de 3 chevaux 70 dans du chêne sec, et de 4,50 chevaux pour une surface de $0^m 131$ par minute, dans du chêne de 4 ans de coupe, en faisant marcher quatre lames à la fois, ce qui donne dans le premier cas 0,925 de cheval par lame, et dans le deuxième 1,125 cheval.

L'épaisseur de la voie ou du trait de scie est ordinairement de 3 à 4 millimètres au plus.

Une scie alternative fournissant en moyenne 120 coups par minute, avec une course de $0^m 60$, et des manivelles de $0^m 30$ de rayon, parcourt en une minute un espace de

$$120 \times 2 \times 0,60 = 144 \text{ mètres,}$$

soit $2^m 40$ par seconde.

Or, avec une telle course, on peut débiter des bois de 50 à 60 centimètres de grosseur, et même plus; on trouve, en prenant la plus petite dimension, que le travail obtenu par 1', avec une avance de 2 millim., est de

$$120 \times 0,002 \times 0,50 = 0^{m.q.} 120$$

pour la surface sciée, mesurée sur un côté seulement,

soit, par heure, $0,120 \times 60 = 7^{m.q.} 80.$

448. TRAVAIL D'UNE SCIE ALTERNATIVE CONDUITE PAR DEUX SCIEURS DE LONG. — Deux hommes donnant moyennement 50 coups de scie par minute, peuvent marcher sans s'arrêter pendant 3 à 4 minutes. En admettant que leur temps d'arrêt soit de 30 secondes ou 1/2 minute, la course de leur scie est de $0^m 975$ et la longueur entière de la lame de $1^m 30$, ils scient une longueur de $0^m 92$ en 7 minutes de temps, ce qui donne une surface sciée de

$$0,92 \times 0,315 = 0^{m.q.} 2898,$$

soit, par minute, $0,2898 \div 7 = 0^m 0414.$

Ainsi, le travail de ces deux hommes est à peu près équivalent à celui d'une lame de la première scierie décrite, qui prend la puissance de près d'un cheval. Cette différence peut se concevoir aisément, si l'on remarque que dans une scierie mécanique une partie de la force motrice est employée pour vaincre les frottements de toutes les pièces mobiles qui communiquent le mouvement au châssis porte-scie, tandis que dans la scierie à bras, la puissance lui est directement appliquée, et le châssis n'est toujours que d'un faible poids comparativemeut à celui de la machine.

Dans la scie manuelle dont nous parlons, les dents sont espacées de 0^m013, ainsi il y en a 75 en travail sur toute la course de 0^m975. La profondeur de ces dents est de 0^m0065, c'est-à-dire moitié de leur écartement, et elles sont très-peu couchées sur les côtés parce que les ouvriers les dégagent par des chanfreins taillés alternativement d'un côté et de l'autre.

La scie ne travaillant qu'en descendant, on peut voir par ce qui précède que son avancement moyen est de

$$0^m92 \div 7 = 0^m1314 \text{ par } 1',$$

et, par coup de scie, de $\quad 0,1314 \div 50 = 0^m00263 ;$

c'est-à-dire d'un peu plus de 2 millim. 1/2. Avancement qui est à peu près le même que celui que l'on donne ordinairement pour le chêne avec une scie mécanique.

449. Scieries a placage. — Pour les scies à placage qui travaillent généralement des bois durs, et qui, de plus, doivent fournir des feuilles très-minces et parfaitement égales et régulières, on conçoit qu'il serait de toute impossibilité d'imprimer au bois des avancements aussi considérables qu'on le fait pour débiter des sapins en madriers ou en planches.

La vitesse de ces scies est peut-être plus grande que partout ailleurs. Elle n'est pas moindre, en effet, de 280 coups par 1', et s'élève souvent même à 300 révolutions, ce qui est plus du double de la vitesse ordinaire que l'on avait adoptée en origine.

En avançant seulement de 1/2 mill. à chaque révolution dans de l'acajou, la longueur sciée, par minute, serait de

$$300 \times 0,0005 = 0^m15,$$

et, par heure, $\quad 0^m15 \times 60 = 9 \text{ mètres.}$

Si la largeur du bois était de 40 centimètres, la surface totale du bois scié, par heure, serait de

$$9 \text{ mètres} \times 0,40 = 3^{m.q.} 60,$$

et par journée de 12 heures, en comptant 2 heures de perte pour l'affûtage, le montage et le démontage de la scie et du bois, le graissage, etc., le travail total serait de

$$3^m 60 \times 10 = 36 \text{ mètres carrés.}$$

Remarquons que le prix actuel payé aux scieries à la mécanique, pour le sciage des bois d'acajou, est, à Paris, généralement de 28 fr. les 100 kilogr. en fournissant au moins 20 feuilles au pouce ou par 27 millimètres d'épaisseur.

Il y a vingt ans à peine, on prenait 40 fr. le kilogr., soit 1,000 fr. les 100 kilogr. pour ce sciage, et encore on obtenait bien rarement autant de feuilles dans cette épaisseur. On peut juger, par cette immense différence, des effets de la concurrence et des perfectionnements apportés dans la construction des machines et dans la fabrication.

450. Scies circulaires. — Les scies circulaires sont, sans contredit, les plus simples, et celles qui ont peut-être le plus d'applications dans l'industrie. E les sont employées sur toutes les dimensions, depuis 2 ou 3 centimètres jusqu'à 1 mètre de diamètre, et même plus. Les plus petites, et surtout les plus faibles, servent le plus généralement pour découper des objets très-minutieux, en os, en corne ou en ivoire. Dans les plates-formes, pour tailler les côtés droits des dents en bois, les scies circulaires sont employées depuis 6 à 8 centimètres jusqu'à 14 et 16, suivant la puissance de la machine, comme suivant la force même de la denture. Pour la menuiserie, l'ébénisterie ou la carrosserie, on les emploie depuis 0^m12 jusqu'à 0^m60 de diamètre. Dans les ateliers de construction, ces scies circulaires sont pour ainsi dire indispensables par la vitesse avec laquelle elles opèrent, comme par le travail qu'elles sont capables de faire. Ces scies ont, en général, 0^m20 à 0^m40 de diamètre, et elles marchent avec une vitesse qui n'est pas au-dessous de 400 tours par minute, et peut s'élever jusqu'à 600 et même plus.

Expériences sur une scie circulaire de 0^m70 de diamètre.

1re observation. — Essence du bois scié, chêne d'un an de coupe de 0^m222 de hauteur.

Nombre de tours de la scie en 1'............................. 266
Surface sciée en 1'.. $0^{m.q.}$ 18

2e observation. — Essence du bois scié; sapin en planches sèches de 0^m27 de largeur sur 0^m027 :

Nombre de tours de la scie en 1'............................. 244
Surface sciée en 1'.. $0^{m.q.}$ 75

(*Nota.*) Ces résultats montrent que pour le débit des petits bois, une scie circulaire fait au moins autant d'ouvrage que quatre scies verticales, dans le même temps et avec la même force motrice.

On observera que la surface du sciage notée ci-dessus est le produit de la hauteur de la pièce par la longueur sciée, et non par la somme des deux faces séparées par la scie, ainsi que l'on compte ordinairement dans le débit du bois.

MATIÈRES FILAMENTEUSES.

FILATURE DU COTON.

451. Dans la filature proprement dite, on opère sur le coton les diverses opérations suivantes : 1° louvetage ; 2° battage ; 3° cardage ; 4° étirage ; 5° filage en gros ; 6° filage en fin ; 7° retordage ; 8° passage à la vapeur ; 9° dévidage et mise en écheveaux ; 10° empaquetage.

452. Loup. — Le coton est livré aux manufactures en balles fort serrées, d'un poids d'environ 200 kilogr. Pour le décomprimer, lui rendre son élasticité et le débarrasser des corps durs et étrangers, on le soumet à une machine désignée sous le nom de *loup* ou *diable*, dont la partie principale est un tronc de cône garni sur sa surface convexe de dents minces ; sa vitesse de rotation est de 5 à 600 tours par minute, ce qui peut correspondre à une vitesse à la circonférence moyenne de 26 à 31 mètres. La génératrice de ce tronc de cône fait avec l'axe un angle d'environ 40 degrés.

453. BATTEURS. — Le passage du coton à la machine précédente ne fait qu'ébaucher le travail, il est nécessaire de le soumettre à un battage plus énergique pour le débarrasser de toutes les matières étrangères; à cet effet, on se sert de machines connues sous les noms de *batteur éplucheur* et *batteur étaleur.*

XLIIIe TABLE. — VITESSES ET DIMENSIONS PRINCIPALES DES BATTEURS.

NOMS DES ORGANES.	DIAMÈTRES en millimètres.	NOMBRE de tours par minute.	VITESSE à la circonférence en millimètres.
Batteur éplucheur.			
Premier rouleau alimentaire............	65	11	37
Premier cylindre cannelé alimentaire...	36	20	37
Premier volant à deux battes..........	»	1200	»
Deuxième rouleau alimentaire.........	65	12	40.8
Deuxième cylindre cannelé alimentaire.	35	20	40.2
Batteur étaleur.			
Cylindres cannelés...................	41	18.5	39.7
Volant à deux battes................	»	1214	»
Tambour métallique..................	487	2.74	69.83
Rouleau d'appel en fer..............	104	11.09	60.4
Rouleau couvert de peau............	150	7.88	61.85

Le batteur éplucheur, ainsi que le batteur étaleur, fournissent 250 kilogr. de coton en douze heures de travail ; le dernier a l'avantage sur le premier de disposer le coton en nappes régulières pour être placé immédiatement derrière la carde.

454. CARDES. — Le cardage a pour objet, non-seulement de bien ouvrir le coton, mais encore de le débarrasser des ordures qui n'ont pu être expulsées aux batteurs, et de le mettre sous la forme d'un ruban léger sans consistance.

Le coton est généralement cardé deux fois : le premier cardage est désigné sous le nom de *cardage en gros*, et le second de *cardage en fin*. Les machines ne diffèrent entre elles que par les degrés de finesse des dents de cardes, et par quelques variations de vitesses des parties mobiles comme l'indique le tableau suivant.

NOMS DES ORGANES.	DIAMÈTRES en millimètres.	NOMBRE de tours par minute.	VITESSE à la circonférence par seconde.
Carde d'Ourscamp.			
Rouleau alimentaire......................	68	2.76	98
Cylindre cannelé...........................	31	6.	98
Second tambour...........................	940	120	5704
Petit tambour..............................	374	3.787	741
Cylindre cannelé derrière la tête d'étirage.	27	59.4	83.8
Cylindre cannelé devant la tête d'étirage..	31	98.84	160.2
Rouleau d'appel...........................	70	46.15	169.
Gros hérisson.............................	170	4.01	35.7
Petit hérisson.............................	96	480	2511.6
Carde ordinaire.			
Rouleau alimentaire......................	135	0.346	2.4
Cylindre cannelé..........................	32	1.467	2.43
Grand tambour...........................	975	120.	6122.
Petit tambour.............................	325	5.98	101.65
Rouleau d'appel..........................	61	31.93	102.4

455. NUMÉROS DES FILS. — Nous avons dit que le coton sortait de la carde sous forme d'un ruban ; comme il est souvent nécessaire de pouvoir en déterminer le numéro, c'est-à-dire le degré d'allongement qu'on leur a fait subir, nous allons faire connaître la manière d'y arriver.

Dans la filature du coton, on entend par numéro d'un ruban ou d'un fil, le rapport de leur longueur à une autre prise pour unité, correspondant à un poids invariable ; ainsi, le n° 1 représentant une longueur de 1,000 mètres pour un poids de 500 grammes ; le n° 15 veut dire qu'un poids de 500 grammes a une longueur de 15 mille mètres ; de même le n° 70 indique ce même poids à une longueur de 70 mille mètres, tandis que le n° 0,25 ne correspondrait qu'à une longueur de 250 mètres, le poids étant toujours de 500 grammes.

456. BANCS D'ÉTIRAGE. — Les préparations précédentes ont surtout pour objet de diviser les fibres, afin de les séparer des corps étrangers et de livrer la matière première sous la forme de rubans composés de filaments, qui ne sont pas arrivés à un état de parallélisme qu'ils doivent atteindre. Celles que nous allons exposer ont pour objet de réunir plus intimement les fibres par des étirages successifs et parallèles, de manière à donner au ruban une grande ténuité et une homogénéité parfaite, et les machines qui produisent ces résultats se nomment bancs d'étirage. Ces bancs sont formés de la réunion de plusieurs paires de cylindres cannelés placés l'un devant l'autre, dont les vitesses de rotation sont différentes ; la réunion de ces paires de cylindres constitue ce que l'on appelle le nombre de *têtes du banc*, et on entend par *table* les diverses parties cannelées d'un même cylindre.

Les bancs d'étirage les plus usités se composent généralement de cinq têtes, le tableau suivant donne les diamètres et les vitesses de rotation, et celles à la circonférence des cylindres cannelés. La vitesse de l'arbre, qui porte les poulies motrices, peut varier de 100 à 180 tours par minute.

XLVe TABLE. — VITESSES ET DIAMÈTRES DES CYLINDRES CANNELÉS
DANS LES ÉTIRAGES.

DÉSIGNATION des cylindres.	DIAMÈTRES en millimètres.	VITESSE de rotation par minute.	VITESSE à la circonférence par minute.	ÉTIRAGES.	PRESSIONS	
					tête de devant.	tête de derrière.
No 5	27	22.50	1.907	1.68	kilogrammes.	kilogrammes.
4	27	37.73	3.198	2.13	35 à 40.	20 à 30
3	32	67.92	6.824	1.03		
2	27	83.33	7.064	2.13		
1	32	150.00	15.072			

L'étirage, produit par deux paires de cylindres cannelés, s'obtient en divisant la vitesse à la circonférence du cylindre, qui est la plus grande, par l'autre; ainsi, pour avoir l'étirage du cylindre n° 4 au cylindre n° 5, on divise la vitesse à la circonférence de ce dernier 3^m198 par celle 1^m907 du second, le quotient 1,68 indique l'étirage, et pour avoir l'étirage total, il suffit de diviser 15^m072 par 1^m907; le quotient 7,9 exprime cet étirage.

Le calcul des étirages ne présente pas plus de difficultés que celui des transmissions de mouvement par courroie ou par engrenages; il suffit de chercher le rapport entre les débits des cylindres fournisseurs et étireurs. Les calculs à effectuer ont été indiqués dans la partie du cours relative aux engrenages et poulies.

Généralement les bancs d'étirage réunissent leur produit sur une machine dite à bascule, pour être ensuite soumis à l'action du *banc à broches*.

457. BANCS A BROCHES. — Dans cette machine, le ruban ou mieux la mèche est non-seulement laminée par un système de cylindres cannelés, mais elle reçoit, en outre, un certain degré de torsion en s'enroulant autour d'une bobine traversée à son centre par une *broche*, laquelle porte à sa partie supérieure une ailette. Le mouvement des cylindres cannelés est uniforme comme celui de la broche et par conséquent de son ailette, mais il en est tout autrement de la bobine qui, devant renvider la mèche par couches, doit avoir deux mouvements différents variables, l'un de translation dans le sens de la broche, l'autre de rotation autour de cette dernière.

Il y a deux sortes de bancs à broches, celui en gros et celui en fin.

La vitesse de ces machines s'indique par le nombre de tours de broches, ce nombre est généralement pour les bancs en gros de 450 à 500 par minute pour les numéros 0,5 à 1, et dans ceux en fin elle est de 600 à 700 tours pour les numéros 2,8 à 3. Le tableau ci-contre fera connaître ces divers résultats dans la marche des bancs à broches,

XLVI° TABLE. — VITESSES VARIABLES DE ROTATION ET ASCENSIONNELLE
DE LA BOBINE POUR LE RENVIDAGE.

COUCHES.	DIAMÈTRES en millimètres	CIRCONFÉRENCE	NOMBRE de filets ou anneaux[1].	LONGUEUR du fil d'une couche en une minute.	DURÉE de l'ascension à chaque couche en seconde.	ROTATION de la bobine pour les différentes bobines en une minute.	VITESSE ascensionnelle de la bobine à chaque couche.
1	33	109.9	36	3936.4	120	228.80	100.
2	45	141.3	id.	5086.8	154.2	173.28	77.77
3	54	172.7	id.	6217.2	188.5	141.78	63.63
4	65	204.1	id.	7347.6	222.8	119.90	53.84

458. TRAVAIL DYNAMIQUE DÉVELOPPÉ PAR UN OUVRIER FILEUR DURANT SA JOURNÉE. — Un fileur de première classe, c'est-à-dire ayant fait ses preuves et acquis son grade par des services rendus et une habileté reconnue, conduit deux métiers portant 360 broches. Il a sous ses ordres un fileur de deuxième classe qui remplit habituellement les fonctions de rattacheur, et qui, au besoin, est destiné à suppléer le fileur n° 1. Deux autres rattacheurs desservent, en outre, les deux métiers qui sont parallèles et fonctionnent en sens inverse, de telle sorte que quand l'un d'eux avance de manière à étirer le coton, l'autre recule et enveloppe le coton filé sur la broche.

Le fileur, en ramenant le métier dans sa première position, exerce deux actions : l'une qui consiste à pousser le chariot de la main gauche, tandis que de la main droite il conduit une manivelle qui fait tourner les broches par le moyen de poulies, de cordes et de tambours.

La journée étant de 13 heures, un fileur produit par semaine en conduisant deux métiers :

$$120 \text{ kilogr. de fil du n° } 30$$
$$\text{ou } 56,2 \quad \text{id.} \quad \text{n° } 60$$
$$\text{ou } 26,4 \quad \text{id.} \quad \text{n° } 100$$
$$\text{ou } 13,8 \quad \text{id.} \quad \text{n° } 140$$

En observant que le kilogramme de fil fait une longueur égale au produit de 2,000 mètres par le numéro, et que les 360 broches développent 576 mètres à chaque aiguillée, on peut facilement calculer le nombre d'aiguillées produites en un jour sur un métier, et, par suite, le travail mécanique du fileur en multipliant ce nombre d'aiguillées par 13,47 kilogrammètres.

On trouve ainsi que le travail journalier de l'ouvrier fileur est de :

$$28,058 \text{ kilogrammètres pour le n° } 30$$
$$26,280 \quad \text{id.} \quad \text{n° } 60$$
$$20,582 \quad \text{id.} \quad \text{n° } 100$$
$$14,898 \quad \text{id.} \quad \text{n° } 140$$

1. On nomme anneau la longueur d'un fil après une révolution entière de la bobine.

Maintenant, il est admis qu'un manœuvre, agissant sur une manivelle, peut faire dans une journée de huit heures un travail équivalent à 172,800 kilogrammètres.

Il en résulte donc que le travail dynamique journalier d'un fileur est à celui que peut produire un manœuvre agissant sur une manivelle dans le rapport de :

1 à 6,15 pour le n° 30
1 à 6,57 id. n° 60
1 à 8,4 id. n° 100
1 à 11,5 id. n° 140

FILATURE DES LAINES.

459. On distingue deux espèces de filatures de laines ; l'une est dite cardée et l'autre peignée, selon que la laine est préparée au moyen de la carde ou du peigne. Les fils qui proviennent de la première sont principalement destinés aux étoffes qui doivent être soumises au *feutrage* et au *foulage,* tandis que ceux de la seconde le sont aux étoffes non drapées, dont la surface reste unie en laissant apercevoir les fils de la trame et de la chaîne.

LAINE CARDÉE.

460. BATTERIE ET LOUVETAGE. — Pour ne pas sortir du cadre que nous nous sommes tracé, il ne sera fait mention que des préparations mécaniques, qui ont du reste beaucoup d'analogie avec celles du coton, car elle doit être comme ce dernier nettoyée, ouverte et cardée ; la machine qui produit cette première opération se nomme *batterie ;* sa partie essentielle est un tambour, tantôt cylindrique, tantôt conique, armé de dents droites, plus ou moins espacées ; sa vitesse de rotation varie selon qu'elle est mise en mouvement par un moteur animé ou par un moteur continu et inanimé, sans, pour cela, modifier le résultat du travail ; il n'y a de changé que la quantité.

En sortant de cette machine, la laine a déjà repris son élasticité ; l'opération qui suit, désignée sous le nom de *louvetage,* a pour objet de compléter ce travail. La machine qui est employée se nomme *loup ;* elle ne diffère de la précédente que par un plus grand nombre de dents dont se trouve garnie la surface cylindrique du tambour, et une plus grande vitesse de rotation, qui est au moins de 600 tours par minute ; certaines machines vont même jusqu'à 1200 tours dans le même temps.

On soumet la laine deux ou trois fois à l'action consécutive de cette machine, selon sa nature et l'étoffe pour laquelle on la destine, puis elle est graissée avant de la porter aux cardes.

461. CARDAGE. — L'objet du cardage de la laine est le même que celui exposé pour le coton, seulement les cardes à laine subissent quelques modifications dans leur construction, comme, par exemple, dans la substitution de cylindres travailleurs ou cardeurs nettoyeurs aux chapeaux, lesquels cylindres ont pour effet, d'une part, de donner aux filaments des directions opposées, de manière à faciliter, lors du foulage, l'enchevêtrement et l'accrochage des brins les uns aux autres, et, de l'autre, de débourrer mécaniquement les cylindres sans l'intervention de l'ouvrier ; dans le graissage du cuir des cardes, afin de le rendre plus souple et l'empêcher d'absorber la graisse de la laine, enfin dans l'embourrage des dents ou le remplissage de ces dernières avec des débris de laine grasse, pour lui donner ainsi plus de consistance et de solidité.

XLVII° TABLE. — VITESSES ET PRINCIPALES DIMENSIONS DES CARDES A LAINE.

NOMS DES PIÈCES.	DIAMÈTRES en millimètres.	NOMBRE de tours par minute.	VITESSE par minute en mètres.
Carde américaine de 1ᵐ20 de large produisant 70 à 75 kil. en 12 heures.			
Toile sans fin...............................	»	»	0ᵐ 260
Gros tambour................................	1200	90.	339.000
Cylindres alimentaires.......................	60	1.40	0.260
1ᵉʳ Nettoyeur sur les cylindres alimentaires......	100	450.	141.
2ᵉ Nettoyeur.................................	100	234.	73.470
3ᵉ, 4ᵉ et 5ᵉ Nettoyeurs......................	100	293.	90.630
6ᵉ Nettoyeur sur le peigneur.................	100	33..	10.360
Travailleurs.................................	200	10.35	6.500
Volant......................................	300	132.00	405.
Peigneur cylindrique.	450	7.	9.900
Tambour peau de mouton......................	740	5.46	12.666
Carde finisseuse.			
Peigneurs...................................	220	12	8.289
Petit rouleau après les bobines..............	45	66	9.330
Rouleau de pression sur celui d'enroulement du fil.	22	15	1.074
Petites bobines...............................	25	300	235.5
Carde ordinaire à loquettes ou plaques.			
Peigneurs...................................	450	4.29	5.973
Gros tambour................................	1000	100	314.160
Travailleurs.................................	166	1.78	0.931
Volant......................................	250	500	392.500
Nettoyeurs ou batailleurs....................	83	300	7.848
Preneurs....................................	9	1.05	0.132

D'après les observations des meilleurs constructeurs et filateurs, on établit généralement les relations suivantes dans les différentes partie d'une carde ordinaire.

Le rapport de la vitesse de rotation du peigneur à celle du tambour doit être comprise entre 25,3 : 1 et 19 : 1; celui de la vitesse du gros tambour aux travailleurs est comme 56 : 1.

Le diamètre du volant est toujours 1/4 de celui du gros tambour, et la vitesse à la circonférence excède d'un 1/4 à 1/5 celle du gros tambour.

La vitesse de rotation des preneurs est à celle du gros tambour comme 1 : 95.

Le peigne, doué d'un mouvement alternatif, doit donner 4 coups 1/2 à 5 coups pendant un tour du tambour; si le peigne est circulaire, la vitesse à sa circonférence est de 1/4 à 1/5 plus grande que celle du peigneur.

On fait habituellement subir trois passages à la laine avant de la transformer en une grosse mèche pour être portée derrière le métier à filer. Celui-ci diffère des Mull-Jenny ordinaires, en ce qu'il ne porte qu'une seule rangée de cylindres cannelés ; ils fournissent le fil nécessaire pour une aiguillée, leur mouvement n'est pas continu, ils s'arrêtent pendant une portion de la marche du chariot, et c'est dans ce moment que, ce dernier continuant à marcher, le fil est allongé. La vitesse du chariot est d'environ 1m 48 à 1m 50 par minute, ce qui correspond à trois courses entières, c'est-à-dire trois allées et trois retours, en une minute.

LAINE PEIGNÉE.

462. PEIGNAGE. — Dans ce genre de filature, on fait subir à la laine les mêmes premières préparations qu'à la laine cardée avant de la soumettre à l'action des peignes qui sont mus, soit à la main ou mécaniquement ; l'objet de ce travail est aussi comme le précédent, de nettoyer à fond les fibres, de les redresser et de les ranger parallèlement entre elles dans un morceau de bois.

La longueur des aiguilles, pour la première rangée, est de 0m25 ; celle de la seconde de 0m20 à 0m22, et leur nombre est ordinairement de 39 pour l'une des rangées, et de 40 pour l'autre.

Le peignage mécanique s'effectue par deux peignes circulaires doués d'un mouvement de rotation autour de leurs axes inclinés à l'horizon et situés dans des plans différents. Leur diamètre varie nécessairement avec le système de peigneuses, il est généralement de 1m20 à 2 mètres, et le nombre de révolutions de 60 à 35 par minute avec le plus grand diamètre ; 120 à 130 révolutions suffisent pour la durée du peignage de toute la laine dont elles sont chargées dans les cas ordinaires ; elle dépend, du reste, du plus ou moins de facilité que présente la laine.

463. RÉUNISSEUSE. — Les rubans obtenus par les peigneuses sont portés sur une table sans fin, placée derrière une machine, désignée sous le nom de réunisseuse, où, après avoir été étirés et frottés, ils forment une grosse bobine, qui est ensuite divisée en échevettes de 12 à 15 mètres de longueur.

XLVIII° TABLE. — DIAMÈTRES, PRINCIPALES VITESSES ET TRAVAIL
D'UNE RÉUNISSEUSE.

NOMS DES PIÈCES.	DIAMÈTRE en millimètres.	NOMBRE de tours par minute.	LONGUEUR en millimètres.	OBSERVATIONS.
Cylindre de la toile sans fin...	80	44,2	320	La longueur des cylindres comprend ce que l'on nomme la table, c'est-à-dire la partie cannelée.
Cylindres cannelés de derrière portant chacun 41 cannelures	34	38	91	1. La pression s'obtient par un poids de 6 kilogrammes, placé au milieu d'un levier qui s'appuie par ses extrémités sur les cylindres cannelés.
Cylindre de pression 1	44	»	93	
Peignes circulaires.............	48	22	80	2. La pression se fait par un levier à l'extrémité duquel se trouve un poids de 17 k 450. Le rapport entre les deux branches est comme 1 : 6.
Cylindres cannelés de devant..	36	90	92	
Cylindres de pression des précédents 2	85	»	100	
Tambour du rota-frotteur......	82	30	445	Cette machine peut produire en 12 heures de travail continu, une bobine dont le développement de la mèche est de 7322 mèt.
Rouleau d'appel.............	100	30	126	
Poulies motrices.............	245	168	51	

464. DÉFEUTREURS. — Les rubans, ainsi coupés de longueur, sont amenés à l'appareil à tortillonner ; le but de cette opération est de redresser les filaments ; dès que les tortillons sont formés, on les porte pour être *bruis* dans une caisse close où la température est élevée par la vapeur de 35 à 45 degrés suivant la finesse de la laine, puis ils sont retirés et séchés pour être détortillés et passés ensuite à la machine, désignée sous le nom de *défeutreurs à passer les traits*.

Lorsqu'on remplace le tortillonage par la vapeur, c'est au défeutreur qu'on commence à l'appliquer, au moyen d'un tube en cuivre disposé entre les cylindres étireurs et les peignes, et sur lequel le ruban est obligé de passer ; on prolonge quelquefois l'action de la vapeur jusqu'aux bobinoirs, si cela est nécessaire.

XLIXe TABLE. — VITESSES ET DIMENSIONS PRINCIPALES DES DÉFEUTREURS.

NOMS DES PIÈCES.	DIAMÈTRE en millimètres.	NOMBRE de tours par minute.	LONGUEUR en millimètres.	OBSERVATIONS.
Défeutreur simple à passer les traits.				
PREMIÈRE PARTIE.				Le diamètre des peignes est
Cylindres cannelés de l'entrée, 36 cannelures.............	38	128	103	toujours pris du fond des aiguilles.
Cylindres de pression ¹........	65	»	103	1. La pression de la première
Premier peigne..............	95	44	95	entrée et du cylindre lamineur
Premier cylindre étireur, 50 cannelures..............	60	32	103	est directe, les poids sont chacun de 22 kilog.
Cylindre de pression ²........	130	»	103	2. La pression se fait au moyen
				d'un levier dont les branches
DEUXIÈME PARTIE.				sont dans le rapport de 1 à 3, ce
Cylindres cannelés, 50 cannelures ³..................	60	29	110	qui correspond à une pression directe de 110 kilogrammes.
Peigne....................	81	17.4	113	3. La pression est directe,
Cylindres extérieurs..........	60	80.5	110	elle se fait au moyen d'un poids
Cylindres de pression........	130	»	110	de 11 kilog.
Rouleaux d'appel............	60	86.94	128	
Poulies motrices.............	216	128	60	
Défeutreur double à deux étirages successifs.				
				1. La pression des cylindres
PREMIÈRE ENTRÉE.				d'entrée que l'on nomme simplement entrée, se fait par un poids
Cylindres de derrière ou d'entrée, 48 cannelures........	40	20.51	106	de 22 kil. placé au milieu d'un levier dont les extrémités s'appuient sur les deux cylindres.
Deuxième cylindre ¹..........	40	23	106	2. La pression se fait au moyen
Peignes...................	95	6.90	64	d'un levier dont le petit bras a
Premier cylindre étireur ou lamineur, 64 cannelures ².....	»	»	»	0m 055 de longueur et le grand 0.320 à l'extrémité duquel est
Poulies motrices.............	395	70	72	suspendu un poids de 11 k. 500.
				Dans cette machine comme
DEUXIÈME ENTRÉE.				dans la précédente, le cylindre étireur de la 1re partie parcourt
Cylindres de devant, 65 cannelures..................	63	70	106	plus de chemin que le cylindre de l'entrée de la 2e partie, quoique l'un alimente l'autre, pour
Peignes...................	81	40.60	113	laisser flotter un peu le ruban
Deuxième cylindre extérieur...	63	175	106	et éviter ainsi les coupures.
Rouleaux d'appel............	60	187	128	

465. BOBINOIR. — Après le défeutrage, la laine passe encore à une autre machine de préparation appelée bobinoir.

L⁰ TABLE. — BOBINOIR A DEUX GROSSES CANETTES.

NOMS DES PIÈCES.	DIAMÈTRE en millimètres.	NOMBRE de tours par 1'.	LONGUEUR en millimètres.	OBSERVATIONS.
Deux rangs de cylindres à 50 cannelures [1]...............	34	»	94	1. Les vitesses des cylindres et des peignes varient selon le pignon de la *tête de cheval* qui peut avoir 20 à 40 dents, ce qui fait varier la vitesse de rotation des cylindres d'entrée de 15 t. 69 à 31 t. 38 par minute, et la vitesse de rotation des peignes de 4 t. 564 à 91. 128 également par minute. Entre les deux cylindres se trouve en tuyau de chauffage d'où partent de petits tuyaux qui injectent la vapeur dans les entonnoirs réunisseurs.
Tuyau de vapeur...........	65	»	»	
Peignes....................	45	»	46	
Cylindre étireur à 60 cannelures..................	40	90	94	
Poulies motrices [2]............	270	120	54	
Rouleau d'appel.............	355	»	152	2. Le diamètre des poulies motrices varie.
Tambour formant les rouleaux du porte-canettes.........	300	13.05	700	La pression des cylindres à l'entrée se fait directement par des poids de 22 k. 50 ; celle des cylindres étireurs se fait avec le même poids, par un levier dont les branches sont dans le rapport de 1 : 775, soit 174 k. 375.
Long pignon qui commande les tambours porte-canettes à 20 dents...............	39	133.33	680	

On se sert généralement dans toutes les machines de préparations de laine peignée, de cinq genres de peignes dont nous résumons les diverses dimensions dans le tableau suivant.

LI⁰ TABLE. — DIAMÈTRES, NOMBRES DE DENTS ET TRAVAIL DES PEIGNES.

NUMÉROS.	DIAMÈTRES pris à la pointe des dents en millim.	NOMBRE de dents par rangée en longueur.	NOMBRE de dents sur une circonférence.	NOMBRE total des dents.	LONGUEUR du manchon sur la partie des dents.	DIAMÈTRE du manchon en millim.	SURFACE développée du manchon en décim. carrés.	NOMBRE de dents par centimètres carrés.
1	97	38	40	1520	95	81	2.38	6.38
2	97	32	40	1280	72	81	1.80	7.11
3	72	41	31	1271	58	60	1.09	11.66
4	62	60	40	1500	50	50	1.57	15.28
5	52	50	25	1250	41	40	1.02	12.15

FILATURE DU LIN ET DU CHANVRE.

466. Les filateurs reçoivent le lin en bottes du poids de $3^k 50$, après qu'il a déjà subi dans les campagnes deux préparations, le rouissage et le teillage, ce qui le transforme ainsi en filasse brute ; ces premières préparations sont obtenues au moyen d'instruments désignés sous les noms de *maque* ou de *broie*, que l'on manœuvre à

la main ou mécaniquement par une machine à teiller[1] qui peut travailler 70 à 90 kilogr. de matière par jour, suivant la qualité de celle-ci, et la plus ou moins grande facilité qu'elle présente au travail. Après le teillage, le chanvre n'est pas encore en état d'être peigné, car ses tiges, présentant une rudesse sensiblement plus grande que celles du lin, ont besoin d'être battues et assouplies.

Le battage se fait à la main, au moyen de marteaux, ou bien mécaniquement par des pilons qui, après avoir été soulevés par des cammes, retombent sur la matière à battre, comme encore par une machine désignée sous le nom de battoir, qui consiste en une série de forts cylindres cannelés entre lesquels on fait passer le chanvre, où il est énergiquement pressé.

467. PEIGNAGE. — Le peignage a pour objet de séparer complétement les fibres les unes des autres, de les débarrasser de tous les corps étrangers, de leur donner de la flexibilité et de la douceur au toucher, afin de faciliter leur glissement et de les ranger aussi parallèlement que possible entre elles.

Cette opération peut se faire à la main ou mécaniquement; la première, comme toutes les opérations préliminaires, est simple; le peigne dont on fait usage consiste en une pièce de bois rectangulaire, à laquelle est adaptée une pièce métallique garnie de deux rangs d'aiguilles en acier; il est fixé, d'une manière invariable, au mur à une hauteur d'environ 0m 75. Le peigneur, pour travailler convenablement, doit avoir un assortiment composé le plus ordinairement de six peignes dont les dents sont de plus en plus resserrées; ainsi, pour une même largeur, on a le nombre de dents suivantes : 13, 26, 32, 60, 80 et 120.

On opère ordinairement sur des poignées de filasse de 0k12 à 0k15. Dans ce travail, on obtient, en outre des filaments longs, une quantité notable de brins courts que l'on nomme *étoupes,* qui restent engagés dans le fond des dents, d'où ils sont tirés à la main : le reste forme un déchet considérable occasionné par les corps étrangers et par les parcelles de chenevotte qui restent dans la mèche; on compte que, on moyenne, 100 kilogr. de lin brut peigné donnent un rendement.

En longs brins de........................... 65 à 54
En étoupes de........................... 30 à 40
Déchets de........................... 5 à 6
                                                    ————————
                                                    100 à 100

Pour peigner le chanvre, on doit couper préalablement les mèches à la longueur convenable, car les fibres étant plus longues et présentant des différences de grosseur plus sensibles que celles du lin, il est nécessaire de les couper pour faciliter le travail du peignage et arriver à des qualités plus régulières. On peigne le chanvre de la même manière que le lin, en ayant soin de se servir de peignes convenables, et en observant que cette matière est généralement plus grossière.

On estime qu'un ouvrier peut peigner en moyenne 15 kilogr. de lin en un jour, et que pour le chanvre, pendant le même temps, il n'en pourra livrer que 10 kilogr.; cette dernière matière étant plus dure se peigne plus lentement.

Dans certaines filatures, le peignage du lin ou du chanvre se fait mécaniquement; on peut alors facilement peigner 140 à 150 kilogr. de lin brut par jour. Cependant, malgré la perfection des machines, on peut dire que, à certains égards, les produits obtenus avec ces dernières sont toujours inférieurs à ceux d'un bon peignage à la main.

Quelquefois on coupe le lin avant de le peigner, afin d'en égaliser davantage les brins et de former des produits plus uniformes; dans ce cas, le peignage mécanique est

1. Armengaud aîné, *Publication industrielle,* t. II et III.

plus utilement employé, et les plus grands inconvénients disparaissent, en ce sens du moins que les étoupes qui en proviennent sont bien meilleures.

468. CARDAGE DES ÉTOUPES. — Le cardage des étoupes est le même que pour le coton, mais les machines en usage sont différentes ; elles ressemblent plutôt, quant à leur forme, à celles employées pour la laine [1], puisque, comme dans ces dernières, les chapeaux sont remplacés par des cylindres, seulement la forme et la grosseur des dents sont sensiblement modifiées ; on se sert des n°° 9 à 12, pour un premier cardage, ce qui constitue ce que l'on nomme la carde en gros ou briseuse; et des n°° 6 à 9 pour le second cardage, dont la carde prend le nom de carde en fin ou finisseuse.

Les dents, au lieu de présenter un certain angle comme dans les cardes à coton et à laine, ont une inclinaison régulière de la racine à la pointe. Nous donnons dans le tableau suivant les dimensions principales d'une carde ordinaire d'étoupes.

LII° TABLE. — VITESSES, DIAMÈTRES ET TRAVAIL DE LA CARDE.

CYLINDRES.	RÉVOLUTIONS par minute.	DIAMÈTRES en mètres.	CIRCONFÉRENCES en mètres.	DÉVELOPPEMENT en mètres.
Gros tambour................	480.00	1.420	4.460	808.000
Petit nettoyeur	336.00	0.142	0.446	149.000
Autre-nettoyeur...............	397.00	0.142	0.446	177.000
Volant.....................	385.09	0.255	0.831	468.000
Peigneur...................	6.90	0.410	1.288	8.887
Étireur à la sortie du délivreur..	33.60	0.090	0.282	9.475
Alimentaire.................	0.96	0.080	0.251	0.240
Travailleur.................	5.24	0.170	0.534	2.798

La finesse des dents doit aller en augmentant, des premiers aux derniers éléments d'une carde.

LIII° — VITESSES ET DÉVELOPPEMENT DES CYLINDRES DES NOUVELLES CARDES A ÉTOUPES.

CYLINDRES.	RÉVOLUTIONS par minute.	DIAMÈTRES en mètres.	CIRCONFÉRENCES en mètres.	DÉVELOPPEMENT par minute en mètres.
Gros tambour.................	420.000	1.525	4.792	575.040
Nettoyeurs..................	336.000	0.155	0.487	163.632
Fournisseurs................	0.841	0.080	0.251	0.211
Travailleurs................	1.762	0.130	0.408	0.718
Délivreurs.................	4.262	0.308	0.968	1.220
Étireurs...................	5.544	0.110	0.345	1.912

1. Voir la *Publication industrielle* de M. Armengaud aîné, t. II, IV, V.

469. MACHINE A RÉUNIR LES ÉTOUPES. — Les rubans fournis par la carde en gros ou briseuse, tombent dans un pot en fer-blanc; ce sont ces rubans que l'on travaille une seconde fois à la carde en fin ou finisseuse, après les avoir réunis autour d'un petit cylindre d'une longueur égale à celle de la carde, pour en former une grosse bobine. La préparation de ces rubans et leur disposition en nappes sont effectuées aux machines à *réunir* ou *doubleuses*.

470. ÉTALAGE, ÉTIRAGE, DOUBLAGE ET LAMINAGE DES LONGS BRINS. — Le ruban de lin ou de chanvre se forme comme dans les bancs à étirer le coton, au moyen d'étirages et de doublages successifs pratiqués entre les systèmes de cylindres cannelés tournant avec des vitesses différentes. La première machine à étirer a pour objet de souder les unes aux autres les mèches provenant du peignage, de manière à les transformer en un ruban continu. Pour cet effet, on étale les mèches à la suite les unes des autres, de manière que la seconde couvre toujours en grande partie la première, et à mesure qu'on les engage entre les cylindres.

La machine doit avoir une vitesse telle qu'elle laisse le temps à l'ouvrier d'étaler convenablement les méchettes. En sortant de la table à étaler, les rubans passent successivement à un premier, à un second, à un troisième, et quelquefois à un quatrième cylindre pour les numéros élevés. L'expérience indique que le rapport des étirages doit être compris entré 1 : 40 et 1 : 60. La vitesse de la poulie motrice 80 à 100 tours par minute. Le rapport de développement entre le cylindre fournisseur et le cylindre étireur doit être proportionnel à ces nombres. La vitesse des vis, celle des rouleaux, des cuirs sans fin, du tablier, doit être la même et égale à celle des fournisseurs ou un peu moindre.

471. BANC A BROCHES. — Cette machine ne diffère de celle du coton que par l'adoption des peignes ou gills formés d'aiguilles fines en acier que l'on place entre les cylindres fournisseurs et étireurs pour servir à guider les filaments, et, en outre, que parce qu'il y a autant de rangées de peignes que de rubans, et, par conséquent, de bobines aux métiers. Les étirages varient de 1 à 15, de 1 à 20, et les torsions sont ordinairement comprises entre 3 à 5 tours de broches pour une longueur de 0^m10.

Les nombres généralement adoptés sont compris dans les limites suivantes.

Pour le lin on donne une torsion de

3 tours par 0^m10 jusqu'au n° 25.
3' 5   id.   n° 35 au n° 50.
4' 5   id.   n° 50 au-dessus [1].

La vitesse des broches ne peut guère dépasser 450 tours, sans qu'il y ait de l'ébranlement dans la machine et des ruptures de fils.

Pour les étoupes, les torsions pour un décimètre de longueur sont les suivantes :

4' jusqu'au   n° 16,
5' du n° 16 au n° 30,
6'5 du n° 30 au n° 40.

Les étirages aux bancs à broches sont moyennement de 1 à 10 à 1 à 12, et dépassent rarement 18.

---

[1]. Pour les fils de lin, c'est le titrage anglais qui est généralement usité. Le numéro indique en mesure anglaise le poids d'une longueur constante de fil. L'unité de longueur est une échevelette de 300 yards, et le poids employé est la livre anglaise. Si une échevette ou 300 yards pèse une livre, le fil sera du n° 1, s'il faut 3 échevettes pour former la livre, le fil sera du n° 3, et ainsi de suite.

472. Métiers a filer le lin. — On distingue deux espèces principales de métiers à filer le lin, le métier à *sec* et le métier à *eau chaude*. Le premier a beaucoup d'analogie avec les continus du coton. Les différences n'existent que sur certaines mesures pour qu'il soit mieux approprié avec la nature de la nouvelle matière et avec la finesse généralement moindre que celle donnée à des mèches de coton d'une même longueur. Avec ce genre de métier, on ne peut pas filer un numéro métrique au-dessus du n° 10 ; il faut toujours avoir recours à l'eau lorsqu'on veut obtenir des numéros au-dessus.

L'étirage varie de 1 à 5 et 1 à 12, la torsion varie selon l'objet pour lequel on destine le fil ; une torsion de 45 tours pour un décimètre convient généralement au fil n° 30 anglais, ou n° 9 métrique pour la trame.

On l'élève à 50 tours pour la chaîne, et à 60 pour le fil à coudre ; du reste, pour un numéro quelconque, les torsions sont toujours proportionnelles aux racines carrées des numéros des fils à produire. La vitesse des broches dépend de la torsion qu'on veut imprimer ; cependant, comme ce métier ne sert qu'à des numéros communs, elle dépasse rarement 1200 tours à la minute.

473. Métier a eau chaude. — Ce métier à filer ne diffère du précédent que par le rapprochement entre les cylindres fournisseurs et étireurs, et l'addition d'un baquet à eau chaude, dans lequel on fait passer le ruban afin d'obtenir par son immersion dans le liquide échauffé la dissolution de la partie gommeuse qui relient les filaments unis entre eux. L'eau est échauffée par l'introduction de la vapeur dans le fond de l'auge, à une température qui varie, suivant les contrées où il a été récolté, comme suit :

Pour ceux du pays de Caux, ceux de Russie, et les lins gris communs en général . . . . 30° au plus.

Pour le lin jaune de belle qualité . . . . 60° à 70°.

Les lins forts d'Anjou et le chanvre . . . . 80° à 90°.

Ces chiffres ne présentent rien d'absolu, ils varient nécessairement suivant les soins donnés aux préparations, à la maturité et au rouissage de la matière.

Les étirages sont moindres que dans le métier à sec, ils vont de 1 à 5 et de 1 à 8. On donne ordinairement de 300 à 350 tours à la poulie motrice du métier ; quant à la torsion, par suite des numéros qu'on file, la vitesse des broches varie assez ordinairement de 2,500 à 3,000 révolutions par minute.

CHEMINS DE FER ET BATEAUX.

474. On sait que les locomotives en usage sur les chemins de fer, ainsi que les bateaux qui sillonnent les fleuves et les mers, sont mis en mouvement par l'impulsion de la vapeur. Les dimensions de notre cadre ne nous permettant pas de décrire, d'une manière complète, ces importants appareils, nous ne ferons que mentionner leurs dimensions principales afin de pouvoir juger, à première vue, leur importance comparative. Nous commencerons par l'examen des machines du chemin du Nord qui peuvent, à bon droit, servir de type général.

LIV° TABLE. — DIMENSIONS PRINCIPALES ADOPTÉES POUR LES LOCOMOTIVES EN SERVICE SUR LA LIGNE DU NORD.

DÉSIGNATION DES PIÈCES.	MACHINES à voyageurs.	MACHINES à marchandises.
DIMENSIONS GÉNÉRIQUES.		
Diamètre des cylindres..	0.380	0.380
Course du piston	0.560	0.610
Diamètre des roues motrices.................................	1.680	1.220
Rapport de la vitesse des roues à celle des pistons..........	4.71 : 1	3.44 : 1
Diamètre des roues d'avant..................................	1.00	1.220
Diamètre des roues d'arrière................................	1.00	1.220
DIMENSIONS PRINCIPALES.		
Longueur intérieure de la boîte à feu, partie supérieure......	0.925	0.925
Largeur, partie inférieure....................................	0.914	0.914
Longueur extérieure..	1.125	1.125
Largeur..	1.104	1.104
Hauteur intérieure totale de la boîte à feu, jusqu'au-dessus de l'enveloppe.	1.380	1.380
Diamètre extérieur du corps de la chaudière..................	0.970	0.970
Longueur de la partie cylindrique entre les plaques..........	3.685	3.685
Longueur des tubes de fumée................................	3.800	3.800
Nombre	125	125
Longueur extérieure de la boîte à fumée.....................	1.170	1.170
Largeur, y compris les plaques..............................	0.770	0.863
Longueur totale intérieure de la chaudière du dehors de la boîte à feu....	5.580	5.673
Épaisseur de la plaque tubulaire à l'endroit des tubes.......	0.023	0.023
Épaisseur des tôles de la partie cylindrique de la chaudière......	0.010	0.010
Hauteur au-dessus du rail, du haut de la cheminée...........	4.000	4.000
Hauteur de la partie cylindrique, du dessus de l'essieu moteur..........	0.380	0.505
Diamètre extérieur de la cheminée...........................	0.340	0.340
Épaisseur intérieure de la tôle de la cheminée	0.006	0.006
Hauteur de la cheminée au-dessus de la boîte à fumée.......	1.710	1.815
Surface de chauffe directe ou du foyer......................	5.012	5.012
Surface de chauffe des tubes................................	66.500	66.500
Surface de chauffe totale....................................	74.512	74.512
Volume disponible comme réservoir de vapeur...............	0.961	0.961
LONGUEUR TOTALE DU BATIS A ROUES, SAVOIR :		
Longueur du bout du longeron à la boîte à feu..............	0.400	1.895
Longueur totale extérieure de la chaudière..................	5.660	5.710
Longueur de la boîte à fumée à la barre extrême...........	0.250	0.127
TOTAL...........................	6.310	7.232
Hauteur du longeron...	0.200	0.200
Epaisseur du longeron.......................................	0.030	0.030
Hauteur de la partie supérieure des longerons au-dessus du rail........	1.265	1.060
Espacement d'axe en axe des longerons......................	1.226	1.226
Epaisseurs des bandages au milieu..........................	0.050	0.050
Diamètre des tourillons des roues motrices..................	0.160	0.160
Longueur des tourillons des roues motrices..................	0.150	0.150
Diamètre du corps de l'essieu...............................	0.155	0.155
Diamètre des tourillons des roues d'avant et d'arrière.......	0.140	0.180
Longueur des tourillons des roues d'avant et d'arrière.......	0.160	0.150
Diamètre du corps de l'essieu...............................	0.135	0.145
Epaisseur des pistons...	0.108	0.115
Longueur totale du cylindre, non compris le fond.	0.770	0.840
Diamètre de la tige du piston...............................	0.055	0.055
Longueur de la bielle à fourchette..........................	1.375	1.470
Diamètre du manneton......................................	0.080	0.080
Longueur du manneton de la bielle..........................	0.090	0.090
Écartement d'axe en axe des cylindres......................	1.888	2.076
Course des excentriques.....................................	0.116	0.116
Angle de calage	30°	30°
Longueur des barres d'excentrique de centre en centre.......	1.390	1.116
Recouvrement intérieur des tiroirs...........................	0.010	0.010
Recouvrement extérieur des tiroirs...........................	0.025	0.025
Largeur des conduits de vapeur..............................	0.040	0.035

RIVIÈRES....................................	Garonne.	Basse Loire.	Loire.	Rhin.	Rhône.		Saône.
NOMS DES BATEAUX.....................	Clémence-Isaure.	Pyroscaphe.	Courrier.	Aigle.	Les Papins.	Crocodile.	Hirondelle.
NOMS DES CONSTRUCTEURS.........	JOLLET.	MILLER.	GACHE F.	CAVÉ.	MAUDSLEY.	SCHNEIDER.	MURRAY.
Longueur sur le pont....................	»	59ᵐ	»	59ᵐ	56ᵐ	»	52ᵐ 70
Longueur à la flottaison................	36ᵐ	56ᵐ	48ᵐ	»	»	60ᵐ	»
Largeur sur le pont au maître-couple.....	3ᵐ 60	3ᵐ 70	3ᵐ 56	3ᵐ 70	6ᵐ	5ᵐ 80	4ᵐ 72
Tirant d'eau avec machine et charbon....	»	»	0ᵐ 42	»	0ᵐ 6	2ᵈ 60	0ᵈ 43
Id. en charge.....................	0ᵐ 50	6ᵈ 80	0ᵐ 60	0ᵐ 75	0ᵐ 85	0ᵐ 85	0ᵐ 56
Vitesse en eau morte par heure...........	17ᵏᵐ 307	11ᵏᵐ 700	16ᵏᵐ 200	17ᵏᵐ 397	15ᵏᵐ 972	16ᵏᵐ 972	16ᵏᵐ 281
Id. Id. par seconde...........	4ᵐ 81	5ᵈ 25	4ᵐ 50	4ᵐ 83	3ᵐ 96	4ᵐ 71	4ᵐ 52
Nombre de cylindres.....................	2	1	2	2	»	2	2
Diamètre de piston......................	0ᵈ 25	0ᵈ 69	0ᵐ 76	0ᵐ 46	0ᵐ 86	0ᵐ 60	0ᵐ 61
Course id...........................	0ᵐ 50	0ᵈ 76	0ᵐ 50	0ᵐ 35	0ᵐ 91	1ᵐ 50	8ᵈ 914
Nombre de coups doubles	42ᵐ 75	30	31	41/4	29	30	31
Fraction de la course à pleine vapeur.....	1	»	1	1	1	1/3	1/2 à 2/3
Pression dans la chaudière...............	6 atmosphères.	3ᵐ 37 mercure.	1 atmosph. 5	6 atmosph.	1 atmosph. 1/3	3 atmosphères.	3 atmosph. 1/4
Id: dans le condenseur..............	»	0 atmosph. 15	0 atmosph. 20	0ᵐ 225	»	0 atmosp. 25	0 atmosph. 10
Diamètre extérieur des roues à palettes...	2ᵐ 90	3ᵐ 22	3ᵐ 70	4ᵐ 20	4ᵐ 26	4ᵐ 50	4ᵐ 18
Id. intérieur......................	2ᵐ 20	2ᵈ 36	3ᵐ 06	3ᵈ 34	3ᵐ 36	3ᵈ 50	3ᵈ 18
Hauteur d'une palette...................	0ᵐ 35	0ᵐ 43	0ᵐ 32	0ᵐ 43	0ᵈ 45	0ᵐ 50	0ᵐ 50
Largeur id...........................	1ᵐ 63	1ᵐ 60	2ᵐ 30	2ᵐ 50	2ᵐ 13	2ᵐ 70	1ᵐ 92
Nombre de palettes......................	12	»	16	»	11	»	11
Surface de chauffe totale................	1ᵐᵍ107	»	50ᵐᵍ	47ᵐᵍ	»	116ᵐᵍ	45ᵐᵍ
Consommation de charbon par heure.......	1 hect. 50	1 hect. 50	»	»	4 h. 83	6 hect.	5 hect. 3
Poids de la machine.....................	2450 kil.	»	»	»	»	»	»
Id. de la chaudière sans eau........	4000 kil.	7000 kil.	»	»	»	»	»

LVIᵉ TABLE. — DIMENSIONS PRINCIPALES DE QUELQUES BATIMENTS A VAPEUR DE L'ÉTAT.

	Érèbe.	Marseillais.	Eurotas.	Véloce.	Tancrède.	Corresp. d'Alex.	Transatlantique.
NOMS DES BATIMENTS....................	Érèbe.	Marseillais.	Eurotas.	Véloce.	Tancrède.	Corresp. d'Alex.	Transatlantique.
DESTINATION DES BATIMENTS..............	Marine.	Marseille à Agde.	Postes.	Marine.	Postes.	Postes.	Marine.
NOMS DES CONSTRUCTEURS, ou système de construction de l'appareil	MAUDSLAY.	FAWCETT.	MAUDSLAY.	FAWCETT.	MILLER.	MILLER.	SCHNEIDER.
Force en chevaux pour les deux machines...................	60	80	160	220	160	220	450
Cylindres à vapeur. — Diamètre des pistons............	0m816	0m914	1m221	1m231	1m221	1m430	1m930
Cylindres à vapeur. — Course des pistons	0m914	1m067	1m372	1m676	1m372	1m500	2m280
Cylindres à vapeur. — Chemin parcouru pendant l'introduct. de la vapeur.	0m690	0m774	0m960	1m257	0m995	1m087	2m092
Pompes à air. — Diamètre des pistons.	0m460	0m540	0m710	0m813	0m674	0m783	1m150
Pompes à air. — Course des pistons	0m457	0m533	0m686	0m838	0m686	0m750	1m140
Pompes alimentaires. — Diamètre des pistons	0m089	0m088	0m145	0m132	0m133	0m154	0m200
Pompes alimentaires. — Course des pistons	0m457	0m533	0m686	0m686	0m686	0m750	1m140
Volume d'eau par pompe et par heure..........	5453 litres.	5384 litres.	15848 litres.	18348 litres.	13345 litres.	18444 litres.	35093 litres.
Nombre de coups de pistons par minute....................	52	27 1/7	23 1/3	20	23 1/3	22	16 1/3
Course des tiroirs....................	0m166	0m141	0m280	0m250	0m294	0m214	0m320
Orifices d'entrée de vapeur — longueur	0m295	0m330	0m470	0m510	0m435	0m570	0m800
Orifices d'entrée de vapeur — largeur	0m055	0m074	0m103	0m120	0m085	0m097	0m160
Diamètre des soupapes de sûreté....................	0m140	0m130	0m230	0m203	0m156	0m190	0m200
Diamètre des roues. — A l'extérieur des cercles qui unissent les rayons.	3m790	4m579	5m961	6m885	6m040	6m600	9m200
Diamètre des roues. — A l'extérieur des pales.	3m657	4m449	5m791	6m705	5m844	6m400	9m000
Diamètre des roues. — A l'intérieur :	2m857	3m505	4m571	5m485	4m614	5m000	7m600
Pales des roues. — Nombre pour chaque roue	10	13	14	20	18	18	24
Pales des roues. — Longueur des pales..............	4m830	4m981	2m438	2m743	2m660	2m700	3m000
Pales des roues. — Largeur id..............	0m400	0m437	0m610	0m610	0m645	0m700	0m800
Pales des roues. — Surface de chaque pale...............	0m732	0m985	1m487	1m637	1m036	1m890	2m400

OBSERVATIONS.

475. Les premiers appareils de navires à vapeur construits par l'État viennent d'Angleterre ; mais depuis plusieurs années, nos principaux constructeurs français, MM. Cavé, Schneider, Benêt, Mazeline, Nillus, Gache, etc., se sont occupés de ce genre de constructions, et y ont apporté des modifications notables, qui rendent les machines incomparablement moins pesantes, occupant peu de volume et produisant une économie considérable sur le combustible. Dans ces appareils, les chaudières sont à tubes présentant de grandes surfaces de chauffe et plus de solidité que les chaudières à parois planes.

A l'aide de forts martinets mécaniques, ou mieux encore de marteaux pilons agissant directement par l'action de la vapeur, on exécute les pièces de forge de ces machines avec une grande perfection. Des établissements spéciaux, comme celui de MM. Petin et Gaudet, à Rive-de-Gier, sont très-bien outillés pour confectionner les pièces les plus fortes, et à des prix extrêmement réduits.

FIN DU COURS DE DESSIN INDUSTRIEL.

TABLE DES MATIÈRES

CONTENUES

DANS LE COURS RAISONNÉ DE DESSIN INDUSTRIEL.

FIN DE LA TABLE DES MATIÈRES.

PARIS. — IMPRIMERIE DE J. CLAYE, RUE SAINT-BENOIT, 7.